普通高等教育土建学科专业"十二五"规划教材
国家示范性高职院校工学结合系列教材

# 工程项目承揽与合同管理

（建筑工程技术专业）

张晓丹　主　编
张　静　副主编

中国建筑工业出版社

图书在版编目（CIP）数据

工程项目承揽与合同管理/张晓丹主编．—北京：中国建筑工业出版社，2010.9

（普通高等教育土建学科专业"十二五"规划教材．国家示范性高职院校工学结合系列教材．建筑工程技术专业）

ISBN 978-7-112-12499-2

Ⅰ.①工… Ⅱ.①张… Ⅲ.①建筑工程-招标-高等学校：技术学校-教材 ②建筑工程-投标-高等学校：技术学校-教材 ③建筑工程-经济合同-管理-高等学校：技术学校-教材 Ⅳ.①TU723

中国版本图书馆CIP数据核字（2010）第188233号

本书讲述建筑工程计量与计价、招投标与合同管理相关的内容，主要包括建筑工程计量与计价基础知识、建筑工程计量、建筑工程计价、工程价款支付计量与计价、建设工程招标、建设工程、投标、施工合同履行等内容。

本书可作为高职高专建筑工程技术专业教材，或者供土建类其他专业选择使用，也可作为相关职业岗位培训教材，本科院校、中专、函授及土建类工程技术人员的参考用书。

责任编辑：朱首明　牛　松
责任设计：陈　旭
责任校对：王金珠　王雪竹

普通高等教育土建学科专业"十二五"规划教材
国家示范性高职院校工学结合系列教材
## 工程项目承揽与合同管理
（建筑工程技术专业）
张晓丹　主　编
张　静　副主编

\*

中国建筑工业出版社出版、发行（北京西郊百万庄）
各地新华书店、建筑书店经销
北京红光制版公司制版
北京建筑工业印刷厂印刷

\*

开本：787×1092毫米　1/16　印张：26　字数：650千字
2010年9月第一版　　2013年6月第四次印刷
定价：55.00元
ISBN 978-7-112-12499-2
（19772）

**版权所有　翻印必究**
如有印装质量问题，可寄本社退换
（邮政编码 100037）

# 本系列教材编委会

**主 任:** 袁洪志

**副主任:** 季 翔

**编 委:** 沈士德　王作兴　韩成标　陈年和　孙亚峰　陈益武
　　　　　张　魁　郭起剑　刘海波

# 序

20世纪90年代起,我国高等职业教育进入快速发展时期,高等职业教育占据了高等教育的半壁江山,职业教育迎来了前所未有的发展机遇,特别是国家启动示范性高职院校建设项目计划,促使高职院校更加注重办学特色与办学质量、深化内涵、彰显特色。我校自2008年成为国家示范性高职院校建设单位以来,在课程体系与教学内容、教学实验实训条件、师资队伍、专业及专业群、社会服务能力等方面进行了深化改革,探索建设具有示范特色的教育教学体制。

本系列教材是在工学结合思想指导下,结合"工作过程系统化"课程建设思路,突出"实用、适用、够用"特点,遵循高职教育的规律编写的。本系列教材的编者大部分具有丰富的工程实践经验和较为深厚的教学理论水平。

本系列教材的主要特点有:(1)突出工学结合特色。邀请施工企业技术人员参与教材的编写,教材内容大多采用情境教学设计和项目教学方法,所采用案例多来源于工程实践,工学结合特色显著,以培养学生的实践能力。(2)突出实用、适用、够用特点。传统教材多采用学科体系,将知识切割为点。本系列教材以工作过程或工程项目为主线,将知识点串联,把实用的理论知识和实践技能在仿真情境中融会贯通,使学生既能掌握扎实的理论知识,又能学以致用。(3)融入职业岗位标准、工作流程,体现职业特色。在本系列教材编写中根据行业或者岗位要求,把国家标准、行业标准、职业标准及工作流程引入教材中,指导学生了解、掌握相关标准及流程。学生掌握最新的知识、熟知最新的工作流程,具备了实践能力,毕业后就能够迅速上岗。

根据国家示范性建设项目计划,学校开展了教材编写工作。在编写工程中得到了中国建筑工业出版社的大力支持,在此,谨向支持或参与教材编写工作的有关单位、部门及个人表示衷心感谢。

本系列教材的付梓出版也是学校示范性建设项目成果之一,欢迎提出宝贵意见,以便在以后的修订中进一步完善。

**徐州建筑职业技术学院**

2010.9

# 前 言

根据高职高专院校土建类专业的人才培养目标、教学计划，工程项目承揽与合同管理课程讲述建筑工程计量与计价、招投标与合同管理相关的内容，主要培养建筑工程专业的学生从事施工现场预算、建筑工程造价、招、投标代理、合同管理等工作具备的知识和能力。本书立足基本理论的阐述，注重实际能力的培养，从而将学生培养成精施工、懂预算、会管理的复合型人才。

全书根据《建设工程工程量清单计价规范》（GB 50500—2008）、招投标和合同管理相关法律法规、部门规章编写而成。全书分为7个单元，前4个单元主要讲述建筑工程计量与计价基础、建筑工程计量、建筑工程计价、工程价款支付计量与计价的内容；后3个单元系统地阐述了建筑工程招标投标及合同管理的主要内容，包括建筑工程招标，建筑工程投标，施工合同的签订、履行，合同争议管理、风险管理的内容。

为了便于组织教学和读者自学，本书在各单元前附有学习目标，各单元后附有小结和习题。

全书由张晓丹主编，张静副主编，张静编写第5、6单元，张晓丹参编第5、6单元，其余内容由张晓丹编写。

本书在编写的过程中，参考引用了国内外许多学者的观点和著作，得到了中国建筑工业出版社和相关造价咨询机构、施工单位许多同志的支持和帮助，在这里一并表示衷心的感谢！

本书可作为高职高专建筑工程技术专业教材，或者供土建类其他专业选择使用，也可作为相关职业岗位培训教材，本科院校、中专、函授及土建类工程技术人员的参考用书。

目前，由于工程造价管理处于新旧体制交替时期，有很多问题值得进一步研究探讨，加之时间紧促，作者水平有限，书中存在的缺点和不足，恳请广大读者和同仁批评指正。

# 目 录

**单元 1　建筑工程计量与计价基础** ………………………………………………… 1
　1.1　工程建设费用 …………………………………………………………………… 2
　1.2　建筑工程定额 …………………………………………………………………… 14
　1.3　施工定额 ………………………………………………………………………… 17
　1.4　施工资源单价确定 ……………………………………………………………… 24
　1.5　建筑安装工期定额 ……………………………………………………………… 27
　单元小结 ……………………………………………………………………………… 30
　单元课业 ……………………………………………………………………………… 31

**单元 2　建筑工程计量** ……………………………………………………………… 35
　2.1　计量原理和方法 ………………………………………………………………… 36
　2.2　建筑面积计算规则 ……………………………………………………………… 38
　2.3　《计价表》下工程计量 ………………………………………………………… 44
　2.4　工程量清单下工程计量 ………………………………………………………… 98
　单元小结 ……………………………………………………………………………… 100
　单元课业 ……………………………………………………………………………… 100

**单元 3　建筑工程计价** ……………………………………………………………… 103
　3.1　定额计价 ………………………………………………………………………… 104
　3.2　工程量清单 ……………………………………………………………………… 107
　3.3　工程量清单计价 ………………………………………………………………… 112
　3.4　招标控制价 ……………………………………………………………………… 114
　3.5　投标价 …………………………………………………………………………… 115
　3.6　工程量清单计价格式 …………………………………………………………… 117
　单元小结 ……………………………………………………………………………… 124
　单元课业 ……………………………………………………………………………… 124

**单元 4　工程价款支付计量与计价** ………………………………………………… 127
　4.1　工程变更计量与计价 …………………………………………………………… 128
　4.2　工程索赔计量与计价 …………………………………………………………… 130

  4.3　工程结算计量与计价 ········ 140
  4.4　竣工结算计量与计价 ········ 145
  单元小结 ········ 147
  单元课业 ········ 148

## 单元5　建筑工程招标 ········ 151
  5.1　招标概述 ········ 152
  5.2　招标程序 ········ 156
  5.3　招标文件的内容 ········ 167
  单元小结 ········ 211
  单元课业 ········ 211

## 单元6　建筑工程投标 ········ 215
  6.1　投标人及其资格条件 ········ 216
  6.2　投标程序 ········ 216
  6.3　投标文件的内容 ········ 220
  6.4　投标文件编制 ········ 222
  6.5　投标决策和报价技巧 ········ 228
  单元小结 ········ 234
  单元课业 ········ 234

## 单元7　合同履行 ········ 239
  7.1　建筑工程合同 ········ 240
  7.2　合同审查、谈判和签订 ········ 280
  7.3　施工合同的履行 ········ 293
  7.4　施工合同的争议管理 ········ 308
  7.5　施工合同的风险管理 ········ 315
  7.6　国际工程施工合同 ········ 334
  单元小结 ········ 344
  单元课业 ········ 344

## 附录A　建筑工程工程量清单项目及计算规则 ········ 348
## 附录B　装饰装修工程工程量清单项目及计算规则 ········ 375
## 附录C　计价表与清单工程量计算规则对比 ········ 391

## 参考文献 ········ 405

单元 1

# 建筑工程计量与计价基础

**引　言**

　　建筑工程计量与计价是正确确定单位工程造价的重要工作，同时也是建设项目进行决策的重要依据。建筑工程计量与计价是一项繁琐而且工作量大的工作，该工作的准确与否对确定单位工程造价和项目决策起着举足轻重的作用。本单元主要介绍建筑工程计量与计价的基础知识。

**学习目标**

　　1. 掌握建筑安装工程费用的内容、组成；
　　2. 了解建筑工程计价模式；
　　3. 了解建筑工程定额的概念、用途、组成内容；
　　4. 了解施工资源单价的确定。

## 1.1 工程建设费用

### 1.1.1 我国现行工程造价的构成

建设项目投资含固定资产投资和流动资产投资两部分,建设项目总投资中的固定资产投资与建设项目的工程造价在量上相等。工程造价是工程项目按照确定的建设内容、建设规模、建设标准、功能要求和使用要求等建设完成并验收合格交付使用所需的全部费用。

我国现行工程造价的构成主要划分为设备及工器具购置费用、建筑安装工程费用、工程建设其他费用、预备费、建设期贷款利息、固定资产投资方向调节税等几项,具体项目组成见图 1-1 所示。

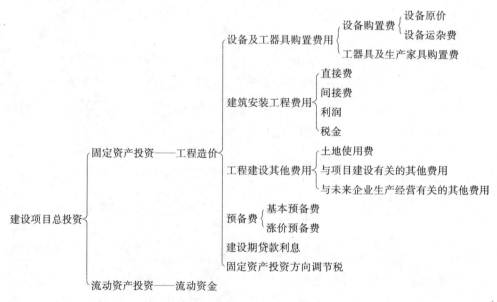

图 1-1 我国现行工程造价的构成

### 1.1.2 建筑安装工程费构成

为了规范建设工程计价行为,合理确定和有效控制工程造价,根据《建设工程工程量清单计价规范》(GB 50500—2008) 和《建筑安装工程费用项目组成》(建标 [2003] 206 号) 等有关规定,江苏省建设厅组织编制了《江苏省建设工程费用定额》(2009),

规定建设工程费用由分部分项工程费、措施项目费、其他项目费、规费和税金组成，其中现场安全文明施工措施费、规费和税金为不可竞争费，应按规定标准计取。

1. 分部分项工程费

分部分项工程费是指施工过程中耗费的构成工程实体性项目的各项费用，由人工费、材料费、施工机械使用费、企业管理费和利润构成。

(1) 人工费

直接从事建筑安装工程施工的生产工人开支的各项费用。内容包括：

1) 基本工资：发放给生产工人的基本工资，包括基础工资、岗位（职级）工资、绩效工资等。

2) 工资性津贴：企业发放的各种性质的津贴、补贴，包括物价补贴、交通补贴、住房补贴、施工补贴、误餐补贴、节假日（夜间）加班费等。

3) 生产工人辅助工资：生产工人年有效施工天数以外的非作业天数的工资，包括职工学习、培训期间的工资，探亲、休假期间的工资，因气候影响的停工工资，女工哺乳时间的工资，病假在六个月以内的工资及产、婚、丧假期的工资。

4) 职工福利费：按规定标准计提的职工福利费。

5) 劳动保护费：按规定标准发放的劳动保护用品、工作服装补贴、防暑降温费、高危险工种施工作业防护补贴费等。

(2) 材料费

施工过程中耗费的构成工程实体的原材料、辅助材料、构配件、零件、半成品费用和周转使用材料的摊销费用。内容包括：

1) 材料原价；

2) 材料运杂费：材料自来源地运至工地仓库或指定堆放地点所发生的全部费用；

3) 运输损耗费：材料在运输装卸过程中不可避免的损耗；

4) 采购及保管费：为组织采购、供应和保管材料等过程所需要的各项费用。包括：采购费、工地保管费、仓储费和仓储损耗。

(3) 施工机械使用费

施工机械作业所发生的机械使用费、机械安拆费和场外运费。施工机械台班单价应由下列费用组成：

1) 折旧费：施工机械在规定的使用年限内，陆续收回其原值及购置资金的时间价值。

2) 大修理费：指施工机械按规定的大修理间隔台班进行必要的大修理，以恢复其正常功能所需的费用。

3) 经常修理费：指施工机械除大修理以外的各级保养和临时故障排除所需的费用，包括为保障机械正常运转所需的替换设备与随机配备工具用具的摊销和维护费用，机械运转及日常保养所需润滑与擦拭的材料费及机械停滞期间的维护和保养费用等。

4) 安拆费及场外运费：安拆费指施工机械在现场进行安装与拆卸所需的人工、材料、机械和试运转费用以及机械辅助设施的折旧、搭设、拆除等费用；场外运费指施工机械整体或分体自停放地点运至施工现场或由一施工地点运至另一施工地点的运输、装卸、辅助材料及架线等费用。

5) 人工费：指机上司机（司炉）和其他操作人员的工作日人工费及上述人员在施工机械规定的年工作台班以外的人工费。

6) 燃料动力费：指施工机械在运转作业中所消耗的固体燃料（煤、木柴）、液体燃料（汽油、柴油）及水电等。

7) 车辆使用费：指施工机械按照国家和有关部门规定应缴纳的车船使用税、保险费及年检费等。

(4) 企业管理费

施工企业组织施工生产和经营管理所需的费用。内容包括：

1) 管理人员的基本工资、工资性津贴、职工福利费、劳动保护费等。

2) 差旅交通费：指企业职工因公出差、住勤补助费、市内交通费和误餐补助费，职工探亲路费、劳动力招募费、工地转移费以及交通工具油料、燃料、牌照等费用。

3) 办公费：指企业办公用文具、纸张、账表、印刷、邮电、书报、会议、水、电、燃煤、燃气等费用。

4) 固定资产使用费：指企业属于固定资产的房屋、设备、仪器等的折旧、大修、维修或租赁费。

5) 生产工具用具使用费：指企业管理使用不属于固定资产的工具、用具、家具、交通工具、检验、试验、消防等的购置、维修和摊销费，以及支付给工人自备工具的补贴费。

6) 工会经费及职工教育经费：工会经费是指企业按职工工资总额计提的工会经费；职工教育经费是指企业为职工学习培训的费用，按职工工资总额计提。

7) 财产保险费：指企业管理用财产、车辆的保险费用。

8) 劳动保险补助费：包括由企业支付的六个月以上的病假人员工资、职工死亡丧葬补助费、按规定支付给离休干部的各项经费。

9) 财务费：是指企业为筹集资金而发生的各种费用。

10) 税金：指企业按规定交纳的房产税、车船使用税、土地使用税、印花税等。

11) 意外伤害保险费：企业为从事危险作业的建筑安装施工人员支付的意外伤害保险费。

12) 工程定位、复测、点交、场地清理费。

13) 非甲方所谓的四小时以内的临时停水停电费用。

14) 企业技术研发费：建筑企业为转型升级、提高管理水平所进行的技术转让、科技研发、信息化建设等费用。

15) 其他：业务招待费、远地施工增加费、劳务培训费、绿化费、广告费、公证费、法律顾问费、审计费、咨询费、联防费等。

(5) 利润

施工企业完成所承包工程获得的盈利。

2. 措施项目费

措施项目费是指为完成工程项目施工所必须发生的施工准备和施工过程中技术、生活、安全、环境保护等方面的非工程实体项目费用，由通用措施项目费和专业措施项目费两部分组成。

(1) 通用措施项目费

1）现场安全文明施工措施费

为满足施工现场安全、文明施工以及环境保护、职工健康生活所需要的各项费用。本项为不可竞争费用。

①安全施工措施费

安全资料的编制、安全警示标志的购置及宣传栏的设置；"三宝"、"四口"、"五临边"防护的费用；施工安全用电的费用，包括电箱标准化、电气保护装置、外电防护标志；起重机、塔吊等起重设备（含井架、门架）及外用电梯的安全防护措施（含警示标志）费用及卸料平台的临边防护、层间安全门、防护棚等设施费用；建筑工地起重机械的检验检测费用；施工机具防护棚及其围栏的安全保护设施费用；施工现场安全防护通道的费用；工人的防护用品、用具购置费用；消防设施与消防器材的配置费用；电气保护、安全照明设施费；其他安全防护措施费用。

②文明施工措施费

工地大门、五牌一图、工人胸卡、企业标识的费用；围挡的墙面美化（包括内外粉刷、刷白、标语等）、压顶装饰费用；现场厕所便槽刷白、贴面砖、水泥砂浆地面或地砖费用，建筑物内临时便溺设施费用；其他施工现场临时设施的装饰装修、美化措施费用；现场生活卫生设施费用；符合卫生要求的饮水设备、淋浴、消毒等设施费用；生活用洁净燃料费用；防煤气中毒、防蚊虫叮咬等措施费用；施工现场操作场地的硬化费用；现场污染源的控制、建筑垃圾及生活垃圾清理、场地排水排污措施的费用；防扬尘洒水费用；现场绿化费用、治安综合治理费用、现场电子监控设备费用；现场配备医药保健器材、物品费用和急救人员培训费用；用于现场工人的防暑降温费、电风扇、空调等设备及用电费用；现场施工机械设备防噪音、防扰民措施费用；其他文明施工措施费用。

③环境保护费用

施工现场为达到环保部门要求所需要的各项费用。

④安全文明施工费

由基本费、现场考评费和奖励费三部分组成。

基本费是施工企业在施工过程中必须发生的安全文明措施的基本保障费。

现场考评费是施工企业执行有关安全文明施工规定，经考评组织现场核查打分和动态评价获取的安全文明措施增加费。

奖励费是施工企业加大投入，加强管理，创建省、市级文明工地的奖励费用。

2）夜间施工增加费

规范、规程要求正常作业而发生的夜班补助、夜间施工降效、照明设施摊销及照明用电等费用。

3）二次搬运费

因施工场地狭小等特殊情况而发生的二次搬运费用。

4）冬雨期施工增加费

在冬雨期施工期间所增加的费用，包括冬季作业、临时取暖、建筑物门窗洞口封闭及防雨措施、排水、工效降低等费用。

5）大型机械设备进出场及安拆费

机械整体或分体自停放场地运至施工现场或由一个施工地点运至另一个施工地点所发生的机械进出场运输转移、安装、拆卸等费用。

6）施工排水费

为确保工程在正常条件下施工，采取各种排水措施所发生的费用。

7）施工降水费

为确保工程在正常条件下施工，采取各种降水措施所发生的费用。

8）地上、地下设施，建筑物的临时保护设施费

工程施工过程中，对已经建成的地上、地下设施和建筑物的保护所发生的费用。

9）已完工程及设备保护费

对已施工完成的工程和设备采取保护措施所发生的费用。

10）临时设施费

施工企业为进行工程施工所必须搭设的生活和生产用的临时建筑物、构筑物和其他临时设施等费用。

①临时设施包括：临时宿舍、文化福利及公用事业房屋与构筑物、仓库、办公室、加工场等。

②建筑、装饰、安装、修缮、古建园林工程规定范围内（建筑物沿边起50m以内，多幢建筑两幢间隔50m内）的围墙、临时道路、水电、管线和塔吊基座（轨道）垫层（不包括混凝土固定式基础）等。

③市政工程施工现场在定额基本运距范围内的临时给水、排水、供电、供热线路（不包括变压器、锅炉等设备）、临时道路，以及总长度不超过200m的围墙（篱笆）。

建设单位同意在施工就近地点临时修建混凝土构件预制场所发生的费用，应向建设单位结算。

11）企业检验试验费

施工企业按规定进行建筑材料、构配件等试样的制作、封样和其他为保证工程质量进行的材料检验试验工作所发生的费用。

根据有关的国家标准或施工验收规范要求对材料、构配件和建筑物工程质量检测检验发生的费用由建设单位直接支付给所委托的检测机构。

12）赶工措施费

施工合同约定工期比定额工期提前，施工企业为缩短工期所发生的费用。

13）工程按质论价

施工合同约定质量标准超过国家规定，施工企业完成工程质量达到经有权部门鉴定或评定为优质工程所必须增加的施工成本费。

14）特殊条件下施工增加费

受地下不明障碍物、铁路、航空、航运等交通干扰而发生的施工降效费用。

(2) 各专业工程措施项目费

1）建筑工程

混凝土、钢筋混凝土模板及支架、脚手架、垂直运输机械费、住宅工程分户验收费等。

2）单独装饰工程

脚手架、垂直运输机械费、室内空气污染测试、住宅工程分户验收费等。

3. 其他项目费

(1) 暂列金额

招标人在工程量清单中暂定并包括在合同价款中的款项，用于施工合同签订时尚未明确或不可预见的所需材料、设备和服务的采购、施工中可能发生的工程变更、合同约定调整因素出现时的工程价款调整及发生的索赔、现场签证确认等费用。

(2) 暂估价

招标人在工程量清单中提供的用于支付必然发生但暂时不能确定价格的材料单价以及专业工程的金额。

(3) 计日工

在施工过程中，完成发包人提出的施工图纸以外的零星项目或工作，按合同中约定的综合单价计价。

(4) 总承包服务费

总承包人为配合协调发包人进行工程分包、自行采购设备、材料管理、服务以及施工现场管理、竣工资料汇总整理等服务所需的费用。

4. 规费

规费是指有权部门规定必须缴纳的费用。

(1) 工程排污费

包括废气、污水、固体、扬尘及危险废物和噪声排污费等内容。

(2) 建筑安全监督管理费

有权部门批准收取的建筑安全监督管理费。

(3) 社会保障费

企业为职工缴纳的养老保险、医疗保险、失业保险、工伤保险和生育保险等社会保障方面的费用（包括个人缴纳部分）。为确保施工企业各类从业人员的社会保障权益落到实处，省、市有关部门可根据实际情况制定管理办法。

(4) 住房公积金

企业为职工缴纳的住房公积金。

5. 税金

税金是指国家税法规定的应计入建筑安装工程造价内的营业税、城市维护建设税及教育费附加。

(1) 营业税

以产品销售或劳务取得的营业额为对象的税种。

(2) 城市建设维护税

为加强城市公共事业和公共设施的维护建设而开征的税，它以附加形式依附于营业税。

(3) 教育费附加

为发展地方教育事业，扩大教育经费来源而征收的税种。它以营业税的税额为计征基数。

### 1.1.3 工程类别的划分

1. 建筑工程类别划分及说明

(1) 建筑工程类别划分

表 1-1

| 工程类型 | | | 单位 | 工程类别划分标准 | | |
|---|---|---|---|---|---|---|
| | | | | 一类 | 二类 | 三类 |
| 工业建筑 | 单层 | 檐口高度 | m | ≥20 | ≥16 | <16 |
| | | 跨度 | m | ≥24 | ≥18 | <18 |
| | 多层 | 檐口高度 | m | ≥30 | ≥18 | <18 |
| 民用建筑 | 住宅 | 檐口高度 | m | ≥62 | ≥34 | <34 |
| | | 层数 | 层 | ≥22 | ≥12 | <12 |
| | 公共建筑 | 檐口高度 | m | ≥56 | ≥30 | <30 |
| | | 层数 | 层 | ≥18 | ≥10 | <10 |
| 构筑物 | 烟囱 | 混凝土结构高度 | m | ≥100 | ≥50 | <50 |
| | | 砖结构高度 | m | ≥50 | ≥30 | <30 |
| | 水塔 | 高度 | m | ≥40 | ≥30 | <30 |
| | 筒仓 | 高度 | m | ≥30 | ≥20 | <20 |
| | 贮池 | 容积（单体） | m³ | ≥2000 | ≥1000 | <1000 |
| | 栈桥 | 高度 | m | — | ≥30 | <30 |
| | | 跨度 | m | | ≥30 | <30 |
| 大型机械吊装工程 | | 檐口高度 | m | ≥20 | ≥16 | <16 |
| | | 跨度 | m | ≥24 | ≥18 | <18 |
| 大型土石方工程 | | 挖或填土（石）方容量 | m³ | | ≥5000 | |
| 桩基础工程 | | 预制混凝土（钢板）桩长 | m | ≥30 | ≥20 | <20 |
| | | 灌注混凝土桩长 | m | ≥50 | ≥30 | <30 |

(2) 建筑工程类别划分说明

1) 工程类别划分是根据不同的单位工程按施工难易程度,结合建筑工程项目管理水平确定的。

2) 不同层数组成的单位工程,当高层部分的面积(竖向切分)占总面积30%以上时,按高层的指标确定工程类别,不足30%的按低层指标确定工程类别。

3) 单独地下室工程的按二类标准取费,如地下室建筑面积$\geqslant 10000m^2$,则按一类标准取费。

4) 建筑物、构筑物高度系指设计室外地面标高至檐口顶标高(不包括女儿墙、高出屋面的电梯间、楼梯间、水箱间等的高度),跨度系指轴线之间的宽度。

5) 工业建筑工程:指从事物质生产和直接为生产服务的建筑工程,主要包括生产(加工)车间、实验车间、仓库、独立实验室、化验室、民用锅炉房、变电所和其他生产用建筑工程。

6) 民用建筑工程:指直接用于满足人们的物质和文化生活需要的非生产性建筑,主要包括:商住楼、综合楼、办公楼、教学楼、宾馆、宿舍及其他民用建筑工程。

7) 构筑物工程:指同工业与民用建筑工程相配套且独立于工业与民用建筑的工程,主要包括烟囱、水塔、仓类、池类、栈桥等。

8) 桩基础工程:指当天然地基上的浅基础不能满足建筑物、构筑物的稳定要求时采用的一种深基础。主要包括各种现浇和预制桩。

9) 强夯法加固地基、基础钢管支撑均按建筑工程二类标准执行。深层搅拌桩、粉喷桩、基坑锚喷护壁按制作兼打桩三类标准执行。专业预应力张拉施工如主体为一类工程按一类工程取费;主体为二、三类工程均按二类工程取费。

10) 轻钢结构的单层厂房按单层厂房的类别降低一类标准计算,但不得低于最低类别标准。

11) 预制构件制作工程类别划分按相应的建筑工程类别划分标准执行。

12) 与建筑物配套的零星项目,如化粪池、检查井、分户围墙按相应的主体建筑工程类别标准确定外,其余如厂区围墙、道路、下水道、挡土墙等零星项目,均按三类标准执行。

13) 建筑物加层扩建时要与原建筑物一并考虑套用类别标准。

14) 确定类别时,地下室、半地下室和层高小于2.2m的均不计算层数。

15) 凡工程类别标准中,有两个指标控制的,只要满足其中一个指标即可按该指标确定工程类别。

16) 在确定工程类别时,对于工程施工难度很大的(如建筑造型复杂、基础要求高、有地下室采用新的施工工艺的工程等),以及工程类别标准中未包括的特殊工程,如展览中心、影剧院、体育馆、游泳馆、别墅等,由当地工程造价管理机构根据具体情况确定,报上级造价管理机构备案。

2. 单独装饰工程类别划分及说明

单独装饰工程不分工程类别。

### 1.1.4 工程费用取费标准及有关规定

1. 企业管理费、利润计取规定和标准

(1) 企业管理费、利润计取规定

1) 企业管理费、利润计算基础按定额规定执行。
2) 包工不包料、点工的管理费和利润包含在工资单价中。
3) 意外伤害保险费在管理费中列支，费率不超过税前总造价的 0.6‰。

(2) 企业管理费、利润标准（表 1-2、表 1-3）

建筑工程企业管理费和利润费率标准　　　　表 1-2

| 序号 | 项目名称 | 计算基础 | 企业管理费率（%） | | | 利润率（%） |
|---|---|---|---|---|---|---|
| | | | 一类工程 | 二类工程 | 三类工程 | |
| 1 | 建筑工程 | 人工费+机械费 | 31 | 28 | 25 | 12 |
| 2 | 预制构件制作 | 人工费+机械费 | 15 | 13 | 11 | 6 |
| 3 | 构件吊装、打预制桩 | 人工费+机械费 | 11 | 9 | 7 | 5 |
| 4 | 制作兼打桩 | 人工费+机械费 | 15 | 13 | 11 | 7 |
| 5 | 大型土石方工程 | 人工费+机械费 | 6 | | | 4 |

单独装饰工程企业管理费和利润费率标准　　　　表 1-3

| 序号 | 项目名称 | 计算基础 | 管理费率（%） | 利润率（%） |
|---|---|---|---|---|
| 1 | 单独装饰工程 | 人工费+机械费 | 42 | 15 |

2. 措施项目费取费标准及规定

(1) 措施费计算分为两种形式：一种是以工程量乘以综合单价计算，另一种是以费率计算。

(2) 部分以费率计算的措施项目费率标准见表 1-4，现场安全文明施工措施费见表 1-5。

措施项目费费率标准　　　　表 1-4

| 序号 | 项目 | 计算基础 | 费率（%） | | | | |
|---|---|---|---|---|---|---|---|
| | | | 建筑工程 | 单独装饰 | 安装工程 | 市政工程 | 修缮土建 |
| 1 | 现场安全文明施工措施费 | 分部分项工程费 | 见表 1-5 | | | | |
| 2 | 夜间施工增加费 | | 0~0.1 | 0~0.1 | 0~0.1 | 0.05~0.15 | 0~0.1 |
| 3 | 冬雨期施工增加费 | | 0.05~0.2 | 0.05~0.1 | 0.05~0.1 | 0.1~0.3 | 0.05~0.2 |
| 4 | 已完工程及设备保护 | | 0~0.05 | 0~0.1 | 0~0.05 | 0~0.02 | 0~0.05 |
| 5 | 临时设施费 | | 1~2.2 | 0.3~1.2 | 0.6~1.5 | 1~2 | 1~2 |
| 6 | 检验试验费 | | 0.2 | 0.2 | 0.15 | 0.15 | 0.15 (0.1) |
| 7 | 赶工费 | | 1~2.5 | 1~2.5 | 1~2.5 | 1~2.5 | 1~2.5 |
| 8 | 按质论价费 | | 1~3 | 1~3 | 1~3 | 0.8~2.5 | 1~2 |
| 9 | 住宅分户验收 | | 0.08 | 0.08 | 0.08 | — | — |

现场安全文明施工措施费费率标准　　　　　表 1-5

| 序号 | 项目名称 | 计算基础 | 基本费率（%） | 现场考评费率（%） | 奖励费（获市级文明工地/获省级文明工地）（%） |
|---|---|---|---|---|---|
| 1 | 建筑工程 | 分部分项工程费 | 2.2 | 1.1 | 0.4/0.7 |
| 2 | 构件吊装 | | 0.85 | 0.5 | — |
| 3 | 桩基工程 | | 0.9 | 0.5 | 0.2/0.4 |
| 4 | 大型土石方工程 | | 1 | 0.6 | — |
| 5 | 单独装饰工程 | | 0.9 | 0.5 | 0.2/0.4 |

（3）二次搬运费、大型机械设备进出场及安拆费、施工排水、已完工程及设备保护费、特殊条件下施工增加费、地上及地下设施、建筑物的临时保护设施费以及专业工程措施费，按工程量乘以综合单价计取。

3. 其他项目费标准及规定

（1）暂列金额、暂估价按发包人给定的标准计取。

（2）计日工：由发承包双方在合同中约定。

（3）总承包服务费：招标人根据招标文件列出的内容和向总承包人提出的要求，参照下列标准计算：

1）招标人仅要求对分包的专业工程进行总承包管理和协调时，按分包的专业工程估算造价的 1% 计算；

2）招标人要求对分包的专业工程进行总承包管理和协调，并同时要求提供配合服务时，根据招标文件中列出的配合服务内容和提出的要求，按分包的专业工程估算造价的 2%～3% 计算。

4. 规费取费标准及有关规定

（1）工程排污费：按有权部门规定计取。

（2）建筑安全监督管理费：按有权部门规定计取。

徐建发〔2009〕67 号规定，按（分部分项工程费＋措施项目费＋其他项目费）×0.19% 计取。

（3）社会保障费及住房公积金按表 1-6 标准计取。

社会保障费费率及公积金费率标准　　　　　表 1-6

| 序号 | 工程类别 | 计算基础 | 社会保障费率（%） | 公积金费率（%） |
|---|---|---|---|---|
| 1 | 建筑工程、仿古园林 | 分部分项工程费＋措施项目费＋其他项目费 | 3 | 0.5 |
| 2 | 预制构件制作、构件吊装、桩基工程 | | 1.2 | 0.22 |
| 3 | 单独装饰工程 | | 2.2 | 0.38 |
| 4 | 安装工程 | | 2.2 | 0.38 |
| 5 | 桥梁、水工构筑物 | | 2.5 | 0.44 |
| 6 | 道路、市政排水工程 | | 1.8 | 0.31 |
| 7 | 市政给水、燃气、路灯工程 | | 1.9 | 0.34 |

续表

| 序号 | 工程类别 | 计算基础 | 社会保障费率（%） | 公积金费率（%） |
|---|---|---|---|---|
| 8 | 大型土石方工程 | 分部分项工程费＋措施项目费＋其他项目费 | 1.2 | 0.22 |
| 9 | 修缮工程 | | 3.5 | 0.62 |
| 10 | 单独加固工程 | | 3.1 | 0.55 |
| 11 | 点工 | 人工工日 | 15 | |
| 12 | 包工不包料 | | 13 | |

注：1. 社会保障费包括养老保险费、失业保险费、医疗保险费、工伤保险费、生育保险费。
2. 点工和包工不包料的社会保障费和公积金已经包含在人工工资单价中。
3. 人工挖孔桩的社会保障费率和公积金费率按2.8%和0.5%计取。
4. 社会保障费费率和公积金费率将随着社保部门要求和建设工程实际参保率的增加，适时调整。

5. 税金计算标准及有关规定

税金包括营业税、城市建设维护税、教育费附加，按各市规定计取。

徐建发〔2009〕67号规定，徐州市区按（分部分项工程费＋措施项目费＋其他项目费＋规费）×3.4%计取。

### 1.1.5 工程造价计算程序（表1-7～表1-10）

1. 工程量清单法计算程序（包工包料）

表1-7

| 序号 | 费用名称 | | 计算公式 | 备注 |
|---|---|---|---|---|
| 一 | 分部分项工程量清单费用 | | 工程量×综合单价 | |
| | 其中 | 1. 人工费 | 人工消耗量×人工单价 | |
| | | 2. 材料费 | 材料消耗量×材料单价 | |
| | | 3. 机械费 | 机械消耗量×机械单价 | |
| | | 4. 企业管理费 | (1+3)×费率 | |
| | | 5. 利润 | (1+3)×费率 | |
| 二 | 措施项目清单费用 | | 分部分项工程费用×费率 | |
| 三 | 其他项目费用 | | | |
| 四 | 规费 | | | |
| | 其中 | 1. 工程排污费 | (一＋二＋三)×费率 | 按规定计取 |
| | | 2. 建筑安全监督管理费 | | |
| | | 3. 社会保障费 | | |
| | | 4. 住房公积金 | | |
| 五 | 税金 | | (一＋二＋三＋四)×费率 | 按当地规定计取 |
| 六 | 工程造价 | | 一＋二＋三＋四＋五 | |

2. 工程量清单法计算程序（包工不包料）

表 1-8

| 序号 | 费用名称 | | 计算公式 | 备注 |
|---|---|---|---|---|
| 一 | 分部分项工程量清单人工费用 | | 人工消耗量×人工单价 | |
| 二 | 措施项目清单费用 | | (一)×费率或工程量×综合单价 | |
| 三 | 其他项目费用 | | | |
| 四 | 规费 | | (一+二+三)×费率 | 按规定计取 |
| | 其中 | 1. 工程排污费 | | |
| | | 2. 建筑安全监督管理费 | | |
| | | 3. 社会保障费 | | |
| | | 4. 住房公积金 | | |
| 五 | 税金 | | (一+二+三+四)×费率 | 按当地规定计取 |
| 六 | 工程造价 | | 一+二+三+四+五 | |

### 3. 计价表法计算程序(包工包料)

表 1-9

| 序号 | 费用名称 | | 计算公式 | 备注 |
|---|---|---|---|---|
| 一 | 分部分项费用 | | 工程量×综合单价 | |
| | 其中 | 1. 人工费 | 计价表人工消耗量×人工单价 | |
| | | 2. 材料费 | 计价表材料消耗量×材料单价 | |
| | | 3. 机械费 | 计价表机械消耗量×机械单价 | |
| | | 4. 企业管理费 | (1+3)×费率 | |
| | | 5. 利润 | (1+3)×费率 | |
| 二 | 措施项目清单费用 | | 分部分项工程费×费率 | |
| 三 | 其他项目费用 | | | |
| 四 | 规费 | | (一+二+三)×费率 | 按规定计取 |
| | 其中 | 1. 工程排污费 | | |
| | | 2. 建筑安全监督管理费 | | |
| | | 3. 社会保障费 | | |
| | | 4. 住房公积金 | | |
| 五 | 税金 | | (一+二+三+四)×费率 | 按当地规定计取 |
| 六 | 工程造价 | | 一+二+三+四+五 | |

### 4. 计价表法计算程序(包工不包料)

表 1-10

| 序号 | 费用名称 | | 计算公式 | 备注 |
|---|---|---|---|---|
| 一 | 分部分项工程量清单人工费 | | 计价表人工消耗量×人工单价 | |
| 二 | 措施项目清单费用 | | (一)×费率或工程量×综合单价 | |
| 三 | 其他项目费用 | | | |
| 四 | 规费 | | (一+二+三)×费率 | 按规定计取 |
| | 其中 | 1. 工程排污费 | | |
| | | 2. 建筑安全监督管理费 | | |
| | | 3. 社会保障费 | | |
| | | 4. 住房公积金 | | |
| 五 | 税金 | | (一+二+三+四)×费率 | 按当地规定计取 |
| 六 | 工程造价 | | 一+二+三+四+五 | |

## 1.2 建筑工程定额

### 1.2.1 建筑工程定额概述

1. 定额的概念

为了完成质量合格的建筑产品,需要消耗一定数量的人工、材料、机械台班和资金。建筑工程定额是指在正常的施工条件下,生产一定计量单位质量合格的建筑产品所需消耗的人工、材料和机械台班的数量标准。

建筑工程定额研究的是建筑产品和各种生产消耗间的数量关系。

2. 定额的作用

(1) 确定建筑工程造价的依据;

(2) 编制工程计划、组织和管理施工的重要依据;

(3) 建筑企业实行经济责任制及编制招标标底和投标报价的依据;

(4) 建筑企业降低工程成本进行经济分析的依据;

(5) 总结先进生产力的手段。

3. 定额的性质

(1) 科学性

工程建设定额的科学性,表现在两个方面:一是利用科学的方法确定定额消耗量标准,定额消耗量是施工中客观规律的反映;二是制定定额尊重客观规律,定额和生产力发展水平相适应,反映出工程建设中生产消费的客观规律。定额水平反映了当时先进的施工方法。

(2) 系统性

工程建设定额的系统性是由工程建设的特点决定的。工程建设本身就具有多种类、多层次的特点。比如建设工程都有严格的项目划分,如建设项目、单项工程、单位工程、分部分项工程;在计划和实施过程中有严密的逻辑阶段,如规划、可行性研究、设计、施工、竣工交付使用,以及投入使用后的维修。与此相适应必然形成工程建设定额的多种类、多层次。

(3) 统一性

工程建设定额的统一性,主要是由国家对经济发展有计划的宏观调控职能决定的。为了使国民经济按照既定的目标发展,就需要借助于某些标准、定额、参数等,对工程建设进行规划、组织、调节、控制。而这些标准、定额、参数必须在一定的范围内,有一种统一的尺度,才能实现上述职能,才能利用它对项目的决策、设计方案、投标报价、成本控制进行比选和评价。

(4) 权威性

工程建设定额具有很大权威，工程建设定额权威性的客观基础是定额的科学性。定额权威性意味着在规定的范围内，对于定额的使用者和执行者来说，不论主观上愿意不愿意，都必须按定额的规定执行。

(5) 稳定性与时效性

定额是一定时期社会生产力发展水平的反映，是一定时期技术发展和管理水平的反映。因而在一段时间内（5～8年）都表现出稳定的状态，这种稳定性是相对的。随着社会生产力水平的提高，定额不能反映该时期社会生产力发展水平的时候，就需要修订，因而定额还具有时效性。

### 1.2.2 定额分类

1. 按生产要素分类

按生产要素分类，可以把工程建设定额分为劳动定额、材料消耗定额、机械台班消耗定额。

(1) 劳动定额

劳动定额也称人工定额，是指在正常施工条件、合理劳动组织条件下，完成单位质量合格的建筑产品所需的劳动消耗量标准。

(2) 材料消耗定额

材料消耗定额简称材料定额，它是指在节约和合理使用材料的条件下，生产单位合格产品所需要消耗一定品种规格的建筑材料、半成品、配件等的数量标准，包括材料的使用量和必要的工艺性损耗及废料数量。

(3) 机械台班消耗定额

机械台班消耗量定额又称机械台班使用定额，是指在正常施工条件、合理劳动组织、合理使用材料的条件下，某种专业、某种等级的工人班组使用机械，完成单位合格产品所需的定额时间。

2. 按定额的编制程序和用途分类

按定额的编制程序和用途分类，可以把工程建设定额分为施工定额、预算定额、概算定额、概算指标、投资估算指标五种。

(1) 施工定额

施工定额是以同一性质的施工过程——工序，作为研究对象，表示生产产品数量与时间消耗综合关系编制的定额。

施工定额本身由劳动定额、机械定额和材料定额三个相对独立的部分组成，主要直接用于工程的施工管理，作为编制工程施工设计、施工预算、施工作业计划、签发施工任务单、限额领料卡及结算计件工资或计量奖励工资等用。它同时也是编制预算定额的基础。

(2) 预算定额

预算定额是以建筑物或构筑物各个分部分项工程为对象编制的定额。其内容包括劳动定额、机械台班定额、材料消耗定额三个基本部分，并列有工程费用，是一种计价的定额。从编制程序上看，预算定额是以施工定额为基础综合扩大编制的；同时它也是编制概算定额的基础。

(3) 概算定额

概算定额通常按工业建筑和民用建筑分别编制。工业建筑中又按各工业部门类别、企业大小、车间结构编制，民用建筑按照用途性质、建筑层高、结构类别编制。

(4) 概算指标

概算指标一般是在概算定额和预算定额的基础上编制的，比概算定额更加综合扩大。它是设计单位编制工程概算或建设单位编制年度任务计划、施工准备期间编制材料和机械设备供应计划的依据，也可供国家编制年度建设计划参考。

(5) 投资估算指标

投资估算指标是在项目建议书和可行性研究阶段编制投资估算、计算投资需要量时使用的一种定额。它非常概略，往往以独立的单项工程或完整的工程项目为计算对象，编制内容是所有项目费用之和。编制基础仍然离不开预算定额、概算定额。

3. 按照投资的费用性质分类

按照投资的费用性质分类，可以把工程建设定额分为建筑工程定额、设备安装工程定额、建筑安装工程费用定额、工器具定额以及工程建设其他费用定额等。

4. 按照专业性质划分

工程建设定额分为全国通用定额、行业通用定额和专业专用定额三种。

5. 按主编单位和管理权限分类

工程建设定额可以分为全国统一定额、行业统一定额、地区统一定额、企业定额、补充定额五种。

(1) 全国统一定额是由国家建设行政主管部门，综合全国工程建设中技术和施工组织管理的情况编制，并在全国范围内执行的定额。

(2) 行业统一定额是考虑到各行业部门专业工程技术特点，以及施工生产和管理水平编制的。一般是只在本行业和相同专业性质的范围内使用。

(3) 地区统一定额包括省、自治区、直辖市定额。地区统一定额主要是考虑地区性特点和全国统一定额水平作适当调整和补充编制的。

(4) 企业定额是指由施工企业考虑本企业具体情况，参照国家、部门或地区定额的水平制定的定额。

(5) 补充定额是指随着设计、施工技术的发展，现行定额不能满足需要的情况下，为了补充缺陷所编制的定额。

## 1.3 施工定额

### 1.3.1 施工定额概述

**1. 施工定额的概念**

施工定额是在合理的劳动组织和正常施工条件下,为完成单位合格产品生产所需消耗的人工、材料和机械台班的数量标准。施工定额一般由劳动定额、材料消耗定额、机械台班消耗定额三部分组成。

施工定额是直接用于施工管理的定额。

**2. 施工定额的作用**

(1) 编制施工组织设计和施工作业计划的依据;

(2) 施工队向班组签发任务单和限额领料单的基本依据;

(3) 贯彻经济责任制、实行按劳分配的依据;

(4) 编制施工预算、加强施工企业成本管理的基础;

(5) 编制预算定额和补充单位估价表的基础;

(6) 施工企业开展劳动竞赛、提高劳动生产率的前提条件。

施工定额是建筑安装企业内部管理的定额,属于企业定额的性质。施工定额是企业加强管理、提高企业素质、降低劳动消耗、控制成本开支、提高劳动生产率和企业经济效益的有效手段。

**3. 施工定额的编制原则**

(1) 平均先进原则

施工定额是以平均先进为原则的定额水平制定的。定额水平是指定额规定的劳动力、材料和机械的消耗标准。平均先进原则是指在正常的施工条件下,大多数生产者经过努力能够达到和超过水平。企业施工定额的编制应能够反映比较成熟的先进技术和先进经验,有利于降低工料消耗,提高企业管理水平。

(2) 简明适用性原则

企业施工定额设置应简单明了,便于查阅。定额项目的设置要尽量齐全完备,根据企业特点合理划分定额步距,计算要满足劳动组织分工、经济责任与核算个人生产成本的劳动报酬的需要。这样有利于企业报价与成本分析。

(3) 以专家为主编制定额的原则

企业施工定额的编制要求有一支经验丰富、技术与管理知识全面、有一定政策水平的专家队伍,可以保证编制施工定额的延续性、专业性和实践性。

(4) 坚持实事求是，动态管理的原则

企业施工定额应本着实事求是的原则，结合企业经营管理的特点，确定工料机各项消耗的数量。企业的管理水平和技术水平也在不断地更新，不同的工程，在不同的时段，都有不同的价格，因此企业施工定额的编制还要注意便于动态管理的原则。

### 1.3.2 劳动定额

1. 劳动定额的概念

劳动定额也称人工定额，是指在正常施工条件、合理劳动组织条件下，完成单位质量合格的建筑产品所需的劳动消耗量标准。

劳动定额的表现形式有两种：时间定额和产量定额。

(1) 时间定额

时间定额是指某种专业的工人班组或个人，在正常施工条件下，完成一定计量单位质量合格产品所需消耗的工作时间。

时间定额的单位是工日，一个工日是指一个工人工作一天的时间，即 8 小时。

$$单位产品时间定额（工日）=\frac{1}{每工日产量} \tag{1-1}$$

或

$$单位产品时间定额（工日）=\frac{小组成员工日数总和}{小组的台班产量} \tag{1-2}$$

(2) 产量定额

产量定额是指某种专业的工人班组或个人，在正常施工条件下，单位时间（一个工日）完成合格产品的数量。

$$每日产量=\frac{1}{单位产品时间定额（工日）} \tag{1-3}$$

或

$$台班产量=\frac{小组成员工日数总和}{单位产品时间定额（工日）} \tag{1-4}$$

从以上有关时间定额和产量定额的概念可以看出，时间定额与产量定额二者是互为倒数的关系，即

$$时间定额 \times 产量定额 = 1 \tag{1-5}$$

或

$$时间定额 = \frac{1}{产量定额} \tag{1-6}$$

2. 劳动定额测定

(1) 时间研究

时间研究是在一定的标准测定条件下，确定人们完成作业活动所需时间总量的一套程序和方法。时间研究用于测量完成一项工作所必需的时间，以便建立在一定生产条件下的工人或机械的产量标准。

时间研究的结果是编制人工消耗量定额和机械消耗量定额的直接依据。

(2) 施工过程研究

施工过程是指在施工现场对工程所进行的生产过程。

1) 按施工过程的完成方法，可以分为手工操作过程（手动过程）、机械化过程（机动过程）和机手并动过程（半机械化过程）。

2) 按施工过程劳动分工的特点不同，可以分为个人完成的过程、工人班组完成的过程和施工队完成的过程。

3) 按施工过程组织上的复杂程度，可以把施工过程分为工序、工作过程和综合工作过程。

(3) 工人工作时间研究

工人在工作班内消耗的工作时间，按其消耗的性质可以分为两大类：定额时间（必须消耗的时间）和非定额时间（损失时间）（图1-2）。

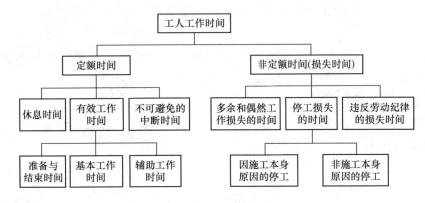

图1-2  工人工作时间研究图

1) 定额时间

定额时间是工人在正常施工条件下，为完成一定产品所消耗的时间。定额时间包括有效工作时间（准备与结束工作时间、基本工作时间、辅助工作时间）、不可避免的中断时间及必需的休息时间等。

①有效工作时间是指与完成产品直接相关的工作时间消耗，包括准备与结束工作时间、基本工作时间、辅助工作时间。

基本工作时间是工人完成基本工作所消耗的时间，也就是完成能生产一定产品的施工工艺过程所消耗的时间。

辅助工作时间是为保证基本工作能顺利完成所做的辅助性工作消耗的时间。

准备与结束工作时间是执行任务前或任务完成后所消耗的工作时间。如工作地点、劳动工具和劳动对象的准备工作时间，工作结束后的整理工作时间等。

②不可避免的中断所消耗的时间是由于施工工艺特点引起的工作中断所消耗的时间。如汽车司机在汽车装卸货时消耗的时间。与施工过程工艺特点有关的工作中断时间，应包括在定额时间内；与工艺特点无关的工作中断所占用的时间，是由于劳动组织不合理引起的，属于损失时间，不能计入定额时间。

③休息时间是工人在工作过程中为恢复体力所必需的短暂休息和生理需要的时间消耗,在定额时间中必须进行计算。

2) 非定额时间

损失时间中包括由多余和偶然工作、停工、违背劳动纪律所引起的工时损失。

①所谓多余工作,就是工人进行了任务以外的而又不能增加产品数量的工作。如重砌质量不合格的墙体、对已磨光的水磨石进行多余的磨光等。多余工作的工时损失不应计入定额时间中。偶然工作也是工人在任务以外进行的工作,但能够获得一定产品。如电工铺设电缆时需要临时在墙上开洞,抹灰工不得不补上偶然遗留的墙洞等。在拟定定额时,可适当考虑偶然工作时间的影响。

②停工时间可分为施工本身造成的停工时间和非施工本身造成的停工时间两种。施工本身造成的停工时间,是由于施工组织不善、材料供应不及时、工作面准备工作做得不好、工作地点组织不良等情况引起的停工时间。非施工本身造成的停工时间,是由于气候条件以及水源、电源中断引起的停工时间。后一类停工时间在定额中可适当考虑。

③违背劳动纪律造成的工作时间损失,是指工人迟到、早退、擅自离开工作岗位、工作时间内聊天等造成的工时损失。这类时间在定额中不予考虑。

(4) 劳动定额测定

劳动定额的测定方法主要有经验估计法、统计分析法、比较类推法、技术测定法等。如图 1-3 所示:

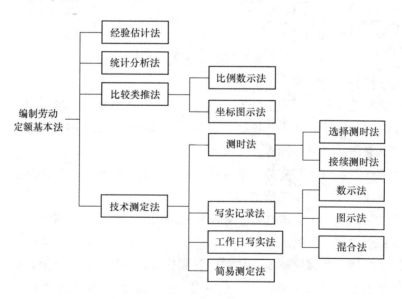

图 1-3　劳动定额编制

### 1.3.3　材料消耗定额

1. 材料消耗定额的概念

材料消耗定额简称材料定额,它是指在节约和合理使用材料的条件下,生产单位合格产品所需要消耗一定品种规格的建筑材料、半成品、配件等的数量标准，包括材料的使用量和必要的工艺性损耗及废料数量。

2. 材料消耗定额的组成

工程施工中所消耗的材料，按其消耗的方式可以分成两种：一种是在施工中一次性消耗的、构成工程实体的材料，一般把这种材料称为直接性材料；另一种是为直接性材料消耗工艺服务且在施工中周转使用的材料，其价值是分批分次地转移到工程实体中去的，这种材料一般不构成工程实体，如：砌筑砖墙用的脚手架、浇筑混凝土构件用的模板等，一般把这种材料称为周转性材料。

施工中材料的消耗，可分为必需的材料消耗和损失的材料两类性质。

必需消耗的材料属于施工正常消耗，是确定材料消耗定额的基本数据。其中：直接用于建筑和安装工程的材料，应编制材料净用量定额；不可避免的施工废料和材料损耗，应编制材料损耗定额。

材料消耗量的计算方法

$$材料损耗率 = \frac{材料损耗量}{材料净用量} \times 100\% \tag{1-7}$$

$$材料损耗量 = 材料净用量 \times 材料损耗率 \tag{1-8}$$

$$材料消耗量 = 材料净用量 + 材料损耗量$$
$$= 材料净用量 \times (1 + 材料损耗率) \tag{1-9}$$

3. 材料消耗定额测定

(1) 实体材料消耗量定额测定

确定材料净用量定额和材料损耗定额的计算数据，是通过现场技术测定、实验室试验、现场统计法和理论计算等方法获得的。

1) 现场技术测定法

通过施工现场对材料使用的观察、测定，取得产品产量和材料消耗的基础数据，为编制材料定额提供技术依据。

2) 实验室试验法

通过试验，对材料的结构、化学成分和物理性能以及按强度等级控制的混凝土、砂浆配比作出科学结论，为编制材料消耗定额提供比较精确的计算数据，可用来编制材料净用量定额。

3) 现场统计法

通过对现场进料、用料的大量统计资料进行分析计算，获得材料消耗的数据。这种方法由于不能分清材料消耗的性质，因而不能作为确定材料净用量定额和材料损耗定额的依据。

4) 理论计算法

根据施工图纸和建筑构造要求，用理论公式计算出材料的净消耗量。主要适用于块、板类的建筑材料（砖、油毡等）。

(2) 周转材料消耗量定额测定

1) 现浇钢筋混凝土构件模板摊销量的计算

$$摊销量 = 周转使用量 - 回收量 \tag{1-10}$$

$$周转使用量 = \frac{一次使用量 + [一次使用量 \times (周转次数 - 1) \times 损耗率]}{周转次数}$$

$$= \frac{一次使用量 \times [1 + (周转次数 - 1) \times 损耗率]}{周转次数} \tag{1-11}$$

$$回收量 = \frac{一次使用量 - (一次使用量 \times 损耗率)}{周转次数}$$

$$= \frac{一次使用量 \times (1 - 损耗率)}{周转次数} \tag{1-12}$$

2) 预制钢筋混凝土构件模板摊销量的计算

$$摊销量 = \frac{一次使用量}{周转次数} \tag{1-13}$$

### 1.3.4 机械台班消耗定额

1. 机械台班消耗定额概念

机械台班消耗定额又称机械台班使用定额,是指在正常施工条件、合理劳动组织、合理使用材料的条件下,某种专业、某种等级的工人班组使用机械,完成单位合格产品所需的定额时间。

表现形式有两种,即时间定额和产量定额,两者互为倒数。

(1) 机械时间定额

机械时间定额,是指在正常施工条件、合理劳动组织、合理使用材料的条件下,某种专业、某种等级的工人班组使用机械,完成单位合格产品所消耗的工作时间。

$$单位产品的机械时间定额(台班) = \frac{1}{机械台班产量} \tag{1-14}$$

台班是机械工作时间的单位,一个台班是指一台机械工作一个班次的时间,即 8 小时。

(2) 机械产量定额

机械产量定额,是指在正常施工条件、合理劳动组织、合理使用材料的条件下,某种机械在一个台班时间内所完成合格产品的数量。

$$机械产量定额 = \frac{1}{机械时间定额} \tag{1-15}$$

2. 机械台班消耗定额测定

(1) 机械工作时间分类

机械的工作时间分为定额时间和非定额时间,即必须消耗的时间和损失时间两部分(图 1-4)。

1) 必须消耗的时间

必须消耗的工作时间包括有效工作、不可避免的无负荷工作和不可避免的中断三项时间消耗。

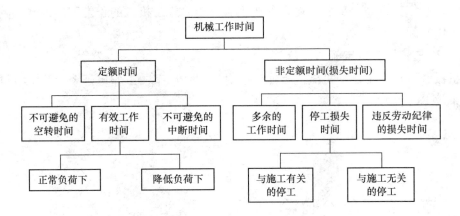

图 1-4 机械工作时间分类图

①有效工作时间包括正常或有根据地降低负荷下的工时消耗。

②不可避免的空载时间,是由施工过程的特点和机械结构的特点造成的机械空载时间。

③不可避免的中断工作时间,分为与工艺过程的特点、机器的使用和保养及工人休息有关。

2) 损失时间

损失的工作时间,包括多余工作、停工和违背劳动纪律所消耗的工作时间。

①多余工作时间,是机械进行任务和工艺过程中未包括的工作而延续的时间。如搅拌机搅拌灰浆超出了规定的时间,工人没有及时供料而使机械空运转的时间。

②停工时间,按其性质可分为施工本身造成的停工和非施工本身造成的停工。前者是由于施工组织得不好而引起的停工现象,如由于未及时供给机器水、电、燃料而引起的停工;后者是由于气候条件所引起的停工现象。

③违反劳动纪律引起机械的时间损失,是指操作人员迟到早退或擅离岗位等原因引起的机械停工时间。

(2) 确定机械台班定额消耗量的基本方法

1) 确定正常的施工条件

确定机械工作正常条件,主要是拟定工作地点的合理组织和合理的工人编制。施工现场的合理组织,是指对机械的放置位置、工人的操作场地等作出科学合理的布置,最大限度地发挥机械的性能。合理的工人编制,往往要通过计时观察、理论计算和经验资料来确定。拟定的工人编制,应保持机械的正常生产率和工人正常的劳动效率。

2) 确定机械 1 小时纯工作正常生产率

机械纯工作 1 小时的正常生产率,就是在正常工作条件下,由具备必需的知识和技能的技术工人操作机械 1 小时的生产率。根据机械工作特点的不同,机械 1 小时纯工作正常生产率要通过区分机械是循环动作机械还是连续动作机械来确定。

3) 确定机械正常利用系数

施工机械的定额时间包括机械纯工作时间、机械台班准备与结束时间、机械维护时间等，不包括迟到、早退、返工等非定额时间。施工机械的正常利用系数，就是机械纯工作时间占定额时间的百分数。

4) 确定机械台班定额消耗量

机械台班产量定额＝机械纯工作 1 小时正常生产率×工作班延续时间×机械正常利用系数

## 1.4 施工资源单价确定

### 1.4.1 人工单价确定

1. 人工单价的组成

人工单价是指一个建筑安装工人一个工作日在预算中应计入的全部人工费用。

(1) 基本工资：是指发放给生产工人的基本工资，包括基础工资、岗位（职级）工资、绩效工资等。

(2) 工资性津贴：是指企业发放的各种性质的津贴、补贴。包括物价补贴、交通补贴、住房补贴、施工补贴、误餐补贴、节假日（夜间）加班费等。

(3) 生产工人辅助工资：是指生产工人年有效施工天数以外的非作业天数工资，包括职工学习、培训期间的工资，探亲、休假期间的工资，因气候影响的停工工资，女工哺乳时间的工资，病假在六个月以内的工资及产、婚、丧假期的工资。

(4) 职工福利费：是指按规定标准计提的职工福利费。

(5) 劳动保护费：是指按规定标准发放的劳动保护用品、工作服装补贴、防暑降温费、高危险工种施工作业防护补贴费等。

2. 影响人工单价的因素

(1) 社会平均工资水平；

(2) 生活消费指数；

(3) 人工单价的组成内容；

(4) 劳动力市场供需变化；

(5) 政府推行的社会保障和福利政策。

目前我国的人工工日单价组成内容，在各部门、各地区并不完全相同，但其中每一项内容都是根据有关法规、政策文件的精神，结合本部门、本地区的特点，通过反复测算最终确定的。

### 1.4.2 材料单价确定

材料的预算价格是指材料（包括构件、成品及半成品等）从其来源地（或交货地点）到达施工工地仓库后的出库价格。

1. 材料预算价格的组成

(1) 材料原价

材料原价是指材料的出厂价格，进口材料抵岸价或销售部门的批发牌价和零售价。

$$加权平均原价 = \frac{K_1C_1 + K_2C_2 + \cdots\cdots K_nC_n}{K_1 + K_2 + \cdots\cdots + K_n} \quad (1-16)$$

($K_n$——各个来源地材料的数量；$C_n$——各个来源地材料的原价)

(2) 运杂费

运杂费是指材料自来源地运至工地仓库或指定堆放地点所发生的全部费用。

$$加权平均运杂费 = \frac{K_1T_1 + K_2T_2 + \cdots\cdots K_nT_n}{K_1 + K_2 + \cdots\cdots + K_n} \quad (1-17)$$

($K_n$——各个来源地材料的数量；$T_n$——各个来源地材料的运杂费)

(3) 运输损耗费

运输损耗费是指材料在运输装卸过程中不可避免的损耗。

(4) 采购及保管费

采购及保管费是为组织采购、供应和保管材料过程所需要的各项费用。包括：采购费、工地保管费、仓储费和仓储损耗。

$$\begin{aligned}采购及保管费 &= 材料运到工地仓库价格 \times 采购及保管费率 \\ &= (材料原价 + 运杂费 + 运输损耗费) \times 采购及保管费率\end{aligned} \quad (1-18)$$

2. 影响材料预算价格变动的因素

(1) 市场供需变化；

(2) 材料生产成本的变动直接涉及材料预算价格的波动；

(3) 流通环节的多少和材料供应体制也会影响材料预算价格；

(4) 运输距离和运输方法的改变会影响材料运输费用的增减，从而也会影响材料预算价格；

(5) 国际市场行情会对进口材料价格产生影响。

### 1.4.3　机械台班单价确定

机械台班使用费是指施工机械作业所发生的机械使用费、机械安拆费和场外运费。施工机械台班单价应由下列费用组成：

1. 折旧费：施工机械在规定的使用年限内，陆续收回其原值及购置资金的时间价值。

$$台班折旧费 = \frac{机械预算价格 \times (1-残值率) \times 贷款利息系数}{耐用总台班} \quad (1-19)$$

(1) 机械预算价

机械预算价格按机械出厂（或到岸完税）价格，及机械以交货地点或口岸运至使用单位机械管理部门的全部运杂费计算。

(2) 残值率

指机械报废时回收的残值占机械原值（机械预算价格）的比率。

(3) 贷款利息系数

$$贷款利息系数 = 1 + \frac{n+1}{2}i \tag{1-20}$$

($n$——国家有关文件规定的此类机械折旧年限；$i$——当年银行贷款利率)

(4) 耐用总台班

机械在正常施工作业条件下，从投入使用直到报废为止，按规定应达到的使用总台班数。

机械耐用总台班即机械使用寿命，一般可分为机械技术使用寿命、经济使用寿命。

$$耐用总台班 = 折旧年限 \times 年工作台班 = 大修间隔台班 \times 大修周期 \tag{1-21}$$

$$大修周期 = 寿命期大修理次数 + 1 \tag{1-22}$$

2. 大修理费

大修理费是指机械设备按规定的大修间隔台班必须进行大修理，以恢复机械正常功能所需的费用。

$$台班大修理费 = \frac{一次大修理费 \times 寿命期内大修理次数}{耐用总台班} \tag{1-23}$$

(1) 一次大修理费

按机械设备规定的大修理范围和工作内容，进行一次全面修理需消耗的工时、配件、辅助材料、油燃料以及送修运输等全部费用计算。

(2) 寿命期大修理次数

为恢复原机功能按规定在寿命期内需要进行的大修理次数。

3. 经常修理费

经常修理费是指施工机械除大修理以外的各级保养和临时故障排除所需的费用。包括为保障机械正常运转所需要的替换设备与随机配备工具用具的摊销和维护费用，机械运转及日常保养所需润滑与擦拭的材料费用及机械停滞期间的维护和保养费用等。

$$台班经修费 = \frac{\Sigma(各级保养一次费用 \times 寿命期各级保养总次数) + 临时故障排除费}{耐用总台班}$$

$$+ 替换设备台班摊销费 + 工具附具台班摊销费 + 例保辅料费 \tag{1-24}$$

4. 安拆费及场外运输费

(1) 安拆费

机械在施工现场进行安装、拆卸所需人工、材料、机械和试运转费用，包括机械辅助设施的折旧、搭设、拆除等费用。

$$台班安拆费 = \frac{机械一次安拆费 \times 年平均安拆次数}{年工作台班} + 台班辅助设施费 \tag{1-25}$$

(2) 场外运费

机械整体或分体自停置地点运至现场或某一工地运至另一工地的运输、装卸、辅助材料以及架线等费用。

$$台班辅助设施费 = \frac{(一次运输及装卸费+辅助材料一次摊销费+一次架线费) \times 年运输次数}{年工作台班}$$

(1-26)

5. 人工费

机上司机（司炉）和其他操作人员的工作日人工费及上述人员在施工机械规定的年工作台班以外的人工费。

$$台班人工费 = 定额机上人工工日 \times 日工资单价 \quad (1-27)$$

$$定额机上人工工日 = 机上定员工日 \times (1+增加工日系数) \quad (1-28)$$

$$增加工日系数 = \frac{年日历天数-规定节假公休日-辅助工资中年非工作日-机械年工作台班}{机械年工作台班}$$

(1-29)

6. 燃料动力费

施工机械在运转作业中所消耗的固体燃料（煤、木柴）、液体燃料（汽油、柴油）及水电等。

$$台班燃料动力消耗量 = \frac{实测数 \times 4 + 定额平均值 + 调查平均值}{6} \quad (1-30)$$

$$台班燃料动力费 = 台班燃料动力消耗量 \times 相应单价 \quad (1-31)$$

7. 车辆使用费

施工机械按照国家规定和有关部门规定应缴纳的车船使用税、保险费及年检费等。

$$养路费及车船使用税 = \frac{载重量(或核定吨位) \times \left\{ \frac{养路费}{[元/(t \cdot 月)]} \times 12 + \frac{车船使用税}{[元/(t \cdot 年)]} \right\}}{年工作台班}$$

(1-32)

## 1.5 建筑安装工期定额

### 1.5.1 建筑安装工期定额总说明

1. 《全国统一建筑安装工程工期定额》是建设部以建标［2000］38号文发布颁发的，由各省、市、自治区贯彻执行的指令性文件。它是编制施工组织设计，安排施工计划和考核施工工期，完成竣工指标的依据，是编制招投标底、投标标书和签订建筑安装工程合同的依据。

2. 单项工程工期是指单项工程从基础破土开工（或原桩位打基础桩）起至完成建筑安装工程施工全部内容，并达到国家验收标准之日止的全过程所需的日历天数。

3. 本定额工期以日历天数为单位。对不可抗力因素造成的工程停工，经承发包双方确认，可顺延工期。

4. 因重大设计变更或发包方原因造成停工，经承发包双方确认后，可顺延工期。因承包方原因造成停工，不得增加工期。

5. 施工技术规范或设计要求冬季不能施工而造成工程主导工序连续停工，经承发包双方确认后，可顺延工期。

6. 本定额项目包括民用建筑和一般通用工业建筑。凡定额中未包括的项目，各省、自治区、直辖市建设行政主管部门可制定补充工期定额，并报建设部备案。

7. 有关规定

(1) 单项（位）工程中层高在 2.2m 以内的技术层不计算建筑面积，但计算层数。

(2) 出屋面的楼（电）梯间、水箱间不计算层数。

(3) 单项（位）工程层数超出本定额时，工期可按定额中最高相邻层数的工期差值增加。

(4) 一个承包方同时承包 2 个以上（含 2 个）单项（位）工程时，工期的计算：以一个单项（位）工程的最大工期为基数，另加其他单项（位）工程工期总和乘以相应系数计算：加一个乘以 0.35 系数；加 2 个乘以 0.2 系数；加 3 个乘以 0.15 系数；4 个以上的单项（位）工程不另增加工期。

(5) 坑底打基础桩，另增加工期。

(6) 开挖一层立方后，再打护坡桩的工程，护坡桩施工的工期承发包双方可按施工方案确定增加天数，但最多不超过 50 天。

(7) 基础施工遇到障碍物或古墓、文物、流砂、溶洞、暗滨、淤泥、石方、地下水等需要进行基础处理时，由承发包双方确定增加工期。

(8) 单项工程的室外管线（不包括直埋管道）累计长度在 100m 以上，增加工期 10 天；道路及停车场的面积在 500$m^2$ 以上，在 1000$m^2$ 以下者增加工期 10 天；在 5000$m^2$ 以内者增加工期 20 天；围墙工程不另增加工期。

### 1.5.2 工期定额内容

1. 江苏省工期调整文件

根据 2000 年《全国统一建筑安装工程工期定额》的有关规定，结合江苏省实际，对定额工期作以下调整：

(1) 民用建筑工程中单项工程

±0.00 以下工程按 2000 年国家定额工期调减 5%；

±0.00 以上工程中，住宅、综合楼、办公楼、教学楼、医疗、门诊楼、图书馆工程均按 2000 年国家工期定额执行，不调整；

宾馆、饭店、影剧院、体育馆按定额工期调减15%。

(2) 民用建筑工程中单位工程

±0.00m以下结构工程调减5%；

±0.00m以上结构工程，宾馆、饭店及其他建筑的装修工程调减10%。

2. 工期定额内容

本定额总共有六章，根据工程类别，定额又分为三大部分：第一部分民用建筑工程，第二部分工业及其他建筑工程，第三部分专业工程。这里仅介绍民用建筑工程基本内容。

在第一部分民用建筑工程中，包括第一章单项工程和第二章单位工程。

(1) 第一章单项工程

本章包括±0.000m以下工程、±0.000m以上工程、影剧院和体育馆工程。±0.00m以下工程按土质分类，划分为无地下室和有地下室两部分，无地下室按基础类型及首层建筑面积划分，有地下室按地下室层数及建筑面积划分，其工期包括±0.000m以下全部工程内容。±0.00m以上工程按工程用途、结构类型、层数及建筑面积划分，其工期包括结构、装修、设备安装全部内容。影剧院和体育馆工程按结构类型、檐高及建筑面积划分，其工期不分±0.00m以下、±0.00m以上，均包括基础、结构、装修全部工程内容。另外，对于±0.00m以上工程，按工程用途又划分为住宅工程，宾馆、饭店工程，综合楼工程，办公、教学楼工程，医疗、门诊楼工程以及图书馆工程，可以按照这一分类方式分别计算各类工程工期。

(2) 第二章单位工程

本章包括结构工程和装修工程。结构工程包括±0.00m以下结构工程和±0.00m以上结构工程。±0.00m以下结构工程有地下室按地下室层数及建筑面积划分。±0.00m以上结构工程按工程结构类型、层数及建筑面积划分。±0.00m以下结构工程工期包括基础挖土、±0.00m以下结构工程、安装的配管工程内容。±0.00m以上结构工程工期包括±0.00m以上结构、屋面及安装的配管工程内容。装修工程按工程用途、装修标准及建筑面积划分。装修工程工期适用于单位工程，以装修单位为总协调单位，其工期包括内装修、外装修及相应的机电安装工程工期。宾馆、饭店星级划分标准按《中华人民共和国旅游涉外饭店星级标准》确定。其他建筑工程装修标准划分为一般装修、中级装修、高级装修，划分标准按规定执行。

### 1.5.3　工期定额部分摘录

1. ±0.00以下工程无地下室

表1-11

| 序号 | 类别 | 定额编号 | 层数或名称 | 建筑面积或规格 | 1、2类土 | 3、4类土 |
|---|---|---|---|---|---|---|
| 1 | ±0.00以下工程无地下室 | 1—1 | 带形基础 | 500以内 | 30 | 35 |
| 2 | ±0.00以下工程无地下室 | 1—2 | 带形基础 | 1000以内 | 45 | 50 |
| 3 | ±0.00以下工程无地下室 | 1—3 | 带形基础 | 1000以外 | 65 | 70 |

续表

| 序号 | 类别 | 定额编号 | 层数或名称 | 建筑面积或规格 | 1、2类土 | 3、4类土 |
|---|---|---|---|---|---|---|
| 4 | ±0.00以下工程无地下室 | 1－4 | 满堂红基础 | 500以内 | 40 | 45 |
| 5 | ±0.00以下工程无地下室 | 1－5 | 满堂红基础 | 1000以内 | 55 | 60 |
| 6 | ±0.00以下工程无地下室 | 1－6 | 满堂红基础 | 1000以外 | 75 | 80 |
| 7 | ±0.00以下工程无地下室 | 1－7 | 框架基础（独立柱基） | 500以内 | 25 | 30 |
| 8 | ±0.00以下工程无地下室 | 1－8 | 框架基础（独立柱基） | 1000以内 | 35 | 40 |
| 9 | ±0.00以下工程无地下室 | 1－9 | 框架基础（独立柱基） | 1000以外 | 55 | 60 |

2. ±0.00以下工程有地下室

表1-12

| 序号 | 类别 | 定额编号 | 层数或名称 | 建筑面积或规格 | 1、2类土 | 3、4类土 |
|---|---|---|---|---|---|---|
| 1 | ±0.00以下工程有地下室 | 1－10 | 1 | 500以内 | 75 | 80 |
| 2 | ±0.00以下工程有地下室 | 1－11 | 1 | 1000以内 | 90 | 95 |
| 3 | ±0.00以下工程有地下室 | 1－12 | 1 | 1000以外 | 110 | 115 |
| 4 | ±0.00以下工程有地下室 | 1－13 | 2 | 1000以内 | 120 | 125 |
| 5 | ±0.00以下工程有地下室 | 1－14 | 2 | 2000以内 | 140 | 145 |
| 6 | ±0.00以下工程有地下室 | 1－15 | 2 | 3000以内 | 165 | 170 |
| 7 | ±0.00以下工程有地下室 | 1－16 | 2 | 3000以外 | 190 | 195 |
| 8 | ±0.00以下工程有地下室 | 1－17 | 3 | 3000以内 | 195 | 205 |
| 9 | ±0.00以下工程有地下室 | 1－18 | 3 | 5000以内 | 220 | 230 |
| 10 | ±0.00以下工程有地下室 | 1－19 | 3 | 7000以内 | 250 | 260 |
| 11 | ±0.00以下工程有地下室 | 1－20 | 3 | 10000以内 | 280 | 290 |
| 12 | ±0.00以下工程有地下室 | 1－21 | 3 | 15000以内 | 310 | 320 |
| 13 | ±0.00以下工程有地下室 | 1－22 | 3 | 15000以外 | 345 | 355 |
| 14 | ±0.00以下工程有地下室 | 1－23 | 4 | 5000以内 | 255 | 270 |
| 15 | ±0.00以下工程有地下室 | 1－24 | 4 | 7000以内 | 285 | 300 |
| 16 | ±0.00以下工程有地下室 | 1－25 | 4 | 10000以内 | 315 | 330 |
| 17 | ±0.00以下工程有地下室 | 1－26 | 4 | 15000以内 | 345 | 360 |
| 18 | ±0.00以下工程有地下室 | 1－27 | 4 | 20000以内 | 380 | 395 |
| 19 | ±0.00以下工程有地下室 | 1－28 | 4 | 20000以外 | 415 | 430 |

# 单元小结

通过本单元学习，学生了解了关于建筑工程计量与计价的基础知识，为后面的学习奠定了一定的理论基础。

# 单元课业

## 一、课业说明

完成以下题目，检测自己对建筑工程计量与计价基础知识的掌握

## 二、参考资料

《江苏省建筑与装饰工程计价表》、《建筑工程工程量清单计价规范》、江苏省现行费用定额、教学课件、视频教学资料、网络教学资源、任务工单

## 三、单选题

1. 下列定额分类中属于按照生产要素消耗内容分类的是（　　）。
   A. 材料消耗定额、机械消耗定额、工器具消耗定额
   B. 劳动消耗定额、机械消耗定额、材料消耗定额
   C. 机械消耗定额、材料消耗定额、建筑工程定额
   D. 资金消耗定额、劳动消耗定额、机械消耗定额

2. 在下列各种定额中，以工序为研究对象的是（　　）。
   A. 概算定额　　　　　　　　B. 施工定额
   C. 预算定额　　　　　　　　D. 投资估算指标

3. 消耗量定额是由建设行政主管部门根据合理的施工组织设计按照正常施工条件下制定的，生产一个规定计量单位工程合格产品所需人、材料、机械台班的（　　）消耗量。
   A. 社会平均　　　　　　　　B. 社会先进
   C. 平均先进　　　　　　　　D. 社会最低

4. 某工程有独立设计的施工图纸和施工组织设计，但建成后不能独立发挥生产能力，此工程应属于（　　）。
   A. 分部分项工程　　　　　　B. 单项工程
   C. 分项工程　　　　　　　　D. 单位工程

5. 某工厂的炼钢车间是（　　）。
   A. 单项工程　　　　　　　　B. 分部工程
   C. 单位工程　　　　　　　　D. 分项工程

6. 建设工程施工费用按"人工费＋机械费"或"人工费"为计算基数，人工费、机械费是指（　　）。

A. 直接工程费中的人工费

B. 直接工程费及施工技术措施费中的人工费和机械费

C. 直接工程费及施工措施费中的人工费和机械费

D. 直接工程费中的人工费和机械费，其机械费包括大型机械设备进出场费及安拆费

7. 按照现行规定，建筑安装工程造价中的脚手架费应列入(　　)。

　A. 直接费中的措施费　　　　B. 间接费中的规费
　C. 直接工程费中的材料费　　D. 间接费中的工具用具使用费

8. 以下各项中，属于建筑安装工程直接工程费的是(　　)。

　A. 模板及支架费　　　　　　B. 大型机械设备进出场及安拆费
　C. 二次搬运费　　　　　　　D. 材料检验试验费

9. 工程量清单计价采用综合单价计价，考虑我国的现实情况，综合单价可不包括(　　)。

　A. 分部分项工程费　　　　　B. 风险因素增加的费用
　C. 措施项目费　　　　　　　D. 规费和税金

10. 在下列费用中，属于建筑安装工程间接费的是(　　)。

　A. 施工单位的临时设施费　　B. 职工福利费
　C. 施工现场环境保护费　　　D. 工程定额测定费

## 四、多选题

1. 下列时间中应该计入定额时间的是(　　)。

　A. 休息时间
　B. 多余工作时间
　C. 施工本身造成的停工时间
　D. 与施工过程工艺特点有关的工作中断时间
　E. 与施工过程工艺特点无关的工作中断时间

2. 下列费用中不属于人工单价组成内容的有(　　)。

　A. 生产工人的劳保福利费　　B. 生产工人的工会经费和职工教育经费
　C. 现场管理人员的工资　　　D. 生产工人辅助工资
　E. 生产工人退休后的退休金

3. 我省规定实行工程量清单计价工程项目，不可竞争费包括(　　)。

　A. 现场安全文明施工措施费　B. 环境保护费
　C. 工程定额测定费　　　　　D. 劳动保险费
　E. 税金

4. 清单计价法的分部分项工程费包括(　　)。

　A. 人工费　　　　　　　　　B. 材料费

C. 机械费  D. 措施项目费
E. 规费

5. 材料采购保管费包括（　　）。
   A. 采购费  B. 场外运输费
   C. 工地保管费  D. 仓储损耗
   E. 仓储费

6. 清单计价法的施工机械费构成包括（　　）。
   A. 折旧费  B. 大修理费
   C. 人工费  D. 燃料动力费
   E. 管理费

7. 工程建设定额具有（　　）的特征。
   A. 计划性  B. 科学性
   C. 系统性  D. 强制性
   E. 时效性

8. 施工定额的作用表现在（　　）。
   A. 是企业计划管理的依据
   B. 是企业提高劳动生产率的手段
   C. 是企业计算工人劳动报酬的依据
   D. 是编制施工预算、加强企业成本管理的基础
   E. 是企业组织和指挥施工生产的有效工具

9. 设计概算的主要作用可归纳为（　　）。
   A. 是编制建设项目投资计划、确定和控制建设项目投资的依据
   B. 是控制施工图设计和施工图预算的依据
   C. 是衡量设计方案技术经济合理性和选择最佳设计方案的依据
   D. 是考核建设项目投资效果的依据
   E. 是建设项目签订贷款合同的依据

10. 下列哪些费用属于建筑安装工程措施费范围（　　）。
    A. 脚手架费  B. 构成工程实体的材料费
    C. 材料二次搬运费  D. 施工排水、降水费
    E. 施工现场办公费

单元 2

# 建筑工程计量

## 引　言

　　建筑工程计量是指根据工程图设计文件及工程量计算规则依据确定建筑工程的工程量。工程计量工作是工程造价管理活动中的重要环节。计量工作在整个工程造价的确定与控制过程中花费的时间长，工程计量的准确与否直接影响到各个阶段工程造价计价的准确性。同时工程量是工程计价的基础，是工料分析的依据、支付工程价款、结算的依据。本单元主要介绍建筑面积的计算、基础工程工程量计算、主体工程工程量计算、装饰装修工程工程量计算、措施项目费计算。

## 学习目标：

　　通过本章学习，你将能够：
　　1. 根据计价表计算定额工程量；
　　2. 根据计价规范计算清单工程量；
　　3. 理解定额工程量和清单工程量计算规则的异同。

## 2.1 计量原理和方法

### 2.1.1 计量概念

工程量是指以物理计量单位或自然计量单位表示的建筑工程各个分项工程或结构构件的实物数量。物理计量单位如：米（m）、平方米（$m^2$）、立方米（$m^3$）、吨（t）等，自然计量单位如：个、樘、块等。

工程量是编制工程量清单、编制施工组织设计、支付工程价款、进行工程结算的重要依据。

### 2.1.2 计量依据

1. 施工图纸、配套的标准图集

施工图纸、配套的标准图集是工程量计算的基础资料和基本依据。施工图纸全面反映建筑物（或构筑物）的结构构造、各部位的尺寸及工程做法。

2. 预算定额、工程量清单计价规范

根据工程计价的方式不同（定额计价或工程量清单计价），计算工程量应选择相应的工程量计算规则，编制施工图预算，应按预算定额及其工程量计算规则算量；若工程招标投标编制工程量清单，应按《计价规范》附录中的工程量计算规则算量。

3. 施工组织设计或施工方案

施工图纸主要表现拟建工程的实体项目，分项工程的具体施工方法及措施，应按施工组织设计或施工方案确定。如计算挖基础土方，施工方法是采用人工开挖，还是采用机械开挖，基坑周围是否需要放坡、预留工作面或做支撑防护等，应以施工组织设计或施工方案为计算依据。

### 2.1.3 计量原则

1. 计算项目与工程量计算规则中规定的项目口径一致。
2. 计算单位与工程量计算规则中规定的计量单位一致。
3. 必须按工程量计算规则计算。
4. 必须按施工图纸计算。
5. 必须计算准确，不重复，不漏项。

### 2.1.4 计量方法

**1. 工程量计算的基本方法**

工程量计算之前，首先应合理安排工程量计算顺序。工程量的计算顺序，应考虑将前一个分部工程中计算的工程量数据，能够被后边其他分部工程在计算时有所利用。有的分部工程是独立的（如基础工程），不需要利用其他分部工程的数据来计算，而有的分部工程前后是有关联的，也就是说，后算的分部工程要依赖前面已计算的分部工程量的某些数据来计算，目的是为了计算流畅，避免错算、漏算和重复计算，从而加快工程量计算速度。

计算工程量，应分不同情况，一般采用以下几种方法：

(1) 按顺时针顺序计算

以图纸左上角为起点，按顺时针方向依次进行计算，当按计算顺序绕图一周后又重新回到起点。这种方法一般用于各种带形基础、墙体、现浇及预制构件计算，其特点是能有效防止漏算和重复计算。

(2) 按编号顺序计算

结构图中包括不同种类、不同型号的构件，而且分布在不同的部位，为了便于计算和复核，需要按构件编号顺序统计数量，然后进行计算。

(3) 按轴线编号计算

对于结构比较复杂的工程量，为了方便计算和复核，有些分项工程可按施工图轴线编号的方法计算。

(4) 分段计算

在通长构件中，当其中截面有变化时，可采取分段计算。如多跨连续梁，当某跨的截面高度或宽度与其他跨不同时可按柱间尺寸分段计算。

(5) 分层计算

该方法在工程量计算中较为常见，例如墙体、构件布置、墙柱面装饰、楼地面做法等各层不同时，都应按分层计算，然后再将各层相同工程做法的项目分别汇总项。

(6) 分区域计算

大型工程项目平面设计比较复杂时，可在伸缩缝或沉降缝处将平面图划分成几个区域分别计算工程量，然后再将各区域相同特征的项目合并计算。

**2. 工程量快速计算的基本方法**

工程量计算的特点是项目多、数量大。这里介绍用统筹法计算工程量。统筹法是一种用来研究、分析事物内在规律及相互依赖关系，从全局角度出发，明确工作重点，合理安排工作顺序，提高工作质量和效率的科学管理方法。运用统筹法计算工程量的基本要点是：统筹程序、合理安排；利用基数、连续计算；一次算出、多次应用。

通过分析，工程量计算中，总有一些数据贯穿在计算全过程中，只要事先计算好这些数据，提供给后面计算工程量重复使用，就可以提高工程量的计算速度。运用基数计算工程量是统筹法的重要思想。例如，外墙地槽、外墙基础垫层、外墙基础可以用同一个长度计算工程量。

基数是指计算工程量时重复使用的数据。包括外墙中线长 $L_{中}$、内墙净长线 $L_{内}$、外墙外边线 $L_{外}$、底层建筑面积 $S_{底}$，简称"三线一面"。

外墙中线长 $L_{中}$ 是指围绕建筑物的外墙中心线长度之和。利用 $L_{中}$，可以计算外墙基槽、外墙基础垫层、外墙基础、外墙体积、外墙圈梁、外墙基防潮层等的工程量。

内墙净长线 $L_{内}$ 是指围绕建筑物的内墙净长线长度之和。利用 $L_{内}$，可以计算内墙基槽、内墙基础垫层、内墙基础、内墙体积、内墙圈梁、内墙基防潮层等的工程量。

外墙外边线 $L_{外}$ 是指围绕建筑物的外墙外边线的长度之和。利用 $L_{外}$，可以计算平整场地、外脚手架等的工程量。

利用底层建筑面积 $S_{底}$ 可以计算平整场地、室内回填土、地面垫层、面层、顶棚抹灰等的工程量。

### 2.1.5 计量规则

1. 《全国统一建筑工程预算工程量计算规则》(GJDGZ—101—95)

为统一工业与民用建筑工程预算工程量的计算，建设部制定了该规则。该规则适用于工业与民用房屋建筑及构筑物施工图设计阶段编制工程预算及工程量清单，也适用于工程设计变更后的工程量计算。该规则与《全国统一建筑工程基础定额》相配套，作为确定建筑工程造价及其消耗量的依据。

2. 建设工程工程量清单计价规范

《建设工程工程量清单计价规范》(GB 50500—2003) 经建设部批准为国家标准，于 2003 年 7 月 1 日正式施行。经过 5 年多的实施，针对实施中存在的问题，《计价规范》又进行了修订。经住房和城乡建设部与国家质量监督检验检疫总局联合发布《建设工程工程量清单计价规范》(GB 50500—2008)，于 2008 年 12 月 1 日起施行。

3. 地方性规则

地方性规则如《山东省建筑工程消耗量定额》，《江苏省建筑与装饰工程计价表》中的规则，是各个省、市、自治区计算施工工程量的重要依据。需要注意的是，各地方规则计算出来的工程量，有时是不同的。

## 2.2 建筑面积计算规则

1. 单层建筑物的建筑面积，应按其外墙勒脚以上结构外围水平面积计算，并符合下列规定：

(1) 单层建筑物高度在 2.2m 及以上者应计算全面积；高度不足 2.2m 者应计算 1/2 面积。

(2) 利用坡屋顶内空间时净高超过 2.1m 的部位应计算全面积；净高在 1.2m 至 2.1m 的部位应计算 1/2 面积；净高不足 1.2m 的部位不应计算面积。

图 2-1 所示的建筑面积计算如下：

$$S=4.5\times(7.2+0.24)+(3.0-0.12)\times(7.2+0.24)\times0.5\times2=54.91\mathrm{m}^2$$

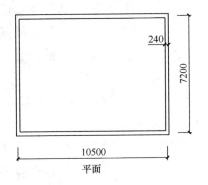
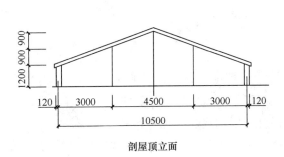

图 2-1

2. 单层建筑物内设有局部楼层者，局部楼层的二层及以上楼层，有围护结构的应按其围护结构外围水平面积计算，无围护结构的应按其结构底板水平面积计算。层高在 2.2m 及以上者应计算全面积；层高不足 2.2m 者应计算 1/2 面积。

图 2-2 所示的建筑面积计算如下：

$$S=(6.0+0.24)\times(4.8+0.24)+(2.7+0.24)\times(1.8+0.24)=37.45\mathrm{m}^2$$

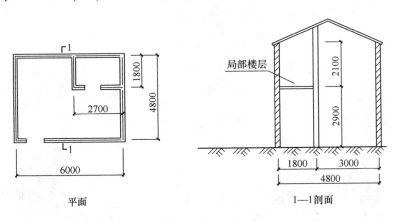

图 2-2

3. 多层建筑物首层应按其外墙勒脚以上结构外围的水平面积计算；二层及以上楼层应按其外墙结构外围的水平面积计算。层高在 2.2m 及以上者应计算全面积；层高不足 2.2m 者应计算 1/2 面积。

4. 多层建筑坡屋顶内和场馆看台下，当设计加以利用时净高超过 2.1m 的部位应计算全面积；净高在 1.2m 至 2.1m 的部位应计算 1/2 面积；当设计不利用或室内净高不足 1.2m 时不应计算面积。

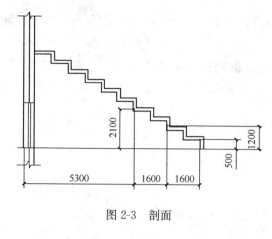

图 2-3 剖面

假设看台宽度为 8.0m，图 2-3 所示的建筑面积计算如下：

$$S = 8.0 \times (5.3 + 0.5 \times 1.6) = 48.8 \text{m}^2$$

5. 地下室、半地下室（车间、商店、车站、车库、仓库等），包括相应的有永久性顶盖的出入口，应按其外墙上口（不包括采光井、外墙防潮层及其保护墙）外边线所围水平面积计算。层高在 2.2m 及以上者应计算全面积；层高不足 2.2m 者应计算 1/2 面积（图 2-4）。

6. 坡地的建筑物吊脚架空层、深基础架空层，设计加以利用并有围护结构的，层高在 2.2m 及以上的部位应计算全面积；层高不足 2.2m 的部位应计算 1/2 面积。设计加以利用、无围护结构的建筑吊脚架空层，应按其利用部位水平面积的 1/2 计算；设计不利用的深基础架空层、坡地吊脚架空层、多层建筑坡屋顶内、场馆看台下的空间不应计算面积。

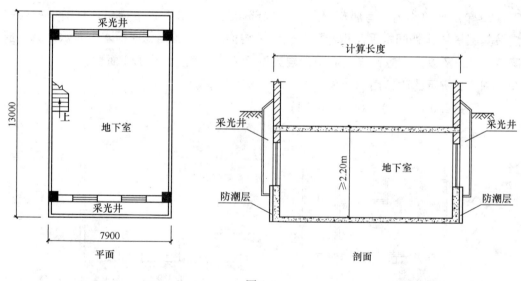

图 2-4

7. 建筑物的门厅、大厅按一层计算建筑面积。门厅、大厅内设有回廊时，应按其结构底板水平面积计算。层高在 2.2m 及以上者应计算全面积；层高不足 2.2m 者应计算 1/2 面积。

假设回廊层高不小于 2.2m，图 2-5 所示的建筑面积计算如下：

$$S = (13.6 - 0.24) \times 1.26 \times 2 + (9.0 - 0.24 - 1.26 \times 2) \times 1.26 \times 2 = 49.39 \text{m}^2$$

8. 建筑物间有围护结构的架空走廊，应按其围护结构外围水平面积计算。层高在 2.2m 及以上者应计算全面积；层高不足 2.2m 者应计算 1/2 面积。有永久性顶盖无围护结构的应按其结构底板水平面积的 1/2 计算。

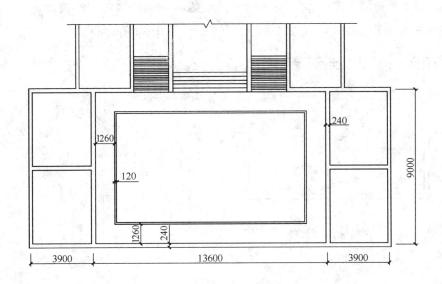

图 2-5 带回廊的二层平面示意图

假设架空走廊层高大于 2.2m，图 2-6 所示的建筑面积计算如下：
$$S=(6.0-0.24)\times(3.0+0.24)=18.66\text{m}^2$$

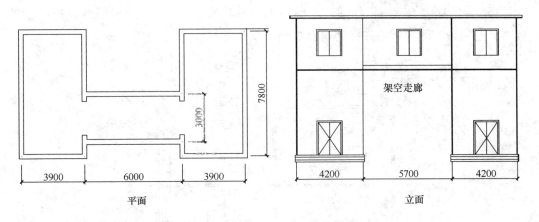

图 2-6

9. 立体书库、立体仓库、立体车库，无结构层的应按一层计算，有结构层的应按其结构层面积分别计算。层高在 2.2m 及以上者应计算全面积；层高不足 2.2m 者应计算 1/2 面积。

10. 有围护结构的舞台灯光控制室，应按其围护结构外围水平面积计算。层高在 2.2m 及以上者应计算全面积；层高不足 2.2m 者应计算 1/2 面积。

11. 建筑物外有围护结构的落地橱窗、门斗、挑廊、走廊、檐廊，应按其围护结构外围水平面积计算。层高在 2.2m 及以上者应计算全面积；层高不足 2.2m 者应计算 1/2 面积。有永久性顶盖无围护结构的应按其结构底板水平面积的 1/2 计算（图 2-7）。

12. 有永久性顶盖无围护结构的场馆看台应按其顶盖水平投影面积的 1/2 计算。

13. 建筑物顶部有围护结构的楼梯间、水箱间、电梯机房等，层高在 2.2m 及以上者应计算全面积；层高不足 2.2m 者应计算 1/2 面积（图 2-8）。

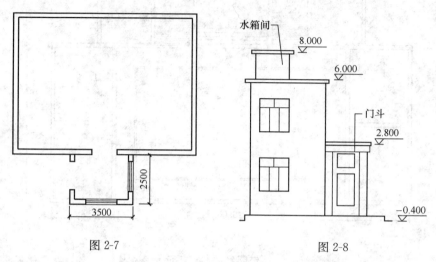

图 2-7　　　　　　　　　图 2-8

14. 设有围护结构不垂直于水平面而超出底板外沿的建筑物，应按其底板面的外围水平面积计算。层高在 2.2m 及以上者应计算全面积；层高不足 2.2m 者应计算 1/2 面积。

15. 建筑物内的室内楼梯间、电梯井、观光电梯井、提物井、管道井、通风排气竖井、通风道、附墙烟囱应按建筑物的自然层计算（图 2-9）。

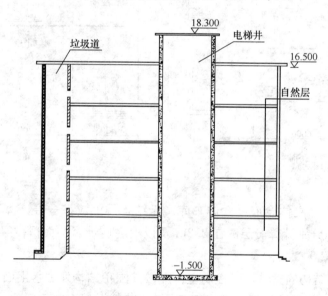

图 2-9　室内电梯井、垃圾道剖面示意图

16. 雨篷结构的外边线至外墙结构外边线的宽度超过 2.1m 者，应按雨篷结构板的水平投影面积的 1/2 计算。

17. 有永久性顶盖的室外楼梯，应按建筑物自然层的水平投影面积的 1/2 计算。

18. 建筑物的阳台均应按其水平投影面积的 1/2 计算。

19. 有永久性顶盖无围护结构的车棚、货棚、站台、加油站、收费站等，应按其顶盖水平投影面积的1/2计算。

20. 高低联跨的建筑物，应以高跨结构外边线为界分别计算建筑面积；其高低跨内部连通时，其变形缝应计算在低跨面积内（图 2-10）。

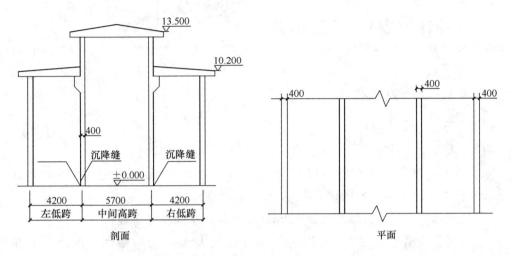

图 2-10

21. 以幕墙作为围护结构的建筑物，应按幕墙外边线计算建筑面积。

22. 建筑物外墙外侧有保温隔热层的，应按保温隔热层外边线计算建筑面积。

23. 建筑物内的变形缝，应按其自然层合并在建筑物面积内计算。

24. 下列项目不应计算面积：

(1) 建筑物通道（骑楼、过街楼的底层）；

(2) 建筑物内的设备管道夹层；

(3) 建筑物内分隔的单层房间，舞台及后台悬挂幕布、布景的天桥、挑台等；

(4) 屋顶水箱、花架、凉棚、露台、露天游泳池；

(5) 建筑物内的操作平台、上料平台、安装箱和罐体的平台；

(6) 勒脚、附墙柱、垛、台阶、墙面抹灰、装饰面、镶贴块料面层、装饰性幕墙、空调机外机搁板（箱）、飘窗、构件、配件、宽度在 2.1m 及以内的雨篷以及与建筑物内不相连通的装饰性阳台、挑廊；

(7) 无永久性顶盖的架空走廊、室外楼梯和用于检修、消防等的室外钢楼梯、爬梯；

(8) 自动扶梯、自动人行道；

(9) 独立烟囱、烟道、地沟、油（水）罐、气柜、水塔、贮油（水）池、贮仓、栈桥、地下人防通道、地铁隧道。

## 2.3 《计价表》下工程计量

### 2.3.1 土石方工程

1. 土石方工程计量要点

(1) 人工土、石方

1) 挖土深度是以设计室外地坪标高为起点，至图示基础垫层底面的尺寸。

2) 土方工程套用定额规定：

平整场地：挖填土方厚度在±300mm以内及找平为平整场地；

挖沟槽：沟槽底宽在3.0m以内，沟槽底长大于3倍沟槽底宽的为挖地槽或地沟；

挖基坑：基坑底面积在20m² 以内的为挖基坑；

以上范围之外的均为挖土方（图2-11）。

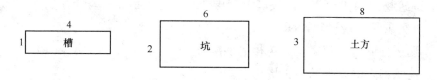

图2-11

3) 平整场地工程量按建筑物底层外墙外边线，每边各加2.0m，以平方米计算（图2-12）。

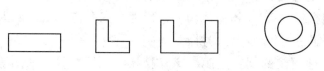

图2-12

规则形状平整场地的计算公式：

$$S=(A+4)\times(B+4) \tag{2-1}$$

不规则形状平整场地的计算公式：

$$S=2L_{外}+S_{底}+16 \tag{2-2}$$

（$L_{外}$—建筑物外墙外边线，$S_{底}$—建筑物底层建筑面积）

4) 沟槽工程量按沟槽长度乘以沟槽截面积计算。

沟槽长度：外墙按图示基础中心线长度计算，内墙按净长线计算（即为：轴线长度，扣减两端和中间交叉的基础底宽及工作面宽度）。

沟槽宽度：按设计宽度加基础施工所需工作面宽度计算。

5）挖沟槽、基坑土方需放坡时，按施工组织设计的放坡要求计算，若施工组织设计无此要求时，可按表2-1计算。

放坡高度、比例确定表  表2-1

| 土壤类别 | 放坡深度规定（m） | 高与宽之比 | | |
|---|---|---|---|---|
| | | 人工挖土 | 机械挖土 | |
| | | | 坑内作业 | 坑上作业 |
| 一、二类土 | 超过1.20 | 1∶0.50 | 1∶0.33 | 1∶0.75 |
| 三类土 | 超过1.50 | 1∶0.33 | 1∶0.25 | 1∶0.67 |
| 四类土 | 超过2.00 | 1∶0.25 | 1∶0.10 | 1∶0.33 |

6）挖沟槽、基坑土方所需工作面宽度按施工组织设计的要求计算，若施工组织设计无此要求时，可按表2-2计算。

基础施工所需工作面宽度表  表2-2

| 基础材料 | 每边增加工作面宽度（mm） |
|---|---|
| 砖基础 | 以最底下一层大放脚边至地槽（坑）边200 |
| 浆砌毛石、条石基础 | 以基础边至地槽（坑）边150 |
| 混凝土基础支模板 | 以基础边至地槽（坑）边300 |
| 基础垂直而做防水层 | 以防水层面的外表面至地槽（坑）边800 |

其中沟槽断面有如下形式：

①钢筋混凝土基础有垫层时（图2-13）：

a. 两面放坡如（a）所示：

$$S_{断}=[(a+2\times0.3)+mh]\times h+(a'+2\times0.1)\times h'$$

b. 不放坡无挡土板如（b）所示：

$$S_{断}=(a+2\times0.3)\times h+(a'+2\times0.1)\times h'$$

c. 不放坡加两面挡土板如（c）所示：

$$S_{断}=(a+2\times0.3+2\times0.1)\times h+(a'+2\times0.1)\times h'$$

d. 一面放坡一面挡土板如（d）所示：

$$S_{断}=(a+2\times0.3+0.1+0.5mh)\times h+(a'+2\times0.1)\times h'$$

（$m$—放坡系数）

②基础无垫层时（图2-14）：

a. 两面放坡如图（a）所示：

$$S_{断}=[(a+2c)+mh]\times h$$

b. 不放坡无挡土板如图（b）所示：

$$S_{断}=(a+2c)\times h$$

c. 不放坡加两面挡土板如图（c）所示：

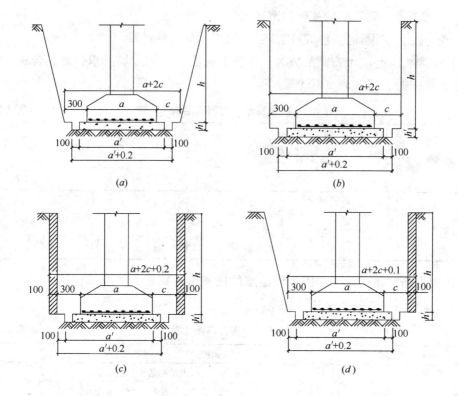

($h$—挖土深度；$a$—基础宽度；$c$—工作面宽度)

图 2-13

$$S_{断}=(a+2c+2\times0.1)\times h$$

d. 一面放坡一面挡土板如图 (d) 所示：

$$S_{断}=(a+2c+0.1+0.5mh)\times h$$

其中基坑常见的形状如图 2-15：

四棱台体积计算公式：

$$V=(a+2c+mh)\times(b+2c+mh)+\frac{1}{3}m^2h^3 \qquad (2-3)$$

$$V=\frac{h}{3}(S_1+S_2+\sqrt{S_1S_2}) \qquad (2-4)$$

($S_1$—上底面积；$S_2$—下底面积)

$$V=\frac{h}{6}[AB+A_1B_1+(A+A_1)(B+B_1)] \qquad (2-5)$$

($A$、$B$—下底面两个边长；$A_1$、$B_1$—上底面与下底面对应的两个边长)

$$V=\frac{h}{6}(S_1+S_2+4S_0) \qquad (2-6)$$

($S_1$—上底面积；$S_2$—下底面积；$S_0$—中截面面积)

圆台体积计算公式：

$$V=\frac{1}{3}\pi h(R^2+r^2+rR) \qquad (2-7)$$

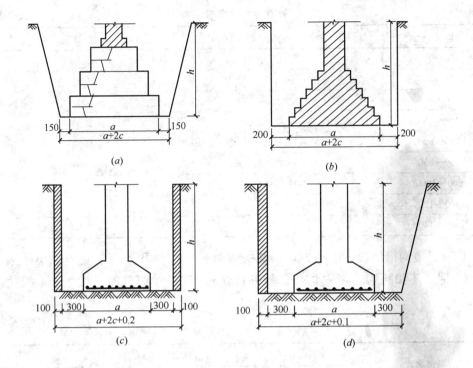

($h$—挖土深度；$a$—基础宽度；$c$—工作面宽度）

图 2-14

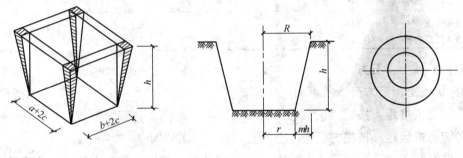

图 2-15

（$R$、$r$—基坑上、下底面的半径）

7）回填土以立方米计算，基槽、坑回填土体积＝挖土体积－设计室外地坪以下埋设的实体体积（基础垫层、各类基础、地下室墙、地下水池壁）及其空腔体积，室内回填土体积按主墙间净面积乘以填土厚度计算。

8）余土外运、缺土内运工程量计算：

运土工程量＝挖土工程量－回填土工程量，正值为余土外运，负值为缺土内运。

9）干土与湿土的划分，应以地质勘察资料为准，如无资料时以地下常水位为准，常水位以上为干土，常水位以下为湿土，采用人工降低地下水位时，干湿土的划分仍以常水位为准。

10）管道沟槽按图示中心线长度计算，沟底宽度设计有规定的，按设计规定；设计未规定的，按下表规定宽度计算（表 2-3）。

管道地沟底宽取定表　　　　　　　　　　表 2-3

| 管径（mm） | 铸铁管、钢管、石棉水泥管（mm） | 混凝土、钢筋混凝土、预应力混凝土管（mm） |
|---|---|---|
| 50~70 | 600 | 800 |
| 100~200 | 700 | 900 |
| 250~350 | 800 | 1000 |
| 400~450 | 1000 | 1300 |
| 500~600 | 1300 | 1500 |
| 700~800 | 1600 | 1800 |
| 900~1000 | 1800 | 2000 |
| 1100~1200 | 2000 | 2300 |
| 1300~1400 | 2200 | 2600 |

11）管道沟槽回填，以挖方体积减去管外径所占体积计算。管外径小于或等于500mm时，不扣除管道所占体积；管外径超过500mm以上时，按表2-4相关规定扣除。

单位：$m^3$/每 m 管长　　表 2-4

| 管道名称 | 管道直径（mm） | | | | |
|---|---|---|---|---|---|
| | 501~600 | 601~800 | 801~1000 | 1001~1200 | 1201~1400 |
| 钢管 | 0.21 | 0.44 | 0.71 | | |
| 铸铁管、石棉水泥管 | 0.24 | 0.49 | 0.77 | | |
| 混凝土、钢筋混凝土、预应力管 | 0.33 | 0.60 | 0.92 | 1.15 | 1.35 |

(2) 机械土、石方

1）机械土、石方运距按下列规定计算：

①推土机推距：按挖方区重心至刨填区重心之间的直线距离计算；

②铲运机运距：按挖方区重心至卸土区重心加转向距离45m计算；

③自卸汽车运距：按挖方区重心至填土区（或堆放地点）重心的最短距离计算。

2）强夯加固地基，以夯锤底面积计算，并根据设计要求的夯击能量和每点夯击数，执行相应定额。

3）建筑场地原土碾压以平方米计算，填土碾压按图示填土厚度以立方米计算。

2. 定额说明

(1) 人工挖地槽、地坑、土方根据土壤类别套用相应定额，人工挖地槽、地坑、土方在城市市区或郊区一般按三类土定额执行。

(2) 利用挖出土回填或余土外运时，堆积期在一年以内的土，除按运土方定额执行外，还要计算挖一类土的定额项目。回填土取自然土时，按土壤类别执行挖土定额。

(3) 机械挖土方定额是按三类土计算的，如实际土壤类别不同时，定额中机械台班量按表2-5的系数调整。

**机械挖土方机械台班量系数调整表**　　　　　表 2-5

| 项　目 | 三类土 | 一、二类土 | 四类土 |
|---|---|---|---|
| 推土机推土方 | 1.00 | 0.84 | 1.18 |
| 铲运机铲运土方 | 1.00 | 0.84 | 1.26 |
| 自行式铲运机铲运土方 | 1.00 | 0.86 | 1.09 |
| 挖掘机挖土方 | 1.00 | 0.84 | 1.14 |

(4) 机械挖土方工程量，按机械实际完成工程量计算。机械挖不到的地方，人工修边坡，整平的土方工程量套用人工挖土方相应定额项目，其中人工乘以系数 2（人工挖土方的量不得超过挖土方总量的 10%）。

(5) 定额中自卸汽车运土，对道路的类别及自卸汽车的吨位已综合计算，套定额时只要根据运土距离选择相应项目。

(6) 自卸汽车运土定额是按正铲挖掘机挖土装车考虑的，如反铲挖掘机挖土装车，则自卸汽车运土台班量乘以系数 1.1，如拉铲挖掘机挖土装车，则自卸汽车运土台班量乘以系数 1.2。如图 2-16 所示：(a) 正铲，(b) 反铲，(c) 拉铲，(d) 抓斗。

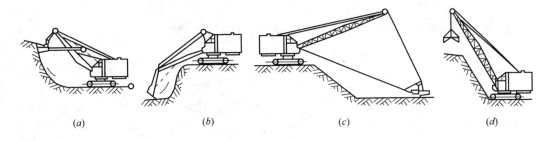

图 2-16

**3. 土石方工程计量实例**

【例 2-1】 某建筑物基础的平面图、剖面图如图 2-17 所示。已知室外设计地坪以下砖基础体积 16.24m³。三类土、干土，试求该建筑物平整场地、挖土方、回填土、房心回填土、余土运输工程量（不考虑挖填土方的运输）。

【解】

1. 平整场地 $(3.2 \times 2 + 0.24 + 4) \times (6 + 0.24 + 4) = 108.95 \text{m}^2$

2. 挖地槽体积 $V_1$（按垫层下表面放坡计算）

挖土深度 $h = 1.5 \text{m}$

$L_{中} = (6.4 + 6) \times 2 = 24.8 \text{m}$

$L_{净} = 6 - 0.4 \times 2 - 0.3 \times 2 = 4.6 \text{m}$

$V_1 = 1.5 \times (0.8 + 2 \times 0.3 + 0.33 \times 1.5) \times (24.8 + 4.6) = 83.57 \text{m}^3$

3. 基础回填体积 $V_3$

垫层体积 $V_2 = (24.8 + 4.6) \times 0.1 \times 0.8 = 2.35 \text{m}^3$

$V_3 = (83.57 - 2.35 - 16.24) = 64.86 \text{m}^3$

4. 房心回填土体积 $V_4$

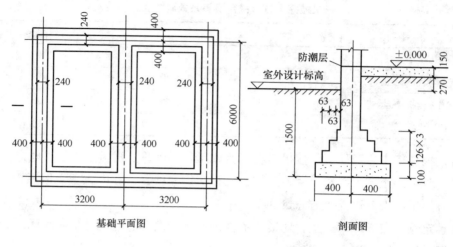

图 2-17

$$V_4=(3.2-0.24)\times(6-0.24)\times 2\times 0.27\text{m}^3=9.21\text{m}^3$$

5. 余土运输体积 $V_5$

$$V_5=V_1-V_3-V_4=(83.57-64.86-9.21)\text{m}^3=9.43\text{m}^3$$

### 2.3.2 打桩与基础垫层

1. 打桩与基础垫层计量要点

(1) 打桩

1) 打预制钢筋混凝土桩的体积，按设计桩长（包括桩尖，不扣除桩尖虚体积）乘以桩截面面积以立方米计算；管桩的空心体积应扣除，管桩的空心部分设计要求灌注混凝土或其他填充材料时，应另行计算。

2) 送桩：以送桩长度（自桩顶面至自然地坪另加500mm）乘以桩截面面积以立方米计算。接桩：按每个接头计算。

3) 打孔沉管、夯扩灌注桩

①灌注混凝土、砂、碎石桩使用活瓣桩尖时，单打、复打桩体积均按设计桩长（包括桩尖）另加250mm（设计有规定，按设计要求）乘以标准管外径以立方米计算。使用预制钢筋混凝土桩尖时，单打、复打桩体积均按设计桩长（不包括预制桩尖）另加250mm乘以标准管外径以立方米计算。

②打孔、沉管灌注桩空沉管部分，按空沉管的实体积计算。

③夯扩桩体积分别按每次设计夯扩前投料长度（不包括预制桩尖）乘以标准管内径体积计算，最后管内灌注混凝土按设计桩长另加250mm乘以标准管外径体积计算。

④打孔灌注桩、夯扩桩使用预制钢筋混凝土桩尖的，桩尖个数另列项目计算，单打、复打的桩尖按单打、复打次数之和计算（每只桩尖30元）。

4) 泥浆护壁钻孔灌注桩

①钻土孔与钻岩石孔工程量应分别计算。钻土孔自自然地面至岩石表面之深度乘以设计桩截面面积以立方米计算；钻岩石孔以入岩深度乘以桩截面面积以立方米计算。

泥浆外运的体积等于钻孔的体积。

②混凝土灌入量以设计桩长（含桩尖长）另加一个直径（设计有规定的，按设计要求）乘以桩截面积以立方米计算。

5）凿灌注混凝土桩头按立方米计算，凿、截断预制方（管）桩均以根计算。

6）深层搅拌桩、粉喷桩加固地基，按设计长度另加500mm（设计有规定，按设计要求）乘以设计截面积以立方米计算（双轴的工程量不得重复计算），群桩间的搭接不扣除。

7）人工挖孔灌注混凝土桩中挖井坑土、挖井坑岩石、砖砌井壁、混凝土井壁、井壁内灌注混凝土均按图示尺寸以立方米计算。

8）长螺旋或旋挖法钻孔灌注桩的单桩体积，按设计桩长（含桩尖）另加500mm（设计有规定，按设计要求）再乘以螺旋外径或设计截面积以立方米计算。

9）基坑锚喷护壁成孔及孔内注浆按设计图纸以延长米计算，两者工程量应相等。护壁喷射混凝土按设计图纸以平方米计算。

10）土钉支护钉土锚杆按设计图纸以延长米计算，挂钢筋网按设计图纸以平方米计算。

(2) 基础垫层

1）基础垫层是指砖、石、混凝土、钢筋混凝土等基础下的垫层，按图示尺寸以立方米计算。

2）外墙基础垫层长度按外墙中心线长度计算，内墙基础垫层长度按内墙基础垫层净长计算。

2. 定额说明

(1) 打桩

1）本定额打桩机的类别、规格执行中不换算。打桩机及为打桩机配套的施工机械的进（退）场费和组装、拆卸费用，另按实际进场机械的类别、规格计算。

2）预制钢筋混凝土方桩的制作费，另按相关章节规定计算。打（压）桩定额项目中预制钢筋混凝土方桩损耗取定C35钢筋混凝土单价，设计要求的混凝土强度等级与定额取定不同时，不作调整。打桩如设计有接桩，另按接桩定额执行，管桩、静力压桩的接桩另按有关规定计算。

3）每个单位工程的打（灌注）桩工程量小于表2-6规定数量时，其人工、机械（包括送桩）按相应定额项目乘系数1.25。

表2-6

| 项　　目 | 工程量（m³） |
| --- | --- |
| 预制钢筋混凝土方桩 | 150 |
| 预制钢筋混凝土离心管桩 | 50 |
| 打孔灌注混凝土桩 | 60 |
| 打孔灌注砂桩、碎石桩、砂石桩 | 100 |
| 钻孔灌注混凝土桩 | 60 |

4）各种灌注桩中的材料用量预算暂按表 2-7 内的充盈系数和操作损耗计算，结算时充盈系数按打桩记录灌入量进行调整，操作损耗不变。各种灌注桩中设计钢筋笼时，按计价表第四章钢筋笼定额执行。

表 2-7

| 项 目 名 称 | 充盈系数 | 操作损耗率（%） |
|---|---|---|
| 打孔沉管灌注混凝土桩 | 1.20 | 1.50 |
| 打孔沉管灌注砂（碎石）桩 | 1.20 | 2.00 |
| 打孔沉管灌注砂石桩 | 1.20 | 2.00 |
| 钻孔灌注混凝土桩（土孔） | 1.20 | 1.50 |
| 钻孔灌注混凝土桩（岩石孔） | 1.10 | 1.50 |
| 打孔沉管夯扩灌注混凝土桩 | 1.15 | 2.00 |

5）钻孔灌注混凝土桩的钻孔深度是按 50m 内综合编制的，超过 50m 的桩，钻孔人工、机械乘以系数 1.10。人工挖孔灌注混凝土桩的挖孔深度是按 15m 内综合编制的，超过 15m 的桩，挖孔人工、机械乘以系数 1.20。

6）本定额打桩（包括方桩、管桩）已包括 300m 内的场内运输，实际超过 300m 时，应按构件运输相应定额执行，并扣除定额内的场内运输费。

7）凿出后的桩端部钢筋与底板或承台钢筋焊接应按计价表第四章中相应项目执行。

(2) 基础垫层

1）整板基础下垫层采用压路机碾压时，人工乘以系数 0.90，垫层材料乘以系数 1.15，增加光轮压路机（8t）0.022 台班，同时扣除定额中的电动打夯机台班（已有压路机的项目除外）。

2）混凝土垫层厚度以 15cm 内为准，厚度在 15cm 以上的应按计价表第五章混凝土基础相应项目执行。

3. 混凝土工程计量实例

【例 2-2】 30 个预制钢筋混凝土桩，现浇承台基础示意图（图 2-18），计算打桩、打送桩以及承台的工程量。

【解】

1. 预制桩图示工程量：
$$V_{图}=(8.0+0.3)\times 0.3\times 0.3\times 4\times 30=89.64m^3$$

2. 打桩工程量：$V_{打}=V_{图}=89.64m^3$

3. 送桩工程量：$V_{送}=(1.8-0.3-0.15+0.5)\times 0.3\times 0.3\times 4\times 30=19.98m^3$

4. 桩承台工程量：$V_{承台}=1.9\times 1.9\times (0.35+0.05)\times 30=43.32m^3$

【例 2-3】 设计钻孔灌注混凝土桩 25 根，桩径 Φ900mm，设计桩长 28m，入岩（Ⅴ类）1.5m，自然地面标高 −0.6m，桩顶标高 −2.60m，C30 混凝土现场自拌，根据地质情况土孔混凝土充盈系数为 1.25，岩石孔混凝土充盈系数为 1.1，每根桩钢筋用量为 0.750t。以自身的黏土及灌入的自来水进行护壁，砌泥浆池，泥浆外运按

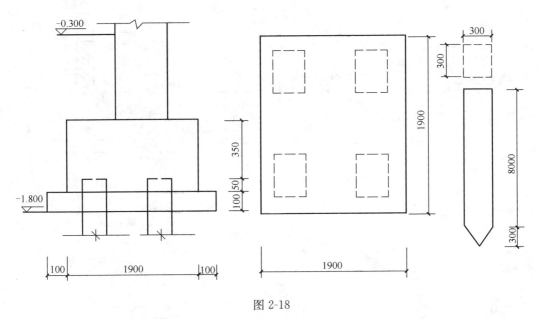

图 2-18

8km，桩头不需凿除。计算打桩工程的相关工程量。

【解】

1. 钻土孔　$V_1 = 3.14 \times 0.45^2 \times (30 - 1.5) \times 25 = 453.04 \text{m}^3$
2. 钻岩石孔　$V_2 = 3.14 \times 0.45^2 \times 1.5 \times 25 = 23.84 \text{m}^3$
3. 土孔混凝土　$V_3 = 3.14 \times 0.45^2 \times (28 + 0.9 - 1.5) \times 25 = 435.56 \text{m}^3$
4. 岩石混凝土　$V_4 = 3.14 \times 0.45^2 \times 1.5 \times 25 = 23.84 \text{m}^3$
5. 砌泥浆池　$V_3 + V_4 = 435.56 + 23.84 = 459.40 \text{m}^3$
6. 泥浆外运　$V_1 + V_2 = 453.04 + 23.84 = 476.88 \text{m}^3$
7. 钢筋笼　$0.75 \times 25 = 18.75 \text{t}$

### 2.3.3　砌筑工程

1. 砌筑工程计量要点

(1) 基础与墙身使用同一种材料时，以设计室内地坪为界，室内地坪以下为基础，以上为墙身；基础与墙身使用不同材料，两种材料分界线位于设计室内地坪±300mm 范围以内时，以不同材料为分界线，分界线下部为基础，上部为墙身，分界线在设计室内地坪±300mm 范围以外时，仍以设计室内地坪为界（图2-19）。

(2) 外墙砖基础按外墙中心线长度计算，内墙砖基础按内墙基之间大放脚上部的净距离计算，大放脚 T 型接头处重叠部分不扣除，附墙砖垛基础宽出部分的体积，并入所依附的基础工程量内（图2-20）。

(3) 墙的长度计算：外墙按外墙中心线，内墙按内墙净长线。墙的高度计算：现浇斜屋面板，算至墙中心线屋面板底，现浇平板楼板或屋面板，算至楼板或屋面板底，有框架梁时，算至梁底面，女儿墙从梁或板顶面算至女儿墙顶面，有混凝土压顶时，算至压顶底面（图2-21）。

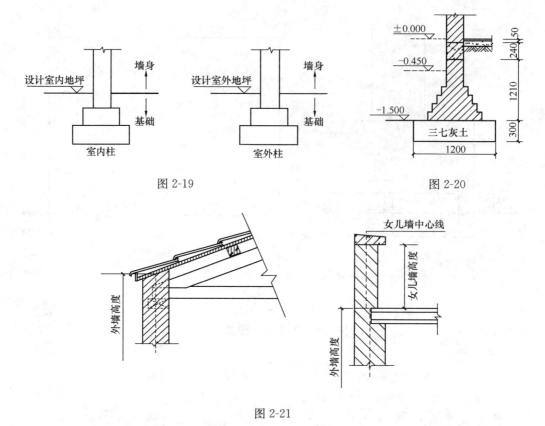

图 2-19　　　　　　　　　　图 2-20

图 2-21

(4) 计算墙体工程量时，应扣除门窗洞口、各种空洞、嵌入墙身的混凝土柱、梁所占的体积，不扣除梁头、梁垫、外墙预制板头、木砖、铁件、钢管等以及面积在 $0.3m^2$ 以下的孔洞所占的体积，突出墙面的压顶线、门窗套、三皮砖以内的腰线、挑檐等体积不增加，附墙砖垛、三皮砖以上的腰线、挑檐等体积，并入墙身体积内计算。

(5) 砖砌地下室外墙、内墙均按相应内墙定额计算。

(6) 砌块墙、多孔砖墙中，窗台虎头砖、腰线、门窗洞边接荐用标准砖已综合在定额内，不再另外计算。

(7) 各种砌块墙按图示尺寸计算，砌块内的空心体积不扣除，砌体中设计有钢筋砖过梁时，按小型砌体定额计算。

(8) 墙基防潮层按墙基顶面水平宽度乘以长度以平方米计算。

(9) 阳台砖隔断按相应内墙定额执行。

2. 定额说明

(1) 砖基础深度自室外地面至砖基础底面超过 1.5m 时，其超过部分每立方米砌体应增加 0.041 工日。

(2) 《计价表》中，只有标准砖有弧形墙定额，其他品种砖弧形墙按相应定额项目每立方米砌体人工增加 15%，砖增加 5%。

(3) 砖砌体内的钢筋加固，按计价表第四章砌体、板缝内加固钢筋定额执行。

(4) 砖砌体挡土墙以顶面宽度按相应墙厚内墙定额执行，顶面宽度超过1砖按砖基础定额执行。

(5) 小型砌体系指砖砌门蹲、房上烟囱、地垅墙、水槽、水池脚、垃圾箱、台阶面上矮墙、花台、煤箱、垃圾箱、容积在$3m^3$内的水池、大小便槽（包括踏步）、阳台栏板等砌体。

3. 砌筑工程计量实例

【例 2-4】 如【例 2-1】图中所示。室内地坪±0.000m，防潮层－0.06m，防潮层以上和以下均为 M10 水泥砂浆砌筑的标准砖基础。计算砖基础的工程量。

【解】
砖基础高度
$$h=1.5-0.1+0.394+0.27+0.15=2.21m$$
$$L_{中}=(6.4+6)\times2=24.8m$$
$$L_{净}=6-0.24=5.76m$$

砖基础的工程量　$V=2.21\times0.24\times(24.8+5.76)=16.21m^3$

【例 2-5】 某二层砖混结构宿舍楼，基础及墙身均为标准砖砌筑，首层平面图如图 2-22 所示。已知内外墙均为 M7.5 混合砂浆砌 240mm 厚，二层平面图除 M-1 的位置为 C1 外，其他均与首层平面图相同。层高均为 3.00m，室外地坪为－0.45m，室内地坪标高为±0.00m，构造柱、圈梁、过梁、楼板均为现浇 C20 钢筋混凝土，圈梁 240×300mm，过梁（M2、M3 上）240×120mm，楼板和屋面板厚度为 100mm，门窗洞尺寸及门窗材料见表 2-8。

试计算：(1) 首层圈梁、过梁、构造柱、现浇板的工程量；(2) 首层外墙、内墙

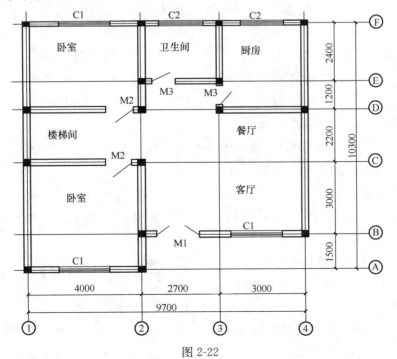

图 2-22

的工程量。

门窗表　　　　　　　　　　　　　　　　表 2-8

| 门窗代号 | 尺寸 | 备注 |
| --- | --- | --- |
| C1 | 1800×1800 | 窗台高 900 |
| C2 | 1500×1500 | 窗台高 1200 |
| M1 | 1200×2700 | |
| M2 | 900×2100 | |
| M3 | 800×2100 | |

【解】

1. 现浇 C20 混凝土圈梁

外墙

$0.24\times(0.3-0.1)\times[(9.7+10.3)\times2-0.24\times11-(1.2+0.5)-(1.8+0.5)\times3-(1.5+0.5)\times2]=1.19m^3$

内墙

$0.24\times(0.3-0.1)\times[(4.0-0.24)\times2+(2.7-0.24)+(3.0-0.24)+(3.6-0.24\times2)\times2+(3.0-0.24)]=1.04m^3$

小计：$1.19+1.04=2.23m^3$

2. 现浇 C20 混凝土过梁

外墙　$0.24\times(0.3-0.1)\times[(1.8+0.5)\times3+(1.5+0.5)\times2+(1.2+0.5)]=0.61m^3$

内墙　$0.24\times0.12\times[(0.9+0.5)\times2+(0.8+0.5)\times2]=0.16m^3$

小计：$0.61+0.16=0.76m^3$

3. 现浇 C20 混凝土构造柱

外墙　$(0.24\times0.24\times11+0.24\times0.03\times22)\times(3.0-0.1)=2.30m^3$

内墙　$(0.24\times0.24\times5+0.24\times0.03\times18)\times(3.0-0.1)=1.21m^3$

小计：$2.30+1.21=3.51m^3$

4. 现浇 C20 混凝土平板 $(9.94\times10.54-1.5\times5.7)\times0.1=10.07m^3$

5. M7.5 混合砂浆 1 砖外墙

外墙门窗洞　$1.8\times1.8\times3+1.5\times1.5\times2+1.2\times2.7=17.46m^3$

外墙体积　$0.24\times[(9.7+10.3)\times2-17.46]\times(3.0-0.1)-1.19-0.61-2.30=11.60m^3$

6. M7.5 混合砂浆 1 砖内墙

内墙门窗洞　$0.9\times2.1\times2+0.8\times2.1\times2=7.14m^3$

内墙体积

$0.24\times[(3.76\times2+2.46+2.76\times2+3.12\times2)\times(3.0-0.1)-7.14]-1.04-0.16-1.61=10.61m^3$

### 2.3.4 混凝土工程计量

1. 混凝土工程计量要点

(1) 现浇混凝土工程量计算规则

1) 混凝土工程量除另有规定者外，均按图示尺寸实体积以立方米计算。不扣除构件内钢筋、支架、螺栓孔、螺栓、预埋铁件及墙、板中 $0.3m^2$ 内的孔洞所占体积。留洞所增加工料不再另增费用。

2) 基础

①有梁带形混凝土基础，其梁高与梁宽之比在 4∶1 以内的，按有梁式带形基础计算（带形基础则指梁底部到上部的高度）；超过 4∶1 时，其基础底按无梁式带形基础计算，上部按墙计算（图 2-23）。

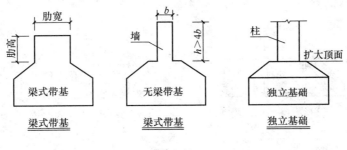

图 2-23

②满堂（板式）基础有梁式（包括反梁）、无梁式应分别计算，仅带有边肋者，按无梁式满堂基础套用子目。

③设备基础除块体以外、其他类型设备基础分别按基础、梁、柱、板、墙等有关规定计算，套相应的项目。

④独立柱基、桩承台按图示尺寸实体积以立方米算至基础扩大顶面（图 2-24）。

图 2-24

⑤杯形基础套用"独立柱基"定额项目。杯口外壁高度大于杯口外长边的杯形基础，套"高颈杯形基础"定额项目。

3) 柱：按图示断面尺寸乘以柱高以立方米计算。柱高按下列规定确定：

①有梁板的柱高自柱基上表面（或楼板上表面）算至上一层楼板下表面处（如一根柱的部分断面与板相交，柱高应算至板顶面，但与板重叠部分应扣除）（图 2-25）。

②无梁板的柱高，自柱基上表面（或楼板上表面）至柱帽下表面的高度计算（图 2-26）。

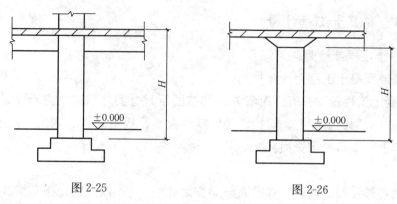

图 2-25　　　　　　　图 2-26

③有预制板的框架柱柱高自柱基上表面至柱顶高度计算。

④构造柱按全高计算，应扣除与现浇板、梁相交部分的体积，与砖墙嵌接部分的混凝土体积并入柱身体积内计算（图 2-27）。

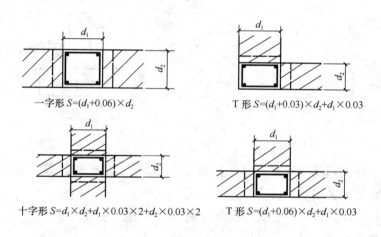

一字形 $S=(d_1+0.06)\times d_2$　　　T 形 $S=(d_1+0.03)\times d_2+d_1\times 0.03$

十字形 $S=d_1\times d_2+d_1\times 0.03\times 2+d_2\times 0.03\times 2$　　　T 形 $S=(d_1+0.06)\times d_2+d_1\times 0.03$

图 2-27

⑤依附柱上的牛腿，并入相应柱身体积内计算（图 2-28）。

4）梁：按图示断面尺寸乘以梁长以立方米计算。梁长按下列规定确定：

①梁与柱连接时，梁长算至柱侧面（图 2-29）。

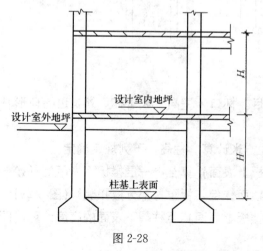

图 2-28

②主梁与次梁连接时，次梁长算至主梁侧面。伸入砖墙内的梁头、梁垫体积并入梁体积内计算。

③圈梁、过梁应分别计算。过梁长度按图示尺寸，图纸无明确表示时，按门窗洞口外围宽另加 500mm 计算。平板与砖墙上混凝土圈梁相交时，圈梁高应算至板底面。

④依附于梁（包括阳台梁、圈过梁）上的混凝土线条（包括弧形线条）按延长米另行计算（梁宽算至线条内侧）。

⑤现浇挑梁按挑梁计算,其压入墙身部分按圈梁计算;挑梁与单、框架梁连接时,其挑梁应并入相应梁内计算。

⑥花篮梁二次浇捣部分套用圈梁子目。

5)板:按图示面积乘以板厚以立方米计算(梁板交接处不得重复计算)。其中:

①有梁板按梁(包括主、次梁)、板体积之和计算,有后浇板带时,后浇板带(包括主、次梁)应扣除(图2-30)。

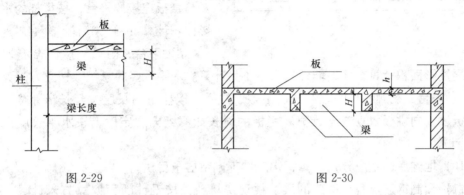

图 2-29　　　　　　　　　　图 2-30

②无梁板按板和柱帽体积之和计算(图2-31)。

③平板按实体积计算(图2-32)。

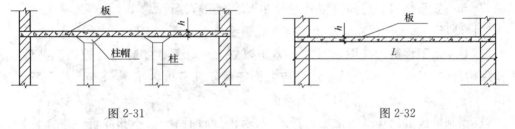

图 2-31　　　　　　　　　　图 2-32

④现浇挑檐、天沟与板(包括屋面板、楼板)连接时,以外墙面为分界线;与圈梁(包括其他梁)连接时,以梁外边线为分界线。外墙边线以外或梁外边线以外为挑檐、天沟。

⑤各类板伸入墙内的板头并入板体积内计算。

⑥预制板板缝宽度在100mm以上的,现浇板缝按平板计算。

⑦后浇墙、板带(包括主、次梁)按设计图纸以立方米计算。

6)墙:外墙按图示中心线长度(内墙按净长度)乘以墙高、墙厚以立方米计算,应扣除门、窗洞口及0.3m² 外的孔洞体积。单面墙垛其突出部分并入墙体体积内计算,双面墙垛(包括墙)按柱计算。弧形墙按弧线长度乘以墙高、墙厚计算,地下室墙有后浇墙带时,后浇墙带应扣除。梯形断面墙按上口与下口的平均宽度计算。墙高的确定如下:

①墙与梁平行重叠,墙高算至梁底面;当设计梁宽超过墙宽时,梁、墙分别按相应项目计算。

②墙与板相交,墙高算至板底面。

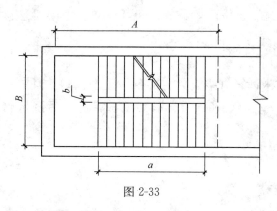

图 2-33

7）整体楼梯包括休息平台、平台梁、斜梁及楼梯梁，按水平投影面积计算，不扣除宽度小于 200mm 的楼梯井，伸入墙内部分不另增加，楼梯与楼板连接时，楼梯算至楼梯梁外侧面。圆弧形楼梯包括圆弧形梯段、圆弧形边梁及与楼板连接的平台，按楼梯的水平投影面积计算（图 2-33）。

8）阳台、雨篷，按伸出墙外的板底水平投影面积计算，伸出墙外的牛腿不另计算。水平、竖向悬挑板按立方米计算。

9）阳台、檐廊栏杆的轴线柱、下嵌、扶手，以扶手的长度按延长米计算。混凝土栏板、竖向挑板以立方米计算。栏板的斜长如图纸无规定时，按水平长度乘系数 1.18 计算。

10）地沟底、壁应分别计算，沟底按基础垫层子目执行。

11）预制钢筋混凝土框架的梁、柱现浇接头，按设计断面以立方米计算，套用"柱接柱接头"子目。

12）台阶按水平投影面积以平方米计算，平台与台阶的分界线以最上层台阶的外口减 300mm 宽度为准，台阶宽以外部分并入地面工程量计算。

（2）现场、加工厂预制混凝土工程量计量要点

1）混凝土工程量均按图示尺寸实体积以立方米计算，扣除圆孔板内圆孔体积，不扣除构件内钢筋、铁件、后张法预应力钢筋灌浆孔及板内小于 $0.3m^2$ 孔洞所占的体积。

2）预制桩按桩全长（包括桩尖）乘以设计桩断面面积（不扣除桩尖虚体积）以立方米计算。

3）混凝土与钢杆件组合的构件，混凝土按构件实体积以立方米计算。

4）镂空混凝土花格窗、花格芯按外形面积以平方米计算。

5）天窗架、端壁、桁条、支撑、楼梯、板类及厚度在 50mm 以内的薄型构件按设计图纸加定额规定的场外运输、安装损耗以立方米计算。

2. 定额说明

（1）本章混凝土构件分为自拌混凝土构件、商品混凝土泵送构件、商品混凝土非泵送构件三部分。

（2）现浇柱、墙子目中，均已按规范规定综合考虑了底部铺垫 1∶2 水泥砂浆的用量。

（3）室内净高超过 8m 的现浇柱、梁、墙、板（各种板）的人工工日按定额规定分别乘以系数。

（4）现场预制构件，如在加工厂制作，混凝土配合比按加工厂配合比计算，加工厂构件及商品混凝土改在现场制作，混凝土配合比按现场配合比计算。其工料、机械

台班不调整。

（5）加工厂预制构件其他材料费中已综合考虑了掺入早强剂的费用，现浇构件和现场预制构件未考虑用早强剂费用，设计需使用或建设单位认可时，其费用可按定额规定增加。

（6）加工厂预制构件采用蒸汽养护时，立窑、养护池养护应按规定增加费用。

（7）小型混凝土构件，系指单体体积在 $0.05m^3$ 以内的未列出子目的构件。

（8）构筑物中混凝土、抗渗混凝土已按常用的强度等级列入基价，设计与子目取定不符时，综合单价相应调整。

（9）构筑物中的混凝土、钢筋混凝土地沟是指建筑物室外的地沟，室内钢筋混凝土地沟按现浇构件相应项目执行。

（10）泵送混凝土子目中已综合考虑了输送泵车台班，布拆管及清洗人工，泵管摊销费、冲洗费。

3. 混凝土工程计量实例

【例 2-6】 某多层现浇框架办公楼三层楼面，板厚 120mm，二层楼面至三层楼面高 4.2m。计算该层楼面④～⑤轴和ⓒ～ⓓ轴范围内（图 2-34）的现浇混凝土有梁板的混凝土工程量（计算至 KL1、KL5 梁外侧）。

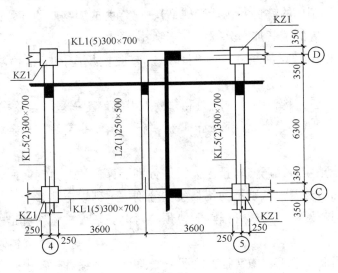

图 2-34

【解】

板的混凝土工程量　$8 \times 7.3 \times 0.12 = 7.01m^3$

L2 的混凝土工程量　$0.25 \times 0.38 \times 6.7 = 0.64m^3$

KL1 的混凝土工程量　$0.3 \times 0.58 \times 7.2 \times 2 = 2.51m^3$

KL5 的混凝土工程量　$0.3 \times 0.58 \times 6.3 \times 2 = 2.19m^3$

该层楼面④～⑤轴和ⓒ～ⓓ轴范围内的现浇混凝土有梁板的混凝土工程量

$$7.01 + 0.64 + 2.51 + 2.19 = 12.35m^3$$

### 2.3.5 钢筋工程

**1. 钢筋工程计量要点**

（1）一般规则

1）编制预算时，钢筋工程量可暂按构件体积（或水平投影面积、外围面积、延长米）乘以钢筋含量计算，结算时根据设计图纸按实调整。

2）钢筋工程应区别现浇构件、预制构件、加工厂预制构件、预应力构件、点焊网片等，以不同规格，分别按设计展开长度（展开长度、保护层、搭接长度应符合规范规定）乘理论重量以吨计算。

3）计算钢筋工程量时，搭接长度按规范规定计算。当梁、板（包括整板基础）8m以上的通筋未设计搭接位置时，预算书暂按8m一个双面电焊接头考虑，结算时应按钢筋实际定尺长度调整搭接个数，搭接方式按已审定的施工组织设计确定。

4）电渣压力焊、锥螺纹、套管挤压等接头以"个"计算。柱按自然层每根钢筋1个接头计算。

5）桩顶部混凝土破碎后主筋与底板钢筋焊接分别分为灌注桩、方桩（离心管桩按方桩）以桩的根数计算，每根桩端焊接钢筋根数不调整。

6）在加工厂制作的铁件（包括半成品）、已弯曲成型钢筋的场外运输按吨计算。

7）各种砌体内的钢筋加固分绑扎、不绑扎，按吨计算。

8）混凝土柱中埋设的钢柱，其制作、安装应按相应的钢结构制作、安装定额执行。

9）先张法预应力构件中的预应力和非预应力钢筋工程量应合并按设计长度计算，按预应力钢筋定额（梁、大型屋面板、F板执行5以外的定额，其余均执行5以内定额）执行。

10）后张法预应力钢筋与非预应力钢筋分别计算，预应力钢筋按设计图规定的预应力钢筋预留孔道长度，区别不同锚具类型分别按下列规定计算：

①低合金钢筋两端采用螺杆锚具时，预应力钢筋长度按预留孔道长度减350mm，螺杆另行计算；

②低合金钢筋一端采用镦头插片，另一端采用螺杆锚具时，预应力钢筋长度按预留孔道长度计算；

③低合金钢筋一端采用镦头插片，另一端采用帮条锚具时，预应力钢筋长度增加150mm，两端均采用帮条锚具时，预应力钢筋长度共增加300mm；

④低合金钢筋采用后张混凝土自锚时，预应力钢筋长度增加350mm计算。

11）后张法预应力钢丝束、钢绞线束按设计图纸预应力筋的结构长度（即孔道长度）加操作长度之和乘钢材理论重量计算（无黏结钢绞线封油包塑的重量不计算），其操作长度按下列规定计算：

①钢丝束采用镦头锚具时，不论一端张拉还是两端张拉均不增加操作长度（即结构长度等于计算长度）；

②钢丝束采用锥形锚具时,一端张拉为 1.0m,两端张拉为 1.6m。

12) 基础中钢支架、预埋铁件的计算:

①基础中,多层钢筋的型钢支架、垫铁、撑筋、马凳等按已审定的施工组织设计合并用量计算,执行金属结构的钢托架制,按定额执行(并扣除定额中的油漆材料费)。现浇楼板中设置的撑筋按已审定的施工组织设计用量与现浇构件钢筋用量合并计算。

②预埋铁件、螺栓按设计图纸以吨计算,执行铁件制安定额。

③预制柱上钢牛腿按铁件以吨计算。

(2) 钢筋直(弯)、弯钩、圆柱、柱螺旋箍筋及其他长度的计算

1) 梁、板为简支,钢筋为级钢时,可按下列规定计算:

① 直钢筋净长 $=L-2C$ (图 2-35)　　　　　　　　　(2-8)

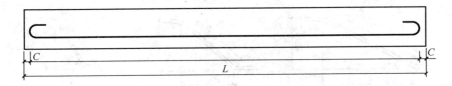

图 2-35

② 弯起钢筋净长 $=L-2C+2\times 0.414H'$ (图 2-36)　　(2-9)

当 $\theta$ 为 30°时,公式内 $0.414H'$ 改为 $0.268H'$

当 $\theta$ 为 60°时,公式内 $0.414H'$ 改为 $0.577H'$

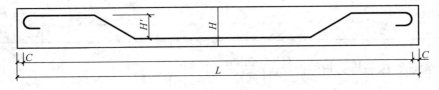

图 2-36

③ 弯起钢筋两端带直钩净长 $=L-2C+2H''+2\times 0.414H'$ (图 2-37)　(2-10)

当 $\theta$ 为 30°时,公式内 $0.414H'$ 改为 $0.268H'$

当 $\theta$ 为 60°时,公式内 $0.414H'$ 改为 $0.577H'$

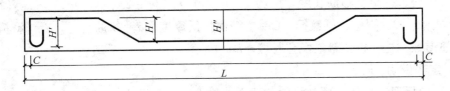

图 2-37

④末端需作 90°、135°弯折时,其弯起部分长度按设计尺寸计算。

①②③当采用 I 级钢时,除按上述计算长度外,在钢筋末端应设弯钩,每只弯钩增加 6.25d。

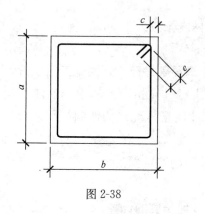

图 2-38

2) 箍筋末端应作 135°弯钩，弯钩平直部分的长度 $e$，一般不应小于箍筋直径的 5 倍；对有抗震要求的结构不应小于箍筋直径的 10 倍（图 2-38）。

当平直部分为 5d 时，箍筋长度

$$L = (a - 2c + 2d) \times 2 + (b - 2c + 2d) \times 2 + 14d \quad (2-11)$$

当平直部分为 10d 时，箍筋长度

$$L = (a - 2c + 2d) \times 2 + (b - 2c + 2d) \times 2 + 24d \quad (2-12)$$

3) 弯起钢筋终弯点外应留有锚固长度，在受拉区不应小于 20d；在受压区不应小于 10d。弯起钢筋斜长按表 2-9 系数计算（图 2-39）。

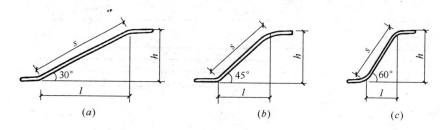

图 2-39

弯起钢筋斜长系数表　　　　表 2-9

| 弯起角度 | $\theta = 30°$ | $\theta = 45°$ | $\theta = 60°$ |
|---|---|---|---|
| 斜边长度 $s$ | $2h$ | $1.414h$ | $1.155h$ |
| 底边长度 $l$ | $1.732h$ | $h$ | $0.577h$ |
| 斜长比底长增加 | $0.268h$ | $0.414h$ | $0.577h$ |

4) 箍筋、板筋排列根数 $= \dfrac{L - 100\text{mm}}{\text{设计间距}} + 1$ 　　　(2-13)

但在加密区的根数按设计另增。

上式中：$L=$ 柱、梁、板净长。柱梁净长计算方法同混凝土，其中柱不扣板厚。板净长指主（次）梁与主（次）梁之间的净长。计算中有小数时，向上进入（如：4.1 取 5）。

5) 圆桩、柱螺旋箍筋长度计算：$L = n\sqrt{[(D-2c+2d)\pi] + h^2}$ 　　　(2-14)

上式中：$D=$ 圆桩、柱直径、$C=$ 主筋保护层厚度、$d=$ 箍筋直径、$h=$ 箍筋间距、$n=$ 箍筋道数 $=$ 柱、桩中箍筋配置长度 $\div h + 1$

2. 定额说明

(1) 包括现浇构件、预制构件、预应力构件等，共设置 32 个子目。

(2) 钢筋工程以钢筋的不同规格、不同品种，按现浇构件钢筋、现场预制构件钢筋、加工厂预制构件钢筋、预应力构件钢筋、点焊网片分别套用定额项目。

(3) 钢筋工程内容包括：除锈、平直、制作、绑扎（点焊）、安装以及浇灌混凝土时维护钢筋用工。

(4) 钢筋搭接所耗用的电焊条、电焊机、铅丝和钢筋余头损耗已包括在定额内，设计图纸注明的钢筋接头长度以及未注明的钢筋接头按规范的搭接长度应计入设计钢筋用量中。

(5) 先张法预应力构件中的预应力、非预应力钢筋工程量应合并计算，按预应力钢筋相应项目执行；后张法预应力构件中的预应力钢筋、非预应力钢筋应分别套用定额。

(6) 预制构件点焊钢筋网片已综合考虑了不同直径点焊在一起的因素，如点焊钢筋直径粗细比在两倍以上时，其定额工日按该构件中主筋的相应子目乘系数 1.25，其他不变（主筋是指网片中最粗的钢筋）。

(7) 粗钢筋接头采用电渣压力焊、套管接头、锥螺纹等接头者，应分别执行钢筋接头定额。计算了钢筋接头不能再计算钢筋搭接长度。

(8) 非预应力钢筋不包括冷加工，设计要求冷加工时，应另行处理。预应力钢筋设计要求人工时效处理时，应另行计算。

(9) 后张法钢筋的锚固是按钢筋帮条焊 V 型垫块编制的，如采用其他方法锚固时，应另行计算。

(10) 基坑护壁孔内安放钢筋按现场预制构件钢筋相应项目执行；基坑护壁上钢筋网片按点焊钢筋网片相应项目执行。

(11) 对构筑物工程，其钢筋应按定额中规定系数调整人工和机械用量。

(12) 钢筋制作、绑扎需拆分者，制作按 45% 折算，绑扎按 55% 折算。

(13) 钢筋、铁件在加工厂制作时，由加工厂至现场的运输费应另列项目计算。在现场制作的不计算此项费用。

3. 钢筋工程计量实例

【例 2-7】 根据图 2-40 中三、四级抗震楼层框架梁的配筋图，对梁的钢筋工程量计算作一说明。

(1) 框架梁钢筋计算

表 2-10

| 钢筋部位及名称 | 计算公式 | 说　　明 |
| --- | --- | --- |
| 上部通常筋 | 通跨净跨长＋首尾端支座锚固值 | 支座宽$\geqslant L_{aE}$ 且$\geqslant 0.5H_c+5d$，为直锚，取 Max $\{L_{aE}, 0.5H_c+5d\}$ |
| 端支座负筋 | 第一排：$L_n/3$＋端支座锚固值<br>第二排：$L_n/4$＋端支座锚固值 | 钢筋的端支座锚固值＝支座宽$\leqslant L_{aE}$ 或$\leqslant 0.5H_c+5d$，为弯锚，取 Max $\{L_{aE}$, 支座宽度－保护层＋$15d\}$ |
| 中间支座负筋 | 第一排：<br>$L_n/3$＋中间支座值＋$L_n/3$<br>第二排：<br>$L_n/4$＋中间支座值＋$L_n/4$ | 注意：当中间跨两端的支座负筋延伸长度之和$\geqslant$该跨的净跨长时，其钢筋长度：<br>第一排为：该跨净跨长＋($L_n/3$＋前中间支座值)＋($L_n/3$＋后中间支座值)<br>第二排为：该跨净跨长＋($L_n/4$＋前中间支座值)＋($L_n/4$＋后中间支座值)<br>其他钢筋计算同首跨钢筋计算。$L_n$ 为支座两边跨较大跨。钢筋的中间支座锚固值＝Max$\{L_{aE}, 0.5H_c+5d\}$ |

续表

| 钢筋部位及名称 | 计算公式 | 说明 |
|---|---|---|
| 架立筋 | $L_n/3+2\times150$ | |
| 下部通常筋 | 净跨长+左右支座锚固值 | 锚固值选择同上部通常筋 |
| 下部非通常筋 | | |
| 侧面纵向抗扭筋 | 算法同贯通钢筋 | |
| 侧面纵向构造筋 | 净跨长+$2\times15d$ | |
| 拉筋 | (梁宽-2×保护层)+2×11.9d(抗震弯钩值)+2d | 拉筋根数:如果我们没有在平法输入中给定拉筋的布筋间距,那么拉筋的根数=(箍筋根数/2)×(构造筋根数/2);如果给定了拉筋的布筋间距,那么拉筋的根数=布筋长度/布筋间距。 |
| 箍筋 | (梁宽-2×保护层+梁高-2×保护层)×2+2×11.9d+8d | 箍筋根数=(加密区长度/加密区间距+1)×2+(非加密区长度/非加密区间距-1)+1 |
| 吊筋 | 2×锚固(20d)+2×斜段长度+次梁宽度+2×50,其中框梁高度>800mm,夹角=60°;框梁高≤800mm,夹角=45°。 | |

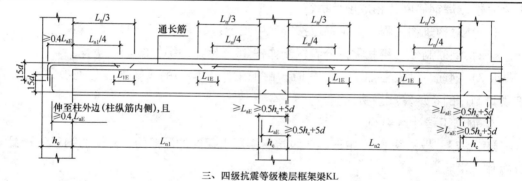

三、四级抗震等级楼层框架梁KL

注:当梁的上部既有贯通筋又有架立筋时,其中架立筋的搭接长度为150

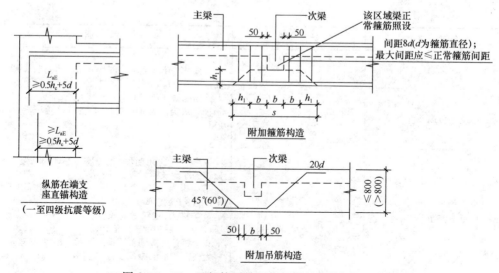

图 2-40 三、四级抗震楼层框架梁的配筋图

(2) 非框架梁

非框架梁的配筋与框架梁钢筋处理的不同之处在于：

①普通梁箍筋设置时不再区分加密区与非加密区的问题；

②下部纵筋锚入支座只需 $12d$；

③上部纵筋锚入支座，不再考虑 $0.5H_c+5d$ 的判断值。

### 2.3.6 金属结构工程计量

1. 金属结构工程计量要点

(1) 金属结构制作按图示钢材尺寸以吨计算，不扣除孔眼、切肢、切角、切边的重量，电焊条重量已包括在定额内，不另计算。在计算不规则或多边形钢板重量时均以矩形面积计算（图 2-41）。

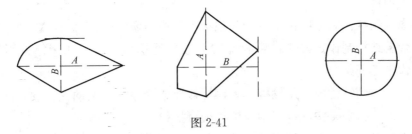

图 2-41

(2) 实腹柱、钢梁、吊车梁、H 型钢、T 型钢构件按图示尺寸计算，其中钢梁、吊车梁腹板及翼板宽度按图示尺寸每边增加 8mm 计算。

(3) 钢柱制作工程量包括依附于柱上的牛腿及悬臂梁重量；制动梁的制作工程量包括制动梁、制动桁架、制动板重量；墙架的制作工程量包括墙架柱、墙架梁及连接柱杆重量。

(4) 天窗挡风架、柱侧挡风板、挡雨板支架制作工程量均按挡风架定额执行。

(5) 栏杆是指平台、阳台、走廊和楼梯的单独栏杆。

(6) 钢平台、走道应包括楼梯、平台、栏杆合并计算，钢梯子应包括踏步、栏杆合并计算。

(7) 钢漏斗制作工程量，矩形按图示分片，圆形按图示展开尺寸，并依钢板宽度分段计算，每段均以其上口长度（圆形以分段展开上口长度）与钢板宽度，按矩形计算，依附漏斗的型钢并入漏斗重量内计算。

(8) 晒衣架和钢盖板项目中已包括安装费在内，但未包括场外运输费。

(9) 钢屋架单榀重量在 0.5t 以下者，按轻型屋架定额计算。

(10) 轻钢檩条、拉杆以设计型号、规格按吨计算（重量＝设计长度×理论复垦）。

(11) 预埋铁件按设计的形体面积、长度乘理论重量计算。

2. 定额说明

(1) 共设置 45 个子目，主要内容包括：①钢柱制作；②钢屋架、钢托架、钢桁架制作；③钢梁、钢吊车梁制作；④钢制动梁、支撑、檩条、墙架、挡风架制作；⑤钢平台、钢梯子、钢栏杆制作；⑥钢拉杆制作、钢漏斗制安、型钢制作；⑦钢屋架、钢托架、钢桁架现场制作平台摊销。

（2）金属构件不论在附属企业加工厂或现场制作均执行本定额（现场制作需搭设操作平台，其平台摊销费按本章相应项目执行）。

（3）本定额中各种钢材数量均以型钢表示。实际不论使用何种型材，估价表中的钢材总数量和其他工料均不变。

（4）本定额的制作均按焊接编制，定额中的螺栓是在焊接之前临时加固的螺栓，局部制作用螺栓连接，亦按本定额执行。

（5）本定额除注明者外，均包括现场内（工厂内）的材料运输、下料、加工、组装及成品堆放等全部工序。加工点至安装点的构件运输，应另按计价表第七章构件运输定额相应项目计算。

（6）本定额构件制作项目中，均已包括刷一遍防锈漆工料。

（7）金属结构制作定额中的钢材品种系按普通钢材为准，如用锰钢等低合金钢者，其制作人工调整。

（8）混凝土劲性柱内，用钢板、型钢焊接而成的 H、T 型钢柱，按 H、T 型钢构件制作定额执行，安装按计价表相应钢柱项目执行。

（9）定额各子目均未包括焊缝无损探伤（如 x 光透视、超声波探伤、磁粉探伤、着色探伤等），亦未包括探伤固定支架制作和被检工件的退磁。

（10）后张法预应力混凝土构件端头螺杆、轻钢檩条拉杆按端头螺杆螺帽定额执行；木屋架、钢筋混凝土组合屋架拉杆按钢拉杆定额执行。

（11）铁件是指埋入混凝土内的预埋铁件。

3. 金属结构工程计量实例

【例 2-8】 某工程钢屋架如图所示，计算钢屋架工程量。

【解】

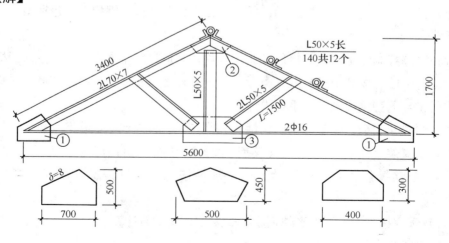

图 2-42

1. 角钢重量

查角钢 ∟70×7 的理论重量 7.398kg/m

$\phi$16 的理论重量 1.58kg/m

∟50×5 的理论重量 3.77kg/m

上弦重量＝3.40×2×2×7.398＝100.61kg

下弦重量＝5.60×2×1.58＝17.70kg

立杆重量＝1.70×3.77＝6.41kg

斜撑重量＝1.50×2×2×3.77＝22.62kg

2. 节点板重量

查 8mm 扁钢理论重量 62.8kg/m²

①号连接板重量＝0.7×0.5×2×62.80＝43.96kg

②号连接板重量＝0.5×0.45×62.80＝14.13kg

③号连接板重量＝0.4×0.3×62.80＝7.54kg

檩托重量＝0.14×12×3.77＝6.33kg

屋架工程量＝100.61＋17.70＋6.41＋22.62＋43.96＋14.13＋7.54＋6.33＝219.30kg

### 2.3.7 构件运输及安装工程计量

1. 构件运输及安装工程计量要点

(1) 构件运输、安装工程量计算方法与构件制作工程量计算方法相同（即运输、安装工程量＝制作工程量）。但天窗架、端壁、桁条、支撑、踏步板、板类及厚度在 50mm 内薄型构件由于在运输、安装过程中易发生损耗，工程量按下列规定计算：

制作、场外运输工程量 ＝设计工程量×1.018

安装工程量 ＝设计工程量×1.01

(2) 加气混凝土板（块）、硅酸盐块运输每立方米折合钢筋混凝土构件体积 0.4m³，按Ⅱ类构件运输计算。

(3) 木门窗运输按门窗洞口的面积（包括框、扇在内）以 100m 计算，带纱扇另增洞口面积的 40％计算。

(4) 预制构件安装后接头灌缝工程量均按预制钢筋混凝土构件实体积计算，柱与柱基的接头灌缝按单根柱的体积计算。

(5) 组合屋架安装，以混凝土实际体积计算，钢拉杆部分不另计算。

2. 定额说明

(1) 分为构件运输、构件安装两节，共设置 154 个子目，其中构件运输 48 个子目，主要包括混凝土构件、金属构件、门窗构件；构件安装 106 个子目，主要包括混凝土构件、金属构件。

(2) 构件运输中，将混凝土构件分为四类，金属构件分为三类。

(3) 运输机械、装卸机械是取定的综合机械台班单价，实际与定额取定不符，不调整。

（4）本定额包括混凝土构件、金属构件及门窗运输，运输距离应由构件堆放地（或构件加工厂）至施工现场距离确定。

（5）定额综合考虑了城镇、现场运输道路等级、上下坡等各种因素，不得因道路条件不同而调整定额；构件运输过程中，如遇道路、桥梁限载而发生的加固、拓宽和公安交通管理部门的保安护送以及沿途的过路、过桥等费用，应另行处理。

（6）现场预制构件已包括了机械回转半径15m以内的翻身就位。如受现场条件限制，混凝土构件不能就位预制，其费用应作调整。

（7）加工厂预制构件安装，定额中已考虑运距在500m以内的场内运输。场内运距如超过时，应扣去上列费用，另按1km以内的构件运输定额执行。

（8）金属构件安装未包括场内运输费，如发生另计。

（9）本章中定额子目不含塔式起重机台班，已包括在垂直运输机械费章节中。

（10）本安装定额均不包括为安装工作需要所搭设的脚手架，若发生应按脚手架工程章节规定计算。

（11）本定额构件安装是按履带式起重机、塔式起重机编制的，如施工组织设计需使用轮胎式起重机或汽车式起重机，经建设单位认可后，可按履带式起重机相应项目套用，其中人工、吊装机械乘系数，轮胎式起重机或汽车式起重机的起重吨位，按履带式起重机相近的起重吨位套用，换算台班单价。

（12）金属构件中轻钢檩条拉杆的安装是按螺栓考虑，其余构件拼装或安装均按电焊考虑，设计用连接螺栓，其连接螺栓按设计用量另行计算（人工不再增加），电焊条、电焊机应相应扣除。

（13）单层厂房屋盖系统构件如必须在跨外安装时，按相应构件安装定额中的人工、吊装机械台班乘系数。用塔吊安装时，不乘此系数。

（14）履带式起重机安装点高度以20m内为准，超过时，人工、吊装机械台班调整。

（15）钢屋架单榀重量在0.5t以下者，按轻钢屋架子目执行。

（16）构件安装项目中所列垫铁，是为了校正构件偏差用的，凡设计图纸中的连接铁件、拉板等不属于垫铁范围的，应按铁件相应子目执行。

（17）钢屋架、天窗架拼装是指在构件厂制作、在现场拼装的构件，在现场不发生拼装或现场制作的钢屋架、钢天窗架不得套用本定额。

（18）小型构件安装包括：沟盖板、通气道、垃圾道、楼梯踏步板、隔断板以及单体体积小于0.1m的构件安装。

（19）钢柱安装在混凝土柱上（或混凝土柱内），其人工、吊装机械乘系数调整。混凝土柱安装后，如有钢牛腿或悬臂梁与其焊接时，钢牛腿或悬臂梁执行钢墙架安装定额，钢牛腿执行铁件制作定额。

（20）矩形柱、"工"字形柱、空格形柱、双肢柱、管道支架预制钢筋混凝土构件安装，均按混凝土柱安装相应定额执行。

(21) 预制钢筋混凝土多层柱安装，第一层的柱按柱安装定额执行，二层及二层以上柱按柱接柱定额执行。

(22) 预制钢筋混凝土柱、梁通过焊接形成的框架结构，其柱安装按框架柱计算，梁安装按框架梁计算，框架梁与柱的接头现浇混凝土部分按混凝土工程相应项目另行计算。预制柱、梁一次制作成型的框架按连体框架柱、梁定额执行。

(23) 定额子目内既列有"履带式起重机"又列有"塔式起重机"的，可根据不同的垂直运输机械选用：选用卷扬机（带塔）施工的，套"履带式起重机"定额子目；选用塔式起重机施工的，套"塔式起重机"定额子目。

3. 构件运输及安装工程计量实例

【例 2-9】 某工程有 8 个预制混凝土镂花窗，外形尺寸为 1200mm×800mm，厚 100mm，计算运输及安装工程量。

【解】

(1) 图示工程量 $1.2 \times 0.8 \times 0.1 \times 8 = 0.768 m^3$

(2) 运输工程量 $0.768 \times 1.018 = 0.782 m^3$

(3) 安装工程量 $0.768 \times 1.01 = 0.776 m^3$

### 2.3.8 木结构工程

1. 木结构工程计量要点

(1) 门制作、安装工程量按门洞口面积计算。无框厂库房大门、特种门按设计门扇外围面积计算。

(2) 木屋架的制作安装工程量，按以下规定计算：

1) 木屋架不论圆、方木，其制作安装均按设计断面竣工木料以立方米计算，分别套相应子目，其后备长度及配制损耗已包括在子目内，不另外计算（游沿木、风撑、剪刀撑、水平撑、夹板、垫木等木料并入相应屋架体积内）。

2) 圆木屋架刨光时，圆木按直径增加 5mm 计算。附属于屋架的夹板、垫木等已并入相应的屋架制作项目中，不另计算；与屋架连接的挑檐木、支撑等工程量并入屋架体积内计算。

3) 圆木屋架连接的挑檐木、支撑等为方木时，方木部分按矩形檩木计算。

4) 气楼屋架、马尾折角和正交部分的半屋架应并入相连接的正榀屋架体积内计算。

(3) 檩木按立方米计算，简支檩木长度按设计图示中距增加 200mm 计算，如两端出山，檩条长度算至博风板。连续檩条的长度按设计长度计算，接头长度按全部连续檩木总体积的 5% 计算。檩条托木已包括在子目内，不另计算。

(4) 屋面木基层，按屋面斜面积计算，不扣除附墙烟囱、风道、风帽底座和屋顶小气窗所占面积，小气窗出檐与木基层重叠部分亦不增加，气楼屋面的屋檐突出部分的面积并入计算。

(5) 封檐板按图示檐口外围长度计算，博风板按水平投影长度乘屋面坡度系数后，单坡加 300mm，双坡加 500mm 计算。

(6) 木楼梯（包括休息平台和靠墙踢脚板）按水平投影面积计算，不扣除宽度小于 200mm 的楼梯井，伸入墙内部分的面积亦不另计算。

(7) 木柱、木梁制作安装均按设计断面竣工木料以立方米计算，其后备长度及配制损耗已包括在子目内。

2. 定额说明

(1) 定额内容共分 3 节：①厂库房大门、特种门；②木结构；③附表（厂库房大门、特种门五金、铁件配件表）。共编制了 81 个子目。

(2) 均以一、二类木种为准，如采用三、四类木种（木种划分见相关说明），木门制作、安装和其他项目的人工、机械费乘系数调整。

(3) 定额是按已成型的两个切断面规格料编制的，两个切断面以前的锯缝损耗按规定应另外计算。

(4) 本章中注明的木材断面或厚度均以毛料为准，如设计图纸注明的断面或厚度为净料时，应增加断面刨光损耗：一面刨光加 3mm，两面刨光加 5mm，圆木按直径增加 5mm。

(5) 木材以自然干燥条件下的木材编制，需要烘干时，其烘干费用及损耗另计。

(6) 厂库房大门的钢骨架制作已包括在子目中，其上、下轨及滑轮等应按五金铁件表相应项目执行。

(7) 厂库房大门、钢木大门及其他特种门的五金铁件表按标准图用量列出，仅作备料参考。

3. 木结构工程计量实例

【例 2-10】 如图 2-43 所示，计算封檐板、博风板的工程量

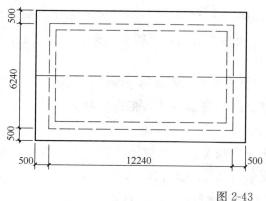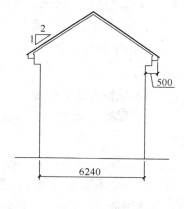

图 2-43

【解】

封檐板的工程量 $(12.24+0.5\times2)=26.48\text{m}$

博风板的工程量 $(6.24+0.5\times2)\times1.118+0.5=8.59\text{m}$

### 2.3.9 屋面、防水及保温隔热工程

1. 屋面、防水及保温隔热工程计量要点

(1) 瓦屋面按图示尺寸的水平投影面积乘以屋面坡度延长系数 $C$（见表 2-11）以平方米计算（瓦出线已包括在内），不扣除房上烟囱、风帽底座、风道、屋面小气窗、斜沟等所占面积，屋面小气窗的出檐部分也不增加。

(2) 瓦屋面的屋脊、蝴蝶瓦的檐口花边、滴水应另列项目按延长米计算，四坡屋面斜脊长度按下图中的"$b$"乘以隅延长系数 $D$（见表）以延长米计算，山墙泛水长度：$A \times C$，瓦穿铁丝、钉铁钉、水泥砂浆粉挂瓦条按每 $10m^2$ 斜面积计算。

屋面坡度延长米系数表　　　　　　　表 2-11

| 坡度比例 $b/a$ | 角度 $Q$ | 延长系数 $C$ | 隅延长系数 $D$ |
|---|---|---|---|
| 1/1 | 45° | 1.4142 | 1.7321 |
| 1/1.5 | 33°40″ | 1.2015 | 1.5620 |
| 1/2 | 26°34″ | 1.1180 | 1.5000 |
| 1/2.5 | 21°48″ | 1.0770 | 1.4697 |
| 1/3 | 18°26″ | 1.0541 | 1.4530 |

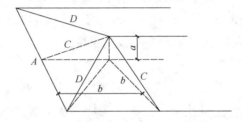

注：屋面坡度大于 45°时，按设计斜面积计算。

(3) 彩钢夹芯板、彩钢复合板屋面按实铺面积以平方米计算，支架、槽铝、角铝等包含在定额内。

(4) 彩板屋脊、天沟、泛水、包角、山头按设计长度以延长米计算，堵头已包含在定额内。

(5) 卷材屋面工程量按以下规定计算：

1) 卷材屋面按图示尺寸的水平投影面积乘以规定的坡度系数以平方米计算，但不扣除房上烟囱、风帽底座、风道所占面积。女儿墙、伸缩缝、天窗等处的弯起高度按图示尺寸计算并入屋面工程量内；如图纸无规定时，伸缩缝、女儿墙的弯起高度按 250mm 计算，天窗弯起高度按 500mm 计算并入屋面工程量内；檐沟、天沟按展开面积并入屋面工程量内。

2) 油毡屋面均不包括附加层在内，附加层按设计尺寸和层数另行计算；其他卷材屋面已包括附加层在内，不另行计算；收头、接缝材料已列入定额内。

(6) 刚性屋面、涂膜屋面工程量计算同卷材屋面。

(7) 平、立面防水工程量按以下规定计算：

1) 涂刷油类防水按设计涂刷面积计算；

2) 防水砂浆防水按设计抹灰面积计算、扣除凸出地面的构筑物、设备基础及室内铁道所占的面积，不扣除附墙垛、柱、间壁墙、附墙烟囱及 $0.3m^2$ 以内孔洞所占面积。

3) 粘贴卷材、布类

①平面：建筑物地面、地下室防水层按主墙（承重墙）间净面积以平方米计算，扣除凸出地面的构筑物、柱、设备基础等所占面积，不扣除附墙垛、间壁墙、附墙烟囱及 $0.3m^2$ 以内孔洞所占面积。与墙间连接处高度在 500mm 以内者，按展开面积计算并入平面工程量内，超过 500mm 时，按立面防水层计算。

②立面：墙身防水层按图示尺寸扣除立面孔洞所占面积（$0.3m^2$ 以内孔洞不扣）以平方米计算。

③构筑物防水层按实铺面积计算，不扣除 $0.3m^2$ 以内孔洞面积。

(8) 伸缩缝、盖缝、止水带按延长米计算，外墙伸缩缝在墙内、外双面填缝者，工程量应按双面计算。

(9) 屋面排水工程量按以下规定计算：

1) 铁皮排水项目：水落管按檐口滴水处算至设计室外地坪的高度以延长米计算，檐口处伸长部分（即马腿弯伸长）、勒脚和泄水口的弯起均不增加，但水落管遇到外墙腰线（需弯起的）按每条腰线增加长度 25cm 计算。檐沟、天沟均以图示延长米计算。白铁斜沟、泛水长度可按水平长度乘以延长系数或隅延长系数计算。水斗以个计算。铸铁落水管如图 2-44 所示。

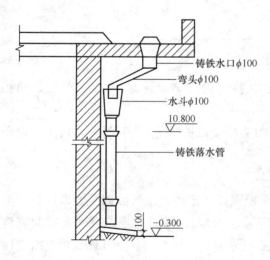

图 2-44 铸铁落水管示意图

2) 玻璃钢、PVC、铸铁水落管、檐沟均按图示尺寸以延长米计算。水斗、女儿墙弯头、铸铁落水口（带罩）均按只计算（图 2-44）。

3) 阳台 PVC 管通水落管按只计算，每只阳台出水口至水落管中心线斜长按 1m 计（内含两只 135°弯头，1 只异径三通）。

(10) 保温隔热工程量按以下规定计算：

1) 保温隔热层按隔热材料净厚度（不包括胶结材料厚度）乘以实铺面积按立方米计算。

2) 墙体隔热：外墙按隔热层中心线，内墙按隔热层净长乘以图示尺寸的高度（如图纸无注明高度时，则下部由地坪隔热层起算，带阁楼时算至阁楼板顶面止；无阁楼时则算至檐口）及厚度以立方米计算，应扣除冷藏门洞口和管道穿墙洞口所占的体积。

3）包柱隔热层，按图示柱的隔热层中心线的展开长度乘以图示尺寸高度及厚度以立方米计算。

2. 定额说明

(1) 瓦材的规格与定额不同时，瓦的数量应换算，其他不变。

(2) 高聚物、高分子防水卷材使用的黏结剂品种与定额不同时，黏结剂单价可以调整，其他不变。

(3) 在黏结层上洒绿豆砂者（定额中已包括洒绿豆砂的除外）每 $10m^2$，增加人工 0.066 工日，绿豆砂 0.078t，合计 6.62 元。

(4) 保温、隔热项目用于地面时，增加电动打夯机 0.04 台班$/m^3$。

3. 屋面、防水及保温隔热工程计量实例

【例 2-11】 有一带屋面小气窗的四坡水平瓦屋面，尺寸及坡度如图 2-45 所示。计算屋面工程量、屋脊长度。

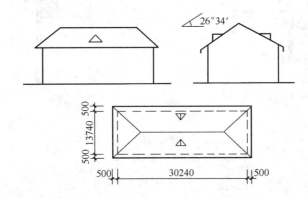

图 2-45 带屋面小气窗的四坡水平瓦屋面

【解】 1. 屋面工程量：查得坡度系数，$C=1.1180$

$$(30.24+0.5\times 2)(13.74+0.5\times 2)\times 1.1180=514.81m^2$$

2. 正脊：30.24－13.74＝16.5（假设 $b=A/2$）

3. 斜脊：查得坡度偶延长系数 $D=1.50$，斜脊 4 条，

$$(0.5+13.74/2)\times 1.50\times 4=44.22m$$

4. 屋脊总长：L＝16.5＋44.22＝60.72m

【例 2-12】 有一两坡水二毡三油卷材屋面，尺寸如图 2-46 所示。屋面防水层构造层次为：预制钢筋混凝土空心板、1：2 水泥砂浆找平层、冷底子油一道、二毡三油一砂防水层。计算下面三种情况下屋面找平层、防水层的工程量：

1. 当有女儿墙，屋面坡度为 1：4 时的工程量；

2. 当有女儿墙坡度为 3％时的工程量；

3. 无女儿墙有挑檐，坡度为 3％时的工程量。

【解】 1. 屋面坡度为 1：4 时，查得 $C=1.0308$

(1) 找平层：$(72.75-0.24)\times(12-0.24)\times 1.0308=878.98m^2$

(2) 防水层：$(72.75-0.24)\times(12-0.24)\times 1.0308+0.25\times(72.75-0.24+$

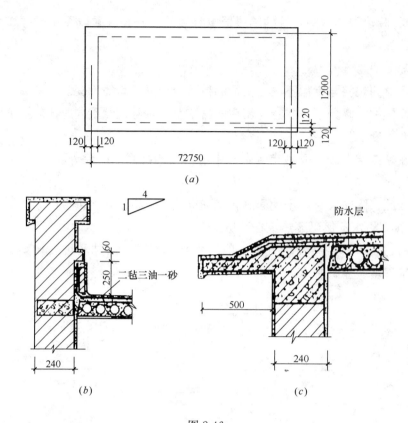

图 2-46
(a) 平面图；(b) 女儿墙；(c) 挑檐

$12.0-0.24)\times2=878.98+42.14=921.12m^2$

2. 有女儿墙，3%的坡度，因坡度很小，按平屋面计算

找平层：$(72.75-0.24)\times(12-0.24)=852.72m^2$

防水层：$(72.75-0.24)\times(12-0.24)+(72.75+12-0.48)\times2\times0.25=852.72+42.14=894.86m^2$

3. 无女儿墙有挑檐平屋面（坡度3%），按图 (a)、(c)，有

找平层：

$(72.75+0.24+0.5\times2+0.2\times2)\times(12+0.24+0.5\times2+0.2\times2)$
$=1014.8m^2$

防水层：

$(72.75+0.24)\times(12+0.24)+[(72.75+12+0.48)$
$\times2+4\times0.5]\times0.5=979.63m^2$

## 2.3.10 楼地面工程

1. 楼地面工程计量要点

（1）地面垫层按室内主墙间净面积乘以设计厚度以立方米计算，应扣除凸出地面的构筑物、设备基础、室内铁道、地沟等所占体积，不扣除柱、垛、间壁墙、附墙烟

囱及面积在 0.3m² 以内孔洞所占体积，但门洞、空圈、暖气包槽、壁龛的开口部分亦不增加。

（2）整体面层、找平层均按主墙间净空面积以平方米计算，应扣除凸出地面建筑物、设备基础、地沟等所占面积，不扣除柱、垛、间壁墙、附墙烟囱及面积在 0.3m² 以内的孔洞所占面积，但门洞、空圈、暖气包槽、壁龛的开口部分亦不增加。看台台阶、阶梯教室地面整体面层按展开后的净面积计算。

（3）地板及块料面层，按图示尺寸实铺面积以平方米计算，应扣除凸出地面的构筑物、设备基础、柱、间壁墙等不做面层的部分，0.3m² 以内的孔洞面积不扣除。门洞、空圈、暖气包槽、壁龛的开口部分的工程量另增并入相应的面层内计算。

（4）楼梯整体面层按楼梯的水平投影面积以平方米计算，包括踏步、踢脚板、中间休息平台、踢脚线、梯板侧面及堵头。楼梯井宽在 200mm 以内者不扣除，超过 200mm 者，应扣除其面积，楼梯间与走廊连接的，应算至楼梯梁的外侧。

（5）楼梯块料面层、按展开实铺面积以平方米计算，踏步板、踢脚板、休息平台、踢脚线、堵头工程量应合并计算。

（6）台阶（包括踏步及最上一步踏步口外延 300mm）整体面层按水平投影面积以平方米计算；块料面层，按展开（包括两侧）实铺面积以平方米计算（图 2-47）。

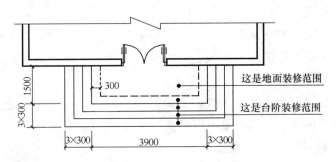

图 2-47 台阶平面

（7）水泥砂浆、水磨石踢脚线按延长米计算。其洞口、门口长度不予扣除，但洞口、门口、垛、附墙烟囱等侧壁也不增加；块料面层踢脚线，按图示尺寸以实贴延长米计算，门洞扣除，侧壁另加。

（8）楼梯地面铺设木地板、地毯以实铺面积计算。楼梯地毯压辊安装以套计算。

（9）其他

1）栏杆、扶手、扶手下托板均按扶手的延长米计算，楼梯踏步部分的栏杆与扶手应按水平投影长度乘以系数 1.18。

2）斜坡、散水、蹉均按水平投影面积以平方米计算，明沟与散水连在一起，明沟按宽 300mm 计算，其余为散水，散水、明沟应分开计算。散水、明沟应扣除踏步、斜坡、花台等的长度。

3）明沟按图示尺寸以延长米计算。

4）地面、石材面嵌金属和楼梯防滑条均按延长米计算。

2. 定额说明

(1) 各种混凝土、砂浆强度等级、抹灰厚度,设计与定额规定不同时,可以换算。

(2) 整体面层子目中均包括基层与装饰面层。找平层砂浆设计厚度不同时,按每增、减 5mm 找平层调整。黏结层砂浆厚度与定额不符时,按设计厚度调整。地面防潮层按计价表相应项目执行。

(3) 整体面层、块料面层中的楼地面项目,均不包括踢脚线工料;水泥砂浆、水磨石楼梯包括踏步、踢脚板、踢脚线、平台、堵头,不包括楼梯底抹灰(楼梯底抹灰另按计价表相应项目执行)。

(4) 踢脚线高度是按 150mm 编制的,如设计高度与定额高度不同时,整体面层不调整,块料面层(不包括粘贴砂浆材料)按比例调整,其他不变。

(5) 菱苦土、水磨石面层定额项目已包括酸洗打蜡工料,设计不做酸洗打蜡,应扣除定额中的酸洗打蜡材料费及人工 0.51 工日/10m,其余项目均不包括酸洗打蜡,应另列项目计算。

(6) 扶手、栏杆、栏板适用于楼梯、走廊及其他装饰性栏杆、栏板、扶手,栏杆定额项目中包括了弯头的制作、安装。设计栏杆、栏板的材料、规格、用量与定额不同,可以调整。定额中栏杆、栏板与楼梯踏步的连接是按预埋件焊接考虑的,设计用膨胀螺栓连接时,每 10m 另增人工 0.35 工日,M10×100 膨胀螺栓 10 只,铁件 1.25kg,合金钢钻头 0.13 只,电锤 0.13 台班。

(7) 楼梯、台阶不包括防滑条,设计用防滑条者,按相应定额执行。螺旋形、圆弧形楼梯贴块料面层按相应项目的人工乘以系数 1.20,块料面层材料乘以系数 1.10,其他不变。

(8) 斜坡、散水、明沟按苏 J9508 图编制的,均包括挖(填)土、垫层、砌筑、抹面。采用其他图集时,材料含量可以调整,其他不变。

3. 楼地面工程计量实例

【例 2-13】某建筑平面如图 2-48 所示,墙厚 240mm,室内铺设 500mm×500mm 中国红大理石,试计算大理石地面的工程量,所示室内贴 150mm 高中国红大理石踢脚线的工程量(表 2-12)。

门窗表  表 2-12

| 编号 | 尺寸 |
|---|---|
| M-1 | 1000mm×2000mm |
| M-2 | 1200mm×2000mm |
| M-3 | 900mm×2400mm |
| C-1 | 1500mm×1500mm |
| C-2 | 1800mm×1500mm |
| C-3 | 3000mm×1500mm |

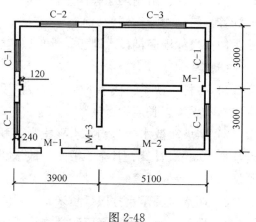

图 2-48

【解】 大理石地面的工程量

$(3.9-0.24)\times(3+3-0.24)+(5.1-0.24)\times(3-0.24)\times2+$
$(2\times1.0+1.2+0.9\times0.24)-0.12\times0.24=47.91-0.98-0.03$
$=46.9m^2$

大理石踢脚线的长度

$(3.9-0.24+3\times2-0.24)\times2$
$+5.1-0.24+3-0.24)$
$\times2\times2-(0.9+1)\times2-(1.2+1)$
$+0.24\times4+0.12\times2=44.52m$

【例 2-14】 某建筑物内一楼梯如图 2-49 所示，同走廊连接，采用直线双跑形式，墙厚 240mm，梯井 300mm 宽，楼梯采用水磨石地面，试计算其工程量。

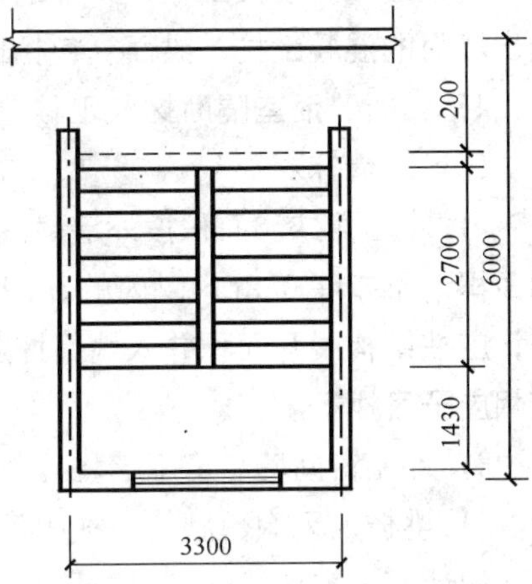

【解】

楼梯工程量

$(3.3-0.24-0.3)\times(0.20+2.7+1.43)$
$=2.76\times4.33=11.95m^2$

图 2-49

【例 2-15】 某学院办公楼入口台阶如图 2-50 所示，花岗石贴面，计算其台阶面层工程量并计价。

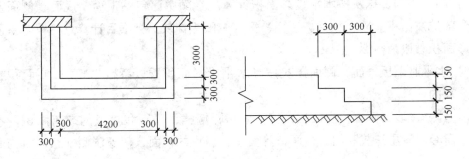

图 2-50

【解】 台阶工程量

$(4.2+0.3\times2)\times(0.3\times2+0.3)+(3.0-0.3)\times(0.3\times2+0.3)$
$+(4.2\times3+3.0\times3\times2+0.3\times6\times2)\times0.15=13.38m^2$

### 2.3.11 墙柱面工程

1. 墙柱面工程计量要点

（1）内墙面抹灰

1）内墙面抹灰面积应扣除门窗洞口和空圈所占的面积，不扣除踢脚线、挂镜线、$0.3m^2$ 以内的孔洞和墙与构件交接处的面积；但其洞口侧壁和顶面抹灰亦不增加。垛的侧面抹灰面积应并入内墙面工程量内计算。内墙面抹灰长度，以主墙间的图示净长计算，不扣除间壁所占的面积。其高度确定：不论有无踢脚线，其高度均自室内地坪面或楼面至天棚底面。

2) 石灰砂浆、混合砂浆粉刷中已包括水泥护角线，不另行计算。

3) 柱和单梁的抹灰按结构展开面积计算，柱与梁或梁与梁接头的面积不予扣除。砖墙中平墙面的混凝土柱、梁等的抹灰（包括侧壁）应并入墙面抹灰工程量内计算。凸出墙面的混凝土柱、梁面（包括侧壁）抹灰工程量应单独计算，按相应子目执行。

4) 厕所、浴室隔断抹灰工程量，按单面垂直投影面积乘以系数 2.3 计算。

(2) 外墙抹灰

1) 外墙面抹灰面积按外墙面的垂直投影面积计算，应扣除门窗洞口和空圈所占的面积，不扣除 $0.3m^2$ 以内的孔洞面积。但门窗洞口、空圈的侧壁、顶面及垛等抹灰，应按结构展开面积并入墙面抹灰中计算。外墙面不同品种砂浆抹灰，应分别计算按相应子目执行。

2) 外墙窗间墙与窗下墙均抹灰，以展开面积计算。

3) 挑檐、天沟、腰线、扶手、单独门窗套、窗台线、压顶等，均以结构尺寸展开面积计算。窗台线与腰线连接时，并入腰线内计算。

4) 外窗台抹灰长度，如设计图纸无规定时，可按窗洞口宽度两边共加 20cm 计算。窗台展开宽度一砖墙按 36cm 计算，每增加半砖宽则累增 12cm。单独圈梁抹灰（包括门、窗洞口顶部）、附着在混凝土梁上的混凝土装饰线条抹灰均按展开面积以平方米计算。

5) 阳台、雨篷抹灰按水平投影面积计算。定额中已包括顶面、底面、侧面及牛腿的全部抹灰面积。阳台栏杆、栏板、垂直遮阳板抹灰另列项目计算。栏板以单面垂直投影面积乘以系数 2.1。

6) 水平遮阳板顶面、侧面抹灰按其水平投影面积乘以系数 1.5，板底面积并入天棚抹灰内计算。

7) 勾缝按墙面垂直投影面积计算，应扣除墙裙、腰线和挑檐的抹灰面积，不扣除门、窗套、零星抹灰和门、窗洞口等面积，但垛的侧面、门窗洞侧壁和顶面的面积亦不增加。

2. 定额说明

(1) 墙、柱的抹灰及镶贴块料面层与设计砂浆品种、厚度与定额不同均应调整（纸筋石灰砂浆厚度不同不调整）。砂浆用量按比例调整。

(2) 外墙面窗间墙、窗下墙同时抹灰，按外墙抹灰相应子目执行，单独圈梁抹灰（包括门、窗洞口顶部）按腰线子目执行，附着在混凝土梁上的混凝土线条抹灰按混凝土装饰线条抹灰子目执行。但窗间墙单独抹灰或镶贴块料面层，按相应人工乘以系数 1.15。

(3) 高在 3.60m 以内的围墙抹灰均按内墙面相应抹灰子目执行。

(4) 混凝土墙、柱、梁面的抹灰底层已包括刷一道素水泥浆在内，设计刷两道、每增一道按计价表 13-71、表 13-72 相应项目执行。

(5) 外墙内表面的抹灰按内墙面抹灰子目执行；砌块墙面的抹灰按混凝土墙面相

应抹灰子目执行。

3. 墙柱面工程计量实例

【例 2-16】 如图 2-51 所示，内墙面为 1∶2 水泥砂浆，外墙面为普通水泥白石子水刷石，门窗尺寸分别为：M-1：900mm×2000mm；M-2：1200mm×2000mm；M-3：1000mm×2000mm；C-1：1500mm×1500mm；C-2：1800mm×1500mm；C-3：3000mm×1500mm。试计算外墙面抹灰工程量。

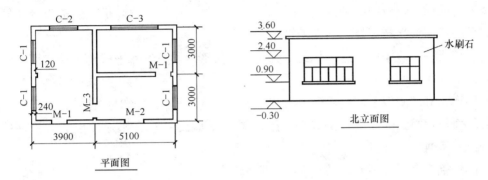

图 2-51

外墙抹灰工程量＝墙面工程量－门洞口工程量

$(3.9+5.1+0.24+3\times2+0.24)\times2\times(3.6+0.3)-(1.5\times1.5\times4+1.8\times1.5+3\times1.5+0.9\times2+1.2\times2)$

$=15.48\times2\times3.9-(9+2.7+4.5+1.8+2.4)$

$=100.34\text{m}^2$

【例 2-17】 某建筑平面图如图 2-52 所示，墙厚 240mm，室内净高 3.9m，门 1500mm×2700mm，内墙中级抹灰。试计算南立面内墙抹灰工程量。

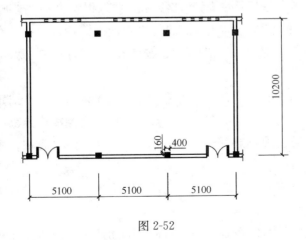

图 2-52

【解】

南立面内墙面抹灰工程量＝墙面工程量＋柱侧面工程量－门洞口工程量

内墙面净长＝$5.1\times3-0.24=15.06$m

柱侧面工程量＝$0.16\times3.9\times6=3.744\text{m}^2$

$$门洞口工程量 = 1.5 \times 2.7 \times 2 = 8.1 \mathrm{m}^2$$
$$墙面抹灰工程量 = 15.06 \times 3.9 + 3.744 - 8.1 = 54.38 \mathrm{m}^2$$

### 2.3.12 天棚工程

1. 天棚工程计量要点

（1）天棚饰面的面积按净面积计算，不扣除间壁墙、检修孔、附墙烟囱、柱垛和管道所占面积，但应扣除独立柱、$0.3\mathrm{m}^2$ 以上的灯饰面积（石膏板、夹板天棚面层的灯饰面积不扣除）与天棚相连接的窗帘盒面积。

（2）天棚中假梁、折线、叠线等圆弧形、拱形、特殊艺术形式的天棚饰面，均按展开面积计算。

（3）天棚每间以在同一平面上为准，设计有圆弧形、拱形时，按其圆弧形、拱形部分的面积：圆弧形面层人工按其相应定额乘以系数 1.15，拱形面层的人工按相应定额乘以系数 1.5 计算。

（4）铝合金扣板雨篷均按水平投影面积计算。

（5）天棚面抹灰

1）天棚面抹灰按主墙间天棚水平面积计算，不扣除间壁墙、垛、柱、附墙烟囱、检查洞、通风洞、管道等所占的面积。

2）密肋梁、井字梁、带梁天棚抹灰面积，按展开面积计算，并入天棚抹灰工程量内。斜天棚抹灰按斜面积计算。

3）天棚抹面如抹小圆角者，人工已包括在定额中，材料、机械按附注增加。如带装饰线者，其线分别按三道线以内或五道线以内，以延长米计算（线角的道数以每一个突出的阳角为一道线）。

4）楼梯底面、水平遮阳板底面和沿口天棚，并入相应的天棚抹灰工程量内计算。混凝土楼梯、螺旋楼梯的底板为斜板时，按其水平投影面积（包括休息平台）乘以系数 1.18，底板为锯齿形时（包括预制踏步板），按其水平投影面积乘以系数 1.5 计算。

2. 定额说明

（1）本定额中的木龙骨、金属龙骨是按面层龙骨的方格尺寸取定的。

（2）天棚吊筋、龙骨与面层应分开计算，按设计套用相应定额。

（3）胶合板面层在现场钻吸音孔时，按钻孔板部分的面积，每 $10\mathrm{m}^2$ 增加人工 0.64 工日计算。

（4）木质骨架及面层的上表面，未包括刷防火漆，设计要求刷防火漆时，应按相应定额子目计算。

（5）上人型天棚吊顶检修道，分为固定、活动两种，应按设计分别套用定额。

（6）天棚面的抹灰按中级抹灰考虑，所取定的砂浆品种、厚度详见计价表。设计砂浆品种（纸筋石灰黄除外）厚度与定额不同均应按比例调整，但人工数量不变。

3. 天棚工程计量实例

**【例 2-18】** 某建筑平面图如 [例 2-16] 所示，墙厚 240mm，天棚基层类型为混凝土现浇板，方柱尺寸：400mm×400mm。试计算天棚抹灰的工程量。

【解】 天棚抹灰工程量

天棚抹灰工程量 $= (5.1×3-0.24)×(10.2-0.24) = 150.00 \mathrm{m}^2$

### 2.3.13 门窗工程

1. 门窗工程计量要点

(1) 购入成品的各种铝合金门窗安装，按门窗洞口面积以平方米计算，购入成品的木门扇安装，按购入门扇的净面积计算。

(2) 现场铝合金门窗扇制作、安装按门窗洞口面积以平方米计算。

(3) 各种卷帘门按洞口高度加 600mm 乘以卷帘门实际宽度的面积计算，卷帘门上有小门时，其卷帘门工程量应扣除小门面积。卷帘门上的小门按扇计算，卷帘门上电动提升装置以套计算，手动装置的材料、安装人工已包括在定额内，不另增加。

(4) 无框玻璃门按其洞口面积计算。无框玻璃门中，部分为固定门扇、部分为开启门扇时，工程量应分开计算。无框门上带亮子时，其亮子与固定门扇合并计算。

(5) 门窗框上包不锈钢板均按不锈钢板的展开面积以平方米计算，木门扇上包金属面或软包面均以门扇净面积计算。无框玻璃门上亮子与门扇之间的钢骨架横撑（外包不锈钢板），按横撑包不锈钢板的展开面积计算。

(6) 门窗扇包镀锌铁皮，按门窗洞口面积以平方米计算；门窗框包镀锌铁皮、钉橡皮条、钉毛毡按图示门窗洞口尺寸以延长米计算。

(7) 木门窗框、扇制作、安装工程量按以下规定计算：

1) 各类木门窗（包括纱门、纱窗）制作、安装工程量均按门窗洞口面积以平方米计算；

2) 连门窗的工程量应分别计算，套用相应门、窗定额，窗的宽度算至门框外侧；

3) 普通窗上部带有半圆窗的工程量应按普通窗和半圆窗分别计算，其分界线以普通窗和半圆窗之间的横框上边线为分界线；

4) 无框窗扇按扇的外围面积计算。

2. 定额说明

(1) 门窗工程分为购入构件成品安装，铝合金门窗制作安装，木门窗框、扇制作安装，装饰木门扇及门窗五金配件安装五部分。

(2) 购入构件成品安装门窗单价中，除地弹簧、门夹、管子、拉手等特殊五金外，玻璃及一般五金已包括在相应的成品单价中，一般五金的安装人工已包括在定额内，特殊五金和安装人工应按"门、窗配件安装"的相应子目执行。

(3) 铝合金门窗制作、安装

1) 铝合金门窗制作、安装是按在现场制作编制的，如在构件厂制作，也按本定额执行，但构件厂至现场的运输费用应按当地交通部门的规定运费执行（运费不计入取费基价）。

2) 铝合金门窗制作型材颜色分为古铜、银白色两种，应按设计分别套用定额，除银白色以外的其他颜色均按古铜色定额执行。各种铝合金型材规格、含量的取定详见计价表附表"铝合金门窗用料表",表中加括号的用量即为本定额的取定含量。设计型材的规格与定额不符,应按计价表附表的规格或设计用量加6%损耗调整。

3) 铝合金门窗的五金应按"门、窗五金配件安装"另列项目计算。

4) 门窗框与墙或柱的连接是按镀锌铁脚、膨胀螺栓连接考虑的,设计不同,定额中的铁脚、螺栓应扣除,其他连接件另外增加。

(4) 木门、窗制作安装

1) 均以一、二类木种为准,如采用三、四类木种,分别乘以下系数。木门、窗制作人工和机械费乘以系数1.30,木门、窗安装人工乘以系数1.15。

2) 注明的木材断面或厚度均以毛料为准,如设计图纸注明的断面或厚度为净料时,应增加断面刨光损耗:一面刨光加13mm,两面刨光加15mm,圆木按直径增加5mm。

3) 门、窗框扇断面除注明者外均是按苏J73-2常用项目的Ⅲ级断面编制的,设计框、扇断面与定额不同时,应按比例换算。框料以边立框断面为准(框裁口处如为钉条者,应加贴条断面),扇料以立梃断面为准。

4) 胶合板门的基价是按四八尺(1.22×2.44m)编制的,剩余的边角料残值已考虑回收,如建设单位供应胶合板,按两倍门扇数量张数供应,每张裁下的边角料全部退还给建设单位(但残值回收取消)。若使用三七尺(0.91×2.13m)胶合板,定额基价应按括号内的含量换算,并相应扣除定额中的胶合板边角料残值回收值。

5) 门窗制作安装的五金、铁件配件按"门窗五金配件安装"相应项目执行,安装人工已包括在相应定额内。设计门、窗玻璃品种、厚度与定额不符,单价应调整,数量不变。

6) 木质送、回风口的制作、安装按百叶窗定额执行。

7) 设计门、窗有艺术造型有特殊要求时,因设计差异变化较大,其制作、安装应按实际情况另行处理。

8) "门窗框包不锈钢板"包括门窗骨架在内,应按其骨架的品种分别套用相应定额。

9) "门窗五金配件安装"的子目中,五金规格、品种与设计不符时应调整。

3. 门窗工程计量实例

【例2-19】 计算图2-53的门窗工程量。

【解】 其工程量计算如下:

1. 铝合金门工程量 $= 0.9 \times 2.4 \times 40 = 86.4 \text{m}^2$

2. 铝合金窗工程量 $= 1.2 \times 1.2 \times 40 = 57.6 \text{m}^2$

3. 铝合金门连窗工作量 $= 86.4 + 57.6 = 144.0 \text{m}^2$

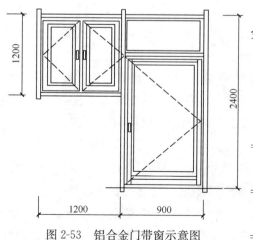

图2-53 铝合金门带窗示意图

### 2.3.14 建筑物超高增加费用

1. 建筑物超高费计算规则

(1) 檐高超过 20m 部分的建筑物应按其超过部分的建筑面积计算。

(2) 层高超过 3.6m 时，以每增高 1m（不足 0.1m 按 0.1m 计算）按相应子目的 20% 计算，并随高度变化按比例递增。

(3) 建筑物檐高超过 20m，但其最高一层或其中一层楼面未超过 20m 时，则该楼层在 20m 以上部分仅能计算每增高 1m 的层高超高费。

(4) 同一建筑物中有 2 个或 2 个以上的不同檐口高度时，应分别按不同高度竖向切面的建筑面积套用定额。

(5) 单层建筑物（无楼隔层者）高度超过 20m，其超过部分除构件安装按计价表第七章的规定执行外，另再按本节相应项目计算每增高 1m 的层高超高费。

2. 定额说明

(1) 建筑物设计室外地面至檐口的高度（不包括女儿墙、屋顶水箱、突出屋面的电梯间、楼梯间等的高度）超过 20m 时，应计算超高费。

(2) 超高费内容包括：人工降效、高压水泵摊销、临时垃圾管道等所需费用。超高费包干使用，不论实际发生多少，均按本定额执行，不调整。

(3) 单独装饰工程超高人工降效

1) "高度"和"层高"，只要其中一个指标达到规定，即可套用该项目。

2) 当同一个楼层中的楼面和天棚不在同一计算段内，按天棚面标高段为准计算。

3. 建筑物超高费实例

【例 2-20】 某框架结构教学楼，工程类别为二类，该教学楼分别由 A、B 单元楼组合为一幢整体建筑。A 楼 15 层，檐口标高 50.7m，每层建筑面积 500m$^2$，B 楼为 10 层，檐口标高为 34.5m，每层建筑面积 300m$^2$。已知：室内外高差为 0.450m，其中 B 楼 1~3 层层高 4.5m，4~10 层层高 3.0m，A 楼 11~14 层层高 3.0m，15 层层高 4.2m。请计算该教学楼建筑物超高增加费。

【解】

1. 计算工程量

(1) 计算楼面 20m 以上各层建筑面积

$$A 楼:500 \times 9 层 = 4500 m^2$$
$$B 楼:300 \times 4 层 = 1200 m^2$$

(2) 计算楼面 20m 以下第六层建筑面积，上层楼面 22.50m，仅计算每增高 1m 的增加费 3.0－0.05＝2.95m

$$A 楼:500 m^2$$
$$B 楼:300 m^2$$

(3) 计算楼面 20m 以上，且屋面 50.7m，层高增加 0.6m，顶层建筑面积 500m$^2$（已知）

2. 套《计价表》

(1) 套子目 18—4 换，单价计算说明：三类工程换算为二类工程综合单价：$(13.65+0.54+7.74)+(13.65+7.74)\times(28\%+12\%)=29.95$ 元/m²

$4500\times29.95=134775$ 元

套子目 18—2 换，单价计算说明：三类工程换算为二类工程

综合单价：$(8.19+0.54+3.93)+(8.19+3.93)\times(28\%+12\%)=17.51$ 元/m²

$1200\times17.51=21012$ 元

（2）套子目 18—4 换×20%×2.95，按相应定额的 20%计算增高高度 2.95m

综合单价：$29.95\times20\%\times2.95=17.67$ 元/m²

$500\times17.67=8835.25$ 元

套子目 18—2 换×20%×2.95，按相应定额的 20%计算增高高度 2.95m

综合单价：$17.51\times20\%\times2.95=10.33$ 元/m²

$300\times10.33=3099$ 元

（3）套子目 18—4 换×20%×0.6

$29.95\times20\%\times0.6=3.59$ 元/m²

$500\times3.59=1797$ 元

3. 该楼的总超高费用：$134775+21012+8835.25+3099+1797=169518.25$ 元

### 2.3.15 脚手架

1. 脚手架工程量计算规则

（1）脚手架工程量一般计算规则

1）凡砌筑高度超过 1.5m 的砌体均需计算脚手架。

2）砌墙脚手架均按墙面（单面）垂直投影面积以平方米计算。

3）计算脚手架时，不扣除门、窗洞口，空圈洞口，车辆通道，变形缝等所占面积。

4）同一建筑物高度不同时，按建筑物的竖向不同高度分别计算。

（2）砌筑脚手架工程量计算规则

1）外墙脚手架按外墙外边线长度（如外墙有挑阳台，则每个阳台计算一个侧面宽度，计入外墙面长度，二户阳台连在一起的也只算一个侧面）乘以外墙高度以平方米计算。外墙高度指室外设计地坪至檐口（或女儿墙顶面）高度，坡屋面至屋面板下（或椽子顶面）墙中心高度。

2）内墙脚手架以内墙净长乘以内墙净高计算。有山尖者算至山尖 1/2 处的高度；有地下室时，自地下室室内地坪至墙顶面高度计算。

3）砌体高度在 3.6m 以内者，套用里脚手架定额；高度超过 3.6m 者，套用外脚手架定额。

4）山墙自设计室外地坪至山尖 1/2 处高度超过 3.6m 时，该整个外山墙按相应外脚手架计算，内山墙按单排外架子计算。

5）独立砖（石）柱高度在 3.6m 以内者，脚手架以柱的结构外围周长乘以柱高计算，执行砌墙脚手架里架子定额；柱高超过 3.6m 者，以柱的结构外围周长加

3.6m 乘以柱高计算，执行砌墙脚手架外架子（单排）定额。

6）砌石墙到顶的脚手架，工程量按砌墙相应脚手架乘以系数 1.5。

7）外墙脚手架包括一面抹灰脚手架在内，另一面墙可计算抹灰脚手架。

8）砖基础自设计室外地坪至垫层（或混凝土基础）上表面的深度超过 1.5m 时，按相应砌墙脚手架执行。

9）突出屋面部分的烟囱，高度超过 1.5m 时，其脚手架按外围周长加 3.6m 乘以实砌高度，按 12m 内单排外手架计算。

(3) 现浇钢筋混凝土脚手架工程量计算规则

1）钢筋混凝土基础自设计室外地坪至垫层上表面的深度超过 1.5m，带形基础底宽超过 3.0m，独立基础、满堂基础及大型设备基础的底面积超过 16m² 的混凝土浇捣脚手架（必须满足两个条件），应按槽、坑土方规定放工作面后的底面积计算，按满堂脚手架相应定额乘以系数 0.3 计算脚手架费用。

2）现浇钢筋混凝土独立柱、单梁、墙高度超过 3.6m 应计算浇捣脚手架。柱的浇捣脚手架以柱的结构周长加 3.6m 乘以柱高计算；梁的浇捣脚手架按梁的净长乘以地面（或楼面）至梁顶面的高度计算；墙的浇捣脚手架以墙的净长乘以墙高计算。套柱、梁、墙混凝土浇捣脚手架子目。

3）层高超过 3.6m 的钢筋混凝土框架柱、墙（楼板、屋面板为现浇板）所增加的混凝土浇捣脚手架费用，以每 10m² 框架轴线水平投影面积（注意是框架轴线面积），按满堂脚手架相应子目乘以系数 0.3 执行；层高超过 3.6m 的钢筋混凝土框架柱、梁、墙（楼板、屋面板为预制空心板）所增加的混凝土浇捣脚手架费用，以每 10m² 框架轴线水平投影面积，按满堂脚手架相应子目乘以系数 0.4 执行。

(4) 贮仓脚手架，不分单筒或贮仓组，高度超过 3.6m，均按外边线周长乘以设计室外地坪至贮仓上口之间高度以平方米计算。高度在 12m 内，套双排外脚手架定额，乘以系数 0.7 执行；高度超过 12m，套 20m 内双排外脚手架定额，乘以系数 0.7 执行（均包括外表面抹灰脚手架在内）。

(5) 抹灰脚手架、满堂脚手架工程量计算规则

1）抹灰脚手架

①钢筋混凝土单梁、柱、墙，按以下规定计算脚手架：

a. 单梁以梁净长乘以地坪（或楼面）至梁顶面高度计算；

b. 柱以柱结构外围周长加 3.6m 乘以柱高计算；

c. 墙以墙净长乘以地坪（或楼面）至板底高度计算。

②墙面抹灰以墙净长乘以净高计算。

③如有满堂脚手架可以利用时，不再计算墙、柱、梁面抹灰脚手架。

④天棚抹灰高度在 3.6m 以内，按天棚抹灰面（不扣除柱、梁所占的面积）以平方米计算。

2）满堂脚手架

天棚抹灰高度超过 3.6m，按室内净面积计算满堂脚手架，不扣除柱、垛、附墙

烟囱所占面积。

　　a. 基本层：高度在 8m 以内计算基本层。

　　b. 增加层：高度超过 8m，每增加 2m，计算一层增加层，计算式如下：

$$增加层数 = \frac{室内净高 - 8m}{2m} \qquad (2\text{-}15)$$

增加层数余数在 0.6m 以内，不计算增加层，超过 0.6m，按增加一层计算。

　　c. 满堂脚手架高度以室内地坪（或楼面）至天棚面或屋面板的底面为准（斜的天棚或屋面板按平均高度计算）。室内挑台栏板外侧共享空间的装饰如无满堂脚手架可利用时，按地面（或楼面）至顶层栏板顶面高度乘以栏板长度以平方米计算，套相应抹灰脚手架定额。

　　（6）建筑物檐高超过 20m，即可计算檐高超过 20m 脚手架材料增加费，建筑物檐高超过 20m，脚手架材料增加费按建筑物超过 20m 部分建筑面积计算。

　　2. 定额说明

　　（1）凡工业与民用建筑、构筑物所需搭设的脚手架，均按本定额执行。

　　（2）本定额适用于檐高在 20m 以内的建筑物，檐高不包括女儿墙、屋顶水箱、突出主体建筑的楼梯间等高度，如前后檐高不同，则按平均高度计算。檐高在 20m 以上的建筑物脚手架除按脚手架子目计算外，其超过部分所需增加的脚手架加固措施等费用，均按超高脚手架材料增加费子目执行。构筑物、烟囱、水塔、电梯井按其相应子目执行。

　　（3）本定额已按扣件钢管脚手架与竹脚手架综合编制，实际施工中不论使用何种脚手架材料，均按本定额执行。

　　（4）以下情况下脚手架的套用：

　　1）高度在 3.6m 以内的墙面、天棚、柱、梁抹灰（包括钉间壁、钉天棚）用的脚手架费用套用 3.6m 以内的抹灰脚手架。

　　2）室内（包括地下室）净高超过 3.6m 时，天棚需抹灰（包括钉天棚）应按满堂脚手架计算，但其内墙抹灰不再计算脚手架。

　　3）高度在 3.6m 以上的内墙面抹灰，如无满堂脚手架可以利用时，可按墙面垂直投影面积计算抹灰脚手架。

　　4）建筑物室内净高超过 3.6m 的钉板间壁以其净长乘以高度计算一次脚手架（按抹灰脚手架定额执行），天棚吊筋与面层按其水平投影面积计算一次满堂脚手架。

　　5）天棚面层高度在 3.6m 内，吊筋与楼层的联结点高度超过 3.6m，应按满堂脚手架相应项目基价乘以 0.6 计算。

　　6）室内天棚面层净高 3.6m 以内的钉天棚、钉间壁的脚手架与其抹灰的脚手架合并计算一次脚手架，套用 3.6m 以内的抹灰脚手架。

　　7）单独天棚抹灰计算一次脚手架，按满堂脚手架相应项目乘以系数 0.1。

　　8）室内天棚面层净高超过 3.6m 的钉天棚、钉间壁的脚手架与其抹灰的脚手架合并计算一次满堂脚手架。

9) 室内天棚净高超过 3.6m 的板下勾缝、刷浆、油漆可另行计算一次脚手架费用，按满堂脚手架相应项目乘以 0.10 计算；墙、柱、梁面刷浆、油漆的脚手架按抹灰脚手架相应项目乘以 0.1 计算。

(5) 超高脚手架材料增加费

1) 本定额中脚手架是按建筑物檐高在 20m 以内编制的，檐高超过 20m 时应计算脚手架材料增加费。

2) 檐高超过 20m 的脚手架材料增加费内容包括：脚手架使用周期延长摊销费、脚手架加固。脚手架材料增加费包干使用，无论实际发生多少，均按本规定执行，不调整。

3) 檐高超过 20m 的脚手架材料增加费按下列规定计算：

①檐高超过 20m 部分的建筑物应按其超过部分的建筑面积计算；

②层高超过 3.6m 每增高 0.1m 按增高 1m 的比例换算（不足 0.1m 按 0.1m 计算）按相应项目执行；

③建筑物檐高高度超过 20m，但其最高一层或其中一层楼面未超过 20m 时，则该楼层在 20m 以上部分仅能计算每增高 1m 的增加费；

④同一建筑物中有两个或两个以上的不同檐口高度时，应分别按不同高度竖向切面的建筑面积套用相应子目；

⑤单层建筑物（无楼隔层者）高度超过 20m，其超过部分除构件安装按相应的规定执行外，另再按相应脚手架材料增加费项目计算每增高 1m 的脚手架材料增加费。

3. 脚手架工程实例

**【例 2-21】** 某工程室内净面积为 $4000m^2$，室内净高为 11.5m，计算满堂脚手费。

**【解】**

1. 工程量为已知室内净面积 $4000m^3$

2. 计算增加层数 =(11.5—8)/2=1.75

余数 0.75＞0.6，计算 2 个增加层

3. 套子目

19-8                     $4000 \times 79.12/10 = 31648$ 元

19-9                     $4000 \times 2 \times 17.52/10 = 14016$ 元

4. 满堂脚手费合计：39956 元

**【例 2-22】** 某多层现浇框架办公楼三层楼面，板厚 120mm。二层楼面至三层楼面高 4.2m。如 [例 2-6] 图中所示，计算 KZ1 柱混凝土浇捣脚手架工程量。

**【解】** 由于层高超过 3.6m，应该按照以每 $10m^2$ 框架轴线水平投影面积计算。

1. 混凝土浇捣脚手架 $(3.6 \times 2 + 0.25 \times 2) \times (6.3 + 0.35 \times 2) = 7.7 \times 7 = 53.9m^2$

2. 套子目 19-13    $53.9 \times 16.56/10 = 89.26$ 元

3. 混凝土浇捣脚手架费用是 89.26 元

**【例 2-23】** 某单层建筑物平面如图 2-54 所示，室内外高差 0.3m，平屋面，预应力空心板厚 0.12m，除内纵墙墙厚为 120mm 外，其余均为 240mm。墙面和天棚均作

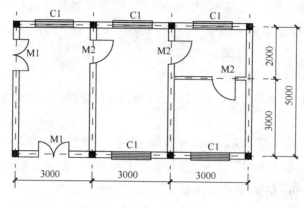

图 2-54

一般抹灰，试根据以下条件计算内外墙、天棚脚手架费用。(1) 檐高 3.52m，(2) 檐高 4.02m，(3) 檐高 6.12m。

【解】

1. 檐高 3.52m

(1) 计算工程量

①外墙砌筑脚手架 $(9.24+5.24)\times 2\times 3.52=101.94m^2$

②内墙砌筑脚手架 $(5-0.24)\times 2+(3-0.24)\times(3.52-0.3-0.12)=38.07m^2$

③抹灰脚手架

墙面抹灰(按砌筑脚手可以利用)

$[(9-0.24\times 3)\times 2+(5-0.24)\times 4+(3-0.24)]\times(3.52-0.3-0.12)$
$=118.92m^2$

天棚抹灰

$(3-0.24)\times(5-0.24)\times 2+(3-0.24)\times(5-0.24-0.12)=336.55m^2$

(2) 套用计价表

19-1 $(101.94+38.07)\times 6.88/10=96.32$ 元

19-10 $(118.92+336.55)\times 2.05/10=93.37$ 元

合计 189.69 元

2. 檐高 4.02m

(1) 计算工程量

①外墙砌筑脚手架 $(9.24+5.24)\times 2\times 4.02=116.42m^2$

②内墙砌筑脚手架 $(5-0.24)\times 2+(3-0.24)\times(4.02-0.3-0.12)=44.21m^2$

③抹灰脚手架

墙面抹灰(按砌筑脚手可以利用)

$[(9-0.24\times 3)\times 2+(5-0.24)\times 4+(3-0.24)]\times(4.02-0.3-0.12)$
$=138.10m^2$

天棚抹灰

$(3-0.24)\times(5-0.24)\times 2+(3-0.24)\times(5-0.24-0.12)=336.55m^2$

(2) 套用计价表

19-1　44.21×6.88/10＝30.42 元

19-2　116.42×65.26/10＝759.76 元

19-10　(138.10＋336.55)×2.05/10＝97.3 元

合计 887.48 元

3. 檐高 6.12m

(1) 计算工程量

①外墙砌筑脚手架(9.24＋5.24)×2×6.12＝177.24m²

②内墙砌筑脚手架(5－0.24)×2＋(3－0.24)×(6.12－0.3－0.12)＝70.00m²

③抹灰脚手架

净高超过 3.6m,按满堂脚手架计算

(3－0.24)×(5－0.24)×2＋(3－0.24)×(5－0.24－0.12)＝336.55m²

(2) 套用计价表

19-2　(177.24＋70.00)×65.26/10＝1613.49 元

19-8　336.55×79.12/10＝2662.78 元

合计 4276.27 元

### 2.3.16　模板工程

1. 模板工程工程量计算规则

(1) 现浇混凝土及钢筋混凝土模板工程量

1) 现浇混凝土及钢筋混凝土模板工程量除另有规定者外,均按混凝土与模板的接触面积以平方米计算。若使用含模量计算模板接触面积者,其工程量等于构件体积乘以相应项目含模量。

2) 钢筋混凝土墙、板上单孔面积在 0.3m² 以内的孔洞,不予扣除,洞侧壁模板不另增加,但突出墙面的侧壁模板应相应增加。单孔面积在 0.3m² 以外的孔洞,应予扣除,洞侧壁模板面积并入墙、板模板工程量之内计算。

3) 现浇钢筋混凝土框架分别按柱、梁、墙、板有关规定计算,墙上单面附墙柱并入墙内工程量计算,双面附墙柱按柱计算,但后浇墙、板带的工程量不扣除。

4) 设备螺栓套孔或设备螺栓分别按不同深度以"个"计算;二次灌浆,按实灌体积以立方米计算。

5) 预制混凝土板间或边补现浇板缝,缝宽在 100mm 以上者,模板按平板定额计算。

6) 构造柱外露面均应按图示外露部分计算面积（锯齿形,则按锯齿形最宽面计算模板宽度）,构造柱与墙接触面不计算模板面积。

7) 现浇混凝土雨篷、阳台、水平挑板,按图示挑出墙面以外板底尺寸的水平投影面积计算（附在阳台梁上的混凝土线条不计算水平投影面积）。挑出墙外的牛腿及板边模板已包括在内。复式雨篷挑口内侧净高超过 250mm 时,其超过部分按挑檐定额计算（超过部分的含模量按天沟含模量计算）。竖向挑板按 100mm 内墙定额执行。

8) 整体直形楼梯包括楼梯段、中间休息平台、平台梁、斜梁及楼梯与楼板连结的梁，按水平投影面积计算，不扣除小于 200mm 的梯井，伸入墙内部分不另增加。

9) 圆弧形楼梯按楼梯的水平投影面积以平方米计算（包括圆弧形梯段、休息平台、平台梁、斜梁及楼梯与楼板连接的梁）。

10) 楼板后浇带以延长米计算（整板基础的后浇带不包括在内）。

11) 现浇圆弧形构件除定额已注明者外，均按垂直圆弧形的面积计算。

12) 栏杆按扶手的延长米计算，栏板竖向挑板按模板接触面积以平方米计算。扶手、栏板的斜长按水平投影长度乘以系数 1.18 计算。

13) 砖侧模分别不同厚度，按实砌面积以平方米计算。

(2) 现场预制混凝土及钢筋混凝土模板工程量

1) 现场预制构件模板工程量，除另有规定者外，均按模板接触面积以平方米计算。若使用含模量计算模板面积者，其工程量等于构件体积乘以相应项目的含模量。砖地模费用已包括在定额含量中，不再另行计算。

2) 镂空花格窗、花格芯按外围面积计算。

3) 预制桩不扣除桩尖虚体积。

4) 加工厂预制构件有此项目，而现场预制无此项目，实际在现场预制时模板按加工厂预制模板子目执行。现场预制构件有此项目，加工厂预制构件无此项目，实际在加工厂预制时，其模板按现场预制模板子目执行。

(3) 加工厂预制构件的模板，除镂空花格窗、花格芯外，均按构件的体积以立方米计算。

1) 混凝土构件体积一律按施工图纸的几何尺寸以实体积计算，空腹构件应扣除空腹体积。

2) 镂空花格窗、花格芯按外围面积计算。

2. 定额说明

共设置了四节：现浇构件模板；现场预制构件模板；加工厂预制构件模板；构筑物工程模板，共计 254 个子目。

(1) 为了便于施工企业快速报价，在计价表附录中列出了混凝土构件的模板含量表，供使用单位参考。按设计图纸计算模板接触面积或使用混凝土含模量折算模板面积，这两种方法仅能使用其中一种，相互不得混用。使用含模量者，竣工结算时模板面积不得再调整。构筑物工程中的滑升模板是以立方米混凝土为单位的，模板系综合考虑。倒锥形水塔水箱提升以"座"为单位。

(2) 预制构件模板子目，按不同构件，分别以组合钢模板、复合木模板、木模板、定型钢模板、长线台钢拉模、加工厂预制构件配混凝土地模、现场预制构件配砖胎模、长线台配混凝土地胎模编制，使用其他模板时，不予换算。

(3) 模板工作内容包括清理、场内运输、安装、刷隔离剂、浇灌混凝土时模板维护、拆模、集中堆放、场外运输。木模板包括制作（预制构件包括刨光，现浇构件不包括刨光），组合钢模板、复合木模板包括装箱。

(4) 现浇钢筋混凝土柱、梁、墙、板的支模高度以净高（底层无地下室者需另加室内外高差）在 3.6m 以内为准，净高超过 3.6m 的构件其钢支撑、零星卡具及模板人工分别乘以相应系数，但其脚手架费用应按脚手架工程的规定另行执行。注意：轴线未形成封闭框架的柱、梁、板称独立柱、梁、板。

(5) 支模高度净高

1) 柱：无地下室底层时是指设计室外地面至上层板底面、楼层板顶面至上层板底面；

2) 梁：无地下室底层时是指设计室外地面至上层板底面、楼层板顶面至上层板底面；

3) 板：无地下室底层时是指设计室外地面至上层板底面、楼层板顶面至上层板底面；

4) 墙：整板基础板顶面（或反梁顶面）至上层板底面、楼层板顶面至上层板底面。

(6) 模板项目中，仅列出周转木材而无钢支撑的项目，其支撑量已含在周转木材中，模板与支撑按 7:3 拆分。

(7) 模板材料已包含砂浆垫块与钢筋绑扎用的 $22^{\#}$ 镀锌钢丝在内，现浇构件和现场预制构件不用砂浆垫块，而改用塑料卡，应根据定额说明增加费用。目前，许多城市已强行规定使用塑料卡，因此在编制标底和投标报价时一定要注意。

(8) 有梁板中的弧形梁模板按弧形梁定额执行（含模量—肋形板含模量），其弧形板部分的模板按板定额执行。

(9) 砖墙基上带形混凝土防潮层模板按圈梁定额执行。

(10) 混凝土底板面积在 $1000m^2$ 以内，有梁式满堂基础的反梁或地下室墙侧面的模板如用砖侧模时，砖侧模的费用应另外增加，同时扣除相应的模板面积（扣除的模板总量不得超过总的定额中的含模量，否则会出现倒挂现象）；超过 $1000m^2$ 时，反梁用砖侧模，则砖侧模及边模的组合钢模应分别另列项目计算。

(11) 地下室后浇墙带的模板应按已审定的施工组织设计另行计算，但混凝土墙体模板含量不扣。

(12) 弧形构件按相应定额执行，但带形基础、设备基础、栏板、地沟如遇圆弧形，除按相应定额的复合模板执行外，其人工、复合木模板乘以定额规定的系数调整，其他不变。

(13) 用钢滑升模板施工的烟囱、水塔、贮仓使用的钢提升杆是按 $\phi 25$ 一次性用量编制的，设计要求不同时，进行换算。定额中施工时是按无井架计算的，并综合了操作平台，不再计算脚手架和竖井架。

(14) 倒锥壳水塔塔身钢滑升模板项目，也适用于一般水塔塔身滑升模板工程。

(15) 20-246、20-247、20-248 子目混凝土、钢筋混凝土地沟是指建筑物室外的地沟，室内钢筋混凝土地沟按 20-87、20-88 子目执行。

(16) 现浇有梁板、无梁板、平板、楼梯、雨篷及阳台，底面设计不抹灰者，增加模板缝贴胶带纸人工 0.27 工日/10m²，合计 7.02 元。

3. 模板工程实例

**【例 2-24】** 某多层现浇框架办公楼三层楼面（图 2-55），板厚 120mm，二层楼面至三层楼面高 4.2m。计算该层楼面④～⑤轴和Ⓒ～Ⓓ轴范围内的（计算至 KL1、KL5 梁外侧）模板工程量和费用（按接触面积计算）

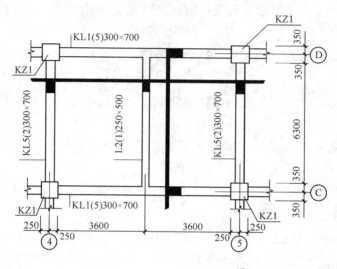

图 2-55

**【解】**

1. 模板工程量

(1) 板　7.15×6.7－0.2×0.1×4＝47.83m²

(2) L2　(0.38×2＋0.25)×6.7＝6.77m²

(3) KL1　0.58×7.2×2＋0.3×7.2×2＋0.7×7.2＋0.58×7.2－0.25×0.38×2＝21.70m²

2. 套子目

20-59　47.83×208.97/10＝999.50

20-35　(6.77＋21.7)×243.83/10＝694.18

3. 模板工程量总计 47.83＋6.77＋21.70＝76.3m²

模板费用总计 999.50＋694.18＝1693.68 元

## 2.3.17　施工排水、降水、深基坑支护

1. 施工排水、降水、深基坑支护工程量计算规则

(1) 人工土方施工排水不分土壤类别、挖土深度，按挖湿土工程量以立方米计算。

(2) 人工挖淤泥、流沙施工排水按挖淤泥、流沙工程量以立方米计算。

(3) 基坑、地下室排水按土方基坑的底面积以平方米计算。

(4) 强夯法加固地基坑内排水，按强夯法加固地基工程量以平方米计算。

(5) 井点降水 50 根为一套，累计根数不足一套者按一套计算，井点使用定额单位为套/天，一天按 24 小时计算。井管的安装、拆除以"根"计算。

(6) 基坑钢管支撑为周转摊销材料基坑钢管支撑，其场内运输、回库保养均已包括在内。基坑钢管支撑以坑内的钢立柱、支撑、围檩、活络接头、法兰盘、预埋铁件的合并重量按吨计算。支撑处需挖运土方、围檩与基坑护壁的填充混凝土未包括在内，发生时应按实另行计算。

(7) 打、拔钢板桩按设计钢板桩重量以吨计算。

2. 定额说明

(1) 人工土方施工排水是在人工开挖湿土、淤泥、流沙等施工过程中的地下水排放发生的机械排水台班费用。

(2) 基坑排水必须同时具备两个条件：①地下常水位以下，②基坑底面积超过 $20m^2$。土方开挖以后，在基础或地下室施工期间所发生的排水包干费用，如果 $\pm 0.00m$ 以上有设计要求待框架、墙体完成以后再回填基坑土方的，此期间的排水费用应该另算。

(3) 井点降水项目适用于地下水位较高的粉砂土、砂质粉土或淤泥质夹薄层砂性土的地层。一般情况下，降水深度在 6m 以内。井点降水使用时间根据施工组织设计确定。井点降水材料使用摊销量中包括井点拆除时材料损耗量。井点间距根据地质和降水要求由施工组织设计确定，一般轻型井点管间距为 1.2m。井点降水成孔工程中产生的泥水处理及挖沟排水工作应另行计算。井点降水必须保证连续供电，在电源无保证的情况下，使用备用电源的费用应另计。

(4) 强夯法加固地基坑内排水是指击点坑内的积水排水台班费用。

(5) 机械土方工作面中的排水费已包含在土方中，但地下水位以下的施工排水费用不包括，如发生，依据施工组织设计规定，排水人工、机械费用另行计算。

(6) 打、拔钢板桩单位工程打桩工程量小于50t时，注意人工和机械要乘以系数1.25。场内运输超过300m时，除按相应构件运输子目执行外，还要扣除打桩子目中的场内运输费。

3. 施工排水、降水、深基坑支护工程实例

【例2-25】 某工程施工组织设计采用轻型井点降水，施工方案为环形井点布置(图2-56)，井点间距1.2m，降水30天，已知基础底板尺寸长80m，宽为35m。试求

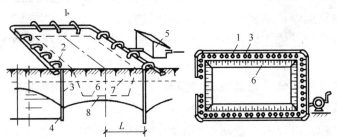

图 2-56 轻型井点布置示意图

1—集水总管；2—连接管；3—井点管；4—滤管；5—水泵房；
6—基坑；7—原有地下水位线；8—降水后地下水位线

轻型井点降水工程量。

【解】

1. 计算井点根数

(80+0.3×2)/1.2=67 根

(35+0.3×2)/1.2=30 根

因此:(67+30)×2=194 根

194/50=5 套

2. 套《计价表》子目

21-13    194/10×346.97=6835.31 元

21-14    194/10×109.15=2117.51 元

21-15    5×481.93×30=72290 元

3. 本工程井点降水费用

6835.31+2117.51+72290=81242.82 元

### 2.3.18 建筑工程垂直运输

1. 建筑工程垂直运输工程量计算规则

(1) 建筑物垂直运输机械台班用量，区分不同结构类型、檐口高度（层数）按国家工期定额以日历天计算。

(2) 单独装饰工程垂直运输机械台班，区分不同施工机械、垂直运输高度、层数按定额工日分别计算。

(3) 烟囱、水塔、筒仓垂直运输机械台班，以"座"计算。超过定额规定高度时，按每增高 1m 定额项目计算。高度不足 1m，按 1m 计算。

(4) 施工塔吊、电梯基础，塔吊及电梯与建筑物连接件，按施工塔吊及电梯的不同型号以"台"计算。

2. 定额说明

(1) "檐高，是指设计室外地坪至檐口的高度，突出主体建筑物顶的女儿墙、电梯间、楼梯间、水箱等不计入檐口高度以内；"层数"指地面以上建筑物的自然层。

(2) 本定额工作内容包括在江苏省调整后的国家工期定额内完成单位工程全部工程项目所需的垂直运输机械台班，不包括机械的场外运输、一次安装、拆卸、路基铺垫和轨道铺拆等费用。施工塔吊与电梯基础、施工塔吊和电梯与建筑物连接的费用单独计算。

(3) 本定额项目划分是以建筑物"檐高"、"层数"两个指标界定的，只要其中一个指标达到定额规定，即可套用该定额子目。

(4) 一个工程，出现两个或两个以上檐口高度（层数），使用同一台垂直运输机械时，定额不作调整；使用不同垂直运输机械时，应依照国家工期定额规定结合施工合同的工期约定，分别计算。

(5) 当建筑物垂直运输机械数量与定额不同时，可按比例调整定额含量。本定额按卷扬机施工配两台卷扬机，塔式起重机施工配一台塔吊、一台卷扬机（施工电梯）考虑。

（6）檐高 3.6m 内的单层建筑物和围墙，不计算垂直运输机械台班。

（7）垂直运输高度小于 3.6m 的一层地下室，不计算垂直运输机械台班。

（8）预制混凝土平板、空心板、小型构件的吊装机械费用已包括在本定额中。

（9）本定额中现浇框架系指柱、梁、板全部为现浇的钢筋混凝土框架结构。如部分现浇、部分预制，按现浇框架乘以系数 0.96。

（10）柱、梁、墙、板构件全部现浇的钢筋混凝土框筒结构、框剪结构按现浇框架执行；筒体结构按剪力墙（滑模施工）执行。

（11）预制或现浇钢筋混凝土柱，预制屋架的单层厂房，按预制排架定额计算。

（12）单独地下室工程项目定额工期以不含打桩工期的基础挖土开始考虑。

（13）当建筑物以合同工期日历天计算时，在同口径条件下定额乘以下系数：

1＋(国家工期定额日历天－合同工期日历天)/国家工期定额日历天

未承包施工的工程内容，如打桩、挖土等的工期，不能作为提前工期考虑。

（14）混凝土构件，使用泵送混凝土浇筑者，卷扬机施工定额台班乘以系数 0.96；塔式起重机施工定额中的塔式起重机台班含量乘以系数 0.92。

（15）建筑物高度超过定额取定高度，每增加 20m，人工、机械按最上两档之差递增。不足 20m 者，按 20m 计算。

（16）采用履带式、轮胎式、汽车式起重机（除塔式起重机外）吊（安）装预制大型构件的工程，除按规定计算垂直运输费外，另按计价表有关规定计算构件吊（安）装费。

（17）烟囱、水塔、筒仓的"高度"指设计室外地坪至构筑物的顶面高度，突出构筑物主体顶的机房等高度，不计入构筑物高度内。

3. 建筑工程垂直运输实例

【例 2-26】 某办公楼工程，要求按照国家定额工期提前 15% 工期竣工。该工程为三类土、条形基础，现浇框架结构 5 层，每层建筑面积 900m$^2$，檐口高度 16.95m，使用泵送商品混凝土，配备 40t·m 自升式塔式起重机、带塔卷扬机各一台。请计算该工程定额垂直运输费。

【解】

1. 基础定额工期

1-2　50 天×0.95(江苏省调整系数)＝47.5 天

47.5 天四舍五入为 48 天

2. 上部定额工期　1-1011　235 天

合计 48 天＋235 天＝283 天

3. 定额综合单价　22-8 换　293.63 元/天

22-8 子目换算

该子目人工费、材料费为零，0.523 为机械台班含量，卷扬机不动，管理费、利润相应变化。

机械费：

其中塔式起重机　0.523×259.06×0.92＝124.65元

卷扬机　89.68元

机械费小计：214.33元

管理费：214.33×25％＝53.58元

利　润：214.33×12％＝25.72元

综合单价：214.33＋53.58＋25.72＝293.63元/天

## 2.4 工程量清单下工程计量

工程量清单下的工程量计算是根据《建设工程工程量清单计价规范》统一的计算规则计算的。

《计价规范》和《计价表》计算出来的工程量，有时是有区别的。按照《计价规范》计算的工程量是工程的实体工程量，按照《计价表》计算的工程量考虑了工程施工过程中因素。因此计算工程量，必须熟悉工程量计算规则及项目划分，要正确区分《计价规范》附录中的工程量计算规则与定额中的工程量计算规则，及二者在项目划分上的不同之处，对各分部分项工程量的计算规定、计量单位、计算范围、包括的工程内容、应扣除什么、不扣除什么，要做到心中有数。

本书的附表中给出了《建设工程工程量清单计价规范》的附录A、B。附录A、B中分别对建筑工程和装饰装修工程工程量清单项目设置、计算规则等进行了说明，文中不再赘述。

同时，本书的附表中给出了《江苏省建筑与装饰工程计价表》和《建设工程工程量清单计价规范》工程量计算规则对照表，限于篇幅，仅列举几个工程量清单计量的案例，供读者参考。

【例2-27】　某建筑物基础的平面图、剖面图如[例2-1]图中所示。已知室外设计地坪以下砖基础体积16.24m³。三类土，试求该建筑物平整场地、挖土方、回填土、房心回填土、余土运输工程量（不考虑挖填土方的运输）。

【解】

1. 平整场地(3.2×2＋0.24)×(6＋0.24)＝41.43m²

2. 挖地槽体积(按垫层下表面放坡计算)

挖土深度 $h=1.5$m

$L_{中}=(6.4+6)×2=24.8$m

$L_{净}=6-0.4×2=5.2$m

$V_1=1.5×0.8×(24.8+5.2)=36.0$m³

3. 基础回填体积

$V_2 = (36.0 - 2.35 - 16.24) = 17.41 \mathrm{m}^3$

4. 房心回填土体积

$V_3 = (3.2 - 0.24) \times (6 - 0.24) \times 2 \times 0.27 = 9.21 \mathrm{m}^3$

5. 余土运输体积

$V_4 = V_1 - V_2 - V_3 = (36.0 - 17.41 - 9.21) = 9.38 \mathrm{m}^3$

【例 2-28】 如［例 2-2］图中所示，计算预制钢筋混凝土桩的工程量。

【解】 预制桩清单工程量：

桩长：$(8.0 + 0.3) \times 4 \times 30 = 996.0 \mathrm{m}$

或者

桩根数：120 根

【例 2-29】 设计钻孔灌注混凝土桩 25 根，桩径 $\phi 900 \mathrm{mm}$，设计桩长 28m，入岩（Ⅴ类）1.5m，自然地面标高 $-0.6 \mathrm{m}$，桩顶标高 $-2.60 \mathrm{m}$，C30 混凝土现场自拌，根据地质情况土孔混凝土充盈系数为 1.25，岩石孔混凝土充盈系数为 1.1，每根桩钢筋用量为 0.750t。以自身的黏土及灌入的自来水进行护壁，砌泥浆池，泥浆外运按 8km，桩头不需凿除。计算打桩工程的工程量。

【解】 钻孔灌注混凝土桩清单工程量

桩长：$28.0 \times 25 = 700.0 \mathrm{m}$

【例 2-30】 某建筑物基础采用 C20 钢筋混凝土，平面图形和结构构造如图 2-57 所示。试计算钢筋混凝土的工程量。（图中基础的轴心线与中心线重合，括号内为内墙尺寸）

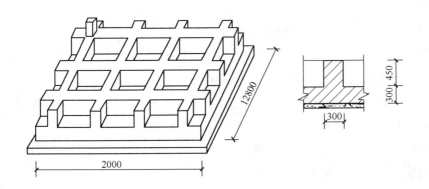

图 2-57 满堂有梁基础示意图

【解】 满堂有梁基础清单工程量

板　$V_1 = 20 \times 12.8 \times 0.3 = 76.8 \mathrm{m}^3$

梁　$V_2 = 0.3 \times 0.45 \times (20 \times 3 + 12.8 \times 4) - 0.3 \times 0.3 \times 0.45 \times 12 = 14.52 \mathrm{m}^3$

满堂有梁基础清单工程量 $76.8 + 14.52 = 91.32 \mathrm{m}^3$

## 单元小结

通过本章学习，学生能够理解定额工程量和清单工程量计算规则的异同；根据计价表和计价规范分别计算定额和清单工程量；完成了工程计价过程中工作量大、计算烦琐的一部分内容，为完成工程计价奠定基础。

## 单元课业

### 一、课业说明

完成框架（框剪）结构工程项目图纸工程量计算

### 二、参考资料

《江苏省建筑与装饰工程计价表》、《建筑工程工程量清单计价规范》。

江苏省现行费用定额、教学课件、视频教学资料、网络教学资源、任务工单。

### 三、单选题

1. 挖基础土方清单项目工程内容不包括（　　）。
   A. 挖沟槽　　　　B. 人工挖孔桩挖土　　C. 挖淤泥、流砂　　D. 土方运输
2. 预制钢筋混凝土桩清单项目工程内容不包括（　　）。
   A. 桩制作　　　　B. 打桩　　　　C. 送桩　　　　D. 接桩
3. 框架柱的柱高应自柱基上表面算至（　　）之间的高度计算。
   A. 楼板下表面　　B. 楼板上表面　　C. 梁底面　　　D. 柱顶
4. 梁与柱相连时，梁长算至（　　）。
   A. 柱的侧面　　　B. 轴线　　　　C. 柱中心线　　D. 柱外缘线
5. 不规则多边形钢板面积按其（　　）计算。
   A. 实际面积　　　B. 外接矩形　　C. 外接圆形　　D. 内接矩形
6. 楼梯与楼地面相连时，无梯口梁者算至最上一层踏步边沿加（　　）mm。
   A. 100　　　　　B. 200　　　　C. 300　　　　D. 500
7. 以下项目计价表定额子目中未包括酸洗打蜡的是（　　）。

A. 水磨石地面　　B. 花岗岩楼地面　　C. 墙面挂贴大理石　　D. 菱苦土地面

8. 根据江苏省建筑工程计价表垂直运输章节有关规定，垂直运输高度大于 3.6m 的一层地下室（　　）计算垂直运输费用。
   A. 不可以　　　　B. 可以　　　　　　C. 按实际发生

9. 钻孔灌注桩泥浆外运工程量按（　　）（立方米）计算。
   A. 泥浆体积　　B. 泥浆体积的三倍　　C. 钻孔体积　　D. 灌注桩体积

10. 以下关于块料台阶面层工程量计算说法正确的是：（　　）。
    A. 按设计图示尺寸以台阶（包括最上层踏步边沿加 200mm）水平投影面积计算
    B. 按设计图示尺寸以台阶（包括最上层踏步边沿加 300mm）水平投影面积计算
    C. 按设计图示尺寸以台阶（包括最上层踏步边沿加 400mm）水平投影面积计算
    D. 按设计图示尺寸以台阶（包括最上层踏步边沿加 500mm）水平投影面积计算

## 四、多选题

1. 建筑施工各类土的土方开挖深度是指（　　）。
   A. 室外自然地坪至垫层顶面　　　　B. 室外设计地坪至垫层顶面
   C. 室外设计地坪至垫层底面　　　　D. 室外设计地坪至基槽底
   E. 室内地坪至垫层底

2. 下列各项按实砌体积计算的有（　　）。
   A. 砖烟囱　　　　　　　　　　　　B. 化粪池
   C. 水池　　　　　　　　　　　　　D. 砖砌地沟
   E. 附墙垃圾道

3. 下列按延长米计算工程量的有（　　）。
   A. 现浇挑檐天沟　　　　　　　　　B. 女儿墙压顶
   C. 现浇栏板　　　　　　　　　　　D. 楼梯扶手
   E. 散水

4. 计算钢构件工程量时下列叙述正确的是（　　）。
   A. 按钢材体积计算
   B. 按钢材重量计算
   C. 构件上的孔洞扣除，螺栓、铆钉重量增加
   D. 构件上的孔洞不扣除，螺栓、铆钉重量不增加
   E. 不规则多边形钢板以其外接圆面积计算

5. 根据《建设工程工程量清单计价规范》（GB 50500—2008），下列（　　）是按设计图示尺寸以面积计算的。
   A. 木楼梯　　　　　　　　　　　　B. 围墙铁丝门
   C. 钢漏斗　　　　　　　　　　　　D. 变形缝
   E. 屋面天沟

6. 以下关于天棚说法正确的是：（　　）。
   A. 天棚抹灰不扣除柱垛所占面积
   B. 天棚抹灰扣除柱垛所占面积
   C. 天棚吊顶不扣除柱垛所占面积，但应扣除独立柱所占面积
   D. 天棚吊顶扣除柱垛所占面积

7. 以下关于现浇水磨石楼地面工程量计算规则说法正确的是：（　　）。
   A. 按设计图示尺寸以面积计算
   B. 扣除地沟所占面积
   C. 不扣除地沟所占面积
   D. 不扣除间壁墙和 $0.3m^2$ 以内的柱、垛、附墙烟囱及孔洞所占面积
   E. 门洞、空圈、暖气包槽、壁龛的开口部分不增加面积

8. 以下关于内墙抹灰面积按主墙间的净长乘以高度计算说法正确的是：（　　）。
   A. 无墙裙的，高度按室内楼地面至天棚底面计算
   B. 无墙裙的，高度按室内楼地面至天棚顶面计算
   C. 有墙裙的，高度按墙裙顶至天棚底面计算
   D. 有墙裙的，高度按墙裙顶至天棚顶面计算

9. 以下关于门窗油漆编码列项说法正确的是：（　　）。
   A. 门油漆应区分单层木门、双层木门，分别编码列项
   B. 门油漆应区分单层木门、双层木门，不需分别编码列项
   C. 窗油漆应区分单层玻璃、双层木窗，分别编码列项
   D. 窗油漆应区分单层玻璃、双层木窗，不需分别编码列项

10. 计算混凝土工程量时正确的工程量清单计算规则是（　　）。
    A. 现浇混凝土构造柱不扣除预埋铁件体积
    B. 无梁板的柱高自楼板上表面算至柱帽下表面
    C. 伸入墙内的混凝土梁头体积不算
    D. 现浇混凝土墙中，墙垛及突出部分不计算
    E. 现浇混凝土楼梯伸入墙内部分不计算

## 五、实训项目

框架（框剪）结构工程项目图纸工程量计算，完成以下表格

| 序号 | 分项工程名称（项目编码） | 单位 | 计价表工程量（清单工程量） | 工程量计算式 |
| --- | --- | --- | --- | --- |
|  |  |  |  |  |
|  |  |  |  |  |
|  |  |  |  |  |

# 单元 3
# 建筑工程计价

## 引 言

建筑工程计价是指根据工程图设计文件、建筑工程施工规范要求、清单计价规范要求及定额规定、各地行政法规及计价文件要求,编制和确定建筑工程价款。能准确计算工程造价,对于招投标市场工作编制招标控制价、投标报价以及工程竣工、结算的编制都是重要依据。目前,我国工程造价体系有"定额计价法"和"工程量清单计价法"两种。本单元主要介绍定额计价和工程量清单计价的原理以及两种模式下单位工程施工图计价编制的步骤、方法。

## 学习目标

通过本章学习,你将能够:
1. 掌握定额计价和工程量清单计价的原理;
2. 掌握定额计价和工程量清单计价两种模式下单位工程施工图计价编制的步骤、方法;
3. 深刻理解定额计价和工程量清单计价的异同。

## 3.1 定额计价

### 3.1.1 定额计价概念

定额计价是指根据招标文件,按照国家建设行政主管部门发布的建设工程预算定额的"工程量计算规则",同时参照省级建设行政主管部门发布的人工工日单价、机械台班单价、材料以及设备价格信息及同期市场价格,计算出直接工程费,再按规定的计算方法计算措施费、其他项目费、管理费、利润、规费、税金,汇总确定建筑安装工程造价。

### 3.1.2 定额计价基本程序

在我国,长期以来在工程价格形成中采用定额计价模式,即按预算定额规定的分部分项子目,逐项计算工程量,套用预算定额单价(或单位估价表)确定直接费,然后按规定的取费标准确定其他直接费、现场经费、间接费、计划利润和税金,加上材料调差系数和适当的不可预见费,经汇总后即为工程预算或标底,而标底则作为评标定标的主要依据。定额计价方法的特点就是量与价的结合,经过不同层次的计算形成量与价的最优结合过程。

可以用公式来进一步表明确定建筑产品价格定额计价的基本方法和程序:

1. 每一计量单位建筑产品的直接工程费单价

$$直接工程费单价 = 人工费 + 材料费 + 施工机械使用费 \tag{3-1}$$

式中,

$$人工费 = \sum(人工工日数量 \times 人工日工资标准) \tag{3-2}$$

$$材料费 = \sum(材料用量 \times 材料预算价格) \tag{3-3}$$

$$机械使用费 = \sum(机械台班用量 \times 台班单价) \tag{3-4}$$

2. 单位直接工程费 = $\sum$(假定建筑产品工程量 × 直接费单价) + 其他直接费 + 现场经费 (3-5)

3. 单位工程概预算造价 = 单位直接工程费 + 间接费 + 利润 + 税金 (3-6)

4. 单项工程概算造价 = $\sum$ 单位工程概预算造价 + 设备、工器具购置费 (3-7)

5. 建设项目全部工程概算造价 = $\sum$ 单项工程的概算造价 + 有关的其他费用 + 预备费 (3-8)

### 3.1.3 定额计价方式下投标报价的编制

一般是采用预算定额来编制,即按照定额规定的分部分项工程子目逐项计算工程量，套用预算定额基价或当时当地的市场价格确定直接费，然后再套用费用定额计取各项费用，最后汇总形成初步的标价。工程报价表一般包括：

1. 报价汇总表

表 3-1

工程名称：　　　　　　　　　　　　　　　　　　第　页　共　页

| 序　号 | 单项工程名称 | 金额（元） |
|---|---|---|
|  |  |  |
|  |  |  |
|  |  |  |
| 合　计 |  |  |

投标单位：（盖章）
法定代表人：（签字、盖章）

2. 单项工程费汇总表

表 3-2

工程名称：　　　　　　　　　　　　　　　　　　第　页　共　页

| 序　号 | 单位工程名称 | 金额（元） |
|---|---|---|
|  |  |  |
|  |  |  |
|  |  |  |
| 合　计 |  |  |

投标单位：（盖章）
法定代表人：（签字、盖章）

3. 设备报价表

表 3-3

| 序　号 | 设备名称及规格 | 单位 | 出厂价（元） | 运杂费（元） | 合价（元） | 备　注 |
|---|---|---|---|---|---|---|
|  |  |  |  |  |  |  |
|  |  |  |  |  |  |  |
| 合　计 |  |  |  |  |  |  |

4. 建筑安装工程费用表
(1) 以直接费为计算基础

表 3-4

| 序　号 | 费用项目 | 计算方法 | 备　注 |
|---|---|---|---|
| 1 | 直接工程费 | 按预算表 |  |
| 2 | 措施费 | 按规定标准计算 |  |
| 3 | 小计 | 1＋2 |  |

续表

| 序号 | 费用项目 | 计算方法 | 备注 |
|---|---|---|---|
| 4 | 间接费 | 3×相应费率 | |
| 5 | 利润 | (3+4)×相应利润率 | |
| 6 | 合计 | 3+4+5 | |
| 7 | 含税造价 | 6×(1+相应税率) | |

（2）以人工费和机械费为计算基础

表 3-5

| 序号 | 费用项目 | 计算方法 | 备注 |
|---|---|---|---|
| 1 | 直接工程费 | 按预算表 | |
| 2 | 其中人工费和机械费 | 按预算表 | |
| 3 | 措施费 | 按规定标准计算 | |
| 4 | 其中人工费和机械费 | 按规定标准计算 | |
| 5 | 小计 | 1+3 | |
| 6 | 人工费和机械费小计 | 2+4 | |
| 7 | 间接费 | 6×相应费率 | |
| 8 | 利润 | 6×相应利润率 | |
| 9 | 合计 | 5+7+8 | |
| 10 | 含税造价 | 9×(1+相应税率) | |

（3）以人工费为计算基础

表 3-6

| 序号 | 费用项目 | 计算方法 | 备注 |
|---|---|---|---|
| 1 | 直接工程费 | 按预算表 | |
| 2 | 直接工程费中人工费 | 按预算表 | |
| 3 | 措施费 | 按规定标准计算 | |
| 4 | 措施费中人工费 | 按规定标准计算 | |
| 5 | 小计 | 1+3 | |
| 6 | 人工费小计 | 2+4 | |
| 7 | 间接费 | 6×相应费率 | |
| 8 | 利润 | 6×相应利润率 | |
| 9 | 合计 | 5+7+8 | |
| 10 | 含税造价 | 9×(1+相应税率) | |

## 3.2 工程量清单

### 3.2.1 工程量清单的概念

工程量清单是表现建设工程的分部分项工程项目、措施项目、其他项目、规费项目和税金项目的名称和相应数量等的明细清单。

工程量清单是由分部分项工程量清单、措施项目清单、其他项目清单、规费项目清单、税金项目清单组成。

### 3.2.2 工程量清单的作用

1. 为投标人提供了一个公平的竞争环境。工程量清单由招标人统一提供,工程量清单使所有参加投标的投标人均是在拟完成相同的工程项目、相同的工程实体数量和质量要求的条件下进行公平竞争的。

2. 是招标人编制招标控制价,投标人进行投标报价的基础。同样也为今后的询标、评标奠定了基础。

3. 为施工过程中支付工程进度款提供依据。

4. 为办理工程结算,竣工结算及工程索赔提供了重要依据。

### 3.2.3 工程量清单编制的依据

1.《建筑工程工程量清单计价规范》(GB 50500—2008);
2. 国家或省级、行业建设主管部门颁发的计价依据和办法;
3. 建设工程设计文件;
4. 与建设工程项目有关的标准、规范、技术资料;
5. 招标文件及其补充通知、答疑纪要;
6. 施工现场情况、工程特点及常规施工方案;
7. 其他相关资料。

### 3.2.4 工程量清单的编制

工程量清单应由具有编制能力的招标人,或受其委托的具有相应资质的工程造价咨询人编制。

对于采用工程量清单招标的项目,工程量清单必须作为招标文件的组成部分,招标人应将工程量清单连同招标文件的其他内容一并发(或发售)给投标人。招标人对编制的工程量清单的准确性（数量）和完整性（不缺项、漏项）负责，如委托工程造价咨询人编制，其责任仍由招标人承担。投标人依据工程量清单进行投标报价，对工程量清单不负有核实义务，更不具有修改和调整的权利。

1. 分部分项工程量清单编制

分部分项工程量清单应包括项目编码、项目名称、项目特征、计量单位和工程量。这五个要件在分部分项工程量清单的组成中缺一不可。

分部分项工程量清单应根据附录规定的项目编码、项目名称、项目特征、计量单位和工程量计算规则进行编制。

(1) 项目编码

项目编码采用12位阿拉伯数字表示。1至9位为统一编码，应按《计价规范》附录中的相应编码设置，不得变动。编码中的后3位是具体的清单项目名称编码，由清单编制人根据实际情况设置。同一招标工程的项目不得有重码（图3-1）。

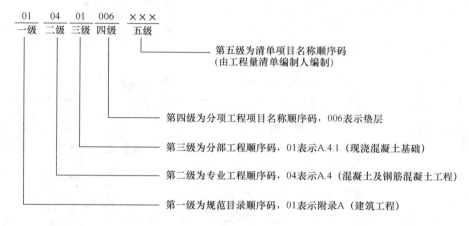

图 3-1

(2) 项目名称

清单项目名称应严格按照《计价规范》规定，不得随意更改项目名称。分部分项工程量清单的项目名称应按附录的项目名称结合拟建工程的项目实际确定。

(3) 项目特征

项目特征是用来描述清单项目的，通过对项目特征的描述，使清单项目名称清晰化、具体化、详细化。只有描述清单项目清晰、准确，才能使投标人全面、准确地理解招标人的工程内容和要求，做到正确报价。明确了项目特征是决定工程量清单综合单价的重要因素，是投标人投标报价的依据，也是后期索赔的依据；招标人工程量清单编制的质量，项目特征是重要的体现。分部分项工程量清单项目特征应按《计价规范》附录中规定的项目特征，结合拟建工程项目的实际予以描述。

1) 必须描述的内容：

①涉及正确计量的内容必须描述：如门窗洞口尺寸或框外围尺寸，直接关系到门窗的价格。

②涉及结构要求的内容必须描述：如混凝土构件的混凝土强度等级，是使用C20

还是 C30 或 C40 等，因混凝土强度等级不同，其价格也不同，必须描述。

③涉及材质要求的内容必须描述：如油漆的品种是调和漆，还是硝基清漆等；管材的材质是碳钢管，还是塑钢管、不锈钢管等；还需对管材的规格、型号进行描述。

④涉及安装方式的内容必须描述：如管道工程中钢管的连接方式是螺纹连接还是焊接；塑料管是粘接连接还是热熔连接等就必须描述。

2）可不描述的内容：

①对计量计价没有实质影响的内容可以不描述：如对现浇混凝土柱的高度、断面大小等的特征规定可以不描述。

②应由投标人根据施工方案确定的可以不描述：如对石方预裂爆破的单孔深度及装药量的特征规定，如果让清单编制人来描述是困难的，由投标人根据施工要求，在施工方案中确定，自主报价比较恰当。

③应由投标人根据当地材料和施工要求确定的可以不描述：如对混凝土构件中的混凝土拌合料使用的石子种类及粒径、砂的种类及特征规定可以不描述。

④应由施工措施解决的可以不描述：如对现浇混凝土板、梁的标高特征规定可以不描述。

（4）计量单位

清单项目的表现形式，是由主体项目（《计价规范》中的项目名称）和辅助项目（《计价规范》中的工程内容）构成。供工程量清单编制人根据拟建工程实际情况有选择地对项目名称描述时及投标人确定报价时参考。如果发生了在计价规范附录中没有列出的工程内容，在清单项目描述中应予以补充。

分部分项工程量清单的计量单位应按附录中规定的计量单位确定并填写，附录中该项目有两个或两个以上计量单位的，应选择最适宜计量的方式决定其中一个填写。

（5）工程量

清单计价中，计量单位均为基本计量单位，不得使用扩大单位（如 10m、100kg）。清单计价中的计量原则是以实体安装就位的净尺寸计算，不随施工方法、措施的不同而变化。分部分项工程量清单中所列工程量应按附录中所规定的工程量计算规则计算。

编制工程量清单出现附录中未包括的项目，编制人可作补充，并应报省级或行业工程造价管理机构备案，省级或行业工程造价管理机构应汇总报建设部标准定额研究所。

补充项目的编码由附录的顺序码（A、B、C、D、E、F 等）与"B"和 3 位阿拉伯数字组成，并应从 XB001 起顺序编制，不得重号。工程量清单中需附有补充项目的名称、项目特征、计量单位、工程量计算规则和工作内容。

2. 措施项目清单编制

措施项目清单的编制需考虑多种因素，除工程本身的因素外，还涉及水文、气象、环境、安全等因素，本书仅提供了"通用措施项目一览表"（表 3-7），作为措施项目列项的参考。表中所列内容是指各专业工程的"措施项目清单"中均可列的措施项目。各专业工程的"措施项目清单"中可列的措施项目分别在附录中规定,应根据拟建工程的具体情况进行选择列项。

由于影响措施项目设置的因素太多,不可能将施工中所有可能出现的措施项目一一列出。在编制措施项目清单时,因工程情况不同,出现本书及附录中未列的措施项目,可根据工程的具体情况对措施项目清单作补充。

(1) 可以计算工程量的项目:如模板、脚手架

宜采用分部分项工程量的列项方式列出编码、名称、单位、工程内容、项目特征及工程量计算规则,应采用综合单价计价。

(2) 不宜计算工程量的项目:如大型机械进出场费等

其费用的发生和金额的大小与使用时间、施工方法或者两个以上工序相关,与实际完成的实体工程量的多少关系不大,以"项"为单位的方式计价,应包括除规费、税金外的全部费用。

(3) 安全文明施工费

应按照国家或省级、行业建设主管部门的规定计价;不得作为竞争性费用。

通用措施项目一览表　　　　　　　　　　　　表 3-7

| 序　号 | 项　目　名　称 |
|---|---|
| 1 | 安全文明施工(含环境保护、文明施工、安全施工、临时设施) |
| 2 | 夜间施工 |
| 3 | 二次搬运 |
| 4 | 冬雨季施工 |
| 5 | 大型机械设备进出场及安拆 |
| 6 | 施工排水 |
| 7 | 施工降水 |
| 8 | 地上、地下设施、建筑物的临时保护设施 |
| 9 | 已完工程及设备保护 |

3. 其他项目清单编制

其他项目清单包括:暂列金额、暂估价(材料暂估价、专业工程暂估价)、计日工和总承包服务费。

(1) 暂列金额

因一些不能预见、不能确定的因素价格调整而设立。

暂列金额由招标人根据工程特点,按有关计价规定进行估算确定,一般以分部分项工程量清单费的 10%~15% 为参考。

编制竣工结算的时候,变更和索赔项目应列一个总的调整,签证和索赔项目在暂列金额中处理。暂列金额的余额归招标人。

(2) 暂估价

是指招标阶段直至签订合同协议时,招标人在招标文件中提供的用于支付必然要

发生但暂时不能确定价格的材料以及需另行发包的专业工程金额。

材料暂估价：甲方列出暂估的材料单价及使用范围，乙方按照此价格来进行组价，并计入到相应清单的综合单价中；其他项目合计中不包含，只是列项。

专业工程暂估价：按项列支，如塑钢门窗、玻璃幕墙、防水等，价格中包含除规费、税金外的所有费用；此费用计入其他项目合计中。

暂估价是国际上通用的规避价格风险的办法。暂估价在招标阶段预见肯定要发生，只是因为标准不明确或者需要由专业承包人完成，暂时无法确定价格。暂估价数量和拟用项目应当结合"工程量清单"的"暂估价表"予以补充说明。

为方便合同管理，需要纳入分部分项工程量清单项目综合单价中的暂估价应只是材料费，以方便投标人组价。

专业工程的暂估价一般应是综合暂估价，应当包括除规费和税金以外的管理费、利润等取费。

(3) 计日工

在施工过程中，完成发包人提出的施工图纸以外的零星项目或工作，按合同中约定的综合单价计价。

计日工是为了解决现场发生的对零星工作的计价而设立的。适用的所谓零星工作一般是指合同约定之外的或因变更而产生的、工程量清单中没有相应项目的额外工作，尤其是那些时间不允许事先商定价格的额外工作。

计日工对完成零星工作所消耗的人工工时、材料数量、机械台班进行计量，并按照计日工表中填报的适用项目单价进行计价支付。

(4) 总承包服务费

总承包人为配合协调发包人进行的工程分包自行采购的设备、材料等进行管理、服务以及施工现场管理、竣工资料汇总整理等服务所需的费用。

一定要在招标文件中说明总包的范围，以减少后期不必要的纠纷；规范中列出的参考计算标准如下：

①招标人仅要求对分包的专业工程进行总承包管理和协调时，按分包的专业工程估算造价的 1.5% 计算；

②招标人要求对分包的专业工程进行总承包管理和协调并同时要求提供配合服务时，根据招标文件中列出的配合服务内容和提出的要求按分包的专业工程估算造价的 3%～5% 计算；招标人自行供应材料的，按招标人供应材料价值的 1% 计算。

4. 规费项目清单

根据建设部、财政部《建筑安装工程费用项目组成》（建标［2003］206号）文的规定，规费包括工程排污费、工程定额测定费、社会保险（养老保险、失业保险、医疗保险）、住房公积金和危险作业意外伤害保险。

规费项目清单应按下列内容：

(1) 工程排污费；

(2) 工程定额测定费；

(3) 社会保障费（包括养老保险费、失业保险费、医疗保险费）；
(4) 住房公积金；
(5) 危险作业意外伤害保险。

5. 税金项目清单

根据建设部、财政部"关于印发《建筑安装工程费用项目组成》的通知"（建标[2003] 206号文）规定，目前我国税法规定应计入工程造价内的税种包括营业税、城市建设维护税及教育费附加。

税金项目清单应包括下列内容：
(1) 营业税；
(2) 城市维护建设税；
(3) 教育费附加。

## 3.3 工程量清单计价

### 3.3.1 《建设工程工程量清单计价规范》简介

《建设工程工程量清单计价规范》是统一工程量清单编制、规范工程量清单计价的国家标准，是调节建设工程招标投标中使用清单计价的招标人、投标人双方利益的规范性文件。

《建设工程工程量清单计价规范》是我国在招标投标工程中实行工程量清单计价的基础，是参与招标投标各方进行工程量清单计价应遵守的准则，是各级建设行政主管部门对工程造价计价活动进行监督管理的重要依据。

《建设工程工程量清单计价规范》（GB 50500—2008）于2008年12月1日起在全国范围内实施，"08规范"总结了"03规范"实施以来的经验，针对执行中存在的问题，主要修订了原规范正文中不尽合理、可操作性不强的条款及表格格式，增加了部分内容和条文说明。

1. 《工程量清单计价规范》的特点

《计价规范》具有明显的强制性、竞争性、通用性和实用性。

(1) 强制性

强制性主要表现在：

一是由建设主管部门按照强制性国家标准的要求批准颁布，规定全部使用国有资金或国有资金投资为主的大中型建设工程应按《计价规范》规定执行。

二是明确工程量清单是招标文件的组成部分，并规定了招标人在编制工程量清单时必须遵守的规则，以及投标人在编制投标报价时应遵循的各项规则。

(2) 竞争性

竞争性表现在《计价规范》充分体现了工程造价由市场竞争形成价格的原则。

《计价规范》只对"量"的计算作了规定，对综合单价中反映的工料机消耗标准、单价未作规定，《计价规范》中的措施项目，在工程量清单中只列"措施项目"一栏，具体采用什么措施，由投标人根据企业的施工组织设计，视具体情况报价，为企业报价提供了自主的空间。

(3) 实用性

《计价规范》附录中工程量清单项目及计算规则的项目名称表现的是工程实体项目，项目名称明确清晰，工程量计算规则简洁明了，特别是还有项目特征和工程内容，易于编制工程量清单时确定具体项目名称和投标报价。

2. 《计价规范》的内容

《计价规范》由正文和附录两部分构成，二者具有同等效力。

(1) 正文

正文分五个部分，包括总则、术语、工程量清单编制、工程量清单计价、工程量清单计价表格等内容，分别就《计价规范》的适用范围、遵循的原则、编制工程量清单应遵循的规则、工程量清单计价活动的规则、工程量清单及其计价格式作了明确规定。

(2) 附录

附录包括：附录A、附录B、附录C、附录D、附录E、附录F6个部分，其中包括项目编码、项目名称、计量单位、工程量计算规则和工程内容。

附录A：建筑工程工程量清单项目及计算规则，适用于工业与民用建筑物和构筑物工程。

附录B：装饰装修工程工程量清单项目及计算规则，适用于工业与民用建筑物和构筑物的装饰装修工程。

附录C：安装工程工程量清单项目及计算规则，适用于工业与民用安装工程。

附录D：市政工程工程量清单项目及计算规则，适用于城市市政建设工程。

附录E：园林绿化工程工程量清单项目及计算规则，适用于园林绿化工程。

附录F：矿山工程工程量清单项目及计算规则，适用于矿山工程。

### 3.3.2 工程量清单计价概述

1. 工程量清单计价的概念

(1) 工程量清单计价方法

工程量清单计价方法是指建设工程招标投标中，招标人按照国家统一的工程量计算规则对拟建工程提供工程内容和数量，由投标人依据工程量清单自主报价，并按照经评审合理低价中标的工程造价的计价方法。

(2) 工程量清单计价

工程量清单计价是指投标人完成由招标人提供的工程量清单所需的全部费用，包括分部分项工程费、措施项目费、其他项目费和规费、税金及风险。

工程量清单计价采用综合单价计价。综合单价是完成一个规定计量单位的分部分项工程量清单项目或措施清单项目所需的人工费、材料费、施工机械使用费和企业管理费与利润，以及一定范围内的风险费用。

建设工程工程量清单计价活动应遵循客观、公正、公平的原则。全部使用国有资金投资或国有资金投资为主（以下二者简称"国有资金投资"）的工程建设项目，必须采用工程量清单计价。

2. 工程量清单计价的意义

（1）有利于实现从政府定价到市场定价，从消极自我保护向积极公平竞争的转变；

（2）有利于公平竞争，避免暗箱操作；

（3）有利于风险合理分担；

（4）有利于工程拨付款和工程造价的最终确定；

（5）有利于标底的管理和控制；

（6）有利于提高施工企业的技术和管理水平；

（7）有利于工程索赔的控制与合同价的管理；

（8）有利于建设单位合理控制投资，提高资金使用效益；

（9）有利于招标投标节省时间，避免重复劳动；

（10）有利于工程造价计价人员素质的提高。

3. 工程量清单计价依据

除严格按照《计价规范》编制外，一般情况下，还要有如下资料：

（1）招标文件；

（2）工程设计图纸和相关的技术资料（技术规范、检验标准、图纸会审记录、交底纪要、招标答疑记录等）；

（3）工程所在地的地理、人文环境，包括地质、水文资料，现场周边建筑物及地下管线情况、地下文物、道路交通、能源、通讯条件、天气状况以及当地风俗习惯、当地法律法规等。

## 3.4 招标控制价

### 3.4.1 招标控制价的编制原则

1. 国有资金投资的工程应实行工程量清单招标，招标人应编制招标控制价。招标控制价超过批准的概算时，招标人应报原概算审批部门审核。投标人的投标报价高于招标控制价的,其投标应予拒绝。

国有资金投资的工程在进行招标时,根据《招标投标法》的规定,招标人可以设标底。当招标人不设标底时,为有利于客观、合理的评审投标标价和避免哄抬标价,造成国有资产流失,招标人应编制招标控制价。

2. 招标控制价应在招标文件中公布,不应上浮或下调,同时将招标控制价的明细表报工程所在地工程造价管理机构备查。

招标控制价是公开的最高限价,体现了公开、公正的原则。招标控制价的编制特点和作用决定了招标控制价不同于标底,无需保密。为体现招标的公开、公平、公正性,防止招标人有意抬高或压低工程造价,给投标人以错误的信息,因此规定招标人应在招标文件中如实公布招标控制价,同时应公布招标控制价的组成详细内容,不得只公布招标控制总价,不得对所编制的招标控制价进行上浮或下调。同时,招标人应将编制的招标控制价明细表报工程所在地的工程造价管理机构备查。

### 3.4.2 招标控制价编制依据

招标控制价编制依据有:
1. 《计价规范》;
2. 国家或省级、行业建设主管部门颁发的计价定额和计价办法;
3. 建设工程设计文件及相关资料;
4. 招标文件中的工程量清单及有关要求;
5. 与建设项目相关的标准、规范、技术资料;
6. 工程造价管理机构发布的工程造价信息,工程造价信息没有发布的按市场价;
7. 其他的相关资料。

## 3.5 投标价

### 3.5.1 投标报价依据

除"08规范"强制性规定外,投标报价由投标人自主确定,但不得低于成本。投标报价应由投标人或受其委托具有相应资质的工程造价咨询人编制。

投标报价应根据招标文件中计价要求,按照下列依据自主报价:
1. 《计价规范》;
2. 国家或省级、行业建设主管部门颁发的计价办法;
3. 企业定额,国家或省级、行业建设主管部门颁发的计价定额;
4. 招标文件、工程量清单及其补充通知、答疑纪要;

5. 建设工程设计文件及相关资料;
6. 施工现场情况、工程特点及拟定的投标施工组织设计或施工方案;
7. 与建设项目相关的标准、规范等技术资料;
8. 市场价格信息或工程造价管理机构发布的工程造价信息;
9. 其他的相关资料。

### 3.5.2 分部分项工程费

1. 分部分项工程费应依据综合单价的组成内容,按招标文件中分部分项工程量清单项目的特征描述确定综合单价的计算。

工程量清单计价的造价组成应包括按招标文件规定,完成工程量清单所列项目的全部费用,具体包括分部分项工程费、措施项目费、其他项目费和规费、税金。

工程量清单计价采用综合单价计价。即单价中应包括完成每一规定计量单位的合格产品所需的人工费、材料费、施工机械使用费、管理费、利润,并考虑风险、招标人的特殊要求等而增加的费用。即综合单价包括除规费、税金以外的全部费用。

综合单价不但适用于分部分项工程量清单,也适用于措施项目清单、其他项目清单等。

分部分项工程费报价的最重要依据之一是该项目的特征描述,投标人应依据招标文件中分部分项工程量清单项目的特征描述确定清单项目的综合单价,当出现招标文件中分部分项工程量清单项目的特征描述与设计图纸不符时,应以工程量清单项目的特征描述为准;当施工中施工图纸或设计变更与工程量清单项目的特征描述不一致时,发、承包双方应按实际施工的项目特征,依据合同约定重新确定综合单价。

2. 招标文件中提供了暂估单价的材料,应按暂估的单价计入综合单价中。
3. 综合单价中应考虑招标文件中要求投标人承担的风险费用。

投标人在自主决定投标报价时,还应考虑招标文件中要求投标人承担的风险内容及其范围(幅度)以及相应的风险费用。

在施工过程中,当出现的风险内容及其范围(幅度)在招标文件规定的范围内时,综合单价不得变更,工程价款不做调整。一般来说,材料价格的风险宜控制在5%以内;施工机械使用费的风险可控制在10%以内,超过者予以调整;管理费和利润的风险由投标人全部承担。

### 3.5.3 措施项目费

1. 投标人可根据工程实际情况结合施工组织设计,对招标人所列的措施项目清单进行增补。

由于各投标人拥有的施工装备、技术水平和采用的施工方法有所差异,招标人提出的措施项目清单是根据一般情况确定的,没有考虑不同投标人的"个性",投标人投标时可根据自身编制的投标施工组织设计(或施工方案)确定措施项目,并可对招标人提供的措施项目进行调整。但应通过评标委员会的评审。

2. 措施项目费的计算包括：

（1）措施项目的内容应依据招标人提供的措施项目清单和投标人投标时拟定的施工组织设计或施工方案；

（2）措施项目清单费的计价方式应根据招标文件的规定，凡可以精确计量的措施清单项目采用综合单价方式报价，其余的措施清单项目采用以"项"为计量单位的方式报价；

（3）措施项目清单费的确定原则是由投标人自主确定，但其中安全文明施工费应按国家或省级、行业建设主管部门的规定确定。

### 3.5.4 其他项目费

1. 暂列金额必须按照其他项目清单中确定的金额填写，不得变动。

2. 暂估价不得变动和更改。暂估价中的材料必须按照暂估单价计入综合单价；专业工程暂估价必须按照其他项目清单中确定的金额填写。

3. 计日工的费用必须按照其他项目清单列出的项目和估算的数量，由投标人自主确定各项单价并计算和填写人工、材料、机械使用费。

4. 总承包服务费由投标人依据招标人在招标文件中列出的分包专业工程内容和供应材料、设备情况，按照招标人提出的协调、配合与服务要求和施工现场管理需要自主确定总承包服务费。

### 3.5.5 规费和税金

规费和税金应按照国家或省级、行业建设主管部门的规定计算，不得作为竞争性费用。规费和税金的计取标准是依据有关法律、法规和政策规定制定的，具有强制性。

## 3.6 工程量清单计价格式

### 3.6.1 计价表格组成

1. 投标总价封面：表 3-8
2. 工程量清单封面：表 3-9
3. 总说明：表 3-10
4. 工程项目招标控制价/投标报价汇总表：表 3-11
5. 单项工程招标控制价/投标报价汇总表：表 3-12
6. 单位工程招标控制价/投标报价汇总表：表 3-13

7. 分部分项工程量清单与计价表：表 3-14
8. 工程量清单综合单价分析表：表 3-15
9. 措施项目清单与计价表（一）：表 3-16
10. 措施项目清单与计价表（二）：表 3-17
11. 其他项目清单与计价汇总表：表 3-18
12. 规费、税金项目清单与计价表：表 3-19

**投标总价封面** 表 3-8

投 标 总 价

招 标 人：＿＿＿＿＿＿＿＿＿＿＿＿＿＿＿＿＿＿＿＿＿＿＿＿
工程名称：＿＿＿＿＿＿＿＿＿＿＿＿＿＿＿＿＿＿＿＿＿＿＿＿
投标总价（小写）：＿＿＿＿＿＿＿＿＿＿＿＿＿＿＿＿＿＿＿＿
　　　　（大写）：＿＿＿＿＿＿＿＿＿＿＿＿＿＿＿＿＿＿＿＿
投 标 人：＿＿＿＿＿＿＿＿＿＿＿＿＿＿＿＿＿＿＿＿＿＿＿＿
　　　　　　　　　　　　（单位盖章）
法定代表人
或其授权人：＿＿＿＿＿＿＿＿＿＿＿＿＿＿＿＿＿＿＿＿＿＿
　　　　　　　　　　　　（签字或盖章）
编 制 人：＿＿＿＿＿＿＿＿＿＿＿＿＿＿＿＿＿＿＿＿＿＿＿＿
　　　　　　　　　　　（造价人员签字盖专用章）
编制时间： 年 月 日

**工程量清单封面** 表 3-9

＿＿＿＿＿＿工程

工程量清单

工程造价

招标人＿＿＿＿＿＿＿＿＿＿＿＿＿＿　　咨询人：＿＿＿＿＿＿＿＿＿＿＿＿＿＿
　　（单位盖章）　　　　　　　　　　　　（单位资质专用章）
法定代表人　　　　　　　　　　　　　法定代表人
或其授权人：＿＿＿＿＿＿＿＿＿＿＿　　或其授权人：＿＿＿＿＿＿＿＿＿＿＿
　　（签字或盖章）　　　　　　　　　　　　（签字或盖章）
编制人：＿＿＿＿＿＿＿＿＿＿＿＿＿　　复核人：＿＿＿＿＿＿＿＿＿＿＿＿＿
　　（造价人员签字盖专用章）　　　　　　（造价工程师签字盖专用章）
编制时间： 年 月 日　　复核时间： 年 月 日

总　说　明　　　　　　　　　　　　　　　　　　　　表 3-10

工程名称：　　　　　　　　　　　　　　　　　　第　页　共　页

工程项目招标控制价/投标报价汇总表　　　　　　　表 3-11

工程名称：　　　　　　　　　　　　　　　　　　第　页　共　页

| 序号 | 单项工程名称 | 金额（元） | 其　中 | | |
| --- | --- | --- | --- | --- | --- |
| | | | 暂估价（元） | 安全文明施工费（元） | 规费（元） |
| | | | | | |
| 合计 | | | | | |

注：本表适用于工程项目招标控制价或投标报价的汇总

单项工程招标控制价/投标报价汇总表　　　　　　表 3-12

工程名称：　　　　　　　　　　　　　　　　　　第　页　共　页

| 序号 | 单位工程名称 | 金额（元） | 其　中 | | |
| --- | --- | --- | --- | --- | --- |
| | | | 暂估价（元） | 安全文明施工费（元） | 规费（元） |
| | | | | | |
| 合计 | | | | | |

注：本表适用于单项工程招标控制价或投标报价的汇总。暂估价包括分部分项工程中的暂估价和专业工程暂估价。

**单位工程招标控制价/投标报价汇总表**　　　　　　　　　　　　　　表 3-13

工程名称：　　　　　　　　标段：　　　　　　第　页　共　页

| 序号 | 汇总内容 | 金额（元） | 其中：暂估价（元） |
|---|---|---|---|
| 1 | 分部分项工程 | | |
| 1.1 | | | |
| 1.2 | | | |
| 2 | 措施项目 | | |
| 2.1 | 安全文明施工费 | | |
| 3 | 其他项目 | | |
| 3.1 | 暂列金额 | | |
| 3.2 | 专业工程暂估价 | | |
| 3.3 | 计日工 | | |
| 3.4 | 总承包服务费 | | |
| 4 | 规费 | | |
| 5 | 税金 | | |
| 招标控制价合计＝1＋2＋3＋4＋5 | | | |

注：本表适用于单位工程招标控制价或投标报价的汇总，如无单位工程划分，单项工程也使用本表汇总。

**分部分项工程量清单与计价表**　　　　　　　　　　　　　　表 3-14

工程名称：　　　　　　　　标段：　　　　　　第　页　共　页

| 序号 | 项目编码 | 项目名称 | 项目特征描述 | 计量单位 | 工程量 | 金额（元） | | |
|---|---|---|---|---|---|---|---|---|
| | | | | | | 综合单价 | 合价 | 其中：暂估价 |
| | | | | | | | | |
| | | | | | | | | |
| | | | | | | | | |
| 本页小计 | | | | | | | | |
| 合计 | | | | | | | | |

注：根据建设部、财政部发布的《建筑安装工程费用组成》（建标［2003］206号）的规定，为计取规费等的使用，可在表中增设其中："直接费"、"人工费"或"人工费＋机械费"。

## 工程量清单综合单价分析表    表 3-15

工程名称：　　　　　　　　　　　标段：　　　　　　第　页　共　页

| 项目编码 | | 项目名称 | | | | 计量单位 | | | | |
|---|---|---|---|---|---|---|---|---|---|---|
| 清单综合单价组成明细 ||||||||||| 
| 定额编号 | 定额名称 | 定额单位 | 数量 | 单价（元） |||| 合价（元） ||||
| | | | | 人工费 | 材料费 | 机械费 | 管理费和利润 | 人工费 | 材料费 | 机械费 | 管理费和利润 |
| | | | | | | | | | | | |
| 人工单价 || 小计 ||||||||||
| 元/工日 || 未计价材料费 ||||||||||
| 清单项目综合单价 |||||||||||| 
| 材料费明细 | 主要材料名称、规格、型号 ||| 单位 | 数量 || 单价（元） | 合价（元） | 暂估单价（元） | 暂估合价（元） |||
| | | | | | | | | | | | |
| | 其他材料费 ||||||| — | — |||
| | 材料费小计 ||||||| — | — |||

注：1. 如不使用省级或行业建设主管部门发布的计价依据，可不填定额项目、编号等。
　　2. 招标文件提供了暂估单价的材料，按暂估的单价填入表内"暂估单价"栏及"暂估合价"栏。

## 措施项目清单与计价表（一）    表 3-16

工程名称：　　　　　　　　　　　标段：　　　　　　第　页　共　页

| 序号 | 项目名称 | 计算基础 | 费率（%） | 金额（元） |
|---|---|---|---|---|
| 1 | 安全文明施工费 | | | |
| 2 | 夜间施工费 | | | |
| 3 | 二次搬运费 | | | |
| 4 | 冬雨季施工 | | | |
| 5 | 大型机械设备进出场及安拆费 | | | |
| 6 | 施工排水 | | | |
| 7 | 施工降水 | | | |
| 8 | 地上、地下设施、建筑物的临时保护设施 | | | |
| 9 | 已完工程及设备保护 | | | |
| 10 | 各专业工程的措施项目 | | | |
| 合计 | | | | |

注：1. 本表适用于以"项"计价的措施项目。
　　2. 根据建设部、财政部发布的《建筑安装工程费用组成》（建标[2003]206号）的规定，"计算基础"可为"直接费"、"人工费"或"人工费＋机械费"。

**措施项目清单与计价表（二）**　　　　　　　　　表 3-17

工程名称：　　　　　　　标段：　　　　　第　页　共　页

| 序号 | 项目编码 | 项目名称 | 项目特征描述 | 计量单位 | 工程量 | 金额（元） ||
|---|---|---|---|---|---|---|---|
| | | | | | | 综合单价 | 合价 |
| | | | | | | | |
| | | | | | | | |
| | | | | | | | |
| | | | | | | | |
| | | | | | | | |
| | | | | | | | |
| 本页小计 | | | | | | | |
| 合计 | | | | | | | |

注：本表适用于以综合单价形式计价的措施项目。

**其他项目清单与计价汇总表**　　　　　　　　　表 3-18

工程名称：　　　　　　　标段：　　　　　第　页　共　页

| 序号 | 项目名称 | 计量单位 | 金额（元） | 备注 |
|---|---|---|---|---|
| 1 | 暂列金额 | | | |
| 2 | 暂估价 | | | |
| 2.1 | 材料暂估价 | | | |
| 2.2 | 专业工程暂估价 | | | |
| 3 | 计日工 | | | |
| 4 | 总承包服务费 | | | |
| 5 | | | | |
| 合计 | | | | |

注：材料暂估单价进入清单项目综合单价，此处不汇总。

**规费、税金项目清单与计价表**　　　　　　　表 3-19

工程名称：　　　　　　　　标段：　　　　第　页　共　页

| 序号 | 项目名称 | 计算基础 | 费率（%） | 金额（元） |
|---|---|---|---|---|
| 1 | 规费 | | | |
| 1.1 | 工程排污费 | | | |
| 1.2 | 社会保障费 | | | |
| (1) | 养老保险费 | | | |
| (2) | 失业保险费 | | | |
| (3) | 医疗保险费 | | | |
| 1.3 | 住房公积金 | | | |
| 1.4 | 危险作业意外伤害保险 | | | |
| 1.5 | 工程定额测定费 | | | |
| 2 | 税金 | 分部分项工程费＋措施项目费＋其他项目费＋规费 | | |
| 合计 | | | | |

注：根据建设部、财政部发布的《建筑安装工程费用组成》（建标 [2003] 206 号）的规定，"计算基础"可为"直接费"、"人工费"或"人工费＋机械费"。

### 3.6.2　计价表格使用规定

工程量清单与计价宜采用统一格式。

1. 工程量清单的编制应符合下列规定：

（1）工程量清单编制使用表格包括：表 3-9、表 3-14、表 3-16、表 3-17、表 3-18、表 3-19。

（2）封面应按规定的内容填写、签字、盖章，造价员编制的工程量清单应有负责审核的造价工程师签字、盖章。

（3）总说明应按下列内容填写：

1）工程概况：建设规模、工程特征、计划工期、施工现场实际情况、自然地理条件和环境保护要求等。

2）工程招标和分包范围；

3）工程量清单编制依据；

4）工程质量、材料、施工等的特殊要求；

5）其他需要说明的问题。

2. 投标报价的编制应符合下列规定：

（1）投标报价使用的表格包括：表 3-8、表 3-10、表 3-11、表 3-12、表 3-13、表 3-14、表 3-15、表 3-16、表 3-17、表 3-18、表 3-19。

（2）封面应按规定的内容填写、签字、盖章，除承包人自行编制的投标报价外，受委托编制的投标报价若为造价员编制的，应有负责审核的造价工程师签字、盖章以及工程造价咨询人盖章。

(3) 总说明应按下列内容填写：

1) 工程概况：建设规模、工程特征、计划工期、合同工期、实际工期、施工现场及变化情况、施工组织设计的特点、自然地理条件、环境保护要求等；

2) 编制依据等。

3. 投标人应按照招标文件的要求，附工程量清单综合单价分析表。

4. 工程量清单与计价表中列明的所有需要填写的单价和合价，投标人均应填写，未填写单价和合价，视为此项费用已包含在工程量清单的其他单价和合价中。

## 单元小结

投标报价就是说在工程招标发包过程中，由投标人按照招标文件的要求，根据工程特点并结合自身的施工技术、装备和管理水平，依据有关计价规定自主确定的工程造价。编制投标报价之前，首先要根据招标文件核对工程量，还要考虑采用合适的合同形式。

## 单元课业

### 一、课业说明

完成框架（框剪）结构工程项目工程造价的计算

### 二、参考资料

《江苏省建筑与装饰工程计价表》、《建设工程工程量清单计价规范》、江苏省现行费用定额、教学课件、视频教学资料、网络教学资源、任务工单

### 三、单选题

1. 实行工程量清单计价，（　　）。

　　A. 业主承担工程价格波动的风险，承包商承担工程量变动的风险

　　B. 业主承担工程量变动风险，承包商承担工程价格波动的风险

　　C. 业主承担工程量变动和工程价格波动的风险

　　D. 承包商承担工程量变动和工程价格波动的风险

2. "国有资金投资为主"的工程是指国有资金占总投资额（　　），或虽不是50％，但国有资产投资者实质上拥有控股权的工程。
   A. 40％　　　　B. 50％　　　　C. 50％以上　　　　D. 60％

3. 采用工程量清单计价方式，业主对设计变更而导致的工程造价的变化一目了然，业主可以根据投资情况来决定是否进行设计变更。这反映了工程量清单计价方法（　　）的特点。
   A. 满足竞争的需要　　　　　　B. 有利于实现风险合理分担
   C. 有利于标底的管理和控制　　D. 有利于业主对投资的控制

4. 工程量清单表中项目编码的第四级为（　　）。
   A. 分类码　　　B. 章顺序码　　　C. 清单项目码　　　D. 具体清单项目码

5. 在工程量清单的编制过程中，具体的项目名称应该结合（　　）确定。
   A. 项目特征　　B. 工程内容　　　C. 计量单位　　　D. 项目编码

6. 在工程量清单计价模式下，单位工程费汇总表不包括的项目是（　　）。
   A. 措施项目清单计价合计　　　B. 直接费清单计价合计
   C. 其他项目清单计价合计　　　D. 规费和税金

7. 按照现行规定，下面哪项费用不属于材料费的组成内容（　　）。
   A. 运输损耗费　　B. 检验试验费　　C. 材料二次搬运费　　D. 采购及保管费

8. 按照《建设工程工程量清单计价规范》规定，工程量清单（　　）。
   A. 必须由招标人委托具有相应资质的中介机构进行编制
   B. 应作为招标文件的组成部分
   C. 应采用工料单价计价
   D. 由总说明和分部分项工程清单两部分组成

9. 关于工程量清单计价模式与定额模式，下列正确的是（　　）。
   A. 工程量清单计价模式采用工料单价法，定额计价模式采用综合单价计价
   B. 工程量清单计价与定额计价工程量计算规则不同
   C. 工程量清单由招标人提供，工程量计算和单价风险由招标人承担
   D. 定额计价模式仅适用于非招投标的建设工程

四、多选题

1. 工程量清单是市场经济的产物，并随着市场经济的发展而发展，他必须遵循市场经济活动的基本原则，即（　　）的原则。
   A. 客观　　　B. 公正　　　C. 公开　　　D. 独立
   E. 科学

2. 工程量清单计价活动是（　　）很强的一项工作，涉及国家的法律、法规和标准规范比较广泛。
   A. 政策性　　　B. 法律性　　　C. 经济性　　　D. 技术性

E. 合理性

3. 工程量清单计价方法的作用是（　　）。
   A. 有利于"逐步建立以市场形成价格为主的价格机制"工程造价体制改革的目标
   B. 有利于将工程的"质"与"量"紧密结合起来
   C. 有利于业主获得最合理的工程造价
   D. 有利于国家对建设工程造价的宏观调控
   E. 有利于中标企业精心组织施工，控制成本，充分体现本企业的管理优势

4. 《工程量清单计价规范》的特点是（　　）。
   A. 强制性　　　B. 市场性　　　C. 实用性　　　D. 竞争性
   E. 通用性

5. 《建设工程工程量清单计价规范》提出了分部分项工程量清单5个要件，即（　　）。
   A. 项目编码　　B. 项目名称　　C. 计量单位　　D. 工程量计算规则
   E. 项目特征

6. 招标人或工程量清单编制单位应按（　　）中费用计算规则的规定列出措施项目，投标人可以根据施工组织设计采取的方案自行补充措施项目；措施项目的费用内容划分，应按江苏省计价表费用计算规则执行。
   A. 计价规范　　B. 计价表　　C. 计价手册　　D. 计价规则

7. 按工程量清单计价可以采用（　　）中的任何一种方式签订合同价。
   A. 成本加酬金　B. 可调价　　C. 固定价　　D. 综合单价

8. 建筑工程垂直运输项目划分是以2个指标界定的，分别是（　　）。一个指标达到定额规定，即可套用该定额子目。
   A. 层高　　　　B. 层数　　　C. 檐高　　　D. 顶高

9. 工程量清单计价应包括按招标文件规定，完成工程量清单所列的全部费用，包括（　　）。
   A. 分部分项工程费　　　　B. 措施项目费
   C. 其他项目费　　　　　　D. 规费、税金

10. 综合单价应包括（　　）并考虑风险因素。
    A. 人工费　　　B. 材料费　　C. 机械费　　D. 管理费
    E. 利润

## 五、实训项目

框架（框剪）结构工程项目图纸分部分项费用计算，完成以下表格

| 项目编码 | | 项目名称 | | 计量单位 | |
|---|---|---|---|---|---|
| 定额编号 | 定额名称 | 定额单位 | 定额数量 | 单价 | 合价 |
| | | | | | |
| 清单项目综合单价 | | | | | |

# 单元 4
# 工程价款支付计量与计价

## 引 言

《建设工程工程量清单计价规范》(GB 50500—2003) 实施以来，清理拖欠工程款工作中普遍反映是在工程实施阶段中有关工程价款调整、支付、结算等方面缺乏依据的问题，《建设工程工程量清单计价规范》(GB 50500—2008) 主要修订了原规范正文中不尽合理、可操作性不强的条款，特别增加了采用工程量清单计价如何编制工程量清单和招标控制价、投标报价、合同价款约定以及工程计量与价款支付、工程价款调整、索赔、竣工结算的内容。本单元主要介绍工程变更时的合同价款计算、费用索赔值和工期索赔值计算、工程结算时的合同价款计算、工程竣工结算时的合同价款计算。

## 学习目标

通过本章学习，你将能够：
1. 确定工程变更时的合同价款；
2. 确定费用索赔值和工期索赔值；
3. 能确定工程结算时的合同价款；
4. 能确定工程竣工结算时的合同价款。

## 4.1 工程变更计量与计价

### 4.1.1 工程变更概述

1. 工程变更的含义

一般认为,工程变更是指因施工条件改变、业主要求、监理工程师指令或设计原因使工程或其任何部分的形式、质量或数量发生变更。在合同仍然有效的前提下,经监理工程师审查和发包人同意,合同中某些权利义务可做出相应修改。

2. 工程变更的原因

在工程项目的施工过程中,发生工程变更是相当普遍的。工程变更的原因是多方面的:有来自业主对工程项目部分功能、用途、规模、标准的调整;有源自设计单位对图纸的修改,以及解决设计不完善和各专业之间相互矛盾的变更;还有施工单位从施工方案出发对设计图纸及图纸的错漏提出的变更;以及监理单位发现图纸中存在问题后提出的变更等等。无论由何种原因引起或哪方提出,工程变更一旦发生,对工程的施工进度、质量、成本控制以及各方关系的协调都会带来一定的影响。

3. 工程变更的内容

工程变更包括工程量变更、工程项目变更、进度计划变更、施工条件变更等。施工合同范本中将工程变更分为工程设计变更和其他变更两类。

(1) 设计变更

工程施工中经常发生设计变更,工程师在合同履行管理中应严格控制变更,施工中承包人未得到工程师的同意也不允许对工程设计随意变更。如果由于承包人擅自变更设计,发生的费用和因此而导致发包人的直接损失,应由承包人承担,延误的工期不予顺延。

施工合同范本通用条款中明确规定,工程师依据工程项目的需要和施工现场的实际情况,可以就以下方面向承包人发出变更通知:

1) 更改工程有关部分的标高、基线、位置和尺寸;
2) 增减合同中约定的工程量;
3) 改变有关工程的施工时间和顺序;
4) 其他有关工程变更需要的附加工作。

(2) 其他变更

其他变更是指合同履行中发包人要求变更工程质量标准及其他实质性变更。发生这类情况后,由当事人双方协商解决。

### 4.1.2 工程变更的程序

1. 设计变更程序

(1) 发包人要求的设计变更

施工中发包人对原工程设计进行变更,应提前14天以书面形式向承包人发出变更通知。变更超过原设计标准或批准的建设规模时,发包人应报规划管理部门和其他有关部门重新审查批准,并由原设计单位提供变更的相应图纸和说明。

工程师向承包人发出设计变更通知后,承包人按照工程师发出的变更通知及有关要求,进行所需的变更。

因设计变更导致合同价款的增减及造成的承包人损失由发包人承担,延误的工期相应顺延。

(2) 承包人要求的设计变更

施工中承包人不得因施工方便而要求对原工程设计进行变更。

承包人在施工中提出的合理化建议被发包人采纳,若建议涉及对设计图纸或施工组织设计变更及对材料、设备的换用,则须经工程师同意。

未经工程师同意承包人擅自更改或换用,承包人应承担由此发生的费用,并赔偿发包人的有关损失,延误的工期不予顺延。工程师同意采用承包人的合理化建议,所发生的费用和获得收益的分担或分享,由发包人和承包人另行约定。

2. 其他变更程序

其他变更程序除设计变更外,首先应当由一方提出,与对方协商一致后,方可进行变更。需要注意的是,合同额外工程不得纳入工程变更。

### 4.1.3 工程变更合同价款的确定

1. 《建设工程施工合同(示范文本)》约定的工程变更价款的确定方法

(1) 合同中已有适用于变更工程的价格,按合同已有的价格变更价款;

(2) 合同中只有类似于变更工程的价格,可以参照类似价格变更价款;

(3) 合同中没有适用或类似于变更工程的价格,由承包人或发包人提出适当变更价格,经对方确认后执行。

2. 《建设工程工程量清单计价规范》规定的工程变更价款的确定方法对于合同中综合单价因工程量变更需要调整时,除合同另有约定外,应按照下列办法确定:

(1) 工程量清单漏项或设计变更引起的新的工程量清单项目,其相应综合单价由承包人提出,经发包人确认后作为结算的依据。

(2) 由于工程量清单的工程数量有误或设计变更引起工程量增减,属合同约定幅度以内的,应执行原有的综合单价;属合同约定幅度以外的,其增加部分或减少后剩余部分工程量的综合单价由承包人提出,经发包人确认后作为结算依据。

## 4.2 工程索赔计量与计价

### 4.2.1 工程索赔概述

1. 索赔的定义

施工索赔通常是指在工程合同履行过程中,合同当事人一方因非自身因素或对方不履行或未能正确履行合同而受到经济损失或权利损害时,通过一定的合法程序向对方提出经济或时间补偿的要求。

实际工作中,索赔是双向的。通常将承包商向业主的索赔称为"索赔",业主向承包商的索赔称为"反索赔"。索赔是一种正当的权利要求,它是业主方、监理工程师和承包方之间一项正常的、大量发生而且普遍存在的合同管理业务,是一种以法律和合同为依据的、合情合理的行为。

2. 施工索赔产生的原因

索赔的原因非常多而且复杂,主要原因有:

(1) 工程项目的特殊性。现代工程规模大、技术性强、投资额大、工期长、材料设备价格变化快。工程项目的差异性大、综合性强、风险大,使得工程项目在实施过程中存在许多不确定变化因素,而合同则必须在工程开始前签订,它不可能对工程项目所有的问题做合理的预见和规定,而且发包人在实施过程中还会有许多新的决策,这一切使得合同变更极为频繁,而合同变更必然会导致项目工期和成本的变化。

(2) 工程项目内、外部环境的复杂性和多样性。工程项目的技术环境、经济环境、社会环境、法律环境的变化,如地质条件变化、材料价格上涨、货币贬值、国家政策、法规的变化等,会在工程实施过程中经常发生,使得工程计划实施过程与实际情况不一致,这些因素同样会导致工程工期和费用的变化。

(3) 参与工程建设主体的多元性。由于工程参与单位多,一个工程项目往往会有发包人、总包人、工程师、分包人、指定分包人、材料设备供应商等众多参加单位。各方面的技术、经济关系错综复杂,既相互联系,又相互影响,只要一方失误,不仅会造成自己的损失,而且会影响其他合作者,造成他人损失,索赔不可避免。

(4) 工程合同的复杂性及容易出错性。建设工程合同文件多,而且复杂,经常会出现措辞不当、条理有缺陷、图纸错误等情况,因而,索赔在所难免。

3. 索赔的分类

从不同的角度,按不同的标准,索赔有如下几种分类方法(表4-1):

索 赔 分 类 表  表 4-1

| 分类标准 | 索赔类别 | 说明 |
|---|---|---|
| 索赔的目的 | 工期延长索赔 | 由于非承包商方面原因造成工程延期时，承包商向业主提出的推迟竣工日期的索赔 |
| | 费用损失索赔 | 承包商向业主提出的，要求补偿因索赔事件发生而引起的额外开支和费用损失的索赔 |
| 索赔的原因 | 延期索赔 | 由于业主原因不能按原定计划的时间进行施工所引起的索赔。主要有：发包人未按照约定的时间和要求提供材料设备、场地、资金、技术资料，或设计图纸的错误和遗漏等原因引起停工、窝工 |
| | 工程变更索赔 | 由于业主或工程师指令修改设计、增加或减少工程量、增加或删除部分工程、修改实施计划、变更施工次序，造成工期延长和费用损失或由于对合同中规定工程变更、工作范围的变化而引起的索赔 |
| | 施工加速索赔（赶工索赔、劳动生产率损失索赔） | 由于业主要求比合同规定工期提前，或因前段的工程拖期，要求后一阶段弥补已经损失工期，使整个工程按期完工，需加快施工速度而引起的索赔。一般是延期或工程变更索赔的结果 |
| | 不利现场条件索赔 | 由于合同的图纸和技术规范中所描述的条件与实际情况有实质性不同，或合同中未作描述，但发生的情况是一个有经验的承包商无法预料的时候所引起的索赔 |
| 索赔的合同依据 | 合同内索赔 | 索赔依据可在合同条款中找到明文规定的索赔。这类索赔争议少，监理工程师即可全权处理 |
| | 合同外索赔 | 索赔权利在合同条款内很难找到直接依据，但可来自普通法律，承包商须有丰富的索赔经验方能实现<br>索赔表现多为违约或违反担保造成的损害，此项索赔由业主决定是否索赔、监理工程师无权决定 |
| | 道义索赔（额外支付） | 承包商对标价估计不足，虽然完成了合同规定的施工任务，但由于克服了巨大困难而蒙受了重大损失，为此向业主寻求优惠性质额外付款。这是以道义为基础的索赔，既无合同依据，又无法律依据<br>这类索赔监理工程师无权决定，只是在业主通情达理，出于同情时才会超越合同条款给予承包商一定的经济补偿 |
| 索赔的处理方式 | 单项索赔 | 在一项索赔事件发生时或发生后的有效期间内，立即进行的索赔。索赔原因单一、责任单一、处理相对容易 |
| | 总索赔（一揽子索赔） | 承包商在竣工之前，就施工中未解决的单项索赔，综合起来提出的总索赔。总索赔中的各单项索赔常常是因为较复杂而遗留下来的，加之各单项索赔事件相互影响，使总索赔处理难度大 |

### 4.2.2 索赔证据和索赔文件

任何索赔事件的确立，其前提条件是必须有正当的索赔理由。对正当索赔理由的说明必须具有证据，因为索赔的进行主要是靠证据说话。没有证据或证据不足，索赔是难以成功的。这正如《建设工程施工合同文本》中所规定的，当合同一方向另一方提出索赔时，要有正当索赔理由，且有索赔事件发生时的有效证据。

1. 对索赔证据的要求

(1) 真实性

索赔证据必须是在实施合同过程中确定存在和发生的，必须完全反映实际情况，能经得住推敲。

(2) 全面性

所提供的证据应能说明事件的全过程。索赔报告中涉及的索赔理由、事件过程、影响、索赔值等都应有相应证据，不能零乱和支离破碎。

(3) 关联性

索赔的证据应当能够互相说明，相互具有关联性，不能互相矛盾。

(4) 及时性

索赔证据的取得及提出应当及时。

(5) 具有法律证明效力

一般要求证据必须是书面文件，有关记录、协议、纪要必须是双方签署的；工程中重大事件、特殊情况的记录、统计必须由工程师签证认可。

2. 证据的种类

在工程项目的实施过程中，会产生大量的工程信息和资料，这些信息和资料是开展索赔的重要依据。如果项目资料不完整，索赔就难以顺利进行。因此在施工过程中应始终做好资料积累工作，建立完善的资料记录和科学管理制度，认真系统地积累和管理施工合同文件、质量、进度及财务收支等方面的资料。对于可能会发生索赔的工程项目，从开始施工时就要有目的地收集证据资料，系统地拍摄施工现场，妥善保管开支收据，有意识地为索赔文件积累所必要的证据材料。

在工程项目实施过程中，常见的索赔证据主要有：

(1) 各种工程合同文件

招标文件、合同文本及附件、其他的各种签约（备忘录、修正案等）、业主认可的工程实施计划、各种工程图纸（包括图纸修改指令）、技术规范等。

(2) 施工日志

(3) 工程照片及声像资料

照片上应注明日期。索赔中常用的有：表示工程进度的照片、隐蔽工程覆盖前的照片、业主责任造成返工和工程损坏的照片等。

(4) 来往信件、电话记录

如业主的变更指令，各种认可信、通知、对承包商问题的答复信等。

(5) 会谈纪要

在标前会议上和决标前的澄清会议上，业主对承包商问题的书面答复，或双方签署的会谈纪要；在合同实施过程中，业主、工程师和各承包商定期会商，以研究实际情况，作出的决议或决定。它们可作为合同的补充。但会谈纪要须经各方签署才有法律效力。

(6) 气象报告和资料

(7) 工程进度计划

包括总进度计划、开工后业主的工程师批准的详细进度计划、每月进度修改计划，实际施工进度记录、月进度报表等。

(8) 投标前业主提供的参考资料和现场资料

(9) 工程备忘录及各种签证

施工现场的工程文件，如施工记录、施工备忘录、施工日报、工长或检查员的工作日记、监理工程师填写的施工记录和各种签证等。

(10) 工程结算资料和有关财务报告

(11) 各种检查验收报告和技术鉴定报告

工程水文地质勘探报告、土质分析报告、文物和化石的发现记录、地基承载力试验报告、隐蔽工程验收报告、材料试验报告、材料设备开箱验收报告、工程验收报告等。

(12) 其他

包括分包合同、订货单、采购单、工资单、官方的物价指数、国家法律、法规等。

(13) 市场行情资料

包括市场价格、官方的物价指数、工资指数、中央银行的外汇比率等公布材料。

(14) 各种会计核算资料

包括：工资单、工资报表、工程款账单、各种收付款原始凭证、总分类账、管理费用报表、工程成本报表等。

(15) 国家法律、法令、政策文件

如因工资税增加提出索赔，索赔报告中只需引用文号、条款号即可，而在索赔报表后附上复印件。

3. 索赔文件

索赔文件是承包商向业主索赔的正式书面材料，也是业主审议承包商索赔请求的主要依据。索赔文件通常包括三个部分：

(1) 索赔信

索赔信是一封承包商致业主或其代表的简短的信函，应包括说明索赔事件、列举索赔理由、提出索赔金额与工期、附件说明。

(2) 索赔报告

索赔报告是索赔材料的正文，一般包含三个部分：报告的标题、事实与理由、损失计算与要求赔偿金额及工期。

（3）附件

附件包括索赔报告中所列举事实、理由、影响等的证明文件和证据和详细计算书。

### 4.2.3 索赔的基本程序

在工程项目施工阶段，每出现一个索赔事件，都应按照国家有关规定、国际惯例和工程项目合同条件的规定，认真及时地协商解决。

业主未能按合同约定履行自己的各项义务或发生错误以及应由业主承担责任的其他情况，造成工期延误和（或）承包商不能及时得到合同价款及承包商的其他经济损失，承包商可按下列程序以书面形式向业主索赔：

1. 索赔事件发生后 28 天内，向监理（业主）发出索赔意向通知。

2. 发出索赔意向通知后 28 天内，向监理（业主）提出补偿经济损失和（或）延长工期的索赔报告及有关资料。

3. 监理（业主）在收到承包商送交的索赔报告和有关资料后，于 28 天内给予答复，或要求承包商进一步补充索赔理由和证据。

4. 监理（业主）在收到承包商送交的索赔报告和有关资料后 28 天内未予答复或未对承包商作进一步要求，视为该项索赔已经认可。

5. 当该索赔事件持续进行时，承包商应当阶段性地向监理（业主）发出索赔意向，在索赔事件终了后 28 天内，向监理（业主）送交索赔的有关资料和最终索赔报告。索赔答复程序与 3、4 规定相同。

6. 承包商未能按合同约定履行自己的各项义务或发生错误，给业主造成经济损失，业主也按以上的时限向承包商提出索赔。

双方如果在合同中对索赔的时限有约定的从其约定。

### 4.2.4 费用索赔计算

1. 计算原则

（1）赔（补）偿实际损失原则

实际损失包括两个方面：

1）直接损失，即承包商财产的直接减少。在实际工程中，常常表现为成本的增加和实际费用的超支。

2）间接损失，即可能获得的利益的减少。例如由于业主拖欠工程款，使承包商失去这笔款的存款利息收入。

（2）合同原则

费用索赔计算方法符合合同的规定。扣除承包商自己责任造成的损失和承包商应承担的风险。

（3）合理性

符合工程惯例,即采用能被业主、调解人、仲裁人认可的,在工程中常用的计算方法。

2. 索赔费用的内容

可索赔的费用内容一般可以包括以下几个方面:

(1) 人工费

包括增加工作内容的人工费、停工损失费和工作效率降低损失费等累计,但不能简单地用计日工费计算。

(2) 设备费

可采用机械台班费、机械折旧费、设备租赁费等几种形式。

(3) 材料费

(4) 保函手续费

工程延期时,保函手续费相应增加,反之,在取消部分工程且发包人与承包人达成提前竣工协议时,承包人的保函金额相应折减,则计入合同价内的保函手续费也应扣减。

(5) 贷款利息

(6) 保险费

(7) 利润

(8) 管理费

此项又可分为现场管理费和公司管理费两部分,由于二者的计算方法不一样,所以在审核过程中应区别对待。

3. 索赔费用的计算方法

索赔费用的计算方法有:实际费用法、总费用法和修正的总费用法。

(1) 实际费用法

实际费用法是计算工程索赔时最常用的一种方法。这种方法的计算原则是以承包商为某项索赔工作所支付的实际开支为根据,向业主要求费用补偿。

用实际费用法计算时,在直接费的额外费用部分的基础上,再加上应得的间接费和利润,即是承包商应得的索赔金额。由于实际费用法所依据的是实际发生的成本记录或单据,所以,在施工过程中,系统而准确地积累记录资料是非常重要的。

(2) 总费用法

总费用法就是当发生多次索赔事件以后,重新计算该工程的实际总费用,实际总费用减去投标报价时的估算总费用,即为索赔金额,即:

$$\text{索赔金额} = \text{实际总费用} - \text{投标报价估算总费用} \qquad (4\text{-}1)$$

(3) 修正的总费用法

修正的总费用法是对总费用法的改进,即在总费用计算的原则上,去掉一些不合理的因素,使其更合理。

修正的内容如下:

1) 将计算索赔款的时段局限于受到外界影响的时间,而不是整个施工期;
2) 只计算受影响时段内的某项工作所受影响的损失,而不是计算该时段内所有施工工作所受的损失;
3) 与该项工作无关的费用不列入总费用中;对投标报价费用重新进行核算;
4) 按受影响时段内该项工作的实际单价,乘以实际完成的该项工作的工程量,得出调整后的报价费用。

按修正后的总费用计算索赔金额的公式如下:

$$索赔金额 = 某项工作调整后的实际总费用 - 该项工作的报价费用 \quad (4-2)$$

修正的总费用法与总费用法相比,有了实质性的改进,它的准确程度已接近于实际费用法。

### 4.2.5 工期索赔计算

1. 网络分析法

网络分析法是通过分析干扰事件发生前后的网络计划,对比两种工期的计算结果,从而计算出索赔工期。

网络分析法是利用进度计划的网络图,分析其关键线路。如果延误的工作为关键工作,则总延误的时间为批准顺延的工期;如果延误的工作为非关键工作,当该工作由于延误超过时差限制而成为关键工作时,可以批准延误时间与时差的差值;若该工作延误后仍为非关键工作,则不存在工期索赔问题。

2. 比例法

在工程实施中,因业主原因影响的工期,通常可直接作为工期的延长天数。但是,当提供的条件能满足部分施工时,应按比例法来计算工期索赔值。

(1) 对于已知部分工程的延期时间:

$$工程索赔值 = \frac{受干扰部分工程的合同价}{原合同总价} \times 该受干扰部分工期拖延时间 \quad (4-3)$$

(2) 对于已知额外增加工程量的价格:

$$工程索赔值 = \frac{额外增加的工程量价格}{原合同总价} \times 原合同工期 \quad (4-4)$$

比例计算法简单方便,但有时不尽符合实际情况,比例计算法不适用于变更施工顺序、加速施工、删减工程量等事件的索赔。

**【例 4-1】** 业主与施工单位对某工程建设项目签订了施工合同,合同中规定,在施工过程中,如因业主原因造成窝工,则人工窝工费和机械的停工费可按工日费和台班费的 50% 结算支付。业主还与监理单位签订了施工阶段的监理合同,合同中规定监理工程师可直接签证、批准 5 天以内的工期延期和 5000 元人民币以内的单项费用索赔。工程按下列网络计划进行。其关键线路为 A-E-H-I-J,在计划招待过程中,出现了下列一些情况，影响一些工作暂时停工（同一工作由不同原因引起的停工时间都不在同一时间）。

1. 因业主不能及时供应材料，使 E 延误 3 天，G 延误 2 天，H 延误 3 天。
2. 因机械发生故障检修，使 E 延误 2 天，G 延误 2 天。
3. 因业主要求设计变更，使 F 延误 3 天。
4. 因公网停电，使 F 延误 1 天，I 延误 1 天。

施工单位及时向监理工程师提交了一份索赔申请报告，并附有有关资料、证据和下列要求：

1. 工期顺延

E 停工 5 天，F 停工 4 天，G 停工 4 天，H 停工 3 天，I 停工 1 天，总计要求工期顺延 17 天。

2. 经济损失索赔

(1) 机械设备窝工费

E 工序吊车(3+2)台班×240 元/台班＝1200 元

F 工序搅拌机(3+1)台班×70 元/台班＝280 元

G 工序小型机械(2+2)台班×55 元/台班＝220 元

H 工序搅拌机 3 台班×70 元/台班＝210 元

合计机械设备窝工费 1910 元

(2) 人工窝工费

E 工序 5 天×30 人×28 元/工日＝4200 元

F 工序 4 天×35 人×28 元/工日＝3920 元

G 工序 4 天×15 人×28 元/工日＝1680 元

H 工序 3 天×35 人×28 元/工日＝2940 元

I 工序 1 天×20 人×28 元/工日＝560 元

合计人工窝工费 13300 元

(3) 间接费增加(1910+13300)×16％＝2433.6 元

(4) 利润损失(1910+13300+2433.6)×5％＝882.18 元

总计经济索赔额 1910+13300+2433.6+882.18＝18525.78 元

【问题】

1. 施工单位索赔申请书提出的工序顺延时间、停工人数、机械台班数和单价的数据等，经审查后均真实。监理工程师对所附各项工期顺延、经济索赔要求，如何确定认可？

2. 监理工程师对认可的工期顺延和经济索赔金如何处理？

【解】

1. 关于工期顺延和经济索赔

(1) 工期顺延

由于非施工单位原因造成的工期延误，应给予补偿。

①因业主原因：E 工作补偿 3 天，H 工作补偿 3 天，G 工作补偿 2 天；
②因业主要求变更设计：F 工作补偿 3 天；
③因公网停电：F 工作补偿 1 天，I 工作补偿 1 天。
应补偿的工期：131－124＝7（天）
监理工程师认可顺延工期 7 天。
（2）经济索赔
①机械闲置费：$(3\times240+4\times70+2\times55+3\times70)\times50\%=660$(元)
②人工窝工费：$(3\times30+4\times35+2\times15+3\times35+1\times20)\times50\%=5390$(元)
③因属暂时停工，间接费损失不予补偿；
④因属暂时停工，利润损失不予补偿。
经济补偿合计：660＋5390＝6050（元）
2. 关于认可的工期顺延和经济索赔处理因经济补偿金额超过监理工程师 5000 元的批准权限，以及工期顺延天数超过了监理工程师 5 天的批准权限，故监理工程师审核签证经济索赔金额及工期顺延证书均应报业主审查批准。

### 4.2.6 反索赔

1. 反索赔的概念

反索赔是由于承包商不履行或不完全履行合同约定的任务，或是由于承包商的行为使业主受到损失，业主为了维护自己的利益，对承包商提出的索赔。

2. 反索赔的基本原则

反索赔的原则是：以事实为根据，以法律（合同）为准绳，实事求是地认可合理的索赔要求，反驳、拒绝不合理的索赔要求，按合同法原则公平合理地解决索赔问题。

3. 反索赔的基本内容

反索赔的工作内容可包括两个方面：

（1）防止对方提出索赔

首先是自己严格履行合同中规定的各项义务，防止自己违约，并通过加强合同管理，使对方找不到索赔的理由和根据，使自己处于不被索赔的地位。

其次如果在工程实施过程中发生了干扰事件，则应立即着手研究和分析合同依据，收集证据，为提出索赔或反击对手的索赔做好两手准备。

（2）反击或反驳对方的索赔要求

如果对方先提出了索赔要求或索赔报告，则自己一方应采取各种措施来反击或反驳对方的索赔要求。常用的措施有：

第一是抓住对方的失误，直接向对方提出索赔，以对抗或平衡对方的索赔要求，达到最终解决索赔时互作让步或互不支付的目的。如业主常常通过找出工程中的质量问题、工程延期等问题，对承包人处以罚款，以对抗承包人的索赔要求，达到少支付或不支付的目的。

第二是针对对方的索赔报告，进行仔细、认真的研究和分析，找出理由和证据，证明对方索赔要求或索赔报告不符合实际情况和合同规定、没有合同依据或事实证据、索赔值计算不合理或不准确等问题，反击对方不合理的索赔要求或索赔要求中的不合理部分，推卸或减轻自己的赔偿责任，使自己不受或少受损失。

4. 业主向承包商提出的索赔类型

（1）工期延误索赔。承包商支付误期损害赔偿费的前提是：这一工期延误的责任属于承包商方面。施工合同中的误期损害赔偿费，通常是由业主在招标文件中确定的。

（2）质量不满足合同要求索赔。当承包商的施工质量不符合合同的要求，或使用的设备和材料不符合合同规定，或在缺陷责任期未满以前完成应该负责修补的工程时，业主有权向承包商追究责任，要求补偿所受的经济损失。

（3）承包商不履行的保险费用索赔。如果承包商未能按照合同条款指定的项目投保，并保证保险有效，业主可以投保并保证保险有效，所支付的必要保险可在应付给承包商的款项中扣回。

（4）对超额利润的索赔。如果工程量增加很多，使承包商预期的收入增大，因工程量增加承包商并不增加任何固定成本，合同价应由双方讨论调整，收回部分超额利润。

（5）对指定分包商的付款索赔。在承包商未能提供已向指定分包商付款的合理证明时，业主可以直接按照监理工程师的证明书，将承包商未付给指定分包商的所有款项（扣除保留金）付给这个分包商，并从应付给承包商的任何款项中如数扣回。

（6）业主合理终止合同或承包商不正当地放弃工程的索赔。如果业主合理地终止承包商的承包，或者承包商不合理放弃工程，则业主有权从承包商手中收回由新的承包商完成工程所需的工程款与原合同未付部分的差额。

【例4-2】 某承包人通过投标获得一项工业厂房的施工合同，他是按招标文件中介绍的地质情况以及标书中的挖方余土可用作道路基础垫层用料而计算的标价。工程开工后，发现挖出土方十分潮湿易碎，不符合路基垫层要求，承包人怕被指责施工质量低劣而造成返工，不得不将余土外运，并另外运进路基填方土料。为此，承包人提出了费用索赔。但工程师经过审核认为：投标报价时，承包人承认考察过现场，并已了解现场情况，包括地表以下条件、水文条件等，认为换土纯属承包人自己的事，拒绝补偿任何费用。承包人则认为这是业主提供的地质资料不实所造成。工程师则认为：地质资料是正确的，钻探是在干季进行，而施工时却处于雨季期，承包人应当自己预计到这一情况和风险，仍坚持拒绝索赔，认为事件责任不在业主，此项索赔不能成立。

## 4.3 工程结算计量与计价

### 4.3.1 工程结算概念

1. 工程结算的含义

建设项目、单项工程、单位工程或专业工程施工已完工、结束、中止，经发包人或有关机构验收合格且点交后，按照施工发承包合同的约定，由承包人在原合同价格基础上编制调整价格并提交发包人审核确认后的过程价格。它是表达该工程最终工程造价和结算工程价款依据的经济文件。

2. 工程结算的分类

根据工程建设的不同时期以及结算对象的不同，工程结算分为工程预付款（预付备料款）结算、工程进度款结算（中间结算）、工程竣工价款结算。

### 4.3.2 工程价款结算的程序

1. 承包商提出付款申请

工程费用支付的一般程序是首先由承包商提出付款申请，填报一系列工程师指定格式的月报表，说明承包商认为这个月他应得的有关款项，包括：

（1）已实施的永久工程的价值；

（2）工程量表中任何其他项目，包括承包商的设备、临时工程、计日工及类似项目；

（3）主要材料及承包商在工地交付的准备为永久工程配套而尚未安装的设备发票价格的一定百分比；

（4）价格调整；

（5）按合同规定承包商有权得到的任何其他金额。承包商的付款申请将作为付款证书的附件，但它不是付款的依据，工程师有权对承包商的付款申请做出任何方面的修改。

2. 工程师审核，编制期中付款证书

工程师对承包商提交的付款申请进行全面审核，修正或删除不合理的部分；计算付款净金额。计算付款净金额时，应扣除该月应扣除的保留金、动员预付款、材料设备预付款、违约罚金等。若净金额小于合同规定的临时支付的最小限额，则工程师不需开具任何付款证书。

3. 业主支付

业主收到工程师签发的付款证书后，按合同规定的时间支付给承包商。实践证明，通过对施工过程的各个工序设置一系列签认程序，未经工程师签认的财务报表无效，这样做，充分发挥了经济杠杆的作用，控制了项目实施过程中的费用支出。

### 4.3.3 工程结算的依据

1. 国家有关法律、法规、规章制度和相关的司法解释；
2. 国务院建设行政主管部门以及各省、自治区、直辖市和有关部门发布的工程造价计价标准、计价办法、有关规定及相关解释；
3. 施工发承包合同、专业分包合同及补充合同，有关材料、设备采购合同；
4. 招投标文件，包括招标答疑文件、投标承诺、中标报价书及其组成内容；
5. 工程竣工图或施工图、施工图会审记录，经批准的施工组织设计，以及设计变更、工程洽商和相关会议纪要；
6. 经批准的开、竣工报告或停工、复工报告；
7. 建设工程工程量清单计价规范或工程预算定额、费用定额及价格信息、调价规定等；
8. 工程预算书；
9. 影响工程造价的相关资料；
10. 结算编制委托合同。

### 4.3.4 工程结算的方式

1. 按月结算

实行旬末或月中预支、月终结算、竣工后清算的方法。跨年度竣工的工程，在年终进行工程盘点，办理年度结算。这是常用的方法。

2. 分阶段结算

在签订的施工发承包合同中，按工程特征划分为不同阶段实施和结算。该阶段合同工作内容已完成，经发包人或有关机构中间验收合格后，由承包人在原合同分阶段的价格基础上编制调整价格并提交发包人审核签认的工程价格，它是表达该工程不同阶段造价和工程价款结算依据的工程中间结算文件。

3. 专业分包结算

在签订的施工发承包合同或由发包人直接签订的分包工程合同中，按工程专业特征分类实施分包和结算。分包合同工作内容已完成，经总包人、发包人或有关机构对专业内容验收合格后，按照合同的约定，由分包人在原合同价格基础上编制调整价格并提交总包人、发包人审核签认的工程价格，它是表达该专业分包工程造价和工程价款结算依据的工程分包结算文件。

4. 合同中止结算

工程实施过程中合同中止，对施工承发包合同中已完成且经验收合格的工程内容，经发包人、总包人或有关机构点交后，由承包人在原合同价格或合同约定的定价条款，参照有关计价规定编制合同中止价格，提交发包人或总包人审核签认的工程价格。它是表达该工程合同中止后已完成工程内容的造价和工程价款结算依据的工程经济文件。

### 4.3.5 工程预付款结算

工程预付款又称预付备料款。根据工程承发包合同规定，由发包单位在开工前拨给承包单位一定限额的预付备料款，作为承包工程项目储备主要材料、构配件所需的流动资金。

按照我国有关规定，实行工程预付款的，双方应当在专用条款内约定发包方向承包方预付工程款的时间和数额，开工后按约定的时间和比例逐次扣回。预付时间应不迟于约定的开工日期前7天。发包方不按约定预付，承包方在约定预付时间7天后向发包方发出要求预付的通知，发包方收到通知后仍不能按要求预付，承包方可在发出通知后7天停止施工，发包方应从约定应付之日起向承包方支付应付款的贷款利息，并承担违约责任。

建设部颁布的《招标文件范本》中规定，工程预付款仅用于承包方支付施工开始时与本工程有关的动员费用。如承包方滥用此款，发包方有权立即收回。在承包方向发包方提交金额等于预付款数额（发包方认可的银行开出）的银行保函后，发包方按规定的金额和规定的时间向承包方支付预付款，在发包方全部扣回预付款之前，该银行保函将一直有效。当预付款被发包方扣回时，银行保函金额相应递减。

1. 预付备料款的金额

包工包料工程的预付款按合同约定拨付，原则上预付比例不低于合同金额的10%，不高于合同金额的30%。对重大工程项目，按年度工程计划逐年预付。

$$备料款限额 = \frac{年度承包工程总值 \times 主要材料所占比重}{年度施工日历天数} \times 材料储备天数 \qquad (4-5)$$

【例4-3】 某住宅工程，年度计划完成建筑安装工作量321万元，年度施工天数为350天，材料费占造价的比重为60%，材料储备期为110天，试确定工程备料款数额。

【解】 根据上述公式，工程备料款数额为：

$$\frac{321 \times 60\%}{350} \times 110 = 60.35 \text{（万元）}$$

2. 工程预付款的扣回

（1）可以从未施工工程尚需的主要材料及构件的价值相当于备料款数额时起扣。从每次结算工程价款中，按材料比重扣抵工程价款，竣工前全部扣清。基本表达公式为：

$$T = P - \frac{M}{N} \qquad (4-6)$$

式中　$T$——起扣点；

$M$——预付备料款限额;
$N$——主要材料所占比重;
$P$——承包工程价款总额。

(2) 建设部《招标文件范本》中规定,在承包人完成金额累计达到合同总价的 10% 后,由承包人开始向发包人还款,发包人从每次应付给承包人的金额中扣回工程预付款,发包人至少在合同规定的完工期前三个月将工程预付款的总计金额按逐次分摊的办法扣回。

### 4.3.6 工程进度款结算

1. 工程进度款结算方式

(1) 按月结算与支付

实行按月支付进度款,竣工后清算的办法。合同工期在两个年度以上的工程,在年终进行工程盘点,办理年度结算。

(2) 分段结算与支付

当年开工、当年不能竣工的工程按照工程形象进度,划分不同阶段支付工程进度款,具体划分在合同中明确。

2. 工程量计算

(1) 承包人应当按照合同约定的方法和时间,向发包人提交已完工程量的报告。发包人接到报告后 14 天内核实已完工程量,并在核实前 1 天通知承包人,承包人应提供条件并派人参加核实,承包人收到通知后不参加核实的,以发包人核实的工程量作为工程价款支付的依据。发包人不按约定时间通知承包人,致使承包人未能参加核实,核实结果无效。

(2) 发包人收到承包人报告后 14 天内未核实完工程量,从第 15 天起,承包人报告的工程量即视为被确认,作为工程价款支付的依据,双方合同另有约定的,按合同执行。

(3) 对承包人超出设计图纸(含设计变更)范围和因承包人原因造成返工的工程量,发包人不予计量。

3. 工程进度款支付

(1) 根据确定的工程计量结果,承包人向发包人提出支付工程进度款申请,14 天内,发包人应按不低于工程价款的 60%,不高于工程价款的 90% 向承包人支付工程进度款。按约定时间发包人应扣回的预付款,与工程进度款同期结算抵扣。

(2) 发包人超过约定的支付时间不支付工程进度款,承包人应及时向发包人发出要求付款的通知,发包人收到承包人通知后仍不能按要求付款,可与承包人协商签订延期付款协议,经承包人同意后可延期支付,协议应明确延期支付的时间和从工程计量结果确认后第 15 天起计算应付款的利息(利率按同期银行贷款利率计)。

(3) 发包人不按合同约定支付工程进度款,双方又未达成延期付款协议,导致施工无法进行,承包人可停止施工,由发包人承担违约责任。

### 4.3.7 工程保修金结算

根据财政部、建设部颁布的《建设工程价款结算暂行办法》工程竣工价款结算的规定：发包人根据确认的竣工结算报告向承包人支付工程竣工结算价款，保留5%左右的质量保证（保修）金，待工程交付使用一年质保期到期后清算（合同另有约定的，从其约定）。

保修金一般应在结算过程中扣除，在工程保修期结束时拨付。有关保修金的扣除，在案例分析中常见的有两种方式：

1. 先办理正常结算，直至累计结算工程进度款达到合同金额的95%时，停止支付，剩余的作为保修金；

2. 先扣除，扣完为止，也即从第一次办理工程进度款支付时就按照双方在合同中约定的一个比例扣除保修金，直到所扣除的累计金额已达到合同金额的5%为止。

### 4.3.8 工程价款动态结算和价差调整

工程价款的动态结算是指在进行工程价款结算的过程中，充分考虑影响工程造价的动态因素，并将这些动态因素纳入到结算过程中进行计算，从而使所结算的工程价款能够如实反映工程项目的实际消耗费用。

工程价款的动态结算的主要内容是工程价款价差调整。

工程价款价差调整的方法很多，主要有工程造价指数调整法、实际价格调整法、调价文件调整法、调值公式法等。下面主要介绍调值公式法。

调值公式法是利用调值公式来调整价差。它首先将总费用分为固定部分、人工部分和材料部分，然后分别按照各部分在总费用中所占的比例及人工、材料的价格指数变化情况，用调值公式进行价差调整，其中调值公式为：

$$P = P_0 \left( a_0 + a_1 \times \frac{A}{A_0} + a_2 \times \frac{B}{B_0} + a_3 \times \frac{C}{C_0} + a_4 \times \frac{D}{D_0} \right) \quad (4-7)$$

式中　　$P$——调值后合同价或工程实际结算价款；

$P_0$——合同价款中工程预算进度款；

$a_0$——合同固定部分，不能调整的部分占合同总价的比重；

$a_1$、$a_2$、$a_3$、$a_4$——调价部分（人工费用、钢材、水泥、运输等费用）在合同总价中所占比例；

$A_0$、$B_0$、$C_0$、$D_0$——基准日期对应的各项费用的基期价格或价格指数；

$A$、$B$、$C$、$D$——调整日期对应各项费用的现行价格或价格指数。

计算时注意要严格按题目中给定的条件和方法计算。

## 4.4 竣工结算计量与计价

### 4.4.1 竣工结算概述

1. 工程竣工结算的含义及要求

竣工结算是指施工企业按照合同规定，在一个单位工程或项建筑安装工程完工、验收、点交后，向建设单位（业主）办理最后工程价款清算的经济技术文件。

2. 工程竣工结算的方式

工程完工后，双方应按照约定的合同价款及合同价款调整内容以及索赔事项，进行工程竣工结算。工程竣工结算分为单位工程竣工结算、单项工程竣工结算和建设项目竣工总结算。

### 4.4.2 竣工结算方法

结算书以施工单位为主进行编制。目前竣工结算一般采用以下方式：

1. 预算结算方式

这种方式是把经过审定确认的施工图预算作为竣工结算的依据，在施工过程中发生的而施工预算中未包括的项目和费用，经建设单位驻现场工程师签证，和原预算一起在工程结算时进行调整，因此又称这种方式为施工图预算加签证的结算方式。

2. 承包总价结算方式

这种方式的工程承包合同为总价承包合同。工程竣工后，暂扣合同价的 2%～5%作为维修金，其余工程价款一次结清，在施工过程中所发生的材料代用、主要材料价差、工程量的变化等，如果合同中没有可以调价的条款，一般不予调整。因此，凡按总价承包的工程，一般都列有一项不可预见费用。

3. 平方米造价包干方式

承发包双方根据一定的工程资料，经协商签订每平方米造价指标的合同，结算时按实际完成的建筑面积汇总结算价款。

4. 工程量清单结算方式

采用清单招标时，中标人填报的清单分项工程单价是承包合同的组成部分，结算时按实际完成的工程量，以合同中的工程单价为依据计算结算价款。

办理工程价款竣工结算的一般公式为：

竣工决算工程款 ＝预算(或概算)或合同价款＋施工过程中预算或合同价款调整数额
－预付及已结算工程价款－保修金　　　　　　(4-8)

### 4.4.3 竣工结算编制依据

工程竣工结算由承包人编制，发包人审查或委托工程造价咨询单位审核，承包人和发包人最终确定。承包人尤其是项目经理部在编制工程竣工结算时，应注意收集、整理有关结算资料。

编制竣工结算应依据下列资料：

1. 建设工程施工合同价款

施工合同中约定了有关竣工结算价款的，应按约定的内容执行。承发包双方可约定完整的结算资料的具体内容，还可涉及竣工结算的其他内容。

2. 中标投标书的报价单

无论是公开招标或邀请招标，招标人与中标人应当根据中标价订立合同。中标投标书的报价单是订立合同且是竣工结算的重要依据。报价单的内容一般包括：

(1) 报价汇总表；

(2) 工程量清单报价汇总取费表；

(3) 工程量清单报价表；

(4) 材料清单及材料差价表或差价报价表；

(5) 设备清单及报价表；

(6) 现场因素、施工技术措施及赶工措施费用报价表。

3. 工程变更及技术经济签证

(1) 施工中发生的设计变更，由原设计单位提供变更的施工图和设计变更通知单，承包人已按签发的变更通知单执行。

(2) 因施工条件、施工工艺、材料规格、品种数量不能完全满足设计要求，以及合理化建议等原因发生的施工变更，已执行的技术核定单。

(3) 在合同履约中，发包人要求承包人改变工程内容和标准，导致施工中用工数和工程量增加，改变了工程施工程序和施工时间，承包人在施工中办理的技术经济签证。

4. 其他与竣工结算有关的资料

承包人在施工中应建立完整的竣工结算资料保证制度，项目经理部在施工中还要注意收集其他相关的结算资料：

(1) 发包人的指令文件；

(2) 商品混凝土供应记录；

(3) 材料代用资料；

(4) 材料价格变动文件；

(5) 隐蔽工程记录及施工日志；

(6) 竣工图和竣工验收报告等。

### 4.4.4 竣工结算的一般程序

《建设工程施工合同（示范文本）》中对竣工结算的程序：

1. 工程竣工验收报告经发包方认可后 28 天内，承包方向发包方递交竣工结算报告及完整的结算资料，双方按照协议书约定的合同价款及专用条款约定的合同价调整内容，进行工程竣工结算。

2. 发包方收到承包方递交的竣工结算报告及结算资料后 28 天内进行核实，给予确认或者提出修改意见。发包方确认竣工结算报告后通知经办银行向承包方支付工程竣工结算价款。承包方收到竣工结算价款后 14 天内将竣工工程交付发包方。

3. 发包方收到竣工结算报告及结算资料后 28 天内无正当理由不支付工程竣工结算价款，从第 29 天起按承包方同期向银行贷款利率支付拖欠工程价款的利息，并承担违约责任。

4. 发包方收到竣工结算报告及结算资料后 28 天内不支付工程竣工结算价款，承包方可以催告发包方支付结算价款。发包方在收到竣工结算报告及结算资料后 56 天内仍不支付的，承包方可以与发包方协议将该工程折价，也可以由承包方申请人民法院将该工程依法拍卖，承包方就该工程折价或者拍卖的价款优先受偿。

5. 工程竣工验收报告经发包方认可后 28 天内，承包方未能向发包方递交竣工结算报告及完整的结算资料，造成工程竣工结算不能正常进行或工程结算价款不能及时支付，发包方要求交付工程的，承包方应当交付；发包方不要求交付工程的，承包方承担保管责任。

## 单元小结

工程变更包括设计变更、施工条件变更、进度计划变更等。无论哪一方提出的变更，都应该由工程师确定并签发变更指令，采取相应的处理程序和工程价款确定的方法。

多种因素会导致索赔，索赔是双方的。不论是工期索赔还是费用索赔，都要搜集相关的资料，进行索赔计算。

工程价款结算要根据具体情况采用不同方式，要符合《工程价款结算办法》、《建设工程施工合同示范文本》的规定。

# 单元课业

## 一、课业说明

完成实际工程案例分析

## 二、参考资料

建筑工程施工合同文本、工程项目合同管理案例、《建筑工程工程量清单计价规范》、相关部门颁布的造价文件、教学课件、视频教学资料、网络教学资源、任务工单

## 三、单选题

1. 某基础工程隐蔽前已经工程师验收合格，在主体结构施工时因墙体开裂，对基础重新检验发现部分部位存在施工质量问题，则重新检验的费用和工期的处理表达正确的是（   ）。
   A. 费用由工程师承担，工期由承包人承担
   B. 费用由承包人承担，工期由工程师承担
   C. 费用由承包人承担，工期由承发包双方协商
   D. 费用和工期由承包人承担

2. 包工包料的预付款应按合同约定拨付，原则上预付比例不低于合同全额的（   ），不高于合同全额的（   ）。
   A. 10%，20%      B. 20%，30%
   C. 10%，30%      D. 15%，25%

3. 某土建工程实行按月结算和采用公式法结算预付备料款，施工合同总额为1200万元，主要材料金额的比重为60%，预付备料款为25%，当累计结算工程款为（   ）时，开始扣回备料款。
   A. 180万元       B. 600万元
   C. 700万元       D. 720万元

4. 根据确认的竣工结算报告，承包人向发包人申请支付工程结算款，发包人应在收到申请后（   ）天内支付结算款，到期没有支付的应承担违约责任。
   A. 7         B. 14         C. 15         D. 10

5. 财政部、建设部制订的《建设工程价款结算办法》规定，根据确定的工程计量结果，发包人支付工程进度款的比例为（   ）。

A. 不低于工程价款 30%，不高于工程价款 60%
B. 不低于工程价款 40%，不高于工程价款 70%
C. 不低于工程价款 40%，不高于工程价款 80%
D. 不低于工程价款 60%，不高于工程价款 90%

6. 一般建筑工程的预付备料款不超过（　　）。
   A. 当年工作量的 10%　　　　B. 当年工作量的 15%
   C. 当年工作量的 30%　　　　D. 合同价的 25%

7. 承包方在工程变更确认后（　　）内，提出变更工程价款的报告，经工程师确认后调整合同价款。
   A. 7 天　　　B. 14 天　　　C. 15 天　　　D. 28 天

8. 某工程合同价为 100 万元，合同约定：采用调值公式进行动态结算，其中固定要素比重为 0.3，调价要素 A、B、C 分别占合同价的比重为 0.15、0.25、0.3，结算时指数分别增长了 20%、15%、25%，则该工程实际结算款额为（　　）万元。
   A. 119.75　　　B. 128.75　　　C. 114.25　　　D. 127.25

9. 下列对《建设工程施工合同（示范文本）》条件下的工程变更的论述正确的是（　　）。
   A. 设计变更超过原设计标准时，应报发包人批准
   B. 增减合同中约定的工程量不属于设计变更
   C. 改变有关工程的施工时间和顺序属于设计变更
   D. 发包人要求更高的质量标准属于设计变更

10. 按建设部规定，工程项目总造价中，应预留（　　）的尾留款作为质量保修费，待工程项目保修期结束后最后拨付。
    A. 10%　　　B. 15%　　　C. 3%～5%　　　D. 30%

## 四、多选题

1. 竣工决算的内容主要包括（　　）。
   A. 竣工决算报告情况说明书　　　B. 竣工决算财务报告
   C. 竣工财务决算报表　　　　　　D. 工程竣工图
   E. 工程造价比较分析

2. 《建设工程施工合同（示范文本）》条件下，乙方确定工程变更价款时采用的方法有（　　）。
   A. 合同中已有适用于变更工程的价格，按合同已有的价格计算变更合同价款
   B. 合同中只有类似于变更工程的价格，可以参照类似价格变更合同价款
   C. 合同中只有类似于变更工程的价格，必须由工程师确定
   D. 合同中没有适用或类似于变更工程的价格，由乙方提出适当的变更价格，由工程师确认后执行
   E. 合同中没有适用或类似于变更工程的价格，必须由工程师确定

3. 在（　　）情况下，造成工期延误，经工程师确认后，工期相应顺延。
   A. 工程量增加　　B. 设计变更　　C. 质量事故　　D. 不可抗力
   E. 发包方不能按时支付工程款引起的停工

4. 在确定工程变更价款世，采用合同中工程量清单的单价或价格通常有（　　）几种情况。
   A. 直接套用　　　　　　　B. 协商套用
   C. 参照套用　　　　　　　D. 间接套用

5. 某施工项目发生工程变更，变更价款采用协商单价，这是基于施工承包合同中（　　）的情况下采用的一种方法。
   A. 有适用价格　　　　　　B. 没有适用价格
   C. 有类似价格　　　　　　D. 没有类似价格
   E. 有相应价格但不合适

6. 施工项目实施过程中，承包工程价款的结算可以根据不同情况采取多种方式，其中主要的结算方法有（　　）等。
   A. 竣工后一次结算　　　　B. 分部结算
   C. 分段结算　　　　　　　D. 分项结算
   E. 按月结算

7. 某工程由于设计变更，工程师签发了部分工程停工一个月的暂停工令，则承包商可索赔的费用有（　　）等。
   A. 分包费用　　　　　　　B. 增加的利息支出
   C. 应得的利润　　　　　　D. 企业管理费
   E. 总部管理费

8. 工程预付款的具体事宜由发承包双方根据建设行政主管部门的规定，结合（　　）等情况在合同中约定。
   A. 资质等级　　　　　　　B. 工程款
   C. 建设工期　　　　　　　D. 包工包料情况
   E. 隶属关系

9. 下列有关工程预付款的说法，正确的是（　　）。
   A. 工程预付款是承包人预先垫支的工程款
   B. 工程预付款是施工准备和所需材料、结构构件等流动资金的主要来源
   C. 工程预付款又被称作预付备料款
   D. 工程预付款预付时间不得迟于约定开工日前7天
   E. 工程预付款扣款方式由发包人决定

10. 建安工程价款常用的动态结算方法有（　　）等。
    A. 基期价格调值法　　　　B. 调值公式法
    C. 按主材计算价差　　　　D. 竣工调价系数法
    E. 要素比例调价法

# 单元 5
# 建筑工程招标

引 言

建设项目招投标是市场经济的产物。推行工程招投标的目的，就是在建筑市场中建立竞争机制。招标人通过招标活动选择技术能力强、管理水平高、信誉度可靠并且报价合理的承建单位。本单元主要介绍建筑工程招标的基本概念、程序；招标文件的编制原则、招标文件的内容。

学习目标

通过本章学习，你将能够：
1. 掌握建筑工程招标的基本概念、程序；
2. 掌握招标文件的编制原则、招标文件的内容。

## 5.1 招标概述

建设工程招标是指招标人在发包建设项目之前，招标人采用公开招标或邀请招标形式，说明拟发包建设工程条件和要求，邀请众多投标人参加投标，并按照规定程序从中择优选定中标人的一种经济活动。

任何单位和个人不得将依法必须进行招标的项目化整为零或者以其他任何方式规避招标。

招标投标活动应当遵循公开、公平、公正和诚实信用的原则。

依法必须进行招标的项目，其招标投标活动不受地区或者部门的限制。任何单位和个人不得违法限制或者排斥本地区、本系统以外的法人或者其他组织参加投标，不得以任何方式非法干涉招标投标活动。

### 5.1.1 招标范围

1.《招标投标法》规定，在中华人民共和国境内进行下列工程建设项目：包括项目的勘察、设计、施工、监理以及与工程建设有关的重要设备、材料等的采购，必须进行招标。

(1) 大型基础设施、公用事业等关系社会公共利益、公众安全的项目

1) 关系社会公共利益、公众安全的基础设施项目范围包括：

①煤炭、石油、天然气、电力、新能源等能源项目；

②铁路、公路、管道、水运、航空以及其他交通运输业等交通运输项目；

③邮政、电信枢纽、通信、信息网络等邮电通讯项目；

④防洪、灌溉、排涝、引（供）水、滩涂治理、水土保持、水利枢纽等水利项目；

⑤道路、桥梁、地铁和轻轨交通、污水排放及处理、垃圾处理、地下管道、公共停车场等城市设施项目；

⑥生态环境保护项目；

⑦其他基础设施项目。

2) 关系社会公共利益、公众安全的公用事业项目

①供水、供电、供气、供热等市政工程项目；

②科技、教育、文化等项目；

③体育、旅游等项目；

④卫生、社会福利等项目；

⑤商品住宅，包括经济适用住房；
⑥其他公用事业项目。

(2) 全部或者部分使用国有资金投资或者国家融资的项目

1) 使用国有资金投资的项目包括：
①使用各级财政预算资金的项目；
②使用纳入财政管理的各种政府性专项建设基金的项目；
③使用国有企业事业单位自有资金，并且国有资产投资者实际拥有控制权的项目。

2) 使用国家融资的项目包括：
①使用国家发行债券所筹资金的项目；
②使用国家对外借款或者担保所筹资金的项目；
③使用国家政策性贷款的项目；
④国家授权投资主体融资的项目；
⑤国家特许的融资项目。

(3) 使用国际组织或者外国政府贷款、援助资金的项目

1) 使用世界银行、亚洲开发银行等国际组织贷款资金的项目；
2) 使用外国政府及其机构贷款资金的项目；
3) 使用国际组织或者外国政府援助资金的项目。

2. 以上各条规定范围内的各类工程建设项目，包括项目的勘察、设计、施工、监理以及与工程建设有关的重要设备、材料等的采购，达到下列标准之一的，必须进行招标：

(1) 施工单项合同估算价在 200 万元人民币以上的；
(2) 重要设备、材料等货物的采购，单项合同估算价在 100 万元人民币以上的；
(3) 勘察、设计、监理等服务的采购，单项合同估算价在 50 万元人民币以上的；
(4) 单项合同估算价低于第 (1)、(2)、(3) 项规定的标准，但项目总投资额在 3000 万元人民币以上的。

### 5.1.2 招标方式

1. 招标分为公开招标和邀请招标

(1) 公开招标

公开招标是指招标人以招标公告的方式邀请不特定的法人或者其他组织投标。依法必须进行招标的项目，应当通过国家指定的报刊、信息网络或者媒介发布招标公告。

按照《工程建设项目施工招标投标办法》的规定，以下三类项目必须公开招标：
1) 国务院发展计划部门确定的国家重点项目；
2) 省、自治区、直辖市人民政府确定的地方重点项目；
3) 全部使用国有资金投资或者国有资金投资占控股或者主导地位的项目。

(2) 邀请招标

邀请招标是指招标人以投标邀请书的方式邀请特定的法人或者其他组织投标。采用邀请招标方式的招标人，应当向3个以上具备承担招标项目的能力、资信良好的特定法人或者其他组织发出投标邀请书。

按照《工程建设项目施工招标投标办法》的规定，有下列情况之一的，经批准可以进行邀请招标：

1) 项目技术复杂或有特殊要求，只有少数几家潜在投标人可供选择的；
2) 受自然地域环境限制的；
3) 涉及国家安全、国家秘密或者抢险救灾，适宜招标但不宜公开招标的；
4) 拟公开招标的费用与项目的价值相比，不值得的；
5) 法律、法规规定不宜公开招标的。

2. 这两种方式的主要区别

(1) 发布信息的方式不同。公开招标采用公告的形式发布；邀请招标采用投标邀请书的形式发布。

(2) 选择的范围不同。公开招标方式针对的是一切潜在的对招标项目感兴趣的法人或其他组织，招标人事先不知道投标人的数量；邀请招标针对已经了解的法人或其他组织，而且事先已经知道投标者的数量。

(3) 竞争的范围不同。公开招标的竞争范围较广，竞争性体现得也比较充分，容易获得最佳招标效果；邀请招标中投标人的数量有限，竞争的范围有限，有可能将某些在技术上或报价上更有竞争力的承包商漏掉。

(4) 公开的程度不同。公开招标中，所有的活动都必须严格按照预先指定并为大家所知的程序和标准公开进行，大大减少了作弊的可能；邀请招标的公开程度要逊色一些，产生不法行为的机会也就多一些。

(5) 时间和费用不同。邀请招标不需要发公告，招标文件只送几家，缩短了整个招投标时间，其费用相对减少。公开招标的程序复杂，耗时较长，费用也比较高。

### 5.1.3 招标组织形式

招标组织形式包括：自行招标、委托招标。

1. 自行招标

《招标投标法》规定，招标人具有编制招标文件和组织评标能力的，且进行招标项目的相应资金或资金来源已经落实，可以自行办理招标事宜。任何单位和个人不得强制其委托招标代理机构办理招标事宜。依法必须进行招标的项目，招标人自行办理招标事宜的，应当向有关行政监督部门备案。

(1) 招标人具有编制招标文件和组织评标能力的，可以自行办理招标事宜。招标人自行办理招标事宜，应当具有编制招标文件和组织评标的能力。

1) 具体包括：

①具有项目法人资格（或者法人资格）；

②具有与招标项目规模和复杂程度相适应的工程技术、概预算、财务和工程管理等方面专业技术力量；

③有从事同类工程建设项目招标的经验；

④设有专门的招标机构或者拥有3名以上专职招标业务人员；

⑤熟悉和掌握招标投标法及有关法规规章。

2）招标人在自行办理招标事宜前应向招标办报送以下资料备案：

①项目法人营业执照、法人证书或者项目法人组建文件；

②招标项目相适应的专业技术力量情况；

③内设的招标机构或者专职招标业务人员的基本情况；

④拟使用的专家库情况；

⑤以往编制的同类工程建设项目招标文件和评标报告，以及招标业绩的证明材料；

⑥其他材料。

(2) 招标人不具有编制招标文件和组织评标能力的，有权自行选择招标代理机构，委托其办理招标事宜，任何单位和个人不得以任何方式为招标人指定招标代理机构。

2. 委托招标

招标人有权自行选择招标代理机构，委托其办理招标事宜。任何单位和个人不得以任何方式为招标人指定招标代理机构。招标代理机构与行政机关和其他国家机关不得存在隶属关系或者其他利益关系。

依据《工程建设项目招标代理机构资格认定办法》(建设部154号令)，工程建设项目招标代理机构，其资格分为甲级、乙级和暂定级。

(1) 申请工程招标代理资格的机构应当具备以下基本条件：

1) 是依法设立的中介组织，具有独立法人资格；

2) 与行政机关和其他国家机关没有行政隶属关系或者其他利益关系；

3) 有固定的营业场所和开展工程招标代理业务所需设施及办公条件；

4) 有健全的组织机构和内部管理的规章制度；

5) 具备编制招标文件和组织评标的相应专业力量；

6) 具有可以作为评标委员会成员人选的技术、经济等方面的专家库；

7) 法律、行政法规规定的其他条件。

(2) 申请甲级工程招标代理机构资格，除具备上述基本条件外，还应当具备下列条件：

1) 取得乙级工程招标代理资格满3年；

2) 近3年内累计工程招标代理中标金额在16亿元人民币以上（以中标通知书为依据，下同）；

3) 具有中级以上职称的工程招标代理机构专职人员不少于20人，其中具有工程建设类注册执业资格人员不少于10人（其中注册造价工程师不少于5人），从事工程招标代理业务 3 年以上的人员不少于 10 人；

4）技术经济负责人为本机构专职人员，具有 10 年以上从事工程管理的经验，具有高级技术经济职称和工程建设类注册执业资格；

5）注册资本金不少于 200 万元。

甲级工程招标代理机构可以承担各类工程的招标代理业务。

(3) 申请乙级工程招标代理机构资格，除具备（1）规定的基本条件外，还应当具备下列条件：

1）取得暂定级工程招标代理资格满 1 年；

2）近 3 年内累计工程招标代理中标金额在 8 亿元人民币以上；

3）具有中级以上职称的工程招标代理机构专职人员不少于 12 人，其中具有工程建设类注册执业资格人员不少于 6 人（其中注册造价工程师不少于 3 人），从事工程招标代理业务 3 年以上的人员不少于 6 人；

4）技术经济负责人为本机构专职人员，具有 8 年以上从事工程管理的经历，具有高级技术经济职称和工程建设类注册执业资格；

5）注册资本金不少于 100 万元。

乙级工程招标代理机构只能承担工程总投资 1 亿元人民币以下的工程招标代理业务。

(4) 申请暂定级工程招标代理机构资格，除具备（1）规定的基本条件外，还应具备乙级工程招标代理资格的 3)、4)、5) 条件。暂定级工程招标代理机构，只能承担工程总投资 6000 万元人民币以下的工程招标代理业务。

## 5.2 招标程序

招标人不得向他人透露已获取招标文件的潜在投标人的名称、数量以及可能影响公平竞争的有关招标投标的其他情况。招标人设有标底的，标底必须保密。

### 5.2.1 招标活动的准备工作

建设项目施工招标前，招标人应当办理有关的审批手续、确定招标方式以及划分标段等工作。

1. 招标必须具备的基本条件

按照《工程建设项目施工招标投标办法》的规定，依法必须招标的工程建设项目，应当具备下列条件：

(1) 招标人已经依法成立；

(2) 初步设计及概算应当履行审批手续的，已经批准；

(3) 招标范围、招标方式和招标组织形式等应当履行核准手续的，已经核准；
(4) 有相应资金或资金来源已经落实；
(5) 有招标所需的设计图纸及技术资料。

**2. 确定招标方式**

分为公开招标和邀请招标两种方式。

**3. 标段的划分**

招标项目需要划分标段的，招标人应当合理划分标段。如建设项目的施工招标，一般可以将一个项目分解为单位工程及特殊专业工程分别招标，但不允许将单位工程肢解为分部、分项工程进行招标。

标段的划分应当综合考虑以下因素：
(1) 招标项目的专业要求；
(2) 招标项目的管理要求；
(3) 对工程投资的影响；
(4) 工程各项工作的衔接。

### 5.2.2 资格预审公告或招标公告的编制与发布

招标公告是指采用公开招标方式的招标人（包括招标代理机构）向所有潜在的投标人发出的一种广泛的通告。招标公告的目的是使所有潜在的投标人都具有公平投标竞争的机会。

招标人采用公开招标方式的，应当发布招标公告。若在公开招标过程中采用资格预审程序，可用资格预审公告代替招标公告，资格预审后不再单独发布招标公告。

**1. 资格预审公告的内容**

按照《标准施工招标资格预审文件》的规定，资格预审公告具体包括以下内容：

招标条件、项目概况与招标范围、申请人的资格要求、资格预审的方法、资格预审文件的获取、资格预审申请文件的递交、发布公告的媒介、联系方式等。

**2. 资格预审公告和招标公告发布的要求**

(1) 对依法必须招标项目的招标公告，要求在指定的报纸、信息网络等媒介上发布，并对招标公告发布活动进行监督。

(2) 依法必须公开招标项目的招标公告必须在指定媒介发布。招标公告的发布应当充分公开，任何单位和个人不得非法限制招标公告的发布地点和发布范围。招标人或其委托的招标代理机构在两个以上媒介发布的同一招标项目的招标公告的内容应当相同。

(3) 拟发布的招标公告文本有下列情形之一的，有关媒介可以要求招标人或其委托的招标代理机构及时予以改正、补充或调整：

1) 字迹潦草、模糊，无法辨认；
2) 载明的事项不符合规定；

3) 没有招标人或其委托的招标代理机构主要负责人签名并加盖公章;

4) 在两家以上媒介发布的同一招标公告的内容不一致。

指定媒介发布的招标公告的内容与招标人或其委托的招标代理机构提供的招标公告文本不一致,并造成不良影响的,应当及时纠正,重新发布。

### 5.2.3 资格审查

招标人可以根据招标项目本身的特点和需要,要求潜在投标人或者投标人提供满足其资格要求的文件,对潜在投标人或者投标人进行资格审查。

资格审查可以分为资格预审和资格后审。

资格预审是指在投标前对潜在投标人进行的资质条件、业绩、信誉、技术、资金等多方面情况进行资格审查,而资格后审是指在开标后对投标人进行的资格审查。采取资格预审的,招标人应当在资格预审文件中载明资格预审的条件、标准和方法;采取资格后审的,招标人应当在招标文件中载明对投标人资格要求的条件、标准和方法。招标人不得改变载明的资格条件或者以没有载明的资格条件对潜在投标人或者投标人进行资格审查。除招标文件另有规定外,进行资格预审的,一般不再进行资格后审。资格预审和后审的内容与标准是相同的。此处主要介绍资格预审。

资格预审的目的是为了排除那些不合格的投标人,进而降低招标人的采购成本,提高招标工作的效率。资格预审的程序是:

1. 发出资格预审文件

在发出资格预审公告之后,招标人向申请参加资格预审的申请人出售资格审查文件。

2. 投标人提交资格预审申请文件

(1) 资格预审申请函;

(2) 法定代表人身份证明或附有法定代表人身份证明的授权委托书;

(3) 联合体协议书(如工程接受联合体投标);

(4) 申请人基本情况表;

(5) 近年财务状况表;

(6) 近年完成的类似项目情况表;

(7) 正在施工和新承接的项目情况表;

(8) 近年发生的诉讼及仲裁情况;

(9) 其他材料。

3. 对投标申请人的审查和评定

招标人组建的资格审查委员会在规定时间内,按照资格预审文件中规定的标准和方法,对提交资格预审申请文件的潜在投标人资格进行审查。

(1) 投标申请人应当符合的条件

资格预审的内容包括基本资格审查和专业资格审查两部分。基本资格审查是指对申请人合法地位和信誉等进行的审查,专业资格审查是对已经具备基本资格的申请人

履行拟定招标采购项目能力的审查,具体地说,投标申请人应当符合下列条件:

1) 具有独立订立合同的权利;

2) 具有履行合同的能力,包括专业、技术资格和能力,资金、设备和其他物质设施状况,管理能力,经验、信誉和相应的从业人员;

3) 没有处于被责令停业,投标资格被取消,财产被接管、冻结,破产状态;

4) 在最近 3 年内没有骗取中标和严重违约及重大工程质量问题;

5) 法律、行政法规规定的其他资格条件。

(2) 资格审查办法。

资格审查办法主要有合格制审查办法和有限数量制审查办法。

1) 合格制审查办法。投标申请人凡符合初步审查标准和详细审查标准的,均可通过资格预审。

①初步审查的要素、标准包括:申请人名称与营业执照、资质证书、安全生产许可证一致,有法定代表人或其委托代理人签字或加盖单位章,申请文件格式填写符合要求,联合体申请人已提交联合体协议书,并明确联合体牵头人(如有)。

②详细审查的要素、标准包括:具备有效的营业执照及安全生产许可证,资质等级、财务状况、类似项目业绩、信誉、项目经理资格、其他要求及联合体申请人等,均符合有关规定。

无论是初步审查,还是详细审查,其中有一项因素不符合审查标准的,均不能通过资格预审。

2) 有限数量制审查办法。审查委员会依据规定的审查标准和程序,对通过初步审查和详细审查的资格预审申请文件进行量化打分,按得分由高到低的顺序确定通过资格预审的申请人。

上述两种方法中,如通过详细审查申请人的数量不足 3 个的,招标人重新组织资格预审或不再组织资格预审而直接招标。

4. 发出通知与申请人确认

招标人在规定的时间内,以书面形式将资格预审结果通知申请人,并向通过资格预审的申请人发出投标邀请书。通过资格预审的申请人收到投标邀请书后,应在规定的时间内以书面形式明确表示是否参加投标。在规定时间内未表示是否参加投标或明确表示不参加投标的,不得再参加投标;因而造成潜在投标人数量不足 3 个的,招标人重新组织资格预审或不再组织资格预审而直接招标。

### 5.2.4 编制和发售招标文件

1. 招标文件的编制

招标文件编制的内容一般包括:

(1) 投标须知;

(2) 合同条件和合同协议条款;

(3) 合同格式;

（4）技术规范；

（5）投标书和投标书附录；

（6）工程量清单与报价表；

（7）辅助资料表；

（8）图纸。

2. 招标文件的发售

招标文件一般发售给通过资格预审、获得投标资格的投标人。

招标人对已发出的招标文件进行必要的澄清或者修改的，应当在招标文件要求提交投标文件截止时间至少15日前，以书面形式通知所有招标文件收受人。该澄清或者修改的内容为招标文件的组成部分。

招标人应当确定投标人编制投标文件所需要的合理时间；但是，依法必须进行招标的项目，自招标文件开始发出之日起至投标提交投标文件截止之日止，最短不得少于20日。

### 5.2.5 踏勘现场与召开投标预备会

1. 勘察现场

勘察现场一般安排在投标预备会的前1~2天。招标人应向投标人介绍有关现场的情况。投标人在勘察现场中如有疑问，应在投标预备会前以书面形式向招标人提出，但应给招标人留有解答时间。

2. 召开投标预备会

召开投标预备会的目的在于澄清招标文件中的疑问。

（1）投标预备会在招标管理机构监督下，由招标单位组织并主持召开，解答投标人在领取招标文件、图纸和有关技术资料及踏勘现场后提出的疑问；

（2）在投标预备会上还应对图纸进行交底和解释；

（3）以书面形式将问题及解答同时发送到所有获得招标文件的投标人；

（4）不论招标人以书面形式向投标人发放的任何资料文件，还是投标单位以书面形式提出的问题，均应以书面形式予以确认；

（5）投标预备会后，招标人在规定的时间内，将对投标人所提问题的澄清，以书面方式通知所有购买招标文件的投标人。该澄清内容为招标文件的组成部分。

### 5.2.6 投标文件的编制与递交

1. 投标人应当按照招标文件的要求编制投标文件。投标文件一般应当包括下列内容：

（1）投标函及投标函附录；

（2）法定代表人身份证明或附有法定代表人身份证明的授权委托书；

（3）联合体协议书（如工程允许采用联合体投标）；

（4）投标保证金；

(5) 已标价工程量清单；
(6) 施工组织设计；
(7) 项目管理机构；
(8) 拟分包项目情况表；
(9) 资格审查资料；
(10) 规定的其他材料。

2. 投标文件编制时应遵循的规定：

(1) 投标文件应按"投标文件格式"进行编写，如有必要，可以增加附页，作为投标文件的组成部分。其中，投标函附录在满足招标文件实质性要求的基础上，可以提出比招标文件要求更有利于招标人的承诺。

(2) 投标文件应当对招标文件有关工期、投标有效期、质量要求、技术标准和要求、招标范围等实质性内容做出响应。

(3) 投标文件应由投标人的法定代表人或其委托代理人签字或盖单位章。委托代理人签字的，投标文件应附法定代表人签署的授权委托书。投标文件应尽量避免涂改、行间插字或删除。如果出现上述情况，改动之处应加盖单位章或由投标人的法定代表人或其授权的代理人签字确认。

(4) 投标文件正本一份，副本份数按招标文件有关规定，正本和副本的封面上应清楚地标记"正本"或"副本"的字样。投标文件的正本与副本应分别装订成册，并编制目录。当副本和正本不一致时，以正本为准。

(5) 除招标文件另有规定外，投标人不得递交备选投标方案。允许投标人递交备选投标方案的，只有中标人所递交的备选投标方案方可予以考虑。评标委员会认为中标人的备选投标方案优于其按照招标文件要求编制的投标方案的，招标人可以接受该备选投标方案。

3. 投标文件的递交。投标人应当在招标文件规定的提交投标文件的截止时间前，将投标文件密封送达投标地点。招标人收到投标文件后，应当向投标人出具标明签收人和签收时间的凭证，在开标前任何单位和个人不得开启投标文件。在招标文件要求提交投标文件的截止时间后送达或未送达指定地点的投标文件，为无效的投标文件，招标人不予受理。

有关投标文件的递交还应注意以下问题：

(1) 投标人在递交投标文件的同时，应按规定的金额、担保形式和投标保证金格式递交投标保证金，并作为其投标文件的组成部分。联合体投标的，其投标保证金由牵头人递交，并应符合规定。投标保证金除现金外，可以是银行出具的银行保函、保兑支票、银行汇票或现金支票。投标保证金的数额不得超过投标总价的2%，且最高不超过80万元。投标人不按要求提交投标保证金的，其投标文件作废标处理。招标人与中标人签订合同后5个工作日内，向未中标的投标人和中标人退还投标保证金。出现下列情况的，投标保证金将不予返还：

1) 投标人在规定的投标有效期内撤销或修改其投标文件；

2）中标人在收到中标通知书后，无正当理由拒签合同协议书或未按招标文件规定提交履约担保。

（2）投标有效期。投标有效期从投标截止时间起开始计算，主要用作组织评标委员会评标、招标人定标、发出中标通知书，以及签订合同等工作。一般应该考虑以下因素：

1）组织评标委员会完成评标需要的时间；

2）确定中标人需要的时间；

3）签订合同需要的时间。

出现特殊情况需要延长投标有效期的，招标人以书面形式通知所有投标人延长投标有效期。投标人同意延长的，应相应延长其投标保证金的有效期，但不得要求或被允许修改或撤销其投标文件；投标人拒绝延长的，其投标失效，但投标人有权收回其投标保证金。

（3）投标文件的密封和标识。投标文件的正本与副本应分开包装，加贴封条，并在封套上清楚标记"正本"或"副本"字样，于封口处加盖投标人单位章。

（4）投标文件的修改与撤回。在规定的投标截止时间前，投标人可以修改或撤回已递交的投标文件，但应以书面形式通知招标人。在招标文件规定的投标有效期内，投标人不得要求撤销或修改其投标文件。

（5）费用承担与保密责任。投标人准备和参加投标活动发生的费用自理。参与招标投标活动的各方应对招标文件和投标文件中的商业和技术等秘密保密，违者应对由此造成的后果承担法律责任。

### 5.2.7 开标

《招标投标法》规定，开标应当在招标文件确定的提交投标文件截止时间的同一时间公开进行；开标地点应当为招标文件中预先确定的地点。

开标由招标人主持，邀请所有投标人的法定代表人或其委托代理人准时参加。开标时，由投标人或者其推选的代表检查投标文件的密封情况，也可以由招标人委托的公证机构检查并公证；经确认无误后，由工作人员当众拆封，宣读投标人名称、投标价格和投标文件的其他主要内容。

招标人在招标文件要求提交投标文件的截止时间前收到的所有投标文件，开标时都应当当众予以拆封、宣读。开标过程应当记录，并存档备查。

投标文件有下列情形之一的，招标人不予受理：

（1）逾期送达的或者未送达指定地点的；

（2）未按招标文件要求密封的。

### 5.2.8 评标

评标是由招标人依法组建的评标委员会根据招标文件规定的评标标准和方法，对投标文件进行系统地评审和比较的过程。

1. 评标委员会

评标委员会由招标人或其委托的招标代理机构熟悉相关业务的代表和有关技术、经济等方面的专家组成，成员人数为 5 人以上（单数），其中技术、经济等方面的专家不得少于成员总数的 2/3。

2. 评标的准备与初步评审

(1) 评标的准备

招标文件中没有规定的标准和方法不得作为评标的依据。

(2) 涉及外汇报价的处理

以多种货币报价的，应当按照中国银行在开标日公布的汇率中间价换算成人民币。

招标文件应当对汇率标准和汇率风险作出规定；未作规定的，汇率风险由投标人承担。

(3) 初步评审的内容

初步评审的内容包括对投标文件的符合性评审、技术性评审和商务性评审。

1) 投标文件的符合性评审

投标文件的符合性评审包括商务符合性和技术符合性鉴定。投标文件应实质上响应招标文件的所有条款、条件，无显著的差异或保留。

2) 投标文件的技术性评审

3) 投标文件的商务性评审

投标文件的商务性评审包括：投标报价校核，审查全部报价数据计算的正确性，分析报价构成的合理性，并与标底价格进行对比分析。修正后的投标报价经投标人确认后对其起约束作用。

(4) 投标文件的澄清和说明

评标委员会可以要求投标人对投标文件中含意不明确的内容作必要的澄清或者说明，但是澄清或者说明不得超出投标文件的范围或者改变投标文件的实质性内容。澄清和说明应以书面方式进行。

投标文件中的大写金额和小写金额不一致的，以大写金额为准；总价金额与单价金额不一致的，以单价金额为准，但单价金额小数点有明显错误的除外；对不同文字文本投标文件的解释发生异议的，以中文文本为准。

(5) 应当作为废标处理的情况

1) 弄虚作假

2) 报价低于其个别成本

在评标过程中，评标委员会发现投标人的报价明显低于其他投标报价或者在设有标底时明显低于标底，使其投标报价可能低于其个别成本的，应当要求该投标人作出书面说明并提供相关证明材料。投标人不能合理说明或者不能提供相关证明材料的，由评标委员会认定该投标人以低于成本报价竞标，其投标应作废标处理。

3) 投标人不具备资格条件或者投标文件不符合形式要求

4）未能在实质上响应的投标

(6) 投标偏差

评标委员会应当根据招标文件，审查并逐项列出投标文件的全部投标偏差。投标偏差分为重大偏差和细微偏差。

1）重大偏差

下列情况属于重大偏差：

①没有按照招标文件要求提供投标担保或者所提供的投标担保有瑕疵；

②投标文件没有投标人授权代表签字和加盖公章；

③投标文件载明的招标项目完成期限超过招标文件规定的期限；

④明显不符合技术规格、技术标准的要求；

⑤投标文件载明的货物包装方式、检验标准和方法等不符合招标文件的要求；

⑥投标文件附有招标人不能接受的条件；

⑦不符合招标文件中规定的其他实质性要求。

2）细微偏差

细微偏差是指投标文件在实质上响应招标文件要求，但在个别地方存在漏项或者提供了不完整的技术信息和数据等情况，并且补正这些遗漏或者不完整不会对其他投标人造成不公平的结果。细微偏差不影响投标文件的有效性。

评标委员会应当书面要求存在细微偏差的投标人在评标结束前予以补正。拒不补正的，在详细评审时可以对细微偏差作不利于该投标人的量化，量化标准应当在招标文件中明确规定。

(7) 有效投标过少的处理

如果否决不合格投标或者界定为废标后，因有效投标不足3个使得投标明显缺乏竞争的，评标委员会可以否决全部投标。投标人少于3个或者所有投标被否决的，招标人应当依法重新招标。

3. 详细评审及其方法

《中华人民共和国招投法》规定中标人的投标应当符合下列条件之一：

①能够最大限度满足招标文件中规定的各项综合评价标准；

②能够满足招标文件的实质性要求，并且经评审的投标价格最低；但是投标价格低于成本的除外。

由此经初步评审合格的投标文件，评标委员会应当根据招标文件确定的评标标准和方法，对其技术部分和商务部分作进一步评审、比较。

评标方法包括经评审的最低投标价法、综合评估法或者法律、行政法规允许的其他评标方法。

(1) 经评审的最低投标价法

1）经评审的最低投标价法的含义

根据经评审的最低投标价法，能够满足招标文件的实质性要求，并且经评审的最低投标价的投标，应当推荐为中标候选人。这种评标方法是按照评审程序，经初审后，以合理低标价作为中标的主要条件。合理的低标价必须经过终审，进行答辩，证明是实现低标价的措施有力可行的报价。不保证最低的投标价中标，因为这种评标方法在比较价格时必须考虑一些修正因素，因此也有一个评标的过程。

2）最低投标价法的适用范围

经评审的最低投标价法一般适用于具有通用技术、性能标准或者招标人对其技术、性能没有特殊额外要求的招标项目。这种评标方法应当是一般项目的首选评标方法。

3）最低投标价法的评标要求

采用经评审的最低投标价法，评标委员会应当根据招标文件中规定的评标价格调整方法，对所有投标人的投标报价以及投标文件的商务部分作必要的价格调整。

中标人的投标应当符合招标文件规定的技术要求和标准，但评标委员会无需对投标文件的技术部分进行价格折算。

根据经评审的最低投标价法完成详细评审后，评标委员会应当拟定一份"标价比较表"，连同书面评标报告提交招标人。

(2) 综合评估法

1）综合评估法的含义

不宜采用经评审的最低投标价法的招标项目，一般应当采取综合评估法进行评审。

根据综合评估法，最大限度地满足招标文件中规定的各项综合评价标准的投标，应当推荐为中标候选人。衡量投标文件是否最大限度地满足招标文件中规定的各项评价标准，可以采取折算为货币、打分或者其他方法。需量化的因素及其权重应当在招标文件中明确规定。

在综合评估法中，最为常用的方法是百分法。这种方法是将评审各指标分别所占百分比和评标标准在招标文件内规定。开标后按评标程序，根据评分标准，由评委对各投标人的标书进行评分，最后以总得分最高的投标人为中标人。这种评标方法一直是建设工程领域采用较多的方法。

2）综合评估法的评标要求

评标委员会对各个评审因素进行量化时，应当将量化指标建立在同一基础或者同一标准上，使各投标文件具有可比性。

对技术部分和商务部分进行量化后，评标委员会应当对这两部分的量化结果进行加权，计算出每一个标的综合评估价或者综合评估分。

根据综合评估法完成评标后，评标委员会应当拟定一份"综合评估比较表"，连同书面评标报告提交招标人。

(3) 其他评标方法

在法律、行政法规允许的范围内，招标人也可以采用其他评标方法。

4. 编制评标报告

评标委员会经过对投标人的投标文件进行初审和终审以后，评标委员会要编制书面评标报告。

评标报告由评标委员会全体成员签字。对评标结论持有异议的评标委员会成员可以书面方式阐述其不同意见和理由。评标委员会成员拒绝在评标报告上签字且不陈述其不同意见和理由的，视为同意评标结论。评标委员会应当对此作出书面说明并记录在案。

### 5.2.9 定标

1. 中标候选人的确定

除招标文件中特别规定了授权评标委员会直接确定中标人外，招标人应依据评标委员会推荐的中标候选人确定中标人，评标委员会推荐中标候选人的人数应符合招标文件的要求，一般应当限定在1~3人，并标明排列顺序。

2. 发出中标通知书并订立书面合同

(1) 中标通知

中标人确定后，招标人应当向中标人发出中标通知书，并同时将中标结果通知所有未中标的投标人。中标通知书对招标人和中标人具有法律效力。中标通知书发出后，招标人改变中标结果，或者中标人放弃中标项目的，应当依法承担法律责任。

招标文件要求中标人提交履约保证金的，中标人应当提交。

(2) 签订合同

招标人和中标人应当自中标通知书发出之日起30天内，根据招标文件和中标人的投标文件订立书面合同。招标人与中标人签订合同后5个工作日内，应当向中标人和未中标的投标人退还投标保证金。

(3) 履行合同

中标人应当按照合同约定履行义务，完成中标项目。中标人不得向他人转让中标项目，也不得将中标项目肢解后分别向他人转让。

### 5.2.10 重新招标和不再招标

1. 重新招标

有下列情形之一的，招标人将重新招标：

(1) 投标截止时间止，投标人少于3个的；

(2) 经评标委员会评审后否决所有投标的。

2. 不再招标

《标准施工招标文件》规定，重新招标后投标人仍少于3个或者所有投标被否决的，属于必须审批或核准的工程建设项目，经原审批或核准部门批准后不再进行招标。

## 5.3 招标文件的内容

建设工程招标文件，是建设工程招标人单方面阐述自己的招标条件和具体要求的意思表示，是招标人确定、修改和解释有关招标事项的各种书面表达形式的统称。

从合同订立过程来分析，建设工程招标文件在性质上属于一种要约邀请，其目的在于唤起投标人的注意，希望投标人能按照招标人的要求向招标人发出要约。

招标人应当根据招标项目的特点和需要编制招标文件。招标文件应当包括招标项目的技术要求、对投标人资格审查的标准、投标报价要求和评标标准等所有实质性要求和条件以及拟签订合同的主要条款。

国家对招标项目的技术、标准有规定的，招标人应当按照其规定在招标文件中提出相应要求。

招标项目需要划分标段、确定工期的，招标人应当合理划分标段、确定工期，并在招标文件中载明。

招标文件不得要求或者标明特定的生产供应者以及含有倾向或者排斥潜在投标人的其他内容。

### 5.3.1 招标文件组成

建设工程招标文件是由一系列有关招标方面的说明性文件资料组成的，包括各种旨在阐释招标人意志的书面文字、图表、电报、传真、电传等材料。一般来说，招标文件在形式上的构成，主要包括正式文本、对正式文本的解释和对正式文本的修改三个部分。

1. 招标文件正式文本

第一卷　投标须知、合同条件和合同格式
　　第一章　投标须知
　　第二章　合同条件
　　第三章　合同协议条款
　　第四章　合同格式
第二卷　技术规范
　　第五章　技术规范
第三卷　投标文件
　　第六章　投标书和投标书附录
　　第七章　工程量清单与报价表

第八章　辅助资料表

第四卷　图纸

第九章　图纸

2. 对招标文件正式文本的解释（澄清）

其形式主要是书面答复、投标预备会记录等。投标人如果认为招标文件有问题需要澄清，应在收到招标文件后以文字、电传、传真或电报等书面形式向招标人提出，招标人将以文字、电传、传真或电报等书面形式或以投标预备会的方式给予解答。解答包括对询问的解释，但不说明询问的来源。解答意见经招标投标管理机构核准，由招标人送给所有获得招标文件的投标人。

3. 对招标文件正式文本的修改

其形式主要是补充通知、修改书等。在投标截止日前，招标人可以自己主动对招标文件进行修改，或为解答投标人要求澄清的问题而对招标文件进行修改。修改意见经招标投标管理机构核准，由招标人以文字、电传、传真或电报等书面形式发给所有获得招标文件的投标人。对招标文件的修改，也是招标文件的组成部分，对投标人起约束作用。投标人收到修改意见后应立即以书面形式（回执）通知招标人，确认已收到修改意见。为了给投标人合理的时间，使他们在编制投标文件时将修改意见考虑进去，招标人可以酌情延长递交投标文件的截止日期。

### 5.3.2　建设工程招标文件的内容

根据《招标投标管理办法》的规定，招标文件应当包括以下内容：

1. 投标须知

投标须知正文的内容，主要包括对总则、招标文件、投标文件、开标、评标、授予合同等诸方面的说明和要求。

（1）总则

投标须知的总则通常包括以下内容：

1) 工程说明。主要说明工程的名称、位置、合同名称等情况。

2) 资金来源。主要说明招标项目的资金来源和支付使用的限制条件。

3) 资质要求与合格条件。这是指对投标人参加投标进而中标的资格要求，主要说明为签订和履行合同的目的，投标人单独或联合投标时至少必须满足的资质条件。

一般来说，投标人参加投标的资质条件在前附表中已注明。投标人参加投标进而中标必须具备前附表中所要求的资质等级。由同一专业单位组成的联合体，按照资质等级较低的单位确定资质等级。投标人必须具有独立法人资格（或为依法设立的其他组织）和相应的资质，非本国注册的投标人应按本国有关主管部门的规定取得相应的资质。为获得能被授予合同的机会，投标人应提供令招标人满意的资格文件，以证明其符合投标合格条件和具有履行合同的能力。

4) 投标费用。投标人应承担其编制、递交投标文件所涉及的一切费用。无论投标结果如何，招标人对投标人在投标过程中发生的一切费用不负任何责任。

(2) 招标文件

这是投标须知中对招标文件本身的组成、格式、解释、修改等问题所作的说明。

在这一部分，要特别提醒投标人仔细阅读、正确理解招标文件。投标人对招标文件所作的任何推论、解释和结论，招标人概不负责。投标人因对招标文件的任何推论、误解以及招标人对有关问题的口头解释所造成的后果，均由投标人自负。如果投标人的投标文件不能符合招标文件的要求，责任由投标人承担。实质上不响应招标文件要求的投标文件将被拒绝。招标人对招标文件的澄清、解释和修改，必须采取书面形式，并送达所有获得招标文件的投标人。

(3) 投标文件

这是投标须知中对投标文件各项要求的阐述。主要包括以下几个方面：

1) 投标文件的语言

投标文件及投标人与招标人之间与投标有关的来往通知、函件和文件均应使用一种官方主导语言（如中文或英文）。

2) 投标文件的组成

投标人的投标文件应由下列文件组成：

①投标书；

②投标书附录；

③投标保证金；

④法定代表人资格证明书；

⑤授权委托书；

⑥具有标价的工程量清单与报价表；

⑦辅助资料表；

⑧资格审查表（资格预审的不采用）；

⑨按本须知规定提交的其他资料。

投标人必须使用招标文件提供的表格格式，但表格可以按同样格式扩展，投标保证金、履约保证金的方式按投标须知有关条款的规定可以选择。

3) 投标报价

这是投标须知中对投标价格的构成、采用方式和投标货币等问题的说明。除非合同中另有规定，具有标价的工程量清单中所报的单价和合价，以及报价汇总表中的价格，应包括施工设备、劳务、管理、材料、安装、维护、保险、利润、税金、政策性文件规定及合同包含的所有风险、责任等各项应有费用。投标人不得以低于成本的报价竞标。投标人应按招标人提供的工程量计算工程项目的单价和合价；或者按招标人提供的施工图，计算工程量，并计算工程项目的单价和合价。工程量清单中的每一单项均需计算填写单价和合价，投标人没有填写单价和合价的项目将不予支付，并认为此项费用已包括在工程量清单的其他单价和合价中。

投标价格采用方式，可设置两种方式以供选择：

①价格固定（备选条款 A）

投标人所填写的单价和合价在合同实施期间不因市场变化因素而变动,投标人在计算报价时可考虑一定的风险系数(要明确固定的条件、范围及内容)。

②价格调整(备选条款B)

投标人所填写的单价和合价在合同实施期间可因市场变化因素而变动。如果采用价格固定,则删除价格调整;反之,采用价格调整,则删除价格固定。投标文件报价中的单价和合价全部采用工程所在国货币或混合使用一种货币或国际贸易货币表示(要明确价格调整的条件、范围、方法及内容)。

4)投标有效期

投标文件在投标须知规定的投标截止日期之后的前附表所列的日历日内有效。在原定投标有效期满之前;如果出现特殊情况,经招标投标管理机构核准,招标人可以书面形式向投标人提出延长投标有效期的要求。投标人须以书面形式予以答复,投标人可以拒绝这种要求而不丧失投标保证金。同意延长投标有效期的投标人不允许修改他的投标文件,但需要相应地延长投标保证金的有效期,在延长期内投标须知关于投标保证金的退还与不退还的规定仍然适用。

5)投标保证金

投标人应提供不少于前附表规定数额的投标保证金,此投标保证金是投标文件的一个组成部分。根据投标人的选择,投标保证金可以是现金、支票、银行汇票,也可以是在中国注册的银行出具的银行保函。银行保函的格式,应符合招标文件的格式,银行保函的有效期应超出投标有效期29天。对于未能按要求提交投标保证金的投标,招标人将视为不响应投标而予以拒绝。未中标的投标人的投标保证金将尽快退还(无息),最迟不超过规定的投标有效期期满后的14天。中标人的投标保证金,按要求提交履约保证金并签署合同协议后,予以退还(无息)。投标人有下列情形之一的,投标保证金不予退还:

①投标人在投标效期内撤回其投标文件的;

②中标人未能在规定期限内提交履保证金或签署合同协议的。

6)投标预备会

投标人派代表于前附表所述时间和地点出席投标预备会。投标预备会的目的是澄清、解答投标人提出的问题和组织投标人踏勘现场,了解情况。投标人可能被邀请对工施工现场和周围环境进行踏勘,以获取须投标人自己负责的有关编制投标文件和签署合同所需的所有资料。踏勘现场所发生的费用由投标人自己承担。投标人提出的与投标有关的任何问题须在投标预备会召开7天前,以书面形式送交招标人。会议记录包括所有问题和答复的副本,将迅速提供给所有获得招标文件的投标人。因投标预备会而产生的对招标文件内容的修改,由招标人以补充通知等书面形式发出。

7)投标文件的份数和签署

投标人按投标须知的规定,编制一份投标文件"正本"和前附表所述份数的"副本",并明确标明"投标文件正本"和"投标文件副本"。投标文件正本和副本如有不一致之处,以正本为准。投标文件正本与副本均应使用不能擦去的墨水打印或书写,由投标人的法定代表人亲自签署（或加盖法定代表人印鉴），并加盖法人单位公章。全套投标文件应无涂改和行间插字，除非这些删改是根据招标人的指示进行的，或者是投标人造成的必须修改的错误。修改处应由投标文件签字人签字证明并加盖印鉴。

8）投标文件的密封与标志

投标人应将投标文件的正本和每份副本密封在内层包封，再密封在一个外层包封中，并在内层包封上正确标明"投标文件正本"和"投标文件副本"。内层和外层包封都应写明招标人名称和地址、合同名称、工程名称、招标编号，并注明开标时间以前不得开封。在内层包封上还应写明投标人的名称与地址、邮政编码，以便投标出现逾期送达时能原封退回。如果内外层包封没有按上述规定密封并加写标志，招标人将不承担投标文件错放或提前开封的责任，由此造成的提前开封的投标文件将被拒绝，并退还给投标人。投标文件递交至前附表所述的单位和地址。

9）投标截止日期

投标人应在前附表规定的日期内将投标文件递交给招标人。招标人可以按投标须知规定的方式，酌情延长递交投标文件的截止日期。在上述情况下，招标人与投标人以前在投标截止期方面的全部权力、责任和义务，将适用于延长后新的投标截止日期。招标人在投标截止期以后收到的投标文件，将原封退给投标人。

10）投标文件的修改与撤回

投标人可以在递交投标文件以后，在规定的投标截止时间之前，采用书面形式向招标人递交补充、修改或撤回其投标文件的通知。在投标截止日期以后，不能更改投标文件。投标人的补充、修改或撤回通知，应按投标须知规定编制、密封、加写标志和递交，并在内层包封标明"补充"、"修改"或"撤回"字样。根据投标须知的规定，在投标截止时间与招标文件中规定的投标有效期终止日之间的这段时间内，投标人不能撤回投标文件，否则其投标保证金将不予退还。

（4）开标

这是投标须知中对开标的说明。

在所有投标人的法定代表人或授权代表在场的情况下，招标人将于前附表规定的时间和地点举行开标会议，参加开标的投标人的代表应签名报到，以证明其出席开标会议。开标会议在招标投标管理机构监督下，由招标人组织并主持。开标时，对在招标文件要求提交投标文件的截止时间前收到的所有投标文件，都当众予在拆封、宣读。但对按规定提交合格撤回通知的投标文件，不予开封。投标人的法定代表人或其授权代表未参加开标会议的，视为自动放弃投标。未按招标文件的规定标志、密封的投标文件，或者在投标截止时间以后送达的投标文件将被作为无效的投标文件对待。招标人当众宣布对所有投标文件的核查检视结果，并宣读有效的投标人名称、投标报价、修改内容、工期、质量、主要材料用量、投标保证金以及招标人认为适当的其他内容。

（5）评标

这是投标须知中对评标的阐释。内容：

1) 评标内容的保密

公开开标后,直到宣布授予中标人合同为止,凡属于审查、澄清、评价和比较投标的有关资料,有关授予合同的信息,以及评标组织成员的名单都不应向投标人或与该过程无关的其他人泄露。招标人采取必要的措施,保证评标在严格保密的情况下进行。在投标文件的审查、澄清、评价和比较以及授予合同的过程中,投标人对招标人和评标组织其他成员施加影响的任何行为,都将导致取消投标资格。

2) 投标文件的澄清

为了有助于投标文件的审查、评价和比较,评标组织在保密其成员名单的情况下,可以个别要求投标人澄清其投标文件。有关澄清的要求与答复,应以书面形式进行,但不允许更改投标报价或投标的其他实质性内容。但是按照投标须知规定校核时发现的算术错误不在此列。

3) 投标文件的符合性鉴定

在详细评标之前,评标组织将首先审定每份投标文件是否在实质上响应了招标文件的要求。

评标组织在对投标文件进行符合性鉴定过程中,遇到投标文件有下列情形之一的,应确认并宣布其无效:

①无投标人公章和投标人法定代表人或其委托代理人的印鉴或签字的;

②投标文件注明的投标人在名称上和法律上与通过资格审查时的不一致,且不一致明显不利于招标人或为招标文件所不允许的;

③投标人在一份投标文件中对同一招标项目报有两个或多个报价,且未书面声明以哪个报价为准的;

④未按招标文件规定的格式、要求填写,内容不全或字迹潦草、模糊,辨认不清的。

对无效的投标文件,招标人将予以拒绝。

4) 错误的修正

评标组织将对确定为实质上响应招标文件要求的投标文件进行校核,看其是否有计算上或累计上的算术错误。

修正错误的原则如下:

①如果用数字表示的数额与用文字表示的数额不一致时,以文字数额为准;

②当单价与工程量的乘积与合价之间不一致时,通常以标出的单价为准,除非评标组织认为有明显的小数点错位,此时应以标出的合价为准,并修改单价。

按上述修改错误的方法,调整投标书中的投标报价。经投标人确认同意后,调整后的报价对投标人起约束作用。如果投标人不接受修正后的投标报价其投标将被拒绝,其投标保证金亦将不予退还。

5) 投标文件的评价与比较

评标组织将仅对按照投标须知确定为实质上响应招标文件要求的投标文件进行评价与比较。评标方法为综合评议法(或单项评议法、两阶段评议法)。投标价格采用价格调整的，在评标时不应考虑执行合同期间价格变化和允许调整的规定。

（6）授予合同

这是投标须知中对授予合同问题的阐释。主要有以下几点：

1）合同授予标准

招标人将把合同授予其投标文件在实质上响应招标文件要求和按投标须知规定评选出的投标人，确定为中标的投标人必须具有实施合同的能力和资源。

2）中标通知书

确定出中标人后，在投标有效期截止前，招标人将在招标投标管理机构认同下，以书面形式通知中标的投标人其投标被接受。在中标通知书中给出招标人对中标人按合同实施、完成和维护工程的中标标价（合同条件中称为"合同价格"），以及工期、质量和有关合同签订的日期、地点。中标通知书将成为合同的组成部分。在中标人按投标须知的规定提供了履约担保后，招标人将及时将未中标的结果通知其他投标人。

3）合同的签署

中标人按中标通知书中规定的时间和地点，由法定代表人或其授权代表前往与招标人代表进行合同签订。

4）履约担保

中标人应按规定向招标人提交履约担保。履约担保可由在中国注册的银行出具银行保函，银行保函为合同价格的 5%；也可由具有独立法人资格的经济实体出具履约担保书，履约担保书为合同价格的 10%（投标人可任选一种）。投标人应使用招标文件中提供的履约担保格式。如果中标人不按投标须知的规定执行，招标人将有充分的理由废除授标，并不退还其投标保证金。

2. 合同条件和合同协议条款

招标文件中的合同条件和合同协议条款，是招标人单方面提出的关于招标人、投标人、监理工程师等各方权利义务关系的设想和意愿，是对合同签订、履行过程中遇到的工程进度、质量、检验、支付、索赔、争议、仲裁等问题的示范性、定式性阐释。

（1）通用合同条款

1）通用条件（或称标准条款），是运用于各类建设工程项目的具有普遍适应性的标准化的条件，其中凡双方未明确提出或者声明修改、补充或取消的条款，就是双方都要遵行的；

2）专用条件（或称协议条款），是针对某一特定工程项目对通用条件的修改、补充或取消。

合同条件（通用条件）和合同协议条款（专用条款）是招标文件的重要组成部分。招标人在招标文件中应说明本招标工程采用的合同条件和对合同条件的修改、补充或不予采用的意见。投标人对招标文件中的说明是否同意，对合同条件的修改、补充或不予采用的意见，也要在投标文件中一一列明。中标后，双方同意的合同条件和协商一致的合同条款，是双方统一意愿的体现，成为合同文件的组成部分。

(2) 常用条款

我国目前在工程建设领域普遍推行建设部和国家工商行政管理局制定的《建设工程施工合同示范文本》(GF—91—0201)、《工程建设监理合同示范文本》(GF—95—0202)等。

3. 合同格式

合同格式是招标人在招标文件中拟定好的具体格式，在定标后由招标人与中标人达成一致协议后签署。投标人投标时不填写。

招标文件中的合同格式，主要有合同协议书格式、银行履约保函格式、履约担保书格式、预付款银行保函格式等，见单元附录。

4. 技术规范

招标文件中的技术规范，反映招标人对工程项目的技术要求。通常分为工程现场条件和本工程采用的技术规范两大部分。

(1) 工程现场条件

主要包括现场环境、地形、地貌、地质、水文、地震烈度、气温、雨雪量、风向、风力等自然条件，和工程范围、建设用地面积、建筑物占地面积、场地拆迁及平整情况、施工用水、用电、工地内外交通、环保、安全防护设施及有关勘探资料等施工条件。

(2) 本工程采用的技术规范

对工程的技术规范，国家有关部门有一系列规定。招标文件要结合工程的具体环境和要求，写明已选定的适用于本工程的技术规范，列出编制规范的部门和名称。

5. 图纸、技术资料及附件

招标文件中的图纸，不仅是投标人拟定施工方案、确定施工方法、提出替代方案、计算投标报价必不可少的资料，也是工程合同的组成部分。

一般来说，图纸的详细程度取决于设计的深度和发包承包方式。招标文件中的图纸越详细，越能使投标人比较准确地计算报价。图纸中所提供的地质钻孔柱状图、探坑展视图及水文气象资料等，均为投标人的参考资料。招标人应对这些资料的正确性负责，而投标人根据这些资料做出的分析与判断，招标人则不负责任。

6. 投标文件

招标人在招标文件中，要对投标文件提出明确的要求，并拟定一套投标文件的参考格式，供投标人投标时填写。投标文件的参考格式，主要有投标书及投标书附录、工程量清单与报价表、辅助资料表等。其中，工程量清单与报价表格式，在采用综合单价和工料单价时有所不同，并同时要注意对综合单价投标报价或工料单价投标报价进行说明。

采用综合单价投标报价的说明一般如下：

(1) 工程量清单应与投标须知、合同条件、合同协议条款、技术规范和图纸一起使用。

(2) 工程量清单所列的工程量系招标人估算的和临时的，作为投标报价的共同基础。付款以实际完成的工程量为依据。由承包人计量、监理工程师核准实际完成的工作量。

（3）工程量清单中所填入的单价和合价，应包括人工费、材料费、机械费、间接费、有关文件规定的调价、利润、税金和现行取费中的有关费用、材料的差价，以及用固定价格的工程所测算的风险金等全部费用。

（4）工程量清单中的每一单项均需填写单价和合价，对没有填写单价或合价的项目的费用，应视为已包括在工程量清单的其他单价或合价之中。

（5）工程量清单不再重复或概括工程及材料的一般说明，在编制和填写工程量清单的每一项单价和合价时应参考投标须知和合同文件的有关条款。

（6）所有报价应以人民币计价。

采用工料单价投标报价的说明，也和上述采用综合单价投标报价的说明一样有6点（排列顺序相同），除其中第3点外，其他各点都一样。采用工料单价投标报价说明中的第3点说明是：工程量清单中所填入的单价和合价，应按照现行预算定额的工、料、机消耗标准及预算价格确定，作为直接费的基础。其他直接费、间接费、利润、有关文件规定的调价、材料差价、设备价、现场因素费用、施工技术措施费，以及采用固定价格的工程所测算的风险金、税金等，按现行的计算方法计取，计入其他相应报价表中。

辅助资料表，主要包括项目经理简历表，主要施工人员表，主要施工机械设备表，项目拟分包情况表，劳动力计划表，施工方案或施工组织设计，计划开工、竣工日期和施工进度表，临时设施布置及临时用地表等。

附：××市建设工程项目招标文件

××市建设工程项目

# 招 标 文 件

工程编号：XZS2010×××××<br>
招 标 人：××有限公司<br>
工程名称：××小区 B 区（第二标段）工程

××工程造价咨询有限公司<br>
二〇一〇年×月×日

# 目　录

招标文件核准单
第一章　投标须知
　　前附表
　　一、总则
　　二、招标文件
　　三、投标报价
　　四、投标文件
　　五、投标文件密封和递交
　　六、开标
　　七、评标、定标
　　八、合同订立
第二章　施工合同
　　第一部分　协议书
　　第二部分　通用条款
　　第三部分　专用条款
　　第四部分　附件
第三章　技术规范
　　一、工程建设地点的现场条件
　　二、本工程采用的技术规范
　　三、对施工工艺的特殊要求
第四章　图纸、资料及附件
第五章　投标文件格式
第六章　工程量清单与报价表

## 招标文件核准单

××工程造价咨询有限公司受××有限公司的委托,对××小区 B 区(第二标段)工程进行招标,欢迎合格的投标人参加投标。

| 招标代理机构 |
| --- |
| 经办人:　　　　　　　　　　　　　　　法 人(印章)<br><br>联系电话:　　　　　　　　　　　　　　法定代表人(印章)<br><br>　　　　　　　　　　　　　　　　　　　2010 年　月　日 |
| 招标人核准意见 |
| 经办人:　　　　　　　　　　　　　　　法 人(印章)<br><br>签发人:　　　　　　　　　　　　　　　法定代表人(印章)<br><br>联系电话:　　　　　　　　　　　　　　2010 年　月　日 |
| 市招标办投诉电话: |

# 第一章 投标须知

## 前 附 表

| 项号 | 内 容 规 定 |
|---|---|
| 1 | **工程综合说明**<br>工程名称：××小区B区（第二标段）工程<br>建设地点：××市西郊<br>工程标段划分：本工程壹个标段<br>结构类型及层数：框架6、11层<br>建筑面积：建筑面积约3.8万平方米<br>工程类别：三类<br>承包方式：包工包料<br>要求质量标准：合格（其中：100%单体工程获优质结构，30%及以上单体工程获优质工程奖）<br>要求工期：350日历天<br>招标范围：B4♯、B6♯、B7♯、B8♯、B9♯楼工程量清单所含全部内容 |
| 2 | 资金来源及落实情况：自筹，已落实 |
| 3 | 投标有效期为：提交投标文件截止期后45天（日历天） |
| 4 | 投标文件份数：正本壹份，副本贰份，电子标书壹份（包括技术标、商务标） |
| 5 | 现场踏勘时间：自行踏勘<br>答疑时间：2010年5月28日领取答疑<br>答疑地点：××工程造价咨询有限公司（××路××大厦××室） |
| 6 | 各标段提交投标文件截止时间均为2010年6月10日9时00分<br>各标段开标时间均为提交投标文件截止时间的同一时间公开进行<br>各标段收标书、开标地点：××市建设工程交易中心开标室 |
| 7 | 备注： |
| 8 | 注意：以下招标文件中黑体字为投标重要信息，请仔细阅读！<br>一、投标人在本工程开标会议上应出示以下证件的原件，否则视为自动弃权：<br>1. 资格证明材料：企业法人营业执照副本、××市建设局签发的江苏省建筑企业信用手册或单项工程注册手续、建造师注册证（年检期间应由主管部门出具年检证明）；<br>2. 法定代表人参加会议时，需出示法定代表人证书或其身份证；如有授权时需出示授权委托书，同时出示受委托代理人身份证。<br>**3. 投标人所报注册建造师应携带本人二代身份证参加开标会，否则视为自动弃权。**<br>二、开标完毕后，投标人应按照招标文件的要求提供相关业绩证明材料原件，并随原件提交《投标人及建造师业绩公示一览表》一份。<br>三、本工程无效标书判定：<br>1. 投标文件中的投标函未加盖投标人的公章及企业法定代表人印章的，或者企业法定代表人委托代理人没有合法、有效的委托书（原件）及委托代理人印章的；<br>2. 未按招标文件要求提供投标保证金的；<br>3. 未按招标文件规定的格式填写，内容不全或关键字模糊、无法辨认的；<br>4. 投标人递交两份或多份内容不同的投标文件，或在一份投标文件中对同一招标项目报有两个或多个报价，且未声明哪一个有效，按招标文件规定提交备选投标方案的除外；<br>5. 投标人名称或组织结构与资格预审时不一致的；<br>6. 除在投标文件截止时间前经招标人书面同意外，建造师与资格预审不一致的；<br>7. 投标人资格条件不符合国家有关规定或招标文件要求的；<br>8. 投标文件载明的招标项目完成期限超过招标文件规定的期限；<br>9. 明显不符合技术规范、技术标准的要求；<br>10. 投标报价超过招标文件规定的招标控制价的；<br>11. 不同投标人的投标文件出现了评标委员会认为不应当雷同的情况；<br>12. 改变招标文件提供的工程量清单中的计量单位、工程数量、清单项目的；<br>13. 改变招标文件规定的暂估价、暂列金额或不可竞争费用的；<br>14. 未按招标文件要求提供投标报价的电子投标文件或投标报价的电子投标文件无法导入计算机评标系统；<br>15. 投标文件载明的货物包装方式、检验标准和方法等不符合招标文件的要求；<br>16. 投标文件提出了不能满足招标文件要求或招标人不能接受的工程验收、计量、价款结算支付办法；<br>17. 以他人的名义投标、串通投标、以行贿手段谋取中标或者以其他弄虚作假方式投标的；<br>18. 经评标委员会认定投标人的投标报价低于成本价的；<br>19. 组成联合体投标的，投标文件未附联合体各方共同投标协议的；<br>20. 本招标文件对重大偏差的特殊规定：_____/_____ |

## 一、总　　则

1. 工程概况

1.1　××工程造价咨询有限公司（代理公司全称）受××有限公司（招标人全称）的委托，对××小区 B 区（第二标段）工程（工程名称）进行招标，欢迎合格的投标人参加投标。

1.2　本工程具体概况：　　　　　详见前附表　　　　　

1.3　该工程招标人和代理公司双方签署的书面授权委托书及代理合同已提交市招投办备案，现××工程造价咨询有限公司对前附表所述工程项目具体实施招标代理事宜。工程名称、建设地点、结构类型及层数、建筑面积、承包方式、要求工期、要求质量标准及招标范围详见投标须知前附表。

注意：以下文件中招标人是指招标人或其委托的代理机构。

2. 按照《中华人民共和国招标投标法》及有关规定，上述工程已履行完审批手续，工程建设项目发包初步方案已经提交××市建设局建设工程招标投标办公室备案，招标公告已经发布，现采用公开招标方式择优选定施工单位。

3. 资金来源

招标人的资金已经通过前附表第 2 项所述的方式获得，并将部分资金用于本工程合同项下的各项支付。

4. 投标人资格审查条件

为履行本施工合同的目的，参加投标的施工企业（以下称"投标人"）至少须满足工程所需的资质等级及各项资料，包括投标人应提供令招标人满意的资格文件，以证明其符合投标合格条件和具有履行合同的能力。投标人在投标报名时应提交下列资料：

4.1　填写完整并加盖公章的资格预审申请书。

4.2　有关确立投标人法律地位的原始文件的副本（包括企业法人营业执照、企业资质等级证书及建造师资质等级证书）。

4.2.1　企业资质证书，投标人必须具有<u>房屋建筑工程施工总承包壹级及以上资质</u>

4.2.2　注册建造师，拟选派注册建造师必须具备<u>建筑工程专业壹级资质</u>

4.3　××市建设局签发的江苏省建筑企业信用手册或单项工程注册手续；

4.4　企业安全生产许可证；

4.5　注册建造师安全资格证书；

4.6　企业业绩：企业近三年来承担的类似工程（类似工程是指：建筑面积大于2.5 万平方米住宅小区工程，以中标通知书或施工合同为准）获得过市优质工程及以上奖项或获得市级文明工地及以上奖项。

4.7　建造师业绩：类似工程是指建筑面积大于 2.5 万平方米住宅小区工程，以中标通知书或施工合同为准。

4.8 招标公告要求的其他资料

5. 资格预审的方式方法：

5.1 执行苏建法 [2006] 372 号文（详见资格预审文件），当资格预审合格的投标申请人过多时，抽签确定不少于 9 家的投标申请人入围。

5.2 招标人可以根据招标项目的性质制定资格预审的条件，内容主要包括以下方面：

（一）具有独立订立合同的能力；

（二）未处于被责令停业、投标资格被取消或者财产被接管、冻结和破产状态；

（三）企业没有因骗取中标或者严重违约以及发生重大工程质量事故等问题，被有关部门暂停投标资格并在暂停期内的；

（四）企业的资质类别、等级和建造师的资质等级满足招标公告或者投标邀请书要求；

（五）企业具有按期完成与招标工程相适应的机械设备、项目管理人员和技术人员；

（六）以联合体形式申请资格预审的，联合体的资格（资质）条件必须符合要求，并附有共同投标的协议；

（七）资格预审申请书中重要内容没有失实或者弄虚作假；

（八）企业具备安全生产条件、并领取了安全许可证；

（九）符合法律、法规规定的其他条件。

5.3 投标人提交的资格预审材料和投标文件必须是真实完整的，如在评标过程中发现所报材料不真实完整，将取消其中标资格。

5.4 在进行资格预审时，由招标人组成资格预审评审委员会，主要成员可由招标人负责人、工程技术人员、纪检部门人员、职代会代表等组成，也可由招标人和专家评委组成，人数为 5 人以上（其中专家评委应在总数的三分之二以上）的单数。

6. 投标申请人有权了解本单位的资格审查结果，招标人应对资格审查不合格的投标申请人提出的疑问给予答复。投标申请人如认为招标人的行为不符合有关规定的，可以书面形式向招投标办投诉。招投标办接到投诉后，应对资格预审过程及结果进行审查，并按规定进行处理。资格审查方式和评审办法不在招标文件中明确的和资格审查结果与招标文件中的要求不一致的，应宣布资格审查结果无效。

7. 备选标

本工程招标人不要求投标人提供备选标。

8. 投标费用及招标代理费用

8.1 投标人应承担其编制及递交投标文件所涉及的一切费用。无论投标结果如何，招标人对此费用概不负责。

8.2 本工程招标代理费收取：<u>本工程招标代理费 2 万元，由中标人全额支付并于领取中标通知书前一次性付给代理公司。</u>

9. 招投标过程中建造师的管理

9.1 招投标过程中建造师，应满足本招标文件的各项要求。

9.2 中标建造师必须亲临施工现场组织本工程项目的施工，必须严格遵循现行的有关法律、法规，切实履行自己的权利和义务。

9.3 对于在投标报名之后任何一环节之中的建造师的任何变更，均应以书面材料征得招标人的同意后报经招投标办核准，按照有关规定办理变更手续。

10. 现场踏勘

建议投标人对工程现场和周围环境进行实地踏勘，以获取有关编制投标文件和签订工程施工合同所需的各项资料，投标人应承担现场踏勘的责任和风险，现场踏勘的时间详见投标须知前附表，费用由投标人自己承担。

## 二、招 标 文 件

11. 招标文件的组成

11.1 本工程的招标文件由下列文件及所有澄清、修改的文件包括第 12 条的答疑纪要和第 13 条的补充修改资料组成。

招标文件包括下列内容：

第一章　投标须知

第二章　施工合同

第三章　技术规范

第四章　图纸、资料及附件

第五章　投标文件格式

第六章　工程量清单与报价表

11.2 投标人应认真审阅招标文件中所有的投标须知、合同主要条款、技术规范、工程量清单和图纸。如果投标人的投标文件不能符合招标文件的要求，责任由投标人自负。实质上不响应招标文件要求的投标文件将被拒绝。

11.3 投标人在获取招标文件及相关资料时应仔细检查所有内容，如发现有残缺或遗漏应及时提出，否则由此引起的损失由投标人自己承担。

12. 招标文件的澄清

12.1 投标人对招标文件及施工图纸等有关招标资料有异议或疑问需要澄清，必须以书面形式于 2010 年 5 月 26 日 17 时之前报送招标人。招标人应当在前附表一规定的时间书面形式予以解答，并发给所有购买招标文件的投标人。请各投标人于前附表一规定时间内到××工程造价咨询有限公司领取这些问题的答疑纪要。

12.2 投标人对招标人提供的招标文件所做出的推论、解释和结论，招标人概不负责。投标人由于对招标文件的任何推论和误解以及招标人对有关问题的口头解释所造成的后果，均由投标人自负。

13. 招标文件的修改

13.1 招标人对已发出的招标文件进行必要的澄清或者修改的，应当在招标文件要求提交投标文件截止时间至少十五日前，以书面形式通知所有招标文件收受人。

13.2 招标人收到潜在投标人报送的有关要求答疑文件后,应进行归纳汇总,召集有关部门进行答疑,编制答疑纪要,并以书面形式在投标截止日期十五天前对潜在投标人给予明确回复。

13.3 为使投标人在编制投标文件时,将补充通知和修改的内容考虑进去,招标人可以延长投标截止时间(延长时间应在补充通知中写明)。

13.4 招标文件及其澄清或者修改的内容,应加盖招标人和代理公司法人印章,必须经招投标办备案后方可发出。当招标文件、修改补充通知、澄清(答疑)纪要等内容互相矛盾时,以最后发出的通知(或纪要)或修改文件为准。

### 三、投 标 报 价

14. 投标报价内容

14.1 投标报价应包括招标文件所确定的招标范围内工程量清单中所含施工图项目的全部内容,以及为完成上述内容所需的全部费用,其根据为投标人提交的已标价的工程量清单及附表。

14.2 投标人应按招标人提供的工程量清单填报价格。填写的项目编码、项目名称、项目特征、计量单位、工程量必须与招标人提供的一致。

14.3 实行工程量清单招标的工程建设项目,量的风险由发包人承担,价的风险在约定风险范围内的,由承包人承担,风险范围以外的按合同约定。

14.4 投标人应按招标人提供的工程量计算工程项目的单价和合价。工程量清单中的每一单项均需计算填写单价和合价,投标人没有填写单价和合价的项目将不予支付,认为此项费用已包括在工程量清单的其他单价和合价中。

14.5 清单项目中特征描述不全的工序,如图纸已明确或已指明引用规范、图集等或是常规工艺必须的工序,应包括在报价中。

15. 投标报价方式

15.1 本工程采用固定价格合同。投标人应充分考虑施工期间各类建材的市场风险,并计入总报价,今后不再调整。除本招标文件另有约定外,投标人所填写的单价和合价,在合同实施期间不因市场变化因素而变动。投标人在计算报价时应考虑一定的风险系数。风险费用应在投标报价中考虑,以后不再另外计算。

15.2 材料风险约定:

15.2.1 本工程以下主要建筑材料:钢筋、型钢、水泥、商品混凝土、电线电缆,在结算时可在本招标文件规定的风险包干额度范围内予以调整,招标范围内其他所有材料价格结算时均不再调整。即:当施工期间上述建筑材料价格上涨超过10%时,10%以内(含)的部分由承包方承担,超出10%的部分由发包方承担;当施工期间主要建筑材料价格下降超过5%时,5%(含)以内的部分由承包方受益,超出5%的部分由发包方受益。主要建筑材料价格调整公式:主要建筑材料差价=施工期《××工程造价信息》发布的材料加权平均指导价-合同工程基准期当月《××工程造价信息》发布的材料指导价×(1+合同风险包干幅度)。

15.2.2 对于法律、法规、规章或有关政策出台导致工程税金、规费等发生变化的,应按照有关规定执行。

16. 投标报价的计价方法

本工程项目采用工程量清单计价。投标人应根据招标人提供的图纸和工程量清单计算工程项目的单价、合价。工程量清单中每一个子目和单项均需计算填写单价、合价。若投标人没有填写单价、合价的项目招标人将不予支付,并认为此项费用已包括在工程量清单的其他单价、合价中。

17. 工程价款调整

17.1 ①由于工程变更引起新增工程量清单项目,其相应综合单价按标底计价办法计算,并乘以中标价与标底价的比率作为结算依据。以上变更的确认,必须由监理工程师、现场跟踪审计工程师和甲方代表签字确认。②由于工程变更引起工程量增减,经监理工程师、现场跟踪审计工程师和甲方代表确认后,按中标人投标报价中综合单价进行调整,但不得高于标底的综合单价。③除脚手架、模板费用外,措施费用不因工程量增减而调整。

18. 报价编制依据及要求:

本工程执行现行国家标准《建设工程工程量清单计价规范》(GB 50500—2008)及《江苏省建筑与装饰工程计价表》、《江苏省安装工程计价表》、《江苏省建设工程费用定额》(2009)、有关文件规定及招标人提供的工程量清单。

18.1 不可竞争费用:执行《江苏省建设工程费用定额》(2009)的各项要求,该项费用按《江苏省建设工程费用定额》(2009)文件规定计算。(不可竞争费包括:现场安全文明施工措施费、工程排污费、安全生产监督费、社会保障费、住房公积金、税金)。

18.2 本工程的其他规定:

18.2.1 招标控制价编制价格参照2010年第 4 期《××工程造价信息》中的市场指导价,市场指导价中没有的材料按现行市场价执行。投标人的材料价格根据市场行情自主报价。

18.2.2 招标控制价人工费调整执行苏建价〔2008〕66号文件。

18.2.3 暂估价材料的单价由招标人提供,材料单价组成中包括场外运输与采购保管费。投标人根据该单价计算相应分部分项工程和措施项目的综合单价,并在材料暂估价格表中列出暂估材料的数量、单价、合价和汇总价格,该汇总价格不计入其他项目工程费合计中。

本工程暂估材料详见清单《材料暂估价格表》。

18.2.4 本工程按××市经贸委〔2003〕××号文件规定使用商品混凝土(泵送)。

18.2.5 甲控材料:甲控材料由中标人采购,质量、生产厂家、品牌采购前须经监理和招标人认可。

一、土建部分:

1. 钢材 莱钢、安钢、马钢、唐钢、鞍钢、济钢

2. 防水材料  卧迪牌、京九牌、江苏生力

3. 商品混凝土  铸本、华夏、天鹏、众鑫

二、安装部分：

以下材料甲控，价格及规格\型号详见清单《材料暂估价格表》（工程结算价格按甲方认可的实际采购价格调整）

电线、电缆、开关面板、消防设备、给排水管材（小阀门）、分户配电箱、多媒体箱

18.2.6  甲供材料：

1. 桥架

2. 给水设备（水泵、阀门）等

3. 消防报警材料

4. 通风排烟管

5. 通风设备（风机）

6. 配电箱（设备）

价格详见清单《发包人供应材料一览表》（工程结算价格按表列价格扣除1％保管费，扣除甲供材料款）

18.3  建筑安装工程造价的组成：

18.3.1  分部分项工程费：现行国家标准《建设工程工程量清单计价规范》（GB 50500—2008）及《江苏省建筑与装饰工程计价表》、《江苏省安装工程计价表》、《江苏省建设工程费用定额》（2009）及有关文件规定。

18.3.2  措施项目费

下述措施项目费中，除现场安全文明施工措施费外其他措施项目均由投标人自主报价，可以以工程量乘以综合单价计算，也可以以费率计算。

（1）现场安全文明施工基本费（土建）：按分部分项工程费×2.2％计取

现场安全文明施工基本费（安装）：按分部分项工程费×0.8％计取

现场安全文明施工考评费（土建）：按分部分项工程费×1.1％计取

现场安全文明施工考评费（安装）：按分部分项工程费×0.4％计取

现场安全文明施工奖励费：不计

（2）夜间施工：标底不计，投标人根据实际情况自主报价

（3）二次搬运：标底不计，投标人根据实际情况自主报价

（4）冬雨季施工：按分部分项工程费×费率（土建0.1％，安装0.05％）计取，投标人根据实际情况自主报价。

（5）大型机械设备进出场及安拆：标底按《江苏省建筑与装饰工程计价表》，投标人根据实际情况自主报价

（6）施工排水：标底按《江苏省建筑与装饰工程计价表》，投标人根据实际情况自主报价

（7）施工降水：标底不计，投标人根据实际情况自主报价

（8）地上、地下设施，建筑物的临时保护设施：标底不计，投标人根据实际情况

自主报价

(9) 已完工程及设备保护：标底不计，投标人根据实际情况自主报价

(10) 临时设施：按分部分项工程费×费率（土建 1%，安装 0.6%）计取。

(11) 材料与设备检验试验：按分部分项工程费×费率（土建 0.2%，安装 0.15%）计取。

(12) 赶工措施：标底不计，投标人根据实际情况自主报价

(13) 工程按质论价：标底不计，投标人根据实际情况自主报价。

(14) 分户验收费：按分部分项工程费×费率（土建 0.08%，安装 0.08%）计取，投标人根据实际情况自主报价。

(15) 特殊条件下施工增加：标底不计，投标人根据实际情况自主报价。

(16) 投标人应认真勘察现场，针对现场实际情况，为保证工程顺利进行发生以上各项以外的措施，发生的费用由投标人自主报价，结算时不予调整。

18.3.3　其他项目费

(1) 暂列金额：以发包人给定的标准计取，不宜超过分部分项工程费的 10%。

本工程暂列金额为以下内容：_____无_____

(2) 暂估价：本项包括材料暂估价和专业工程暂估价。

①材料暂估价：暂估价材料的单价由招标人提供，材料单价组成中包括场外运输与采购保管费。投标人根据该单价计算相应分部分项工程和措施项目的综合单价，并在材料暂估价格表中列出暂估材料的数量、单价、合价和汇总价格，该汇总价格不计入其他项目工程费合计中。

本工程暂估价详见清单《材料暂估价格表》

②专业工程暂估价项目是必然发生但暂时不能确定价格，由总承包人与专业工程分包人签订分包合同的专业工程。发包人拟单独发包的专业工程，不得以暂估价的形式列入主体工程招标文件的其他项目工程量清单中，发包人应与专业工程承包人另行签订施工合同。

本工程专业工程及其暂估价为：详见清单《专业工程暂估价表》（工程结算价格按甲方认可的实际分包价格调整）

(3) 计日工：由发承包双方在合同中另行约定。

(4) 总承包服务费：不计。

18.3.4　规费（执行××市建发〔2009〕67 号）

(1) 工程排污费：暂不计取

(2) 安全生产监督费：不计，棚户区改造项目免收。

(3) 社会保障费（土建）：按(分部分项工程费＋措施项目费＋其他项目费)×3% 计取

社会保障费（安装）：按(分部分项工程费＋措施项目费＋其他项目费)×2.2% 计取

(4) 住房公积金（土建）：按(分部分项工程费＋措施项目费＋其他项目费)×

0.5%计取

住房公积金（安装）：按(分部分项工程费＋措施项目费＋其他项目费)×0.38%计取

18.3.5 税金：按(分部分项工程费＋措施项目费＋其他项目费＋规费)×3.4%计取

## 四、投 标 文 件

19. 投标文件的语言

投标文件及投标人与招标人之间与投标有关的来往通知、函件和文件均应使用中文。

20. 投标文件的组成

20.1.1 投标函

20.1.2 递交的投标保证金证明（收据复印件，开标时出示原件）

20.1.3 法定代表人资格证明书

20.1.4 授权委托书

20.1.5 具有标价的工程量清单与报价表及报价汇总表；

20.1.6 施工组织设计

20.1.7 计划投入的主要施工机械设备表；

20.1.8 主要施工人员表。

20.1.9 投标人及建造师业绩公示一览表、相关业绩复印件

20.1.10 投标承诺书

20.1.11 投标文件其他附件

21. 投标文件的编制

投标人必须使用招标文件提供的表格格式，但表格可以按同样格式扩展，投标保证金、履约保证金的方式按本须知有关条款的规定。投标文件应统一使用 A4、A3 纸。投标文件中（投标函及其附表、工程量清单报价表、主要材料汇总表、计划投入的主要施工机械设备表、主要施工人员表）的书写，如非打印稿件，一律使用钢笔、签字笔书写，须字迹清楚。禁止使用圆珠笔、铅笔、纯蓝、红色及其他易褪色扩散的墨水。

21.1 投标文件正本必须书写或打印，投标文件副本可以复印，其正、副本都应装订成册，并在封面上正确标明"正本"、"副本"字样。

21.2 全套投标文件关键部位应无修改和行间插字。如有修改，须在修改处加盖投标人法定代表人或其委托代理人的印鉴。

22. 投标文件的份数和签署

22.1 投标人按本须知第 4 条的规定，编制一份投标文件"正本"和前附表第 4 项所述份数的"副本"，并明确标明"投标文件正本"和"投标文件副本"。投标文件正本和副本如有不一致之处，以正本为准。

22.2 投标文件正本与副本均应使用不能擦去的墨水打印或书写，加盖法人单位

公章和投标人法定代表人签章或其代理人的鉴章。

22.3 全套投标文件应无涂改和行间插字，除非这些删改是根据招标人的指示进行的，或者是投标人造成的必须修改的错误。修改处应加盖投标人法定代表人或其代理人的鉴章。

23. 投标有效期

23.1 投标文件在投标须知前附表第 6 条规定的投标截止日期之后第 3 项所列的日历天内有效。

23.2 在原定投标有效期满之前，如果出现特殊情况，经招投标办核准，招标人可以书面形式向投标人提出延长投标有效期的要求。投标人须以书面形式予以答复，投标人可以拒绝这种要求而不被没收投标保证金，但其投标失效。同意延长投标有效期的投标人不允许修改他的投标文件，投标人在投标文件中的所有承诺不应随有效期的延长而发生改变；但投标人需要相应地延长投标保证金的有效期，在延长期内本招标文件第 24 条关于投标保证金的退还与没收的规定仍然适用。

24. 投标保证金

24.1 投标人的投标保证金办理时间为本工程资格预审结束后，资格预审合格或确定入围的单位，其递交的该银行汇票将被入账。持开具证明到××市建设工程交易中心财务室换取投标保证金收据。投标保证金额度应当不超过投标总价的 2%，最高不得超过 80 万元人民币。投标保证金有效期应当超过投标有效期三十天。

本招标文件要求投标保证金为银行汇票或电汇（必须从法人基本存款账户汇出）方式，金额为 50 万元人民币。

24.2 资格预审合格参加投标的未中标人，投标保证金在中标公示结束后，以转账方式退还至投标人基本账户（无息）。

24.3 中标人的投标保证金在签订施工合同 7 日内，予以全额退还（无息）。

24.4 除不可抗拒因素外，投标人出现下列情况之一，市招投标办依其情节轻重，除扣罚其一定数量的投标保证金外，还将依法给予查处。

24.4.1 投标人不参加投标；

24.4.2 在开标时证件不齐全，投标书明显有瑕疵等原因故意废标；

24.4.3 在开标后的投标有效期内修改或撤回投标文件；

24.4.4 中标后在规定时间内不与招标人签订工程合同的；

24.4.5 投标活动中有违法、违规行为等情况的，

24.4.6 中标人未能在招标文件规定的期限内提交履约担保；

24.4.7 中标人无正当理由拒绝签订合同。

24.4.8 其他法律、法规中规定的。

25. 履约保证金和廉洁保证金

25.1 招标文件要求中标人提交履约保证金的，中标人应当提交。履约保证金可以采取现金、支票、汇票等方式，也可以根据招标人所同意接受的商业银行、保险公司或担保公司等出具的履约保证，其数额应当不高于合同总价的 10%。

25.2 提交履约保证金的期限。无论采取何种方式提交的履约保证金，均应在签订合同前提交。如果中标单位不按本须知的规定执行，招标人将有充分的理由废除授标，并没收其投标保证金。

25.3 本招标文件要求中标人提交履约担保的，中标人应当提交。招标人应当同时向中标人提供工程款支付担保。

招标人支付担保可以采用银行保函或者担保公司担保书的方式。造价在 500 万元以下的工程项目也可以由招标人依法实行抵押或者质押担保。

本招标文件要求履约保证金为<u>现金或支票</u>方式，金额为合同总价的<u>10%</u>

本招标文件要求支付担保为<u>无</u>方式，金额为合同总价的<u>无</u>元。

本招标文件要求廉洁保证金为<u>现金或支票</u>方式，金额为合同总价的 2%。

26. 投标预备会

26.1 招标人认为有必要时，可以召开投标预备会，投标人派代表应于规定的时间和地点出席投标预备会。

26.2 投标预备会的目的是澄清、解答投标人提出的问题和组织投标人考察现场，了解情况。

27. 勘察现场

27.1 投标人可能被邀请对工程施工现场和周围环境进行勘察，以获取须投标人自己负责的有关编制投标文件和签署合同所需的所有资料。勘察现场所发生的费用由投标人自己承担。

27.2 招标人向投标人提供的有关施工现场的资料和数据，是招标人现有的能使投标人利用的资料。招标人对投标人由此而作出的推论、理解和结论概不负责。

27.3 投标人提出的与投标有关的任何问题须在前述规定时间前，以书面形式送达招标人。

27.4 预备会会议记录包括所有问题和答复的副本，将提供给所有获得招标文件的投标人。由于投标预备会而产生的修改，由招标人以补充通知的方式发出。

五、投标文件密封和递交

28. 投标文件的密封与标志

28.1 投标人应将投标文件的正本和副本及电子标书密封在袋中，封袋上应写明招标人名称、工程名称、投标人名称。

28.2 所有投标文件都必须在封袋骑缝处以显著标志密封，并加盖投标人法人印章和法定代表人或其代理人印章。

28.3 投标人的投标书应按以上规定密封，否则投标文件将被拒绝，并原封退还。

29. 投标截止时间

投标人须在前附表中规定的投标文件递交地点、截止时间之前将投标文件递交招标人。投标截止时间之后递交的投标文件将被拒绝。投标截止时间之后，投标人不得修改或撤回投标文件。

## 六、开　　标

30. 开标会

30.1　开标会议应当在招投标办监督下，由招标人按前附表规定的时间和地点举行，邀请所有投标人参加。参加开标的投标人代表（即法定代表人或其委托代理人）应签名报到，以证明其出席开标会议。

30.2　投标人法定代表人或其委托代理人未参加开标会议的将视为自动弃权。

30.3　开标会议由招标人组织并主持。由各投标人或其推选代表对投标文件进行检查，确定它们是否完整，是否按要求提供了投标保证金，文件签署是否正确。

30.4　投标人在本工程开标会议上应出示以下证件的原件，否则视为自动弃权：

30.4.1　资格证明材料：企业法人营业执照副本、××市建设局签发的江苏省建筑企业信用手册或单项工程注册手续、建造师注册证（年检期间应由主管部门出具年检证明）；

30.4.2　法定代表人参加会议时，需出示法定代表人证书或其身份证；如有授权时需出示授权委托书，同时出示受委托代理人身份证；

30.4.3　投标人所报注册建造师应携带本人二代身份证参加开标会，否则视为自动弃权。

30.4.4　招标人当众宣布核查结果，并宣读有效投标的单位名称、投标报价、修改内容、工期、质量以及招标人认为适当的其他内容。

30.5　开标完毕后，投标人应按照招标文件的要求提供相关业绩材料原件，并随原件提交《投标人及建造师业绩公示一览表》一份。

## 七、评标、定标

31. 评标、定标工作在市招投标办监督下进行。评标由招标人依法组建的评标委员会负责，定标由招标人根据评标委员会提出的书面报告和推荐的中标候选人确定中标人，也可由经招标人授权的评标委员会直接确定中标人。

32. 公开开标后，直到宣布授予中标单位合同为止，凡属于审查、澄清、评价和比较投标的有关资料，和有关授予合同的信息，都不应向投标人或与该过程无关的其他人泄露。

33. 在投标文件的审查、澄清、评价和比较以及授予合同的过程中，投标人对招标人和评标委员会其他成员施加影响的任何行为，都将导致取消投标资格。

34. 本工程的评标办法

本工程采用综合评估法。指以投标价格、施工组织设计、投标人及项目经理业绩等多个因素为评价指标，并将各指标量化计分，按总分排列顺序，确定中标候选人的方法。

34.1 评标步骤：

（一）评标委员会的组建：评标委员会成员由七人组成，其中招标人代表一人，评标专家为六人。招标人代表必须取得工程建设类中级以上职称或者具有工程建设类执业资格，并在抽取评标专家前向招投标监管机构报备相关证明材料；评标专家采取从《江苏省房屋建筑和市政基础设施工程招标投标评标专家名册》中随机抽取的方式确定，其中抽取的技术标评标专家人数为四人，商务标评标专家为二人。

（二）评标前准备工作：

1. 资料准备：本工程招标文件及其补充通知，图纸答疑、招标控制成果文件、工程量清单、相关评标用表及其他评标资料。以上资料除招标控制成果文件和工程清单外，其他资料应做到评标专家人手一份，招标人应保证评标资料的完备性、真实性。

2. 招标人介绍各评标专家，评标委员会推举项目评委会负责人（组长）。

（三）初步评审（符合性评审）：

1. 听取招标人对招标工程项目的基本情况及前期开标情况的介绍，认真阅读、研究招标文件，获取评标所需要的重要信息和数据，了解和熟悉评标的要求，核对并确认评标中需要使用的表格内容。

2. 根据招标文件的规定，在阅读投标文件的基础上，认真核对评标工作用表；

3. 认真阅读清标报告，根据清标报告的相关内容，对投标人投标书进行符合性评审；需要投标人书面澄清、说明或者补正的，应向投标人进行澄清；

4. 分析投标人对澄清、说明或者补正要求所作的书面说明；

5. 对存在过低的投标价格的投标人进行澄清，分析其作出的书面说明和相关证明材料，确定过低的投标价格是否能够成立；

6. 评标委员会形成初步评审结论。

（四）详细评审：

1. 有效投标报价的确定：通过初步评审后，按本招标文件第 36 条的方法确定有效投标人的投标报价即为有效投标报价。

2. 评标委员会认定各投标人是否以低于成本（投标人自身的个别成本）报价竞标及存在不正当竞争行为之后，严格地对中标价进行复核，检查中标人有无漏项或发生计算错误。另外对其他投标价也应进行复核，认为有涉嫌哄抬标价或串通投标等违法违纪现象的，可暂停评标，并提请市招投标办依法进行查处。

（五）评标报告：

评标委员会完成评标后，应当拟定一份书面评标报告提交招标人，并报监督机构备案。评标报告由评标委员会全体成员签字。对评标结论持有异议的评标委员会成员可以以书面方式阐述其不同意见和理由。评标委员会成员拒绝在评标报告上签字且不陈述其不同意见和理由的，视为同意评标结论。评标委员会应当对此做出书面说明并记录在案。

34.2 本工程评分标准及细则：
34.2.1 分值设定
（一）技术标　　　　20分
（二）商务标：　　　70分
其中分部分项工程量综合单价偏离程度－3分（扣分项）
（三）投标人及建造师业绩　　10分
34.2.2 评分细则
（一）技术标：施工组织设计　　（20分）
(1) 项目部组成、主要技术人员、劳动力配置及保障措施（需提供人员名单及相关证明）
............................................................................................ 3分
(2) 施工程序及总体组织部署 ............................................................ 3分
(3) 安全文明施工保证措施 ................................................................ 3分
(4) 工程形象进度计划安排及保证措施 ............................................. 3分
(5) 施工质量保证措施及目标 ............................................................ 2分
(6) 工程施工方案及工艺方法 ............................................................ 2分
(7) 施工现场平面布置 ....................................................................... 1分
(8) 材料供应、来源、投入计划及保证措施 ..................................... 1分
(9) 主要施工机具配置 ....................................................................... 1分
(10) 重点部位上的施工组织措施、技术方案 .................................. 1分

评分标准：

(1) 以上某项内容详细具体、科学合理、措施可靠，组织严谨、针对性强，内容完整的，可得该项分值的90%以上；

(2) 以上某项内容较好、针对性较强的，可得该项分值的75%－90%；

(3) 以上某项内容一般、基本可行的，可得该项分值的50－75%；

(4) 以上某项无具体内容的，该项不得分。（如出现此情况，评标委员会所有成员应统一认定，并作出说明。）

施工组织设计各项内容评审，由评标委员会成员独立打分，评委所打投标人之间同项分值相差过大的，评委应说明评审及打分理由。

（二）商务标
(1) 投标报价（70分）

开标十个工作日前，招标人公示标底价及招标控制价，所有高于招标控制价的投标人将不再参与评标，作无效标书处理。投标人如对标底价或招标控制价有异议，应在收到标底价和招标控制价三个工作日内，以书面形式向招标人或工程造价管理部门提出异议。

本工程招标控制价＝(标底价－暂定价)×94%＋暂定价

本工程投标报价评分使用平均值随机抽取下浮率法：

当有效投标人少于或等于 5 家时,全部投标报价参与该平均值计算;当有效投标人多于 5 家时,去掉最高和最低的投标报价,其余投标报价参与该平均值的计算;所得平均值下浮 B% 后价格为基准价(70),偏离基准价的,相应扣分;B 值为开标现场随机抽取,范围为 3—6 之间的整数(含 3 和 6)

与基准价相比,每低 1%,扣 1 分,
每高 1%,扣 2 分,

不足 1% 的,按照插入法计算。

当有效投标人报价中有 60% 以上的报价趋于一致时(相差在 ±3% 之内),经评标委员会全体成员同意并报招标投标监管部门后,可以改用经评审的合理最低投标价法。

评审的合理最低投标价法:投标人的投标能够满足招标文件的实质性要求,并且经评审的投标价格最低,得 70 分,其他各投标人的投标报价与经评审的最低投标价格相比,每高 1% 扣 2 分;不足 1% 的,按照插入法计算。投标人的投标报价低于经评审的最低投标价的,不再参与评标,作无效标书处理。

(2)分部分项工程量综合单价偏离程度—3 分(扣分项)

1)偏离程度的评标基准值=经评审的所有有效投标人分部分项工程量清单综合单价的算术平均值

当有效投标人少于或等于 5 家时,全部参与该基准值计算;当有效投标人多于 5 家时,去掉最高和最低的投标人,其余几家投标人参与该基准值的计算。

2)与偏离程度基准值相比较误差在 ±20%(含 ±20%)以内的不扣分,超过 ±20% 的,每项扣 0.01 分,最多扣 3 分。

(三)投标人及建造师业绩:10 分

1. 分值设定:

 a. 投标人的业绩  5 分

 b. 建造师的业绩  5 分

 c. 违规、违纪及不良行为记录扣分

2. 评分标准:

a. 投标人业绩由评标委员会成员依据下列证明材料予以打分:

①投标人获得市级及以上优质工程证书  4 分

其中:××市级(金奖:0.30 分/项、银奖:0.20 分/项、铜奖:0.15 分/项)

省扬子杯或外省(直辖市)同类奖项:0.30 分/项、国家优质工程奖:0.40 分/项、鲁班奖:0.50 分/项

②投标人获得市级及以上施工安全文明工地证书、安全质量标准化工地证书 1 分

其中:××市级:0.20 分/项、江苏省级:0.30 分/项

b. 投标人所报建造师业绩由评标委员会成员依据下列证明材料予以打分:

①该建造师获得市级及以上优质工程证书  4 分

其中:市级(金奖:0.30 分/项、银奖:0.20 分/项、铜奖:0.15 分/项、

省扬子杯或外省（直辖市）同类奖项：0.30 分/项、国家优质工程奖：0.40 分/项、鲁班奖：0.50 分/项

②获得市级及以上施工安全文明工地证书、安全质量标准化工地证书　　1 分

其中：市级：0.20 分/项、江苏省级：0.30 分/项

投标人、建造师业绩认定依据是以下证明材料：

①各项获奖证书原件或其证明文件原件，各项证明材料的有效期是指从发证或发文之日起至开标之日止。鲁班奖各项证明材料有效期为 3 年，省、市级各项证明材料有效期为 2 年。

②针对该建造师获得的市级及以上优质工程证书、其所获得市级及以上施工安全文明工地证书、安全质量标准化工地证书，均以其获奖证书及文件中注明的建造师为准；如获奖证书及文件未注明建造师的，以相应的中标通知书或施工合同原件上注明的建造师为准。

③同一分项内针对同一工程只计取最高级别奖项得分，不得重复计分。得分累加至该项满分为止。

业绩证明材料：本工程指房屋建筑工程相关业绩证明材料。

c. 违规、违纪及不良行为记录扣分

投标人或其所报的建造师一年内有违反有关规定，受到建设行政主管部门通报批评、行政处罚或发生死亡事故的予以扣分。

具体扣分标准如下：

①建设部行文，每项对其扣：通报批评 0.30 分，行政处罚 0.35 分。

②江苏省建设厅、建管局行文，每项对其扣：通报批评 0.20 分，行政处罚 0.25 分。

③××市建设局行文，每项对其扣：通报批评 0.10 分，行政处罚 0.20 分，不良行为记录 0.10 分。

④一年内投标人在××市区内发生死亡事故且建设行政部门发文的每起加扣 1 分。

⑤一年内投标人在本市行政区域内发生因拖欠民工工资等引发集访造成不良影响，经市建设行政主管部门认定的，每起扣 1 分。

具体扣分时效如下：

各项违规、违纪等行为文件有效期，是指从发文之日起至开标之日止。

以上（一）、（二）、（三）项合计分数为投标人最终得分，计算时精确到小数点后两位。

35. 本工程的定标办法

评标委员会在完成评标后，应当向招标人提出书面评标报告，对各投标人按得分高低次序排出名次，并推荐 1—3 名投标人为中标候选人：

（1）当有效投标人为七家及以上时，评标委员会应推荐 3 名有排序的中标候选人，并由招标人当场确定排名第一的中标候选人为中标人；

（2）当有效投标人为五家或六家时，评标委员会应推荐 2 名有排序的中标候选人，并由招标人当场确定排名第一的中标候选人为中标人；

（3）当有效投标人为三家或四家时，评标委员会只能推荐一个中标候选人，并由招标人当场确定中标候选人为中标人。

当投标人总得分出现并列第一的情况时，可以将并列的中标候选人同时推荐给招标人，再由招标人自主确定中标人。

36. 无效标书的判定

投标文件有下列情况之一的，应作为无效投标文件，不再参加评标：

36.1　投标文件中的投标函未加盖投标人的公章及企业法定代表人印章的，或者企业法定代表人委托代理人没有合法、有效的委托书（原件）及委托代理人印章的；

36.2　未按招标文件要求提供投标保证金的；

36.3　未按招标文件规定的格式填写，内容不全或关键字模糊、无法辨认的；

36.4　投标人递交两份或多份内容不同的投标文件，或在一份投标文件中对同一招标项目报有两个或多个报价，且未声明哪一个有效，按招标文件规定提交备选投标方案的除外；

36.5　投标人名称或组织结构与资格预审时不一致的；

36.6　除在投标文件截止时间前经招标人书面同意外，建造师与资格预审不一致的；

36.7　投标人资格条件不符合国家有关规定或招标文件要求的；

36.8　投标文件载明的招标项目完成期限超过招标文件规定的期限；

36.9　明显不符合技术规范、技术标准的要求；

36.10　投标报价超过招标文件规定的招标控制价的；

36.11　不同投标人的投标文件出现了评标委员会认为不应当雷同的情况；

36.12　改变招标文件提供的工程量清单中的计量单位、工程数量、清单项目；

36.13　改变招标文件规定的暂估价格、暂列金额或不可竞争费用的；

36.14　未按招标文件要求提供投标报价的电子投标文件或投标报价的电子投标文件无法导入计算机评标系统；

36.15　投标文件载明的货物包装方式、检验标准和方法等不符合招标文件的要求；

36.16　投标文件提出了不能满足招标文件要求或招标人不能接受的工程验收、计量、价款结算支付办法；

36.17　以他人的名义投标、串通投标、以行贿手段谋取中标或者以其他弄虚作假方式投标的；

36.18　经评标委员会认定投标人的投标报价低于成本价的；

36.19　组成联合体投标的，投标文件未附联合体各方共同投标协议的；

36.20　本招标文件对重大偏差的特殊规定：_____/_____

37. 投标文件的澄清

评标委员会可以用书面形式要求投标人对投标文件中含义不明确的内容作必要的澄清或者说明，投标人应当采用书面形式进行澄清或者说明，其澄清或者说明不得超出投标文件的范围或者改变投标文件的实质性内容（主要指不允许更改投标的工期、质量、报价，及提出变相降价、更换投标文件中的其他实质性内容等等方面）。

但是按照本须知第39条规定校核时发现的算术错误不在此列。

38. 投标文件的符合性评审

38.1 就本条款而言，实质上响应要求的投标文件，应该与招标文件的所有规定要求、条件、条款和规范相符，无显著差异或保留。所谓显著差异或保留是指对工程的发包范围、质量标准及运用产生实质性影响；或者对合同中规定的招标人的权力及招标人的责任造成实质性限制；而且纠正这种差异或保留，将会对其他实质上响应要求的投标人的竞争地位产生不公正的影响。

38.2 如果投标文件实质上不响应招标文件要求，招标人将予以拒绝，并且不允许通过修正或撤销其不符合要求的差异或保留，使之成为具有响应性的投标。

39. 错误的修正

39.1 评标委员会将对确定为实质上响应招标文件要求的投标文件进行校核，看其是否有计算上或累计上的算术错误，修正错误的原则如下：

39.2 如果用数字表示的数额与用文字表示的数额不一致时，以文字数额为准。

39.3 当单价与工程量的乘积与合价之间不一致时，应以标出的单价为准。除非评标委员会认为有明显的小数点错位，此时应以标出的合价为准，并修改单价。

39.4 按上述修改错误的方法，调整投标书中的投标报价。经投标人确认同意后，调整后的报价对投标人起约束作用。如果投标人不接受修正后的投标报价则其投标将被拒绝，（其投标保证金将被没收）。

40. 投标文件的评价与比较

40.1 评标委员会将仅对按照本招标文件第36条确定为实质上响应招标文件要求的投标文件进行评价与比较。

40.2 在评价与比较时应根据本招标文件第34项内容的规定，通过对投标人的投标报价、工期、质量标准、施工方案或施工组织设计、社会信誉及以往业绩等综合评价。

40.3 投标价格采用价格调整的，在评标时不应考虑执行合同期间价格变化和允许调整的规定。

## 八、合 同 订 立

41. 办理《中标通知书》

41.1 在投标有效期截止前，招标人确定中标单位，以书面形式通知中标的投标人其投标被接受。并于15日内将评标、定标报告及评标、定标有关资料报市招投标办核准，办理《中标通知书》。在该通知书（以下合同条件中称"中标通知书"）中告知中标单位签署实施、完成和维护工程的中标标价（合同条件中称为"合同价格"），以及工期、质量和有关合同签订的具体日期、地点。

41.2 中标通知书将成为合同的组成部分。

41.3 在中标单位按本须知第 24 条的规定提供了投标担保的，招标人将及时将未中标结果通知其他投标人。

42. 订立施工合同

42.1 合同授予标准

招标人将把合同授予其投标文件在实质上响应招标文件要求和按本须知第 34 条规定评选出的投标人，确定为中标的投标人必须具有实施本合同的能力和资源。

42.2 合同协议书的签署

42.2.1 中标单位按中标通知书中规定的日期、时间和地点(《中标通知书》发出七日内)，由法定代表人或授权代表前往与招标人根据《中华人民共和国招标投标法》、《中华人民共和国合同法》、《建设工程施工合同管理办法》，按照招标文件和中标人的投标文件订立书面合同。

42.2.2 草拟的合同协议，须经市招投标办依据与中标条件一致的原则审查后正式签订。正式签订的施工合同须送市招投标办盖章、备案。

42.2.3 合同书写

一本合同书的书写应由同一人来完成，不得前后由不同人笔迹、不同颜色的笔来书写。如非打印稿件，一律使用钢笔、签字笔书写，须字迹清楚。禁止使用圆珠笔、铅笔、纯蓝、红色及其他易褪色扩散的墨水。

## 第二章 施 工 合 同

### 第一部分 协 议 书

发包人（全称）：××有限公司

承包人（全称）：_____

依照《中华人民共和国合同法》、《中华人民共和国建筑法》及其他有关法律、行政法规、遵循平等、自愿、公平和诚实信用的原则，双方就本建设工程施工事项协商一致，订立本合同。

一、工程概况

工程名称：××小区 B 区（第二标段 B4♯、B6♯、B7♯、B8♯、B9♯楼）工程

工程地点：××市西郊

工程内容：建筑面积约 3.8 万平方米

群体工程应附承包人承揽工程项目一览表（附件 1）

工程立项批准文号：××市发改投资（2009）××号

资金来源：自筹，已落实

二、工程承包范围

承包范围：工程量清单所含施工图全部内容

承包方式：<u>包工包料</u>

三、合同工期：

开工日期：<u>2010</u>年　　月　　日（以甲方通知开工日期为准）

竣工日期：　　年　月　日（以开工日期相应调整）

合同工期总日历天数 350 天。

四、质量标准

工程质量标准：<u>合格（其中：100％单体工程获优质结构，30％及以上单体工程获优质工程奖）</u>

五、合同价款

金额（大写）：_____元（人民币）

　　　　　￥：_____元

六、组成合同的文件

组成本合同的文件包括：

1. 补充协议条款（如有）

2. 本合同协议书

3. 本合同专用条款

4. 本合同通用条款

5. 中标通知书

6. 招标文件及其附件、投标书及其附件

7. 标准、规范及有关技术文件

8. 图纸

9. 工程量清单

10. 工程报价单或预算书

双方有关工程的洽商、变更等书面协议或文件视为本合同的组成部分。

七、本协议书中有关词语含义本合同第二部分《通用条款》中分别赋予它们的定义相同。

八、承包人向发包人承诺按照合同约定进行施工、竣工并在质量保修期内承担工程质量保修责任。

九、发包人向承包人承诺按照合同约定的期限和方式支付合同价款及其他应当支付的款项。

十、合同生效

合同订立时间：<u>2010</u>年____月____日

合同订立地点：_____

本合同双方约定_____后生效

发包人：（公章）　　　　　　承包人：（公章）

住所：　　　　　　　　　　　住所：

| | |
|---|---|
| 法定代表人： | 法定代表人： |
| 委托代理人： | 委托代理人： |
| 电话： | 电话： |
| 传真： | 传真： |
| 开户银行： | 开户银行： |
| 账号： | 账号： |
| 邮政编码： | 邮政编码： |

第二部分　通用条款（略）

备注：本合同通用条款执行建设工程施工合同（GF—1999—0201）

第三部分　专　用　条　款

一、词语定义及合同文件

2. 合同文件及解释顺序

合同文件组成及解释顺序：

1. 补充协议条款（如有）
2. 本合同协议书
3. 本合同专用条款
4. 本合同通用条款
5. 中标通知书
6. 招标文件及其附件，投标书及其附件
7. 标准、规范及有关技术文件
8. 图纸
9. 工程量清单
10. 工程报价单或预算书

双方有关工程的洽商、变更等书面协议或文件视为本合同的组成部分。

3. 语言文字和适用法律、标准及规范

3.1　本合同除使用汉语外，还使用<u>　/　</u>语言文字。

3.2　适用法律和法规

需要明示的法律、行政法规：<u>除执行通用条款第一条款中第3.2条规定外，还适用地方法律、法规及相关规定。</u>

3.3　适用标准、规范

适用标准、规范的名称：<u>执行国家和地方现行标准、规范的相关规定。</u>

发包人提供标准、规范的时间：<u>承包人自行搜集</u>

国内没有相应标准、规范时的约定：<u>符合有关行业主管部门和业主的要求。</u>

4. 图纸

4.1　发包人向承包人提供图纸日期和套数：<u>开工前5天提供肆套（竣工图另行</u>

提供)。如承包人需增加施工图纸，由发包人与设计院联系，出图费用由承包人自行承担。

发包人对图纸的保密要求：承包人应确保图纸不丢失、不向外泄露、不得将施工图纸提供给第三方或移作他用。违反本条约规定的，承包人应承担因此给发包人造成的一切损失。

使用国外图纸的要求及费用承担：无

二、双方一般权利和义务

5. 工程师

5.2 监理单位委派的工程师

姓名：_____ 职务：总监

发包人委托的职权：施工阶段的"三控二管一协调及安全监理"，即施工过程中的质量、进度、投资控制、合同、信息等方面的管理及安全生产管理，协调各方面与工程有关的关系。竣工后保修阶段的服务。

需要取得发包人批准才能行使的职权：监理向承包人签发停工令、经济签证、工程变更时，应取得发包人同意。

5.3 发包人派驻的工程师

姓名：_____ 职务：_____

职权：代表发包人行使权利和履行义务，主持开展施工现场的全面工作。

5.6 不实行监理的，工程师的职权： /

7. 项目经理

姓名：_____ 职务：_____

中标建造师（项目经理）必须亲临施工现场组织本工程项目的施工，若有特殊情况需要离开的，应向发包人代表及总监理工程师请假。擅自离岗的，处以 1000 元/天罚款；必须驻场的建造师若不驻场，经发包人书面通知催促一周时间内仍不能到岗，将根据情况选择更换项目经理或勒令退场，承包人赔偿发包人因此发生的所有损失，对此承包人不得有异议。施工组织设计中现场管理机构的其他人员必须按期到位，否则按 500 元/日·人罚款；项目经理易人，须经发包人同意，其后任必须无条件全面继续承担前任应负的责任。

8. 发包人工作

8.1 发包人应按约定的时间和要求完成以下工作：

(1) 施工场地具备施工条件的要求及完成的时间：已具备。

(2) 将施工所需的水、电接至施工场地的时间、地点和供应要求：已具备。

(3) 施工场地与公共道路的通道开通时间和要求：场外施工道路已通至现场。场内施工道路由承包人根据批准的施工组织设计在开工前自行完成，并满足施工要求及有关规定。

(4) 工程地质和地下管线资料的提供时间：

开工前三天向承包人提供施工场地工程地质、地下管网线路资料，必要时承包人应进一步探明。承包人必须清楚知道及了解现场及其邻近的一切市政配套设施,并采取必要的措施加以保护,以避免因施工过程中所引起的损害。

(5) 由发包人办理的施工所需证件、批件的名称和完成时间:开工前。

(6) 水准点与坐标控制点交验要求:A. 开工前发包人现场确定水准点与坐标控制点位置,承包人负责现场接收。

B. 发包人将水准点与坐标控制点测量成果书面形式交给承包人,成果上所示的所有坐标及标高均由承包人进行校验,如有差错承包人应及时书面通知发包人。

C. 承包人接收后负责保护,此后由于差错不能闭合和点位破坏或丢失造成的损失均由承包人承担。

D. 由工程师或其代表对任何放线或标高进行的检查工作,将不会减免承包人对有关工程的准确程度应负的任何责任。

(7) 图纸会审和设计交底时间:进场一周

(8) 协调处理施工场地周围地下管线和邻近建筑物、构筑物(含文物保护建筑)、古树名木的保护工作:

由发包人负责协调,承包人根据施工需要进行保护,所需费用由承包人承担。

(9) 双方约定发包人应做的其他工作:无

8.2 发包人委托承包人办理的工作:无

9. 承包人工作

9.1 承包人应按约定时间和要求,完成以下工作:

(1) 需由设计资质等级和业务范围允许的承包人完成的设计文件提交时间:无

(2) 应提供计划、报表的名称及完成时间:

进度统计、进度计划、材料、设备需用计划表于每月 25 日前提供。若延期提供的,按 500 元/日罚款。

(3) 承担施工安全保卫工作及非夜间施工照明的责任和要求:执行通用条款二、9.1 (3) 条,由承包人负责实施并承担费用。

(4) 向发包人提供的办公和生活房屋及设施的要求:免费提供二间办公用房

(5) 需承包人办理的有关施工场地交通、环卫和施工噪音管理等手续:执行通用条款二、9.1 (5) 条。费用由承包方承担

(6) 已完工程成品保护的特殊要求及费用承担:由承包人负责保护并承担费用。

(7) 施工场地周围地下管线和邻近建筑物、构筑物(含文物保护建筑)、古树名木的保护要求及费用承担:对周围地下管线和邻近建筑物、构筑物(含文物保护建筑)、古树名木承包人应加以无偿保护,如因承包人原因造成损坏,应由承包人负责赔偿。

(8) 施工现场清洁卫生的要求:除执行通用条款二、9.1 (8) 条之规定外,还应符合××市有关部门规定的标准化施工现场要求,同时应满足市政、市容等相关主管部门的有关规定,不符合要求者,发包人有权处罚 200—2000 元/次。因承包人原因造成的市容、交通、城建等部门的罚款全部由承包人承担。

（9）双方约定承包人应做的其他工作：<u>无</u>

三、施工组织设计和工期

10．进度计划

10.1　承包人提供施工组织设计（施工方案）和进度计划的时间：<u>开工前七天。工程师确认的时间：收到后一周内。</u>

10.2　群体工程中有关进度计划的要求：<u>无</u>

13．工期延误：<u>执行通用条款第 13.1 条。</u>

13.1　双方约定工期顺延的其他情况：

<u>因承包人原因造成工期延误的，每延误一天罚款 5000 元，在工程结算中扣除。因发包人原因造成工期延误的，工期相应顺延。承包人在确保工程质量和安全的前提下，工期每提前一天（以竣工验收合格之日为准），发包人奖励承包人 2000 元。</u>

四、质量与验收

17．隐蔽工程和中间验收：

17.1　双方约定中间验收部位：<u>基础、主体、竣工。</u>

17.2　隐蔽工程覆盖前的检查：<u>未经监理工程师、发包人代表批准，工程的任何部位都不能覆盖，当任何部分的隐蔽工程或基础已经具备检验条件时，承包方应及时通知监理工程师、发包人代表。监理工程师、发包人代表在接到承包方通知 24 小时后没有批复，承包方可以覆盖这部分工程或基础。</u>

17.3　剥露和开口：<u>承包方应按监理工程师、发包人代表随时发出的指示，对工程的任何部分剥露或开口，并负责这部分工程恢复原样，若这部分工程已按 17.2 条的要求覆盖，而剥露后查明其施工质量符合合同约定，则监理工程师、发包人代表应在与发包方和承包方协商后，确定承包方在剥露或开口的恢复和修复等方面的费用，并将其数额追加到合同价格上，所影响的工期相应顺延。若属承包方责任发生的费用及影响的工期由承包方承担。</u>

18．工程质量必须达到合同约定标准，未达到标准的，承包人负责无条件返工，直至达到标准，所发生的费用由承包人承担，工期不予顺延。

19．工程试车

19.5　试车费用的承担：<u>无</u>

五、安全施工

1．承包人负责施工期间施工区域内的安全保卫工作，包括在施工区域内提供和维护有利于工程和公众安全和方便的灯光、护板、格栅等警告警示信号和警卫。安全防护费已含在合同价款内。

2．消防设备：在施工期间，承包人应按需要提供灭火器、沙桶和其他有效的消防设备，应符合当地政府法则及其他由工程师规定的要求。

3．承包人负责在工程施工至竣工前及保修过程中施工现场全部承包方及相应工作人员的安全。发包人不承担承包人及其分包单位雇工或其他人员的伤亡赔偿或补偿责任。

4．承包人在施工现场的安全管理、教育和安全事故的责任皆有承包人自己承担。

5. 承包人违反安全施工的有关规定，其责任及所发生的一切费用由承包人自行承担。

6. 其他事项执行通用条款第五条。

### 六、合同价款与支付

23. 合同价款及调整

23.2 本合同价款采用(1)方式确定。

(1) 采用固定价格合同，合同价款中包括的风险范围：

执行招标文件第15.2.1条风险范围的约定

风险费用的计算方法：无

风险范围以外合同价款调整方法：执行招标文件第17条

(2) 采用可调价格合同，合同价款调整方法：无

(3) 采用成本加酬金合同，有关成本和酬金的约定：无

23.3 双方约定合同价款的其他调整因素：1. 设计变更；2. 现场经济签证；3. 新增（减）工程；4. 材料暂估价和专业工程暂估价。

甲控材料：工程结算价格按甲方认可的实际采购价格调整；

甲供材料：工程结算价格按表列价格扣除1‰保管费扣除甲供材料款；

专业工程暂估价项目：工程结算价格按甲方认可的实际分包价格调整。

24. 工程预付款

发包人向承包人预付工程款的时间和金额或占合同价款总额的比例：合同签订进场后7日内支付工程价款的10%（以每幢楼中标价扣除专业工程暂估价为付款基数）

扣回工程款的时间、比例：分批扣回，详见工程进度款支付金额表

25. 工程量确认

25.1 承包人向工程师提交已完工程量报告的时间：

每月25日前提交本月已完工程量报告，逾期提交的，承包人自行承担后果。

26. 工程款（进度款）支付

双方约定的工程款（进度款）支付的方式和时间：

按工程形象进度节点分批次支付工程进度款，工程主体验收合格后付至已完工程价款的75%，工程竣工验收合格并取得质量监督报告后付至已完工程价款的80%，(具体付款情况详见合同内工程进度款支付金额表)。竣工结算审计完成后按结算价的5%扣除工程保修金，余款在28天内付清。

承包人在每次工程达到每阶段合同规定付款条件后应提交完成工程量形象进度报告和工程款支付申请报告，报监理方、发包人审核确认后支付工程款。否则发包人有权拒绝支付该阶段工程款。

合同履行过程中合同价款的调整均在竣工结算时调整，合同履行过程中不预付该款项，如发生重大变更（变更价款超合同总价的30%，或项目重新设计等），双方确认后，付款金额相应调整。

每次支付工程款时，承包人需向发包人提供有效的合法发票。

七、材料设备供应

27. 发包人供应材料设备

27.4 发包人供应的材料设备与一览表不符时，双方约定发包人承担责任如下：

(1) 材料设备单价与一览表不符： /
(2) 材料设备的品种、规格、型号、质量等级与一览表不符： /
(3) 承包人可代为调剂串换的材料： /
(4) 到货地点与一览表不符： /
(5) 供应数量与一览表不符： /
(6) 到货时间与一览表不符： /

27.6 发包人供应材料设备的结算方法： /

28. 承包人采购材料设备

28.1 承包人采购材料设备的约定：

本工程除甲供材外，其他所用材料均由承包人自行采购

1. 承包人采购材料设备按发包人约定的质量要求采购；2. 其他材料设备质量按相关标准执行；3. 材料进场按规定办理手续。4. 清单中（含消防）发包方暂定价材料须由承包方在材料进场十天前提出书面申请写明进场材料品种名称、材料规格等情况报于监理、代建办、发包方及跟踪审计单位，待发包方确定品牌及价格后书面通知承包方，由承包方进行采购。(此十天中采购时价格如有变动承包方应及时书面告知监理及发包方，由发包方给予书面调整，超过此期限的价格调整由承包方承担) 5. 其余执行通用条款规定。

八、工程变更

除设计变更、现场签证和新增（减）工程外，其余均不作调整；设计变更、现场签证、新增（减）工程均须经设计院、监理工程师、代建办和发包人代表签字认可，跟踪审计单位审核确认。

九、竣工验收与结算

32. 竣工验收

32.1 承包人提供竣工图的约定：工程项目竣工验收后28天内按相关竣工图的要求向发包人提供能满足存档要求的贰套竣工图以及施工资料原件两套。

32.6 中间交工工程的范围和竣工时间：本工程竣工日期指工程竣工验收合格并对验收提出问题整改完毕之日。

十、违约、索赔和争议

35. 违约

35.1 本合同中关于发包人违约的具体责任如下：

本合同通用条款第24条约定发包人违约应承担的违约责任：按通用条款第24条的有关规定执行。

本合同通用条款第26.4款约定发包人违约应承担的违约责任：执行通用条款第26.4条

本合同通用条款第 33.3 款约定发包人违约应承担的违约责任：执行通用条款第 33.3 条

双方约定的发包人其他违约责任：无

35.2 本合同中关于承包人违约的具体责任如下：

本合同通用条款第 14.2 款约定承包人违约承担的违约责任：执行通用条款第 14.2 条，每延期一天，承包人向发包人支付违约金 5000 元，在工程结算中扣除。

本合同通用条款第 15.1 款约定承包人违约应承担的违约责任：承包人予以返工或修复直至验收合格，所发生的费用由承包人承担，承包人还应当赔偿因此给发包人造成的一切损失，因此延误的工期不予顺延。

双方约定的承包人其他违约责任：因承包人原因，造成发包人增加工程费用和产生项目赔付费用，此部分费用由承包人无条件承担。

37. 争议

37.1 双方约定，在履行合同过程中产生争议时，采取第(2)种方式解决：

(1) 请 ／ 调解；

(2) 向工程所在地有管辖权的人民法院提起诉讼。

十一、其他

38. 工程分包

38.1 本工程发包人同意承包人分包的工程：本工程项目应自行完成，不准转包和分包；若因故不能自行完成，未经发包人同意，不得擅自分包。若发现擅自分包，发包人有权要求解除合同，一切损失由承包人承担。

39. 不可抗力

39.1 双方关于不可抗力的约定：按通用条款第 39 条的有关规定执行。

40. 保险

40.6 本工程双方约定投保内容如下：

(1) 发包人投保内容： ／

发包人委托承包人办理的保险事项： ／

(2) 承包人投保内容：执行通用条款，因承包人原因造成的任何事故（包括第三方人员在内）所发生的依法应该支付的损失赔偿费、抚恤费和法律责任均由承包人负责，发包人不承担此等责任。

41. 担保

41.3 本工程双方约定担保事项如下：

(1) 发包人向承包人提供履约担保，担保方式为：无担保担保合同作为本合同附件。

(2) 承包人向发包人提供履约担保，担保方式为：履约保证金按合同总价的 10%，签订合同前以现金或支票的方式交发包人指定账户。无担保合同作为本合同附件。

(3) 双方约定的其他担保事项：廉洁从业保证金：为杜绝工程建设中的违法、违纪现象，本工程要求中标人在中标公示结束后 5 日内递交廉洁从业保证金，金额为合同总价的2%，交到发包人指定账户，并严格执行××市××有限公司的《廉洁从业保证管理制度》。

46. 合同份数

46.1 双方约定合同副本份数：<u>正本贰份，双方各执壹份。副本捌份双方各执肆份</u>

47. 补充条款

1. <u>本工程由××市审计局全过程跟踪审计。</u>

2. <u>工程质量要求达到合同约定标准，未达到优质结构工程的罚该部分工程结算价的3‰；未达到优质工程的罚该部分工程结算价的5‰。</u>

3. <u>承包人应认真编制竣工结算报告，不得高估冒算。工程结算（包括现场签证）审减额超过5%（含），在结算价款中按审减额的5%扣除相应费用，审减额超过10%（含），在结算价款中按审减额的10%扣除相应费用。</u>

4. <u>履约保证金的返还：分期返还（无息）。</u>

5. <u>廉洁保证金的返还：在无违法、违纪现象的情况下，完成竣工结算审计后7日内，全额返还（无息）。</u>

6. <u>施工过程中，承包人无条件配合发包人处理周围相关事宜及相关分包工程的施工。</u>

7. <u>施工用水、用电由承包人挂表计量，费用由承包人承担，损耗由承包人加权分摊，从工程进度款中扣除。</u>

8. <u>中标后被发现有出卖资质、非法挂靠行为的中标人（承包人），发包人有权单方解除施工合同，清退施工人员并按合同总价的10%收取违约金，在这种情况下，承包人必须在10日内退场，并且不得提出任何对发包人不利的要求。</u>

## 第四部分　附　件

附件1

### 承包人承揽工程项目一览表

| 单位工程名称 | 建设规模 | 建筑面积（平方米） | 结构 | 层数 | 跨度（米） | 设备安装内容 | 工程造价（元） | 开工日期 | 竣工日期 |
|---|---|---|---|---|---|---|---|---|---|
| | | | | | | | | | |
| | | | | | | | | | |

附件2

### 发包人供应材料设备一览表

| 序号 | 材料设备品种 | 规格型号 | 单位 | 数量 | 单价 | 质量等级 | 供应时间 | 送达地点 | 备注 |
|---|---|---|---|---|---|---|---|---|---|
| | | | | | | | | | |
| | | | | | | | | | |

附件3

表一：

**工程进度款支付金额表**

| | 11层 | | | |
|---|---|---|---|---|
| | 本期应付款 | 本期应扣预付款 | 本期应返还履约保证金 | 本期实际付款 |
| 一层楼面混凝土完成 | | | | |
| 五层楼面混凝土完成 | | | | |
| 九层楼面混凝土完成 | | 20%预付款 | | |
| 主体结构封顶 | | 25%预付款 | | |
| 主体验收合格 | | | | |
| 内、外墙抹灰完成50% | | | | |
| 内、外墙抹灰完成 | | 25%预付款 | | |
| 竣工初验合格 | | 30%预付款 | | |
| 竣工验收合格取得质量监督报告 | | | | |

注：高层参照11层，每完成4层楼面混凝土按一个节点计算。

表二：

**工程进度款支付金额表**

| | 6层 | | | |
|---|---|---|---|---|
| | 本期应付款 | 本期应扣预付款 | 本期应返还履约保证金 | 本期实际付款 |
| 一层楼面混凝土完成 | | | | |
| 四层楼面混凝土完成 | | | | |
| 主体结构封顶 | | 50%预付款 | | |
| 主体验收合格 | | | | |
| 内、外墙抹灰完成 | | | | |
| 竣工初验合格 | | 50%预付款 | | |
| 竣工验收合格取得质量监督报告 | | | | |

附件4

## 工程质量保修书

发包人（全称）：××有限公司

承包人：（全称）＿＿＿＿＿＿＿＿＿＿

为保证××小区B区（第二标段）工程（工程名称）在合理使用期限内正常使用，发包人承包人协商一致签订工程质量保修书。承包人在质量保修期内按照有关管理规定及双方约定承担工程质量保修责任。

一、工程质量保修范围和内容

质量保修范围包括地基基础工程、主体结构工程、屋面防水工程和双方约定的其他土建工程，以及电气管线、上下水管线的安装工程，供热、供冷系统工程等项目。具体质量保修内容双方约定如下：

_____

_____

二、质量保修期

质量保修期从工程实际竣工之日算起。分单项竣工验收的工程，按单项工程分别计算质量保修期。

双方根据国家有关规定，结合具体工程约定质量保修期如下：

1. 地基基础工程和主体结构工程，为设计文件规定的该工程的合理使用年限；
2. 屋面防水工程、有防水要求的卫生间、房间和外墙面的防渗漏为 5 年；
3. 电气管线、上下水管线、设备安装工程为 2 年；
4. 供热及供冷为 2 个采暖期及供冷期；
5. 室外的上下水和小区道路等市政公用工程为 2 年；
6. 装修工程为 2 年；
7. 上述未列入的其他工程内容保修期均为 2 年。

三、质量保修责任

1. 属于保修范围和内容的项目，承包人应在接到修理通知之日后 7 天内派人修理。承包人不在约定期限内派人修理，发包人可委托其他人员修理，保修费用从质量保修金内扣除。

2. 发生须紧急抢修事故（如上水跑水、暖气漏水漏气、燃气漏气等），承包人接到事故通知后，应立即到达事故现场抢修。非承包人施工质量引起的事故，抢修费用由发包人承担。

3. 在国家规定的工程合理使用期限内，承包人确保地基基础工程和主体结构的质量。因承包人原因致使工程在合理使用期限内造成人身和财产损害的，承包人应承担损害赔偿责任。

四、质量保修金的支付

工程质量保修金一般不超过施工合同价款的 5%，本工程约定的工程质量保修金为施工结算价款的 5%。

本工程双方约定承包人向发包人支付工程质量保修金金额为 _____（大写）。

五、质量保修金的返还

竣工验收合格 2 年后无质量问题并通过双方及物业管理方验收确认后二周内支付结算价的 3%，竣工验收合格 5 年后无质量问题并通过双方及物业管理方验收确认后二周内支付结算价的 2%。

六、其他

双方约定的其他工程质量保修事项：_____

_____

本工程质量保修作书为施工合同附件，由施工合同发包人承包人双方共同签署。

发包人（公章）：                             承包人（公章）：

法定代表人（签字）：                         法定代表人（签字）：

_____年__月__日                             _____年__月__日

## 第三章　技　术　规　范

一、工程建设地点的现场条件：

1. 现场自然条件

（包括：现场环境、地形、地貌、地质、水文、地震烈度及气温、雨雪量、风向、风力等）

2. 现场施工条件

（包括：建设用地面积、建筑物占地面积、场地拆迁及平整情况、施工用水、电及有关勘探资料等）

二、本工程采用的技术规范：执行现行技术规范。

<u>执行国家、江苏省及××市颁发的现行规范、标准及相关文件。</u>

三、对施工工艺的特殊要求____无____

## 第四章　图纸、资料及附件

## 第五章　投标文件格式

格式一：投标函

<u>××有限公司</u>：

（一）根据已获取的<u>××小区 B 区（第二标段）</u>工程招标文件，按照《中华人民共和国招标投标法》及有关规定，我单位经考察现场和研究招标文件后，愿以人民币（大写）的总价，按招标文件的要求承包本次招标范围内的全部工程。

（二）我单位保证在收到贵单位发出的书面开工通知立即开工，并在_____日历天内竣工。

（三）我单位保证本工程质量达到_____标准。

（四）贵单位的招标文件、中标通知书和本投标文件将构成约束我们双方的合同。

投标人（法人印章）
法定代表人（印章）
年　　月　　日

格式二：法定代表人资格证明书

单位名称：

地址：

姓名：　　　　　性别：　　　　　年龄：　　　　　职务：

系_____的法定代表人。为施工、竣工和保修_____的工程，签署上述工程的投标文件、进行合同谈判、签署合同和处理与之有关的一切事务。

特此证明。

投标单位：（盖章）<br>
日期：　　　年　　　月　　　日

格式三：授权委托书

本授权委托书声明：我_____（姓名）系_____（投标人名称）的法定代表人，现授权委托_____（单位名称）_____（姓名）为我的代理人，以本公司的名义参加_____工程的投标。授权代理人所签署的一切文件和处理与之有关的一切事务，我均予以承认。

代理人无转委权，特此委托。

代理人：_____性别：_____年龄：_____

投　标　人（法人印章）：<br>
法定代表人（印章）：<br>
年　　　月　　　日

附：

| （代理人身份证复印件粘贴处） |
| --- |

格式四：投标人及建造师业绩公示一览表

××有限公司：

根据已获取的××小区 B 区（第二标段）工程招标文件中的评标办法，现将符合招标文件要求的投标人及建造师业绩汇总如下表。本表中内容如有不实，我单位愿承担一切法律责任。

投标人（法人印章）<br>
法定代表人（印章）

一、投标人业绩汇总表

①投标人获得市级及以上优质工程证书　　4.0分

| 序号 | 工程名称 | 证书名称 | 发证机关 | 发证时间 | 自评得分 | 备注 |
|---|---|---|---|---|---|---|
|  |  |  |  |  |  |  |
|  |  |  |  |  |  |  |

②投标人获得市级及以上施工安全文明工地证书、安全质量标准化工地证书1.0分

| 序号 | 工程名称 | 证书名称 | 发证机关 | 发证时间 | 自评得分 | 备注 |
|---|---|---|---|---|---|---|
|  |  |  |  |  |  |  |
|  |  |  |  |  |  |  |
| 自评汇总得分 | | | | | | |

二、建造师业绩汇总表（本工程我单位所报建造师为_____）

①该建造师获得市级及以上优质工程证书　　4.0分

| 序号 | 工程名称 | 证书等 | 发证机关 | 发证时间 | 自评得分 | 备注 |
|---|---|---|---|---|---|---|
|  |  |  |  |  |  |  |
|  |  |  |  |  |  |  |

②获得市级及以上施工安全文明工地证书、安全质量标准化工地证书　　1.0分

| 序号 | 工程名称 | 证书等级 | 发证机关 | 发证时间 | 自评得分 | 备注 |
|---|---|---|---|---|---|---|
|  |  |  |  |  |  |  |
|  |  |  |  |  |  |  |
| 自评汇总得分 | | | | | | |

备注：本表用于评标及中标后公示，请各投标人严格按照本工程招标文件的评标办法，以及本单位业绩原件的情况，认真进行填写。如有不实行为，将负一切法律后果。

**格式五：投标承诺书**

××有限公司：

我单位有幸参加××小区B区（第二标段）工程的招投标活动，在此承诺如下：

1. 投标项目经理部人员全部为本单位正式上岗人员；
2. 本工程不串通投标、不转包、不违法分包、不私招乱雇人员，并向管理部门提供自有劳务人员名单；
3. 总承包单位专业（劳务）分包，或专业公司劳务分包按规定办理分包合同备案手续；
4. 按要求办理民工维权告示牌、民工劳动计酬手册及民工上岗胸牌；
5. 保证投标保证金从投标人的基本帐户存入到交易中心保证金的专储帐户，所有的投标保证金只退还到投标人公司注册地银行基本帐户；
6. 遵守廉洁相关规定，不向招投标各方主体及监管部门行贿、受贿；
7. 选派建造师无在建工程。

以上承诺如有违反，愿接受相关部门处罚，赔偿招标人损失，并自愿退出××招

投标市场。

投标人（法人印章）<br>法定代表人（印章）

**格式六：计划投入的主要施工机械设备表**

| 序号 | 机械或设备名称 | 型号规格 | 数量 | 国别产地 | 制造年份 | 额定功率 KW | 生产能力 M/H | 备注 |
|------|----------------|----------|------|----------|----------|-------------|--------------|------|
|      |                |          |      |          |          |             |              |      |
|      |                |          |      |          |          |             |              |      |

**格式七：主要施工人员表**

| 机构 | 项目工程师 | 姓名 | 职务 | 职称 | 主要资历、经验及承担过的项目 |
|------|------------|------|------|------|------------------------------|
| 总部 |            |      |      |      |                              |
| 现场 |            |      |      |      |                              |

## 第六章  工程量清单与报价表

# 单元小结

招标工作一定按规定的程序进行。在招标文件的编制过程中要注意选择合理的计量方法和计价方法。而对于招标文件的内容，投标人一定要仔细研究。

# 单元课业

一、课业说明

完成对实际招标案例的分析。

二、参考资料

招标文件。教学课件。视频教学资料。网络教学资源。任务工单。

## 三、单选题

1. 《招标投标法》规定，依法必须招标的项目自招标文件开始发出之日起至投标人提交投标文件截止之日止，最短不得少于（　　）。
   A. 20d      B. 30d      C. 10d      D. 15d

2. 根据《招标投标法》规定，招标人和中标人应当在中标通知书发出之日起（　　）内，按照招标文件和中标人的投标文件订立书面合同。
   A. 20d      B. 30d      C. 10d      D. 15d

3. 招标人采用邀请招标方式招标时，应当向（　　）个以上具备承担招标项目的能力、资信良好的特定的法人或者其他组织发出投标邀请书。
   A. 3      B. 4      C. 5      D. 2

4. 评标委员会的组成人员中，要求技术经济方面的专家不得少于成员总数的（　　）。
   A. 1/2      B. 2/3      C. 1/3      D. 1/5

5. 向中标人和未中标的投标人退投标保证金，是在招标人与中标人签订合同后（　　）个工作日内。
   A. 5      B. 10      C. 15      D. 20

6. 下列哪一选项是正确的（　　）。
   A. 招标人提供的分部分项工程量清单项目漏项，若合同中没有类似项目综合单价，招标方提出适当的综合单价
   B. 招标人提供的分部分项工程量清单数量有误，调整的工程数量由发包人重新计算，作为结算依据
   C. 招标人提供的分部分项工程量清单数量有误，其增加部分工程量单价一律执行原有的综合单价
   D. 清单项目中项目特征或工程内容发生变更的，以原综合单价为基础，仅就变更部分相应定额子目调整综合单价

7. 对工程招投标来说，（　　）。
   A. 招标是要约，投标是承诺
   B. 投标是要约，中标通知书是承诺
   C. 招标是要约邀请，投标是承诺
   D. 开标是要约，中标通知书是承诺

8. 工程量清单应由具有编制招标文件能力的招标人或受其委托具有相应资质的（　　）进行编制。
   A. 招标代理机构      B. 中介机构
   C. 造价工程师        D. 造价咨询单位

9. 中标通知书发出后（　　）天内，双方应按照招标文件和投标文件订立书面合同。
   A. 15 天      B. 30 天      C. 45 天      D. 3 个月

10. 《招标投标法》规定，中标人的投标应当符合下列条件之一：（　　）。
    A. 中标人报价最低

B. 经评审的合理低价

C. 能够满足招标文件的实质性要求，并且经评审的投标价格最低；但是投标价格低于成本的除外

D. 经评审的合理低价且不低于成本

## 四、多选题

1. 《招标投标法》第 5 条规定："招标投标活动应当遵循（　　）原则。"
   A. 公开　　　　　　　　　　B. 公平
   C. 诚实信用　　　　　　　　D. 公正
   E. 平等

2. 我国《招标投标法》规定，建设工程招标方式有（　　）。
   A. 公开招标　　　　　　　　B. 议标
   C. 国际招标　　　　　　　　D. 行业内招标
   E. 邀请招标

3. 工程建设项目招标范围包括（　　）。
   A. 全部或者部分使用国有资金投资或者国家融资的项目
   B. 施工单项合同估算价在 100 万元人民币以上的
   C. 关系社会公共利益、公众安全的大型基础设施项目
   D. 使用国际组织或者外国政府资金的项目
   E. 关系社会公共利益、公众安全的大型公用事业项目

4. 《工程建设项目招标范围和规模标准规定》中关系社会公共利益、公众安全的公用事业项目包括（　　）等。
   A. 生态环境保护项目
   B. 供水、供电、供气、供热等市政工程项目
   C. 商品住宅，包括经济适用住房
   D. 科技、教育、文化等项目
   E. 铁路、公路、管道、水运、航空等交通运输项目

5. 《招标投标法》第 66 条规定：（　　）等特殊情况，不适宜进行招标的项目，按国家规定可以不进行招标。
   A. 涉及国家安全、国家秘密
   B. 使用国际组织或者外国政府资金的项目
   C. 抢险救灾
   D. 利用扶贫资金实行以工代赈需要使用农民工
   E. 生态环境保护项目

6. 招标文件应当包括（　　）等所有实质性要求和条件以及拟签订合同的主要条款。
   A. 招标工程的报批文　　　　B. 招标项项目的技术要求

  C. 对投标人资格审查的标准    D. 投标报价要求
  E. 评标标准

7. 我国招标投标法规定，开标时由（　　）检查投标文件密封情况，确认无误后当众拆封。
  A. 招标人    B. 投标人或投标人推选的代表
  C. 评标委员会    D. 地方政府相关行政主管部门
  E. 公证机构

8. 评标委员会负责人可以由（　　）。
  A. 政府指定    B. 评标委员会成员推举产生
  C. 投标人推举产生    D. 招标人确定
  E. 中介机构推荐

9. 《评标委员会和评标方法暂行规定》中规定的废标包括（　　）。
  A. 以虚假方式谋取中标    B. 提供了不完整的技术信息
  C. 拒不对投标文件澄清和说明    D. 拒不对投标文件改正
  E. 未能在实质上响应的投标

10. 《评标委员会和评标方法暂行规定》中规定的投标文件重大偏差包括（　　）。
  A. 没有按照招标文件要求提供投标担保
  B. 投标文件没有投标人授权代表签字和加盖公章
  C. 投标文件载明的招标项目完成期限超过招标文件规定的期限
  D. 提供了不完整的技术信息和数据
  E. 投标文件附有招标人不能接受的条件

## 五、实训项目

1. 参观徐州建设工程交易中心，使学生了解工程交易中心的性质、作用、办公流程；
2. 模拟实际招投标程序（或观看录像），使学生了解招标程序，并能根据项目特点，把握招标文件的侧重点。

# 单元 6
# 建筑工程投标

**引 言**

建设项目招投标是市场经济的产物。推行工程招投标的目的，就是在建筑市场中建立竞争机制。这就需要投标企业根据项目具体特征、自身竞争力和当前的市场环境，进行正确的投标决策，选取适当的投标策略和技巧。本单元主要介绍建筑工程投标程序、内容、各阶段工作要点；根据招标文件编制投标文件；投标方案选择、报价策略选择；各种投标报价的技巧。

**学习目标**

通过本章学习，你将能够：
1. 掌握建筑工程投标程序、内容、各阶段工作要点；
2. 根据招标文件编制施工投标文件；
3. 作出正确的投标决策，并根据实际情况选择合适的报价技巧。

## 6.1 投标人及其资格条件

### 6.1.1 投标人的资格要求

1. 投标人是响应招标、参加投标竞争的法人或者其他组织

《工程建设项目施工招标投标办法》第35条规定，招标人的任何不具备独立法人资格的附属机构（单位），或者为招标项目的前期准备或者监理工作提供设计、咨询服务的任何法人及其任何附属机构（单位），都无资格参加该招标项目的投标。

2. 投标人应当具备承担招标项目的能力；具备国家和招标文件规定的对投标人的资格要求

（1）具有招标条件要求的资质证书，并为独立的法人实体；
（2）承担过类似建设项目的相关工作，并有良好的工作业绩和履约记录；
（3）财产状况良好，没有处于财产被接管、破产或其他关、停、并、转状态；
（4）在最近3年没有骗取合同以及其他经济方面的严重违法行为；
（5）近几年有较好的安全纪录，投标当年内没有发生重大质量和特大安全事故。

### 6.1.2 联合体投标各方的资质条件

两个以上法人或者其他组织可以组成一个联合体，以一个投标人的身份共同投标。联合体投标需满足：

1. 联合体各方均应当具备承担招标项目的相应能力；
2. 国家有关规定或者招标文件对投标人资格条件有规定的，联合体各方均应当具备规定的相应资格条件；
3. 由同一专业的单位组成的联合体，按照资质等级较低的单位确定资质等级。

## 6.2 投标程序

### 6.2.1 投标报价的前期工作

在取得招标信息后，投标人首先要决定是否参加投标，如果确定参加投标，要进

行以下前期工作：

1. 通过资格预审，获取招标文件
2. 组织投标报价班子

一般来说，班子成员可分为三个层次，即报价决策人员、报价分析人员和基础数据采集和配备人员。

3. 研究招标文件

投标人取得招标文件后，为保证工程量清单报价的合理性，应对投标人须知、合同条件、技术规范、图纸和工程量清单等重点内容进行分析，深刻而正确地理解招标文件和业主的意图。

（1）投标人须知

它反映了招标人对投标的要求，特别要注意项目的资金来源、投标书的编制和递交、投标保证金、更改或备选方案、评标方法等，重点在于防止废标。

（2）合同分析

包括合同背景分析和合同形式分析。

（3）合同条款分析

主要是发承包双方的任务、责任和工作范围，付款方式、时间，工期，工程变更时相关规定。

（4）技术标准和要求分析

（5）图纸分析

4. 工程现场调查

招标人在招标文件中一般会明确进行工程现场踏勘的时间和地点。投标人对一般区域调查重点注意以下几个方面：

（1）自然条件调查：包括气象、水文资料，地质资料等。

（2）施工条件调查：包括三通一平的情况，现场周围的交通情况及建筑物情况，周围水电管网布置情况。

（3）其他条件调查

### 6.2.2 调查询价

询价是投标报价的基础，它为投标报价提供可靠的依据。询价时要特别注意两个问题，一是产品质量必须可靠，并满足招标文件的有关规定；二是供货方式、时间、地点，有无附加条件和费用。

1. 生产要素询价

（1）材料询价

材料询价的内容包括调查对比材料价格、供应数量、运输方式、保险和有效期、支付方式等。

（2）施工机械设备询价

必须采购的机械设备，可向供应厂商询价。对于租赁的机械设备，可向专门从事租赁业务的机构询价,并应详细了解其计价方法,在外地施工需用的机械设备,有时在当地租赁或采购可能更为有利。

(3) 劳务询价

劳务询价主要有两种情况:一是劳务公司,相当于劳务分包,一般费用较高,但素质较可靠,工效较高,承包商的管理工作较轻;另一种是劳务市场招聘,这种方式劳务价格低廉,但有时素质达不到要求或工效降低,且承包商的管理工作较繁重。投标人应在对劳务市场充分了解的基础上决定采用哪种方式,并以此为依据进行投标报价。

2. 分包询价

对分包人询价应注意以下几点:分包标函是否完整,分包工程单价所包含的内容,分包人的工程质量、信誉及可信赖程度,质量保证措施,分包报价等。

### 6.2.3 复核工程量

复核工程量,要与招标文件中所给的工程量进行对比,注意以下几方面:

(1) 投标人应认真根据招标说明、图纸、地质资料等招标文件资料,计算主要清单工程量,复核工程量清单。其中特别注意,按一定顺序进行,避免漏算或重算;正确划分分部分项工程项目,与"清单计价规范"保持一致。

(2) 复核工程量的目的不是修改工程量清单(即使有误,投标人也不能修改工程量清单中的工程量,因为修改了清单就等于擅自修改了合同)。对工程量清单存在的错误,可以向招标人提出,由招标人统一修改,并把修改情况通知所有投标人。

(3) 针对工程量清单中工程量的遗漏或错误,是否向招标人提出修改意见取决于投标策略。投标人可以运用一些报价的技巧提高报价的质量,争取在中标后能获得更大的收益。

(4) 通过工程量复核计算能准确地确定订货及采购物资的数量,防止由于超量或少购等带来的浪费、积压或停工待料。

在核算完全部工程量清单中的细目后,投标人应按大项分类汇总主要工程总量,以便获得对整个工程施工规模的整体概念,并据此研究采用合适的施工方法,选择适用的施工设备等。

### 6.2.4 选择施工方案

1. 编制施工进度计划

(1) 确定施工项目

编制施工进度计划时,首先按照施工图纸和施工顺序把拟建单位工程的各个施工过程列出,并结合施工方法、施工条件、劳动组织等因素,加以适当调整,使其成为编制施工进度计划需要的施工项目。

(2) 计算工程量

工程量计算应根据施工图和工程量计算规则进行。当编制施工进度计划前已有工程预算文件,并且它采用的定额和项目的划分与施工进度计划一致时,可以直接利用预算的工程量;若某些项目有出入,但出入不大时,要结合工程项目的实际划分需要作某些必要的变更、调整和补充。

(3) 确定劳动量和机械台班数量

根据各分部分项工程的工程量、施工方法和有关主管部门颁发的定额,并参照施工单位的实际情况,计算各施工项目所需要的劳动量和机械台班数量。

(4) 初排施工进度,施工进度计划的检查和调整

施工进度计划初步方案编出后,应根据上级要求、合同规定、经济效益及施工条件等,先检查各施工项目之间的施工顺序是否合理、工期是否满足要求、劳动力等资源需要量是否均衡;然后进行调整,直至满足要求;最后编制正式施工计划。

2. 施工准备工作及劳动力和物资需要量计划

单位工程施工进度计划编出后,即可着手编制施工准备工作计划和劳动力及物资需要量计划。

(1) 劳动力需要量计划主要根据确定的施工进度计划提出,其方法是按进度表上每天所需人数分工种分别统计,得出每天所需工种及人数,按时间进度要求汇总编出。

(2) 施工机械、主要机具需要量计划主要根据单位工程分部分项施工方案及施工进度计划要求,提出各种施工机械、主要机具的名称、规格、型号、数量及使用时间。

(3) 预制构件包括钢筋混凝土构件、木构件、钢构件、混凝土制品等。

(4) 主要材料需要量计划主要根据工程量及预算定额统计计算并汇总的施工现场需要的各种主要材料用量。作为组织供应材料、拟订现场堆放场地及仓库面积需用量及运输计划提供依据。编制时,应提出各种材料的名称、规格、数量、使用时间等要求。

### 6.2.5 编制投标报价

投标报价就是说在工程招标发包过程中,由投标人按照招标文件的要求,根据工程特点,并结合自身的施工技术、装备和管理水平,依据有关计价规定自主确定的工程造价。编制投标报价之前,首先要根据招标文件核对工程量,还要考虑采用合适的合同形式。

### 6.2.6 投标

投标人按照招标人要求完成标书的准备与填报后,就可以正式提交投标文件。要注意选择合适的投标报价策略和方法,在后面会有详细叙述。

## 6.3 投标文件的内容

工程投标文件,是工程投标人单方面阐述自己响应招标文件要求,旨在向招标人提出愿意订立合同的意思表示,是投标人确定、修改和解释有关投标事项的各种书面表达形式的统称。

投标人在投标文件中必须明确向招标人表示愿以招标文件的内容订立合同的意思;必须对招标文件提出的实质性要求和条件做出响应,不得以低于成本的报价竞标;必须由有资格的投标人编制;必须按照规定的时间、地点递交给招标人。否则该投标文件将被招标人拒绝。

### 6.3.1 投标文件组成

投标文件一般由下列内容组成:
1. 投标函及投标函附录;
2. 法定代表人资格证明书;
3. 授权委托书;
4. 联合体协议书;
5. 投标保证金;
6. 具有标价的工程量清单与报价表;
7. 辅助资料表;
8. 资格审查表(资格预审的不采用);
9. 对招标文件中的合同协议条款内容的确认和响应;
10. 施工组织设计;
11. 招标文件规定提交的其他资料。

根据招标文件载明的项目实际情况,如果准备在中标后将中标项目的部分非主体、非关键工程进行分包,投标人则应在投标文件中修改或者撤回已提交的投标文件并载明。在招标文件要求提交投标文件的截止时间前,投标人可以补充并书面通知招标人。补充、修改的内容也是投标文件的组成部分。招标人应当拒收在提交投标文件的截止时间后送达的投标文件。

### 6.3.2 投标文件的格式

投标人必须使用招标文件提供的投标文件表格格式,但表格可以按同样格式扩展。招标文件中拟定的供投标人投标时填写的一套投标文件格式,主要有投标函及其附录、工程量清单与报价表、辅助资料表等。

投标文件格式：

一、投标函及投标函附录

（一）投标函

（二）投标函附录

二、法定代表人身份证明

三、授权委托书

四、联合体协议书

五、投标保证金

六、已标价工程量清单

七、施工组织设计

附表一：拟投入本标段的主要施工设表

附表二：拟配备本标段的试验和检测仪器设备表

附表三：劳动力计划表

附表四：计划开、竣工日期和施工进度网络图

附表五：施工总平面图

附表六：临时用地表

八、项目管理机构

（一）项目管理机构组成表

（二）主要人员简历表

九、拟分包项目情况表

十、资格审查资料

（一）投标人基本情况表

（二）近年财务状况表

（三）近年完成的类似项目情况表

（四）正在施工的和新承接的项目情表

（五）近年发生的诉讼及仲裁情况

十一、其他材料

### 6.3.3 编制投标文件的步骤

编制投标文件的一般步骤是：

1. 熟悉招标文件、图纸、资料，对图纸、资料有不清楚、不理解的地方，可以用书面或口头方式向招标人询问、澄清；

2. 参加招标人施工现场情况介绍和答疑会；

3. 调查当地材料供应和价格情况；

4. 了解交通运输条件和有关事项；

5. 编制施工组织设计，复查、计算图纸工程量；

6. 编制或套用投标单价；
7. 计算取费标准或确定采用取费标准；
8. 计算投标造价；
9. 核对调整投标造价；
10. 确定投标报价。

## 6.4 投标文件编制

### 6.4.1 商务标编制

工程报价是投标的关键性工作，也是整个投标工作的核心。它不仅是能否中标的关键而且对中标后的盈利多少，在很大程度上起着决定性的作用。

1. 投标报价的含义

《建设工程工程量清单计价规范》规定，"投标价是投标人投标时报出的工程造价"。也就是说在工程招标发包过程中，由投标人按照招标文件的要求，根据工程特点，并结合自身的施工技术、装备和管理水平，依据有关计价规定自主确定的工程造价就是投标价。

投标报价是投标人希望达成工程承包交易的期望价格，它不能高于招标人设定的招标控制价。

2. 投标报价的编制原则

（1）投标报价由投标人自主确定，但必须执行《建设工程工程量清单计价规范》的强制性规定。投标价应由投标人或受其委托，具有相应资质的工程造价咨询人员编制。

（2）投标人的投标报价不得低于成本。

（3）投标报价要根据招标文件中规定的承发包双方责任划分情况，分析合同风险，从而选择不同的报价策略；根据工程承发包模式考虑投标报价的费用内容和计算深度。

（4）工程投标报价的编制以施工方案、技术措施等作为投标报价计算的基本条件；以企业定额作为计算人工、材料和机械台班消耗量的基本依据；要较准确地反映工程价格。

3. 投标报价的编制依据

《建设工程工程量清单计价规范》规定，投标报价应根据下列依据编制：

（1）工程量清单计价规范；
（2）国家或省级、行业建设主管部门颁发的计价办法；
（3）企业定额，国家或省级、行业建设主管部门颁发的计价定额；
（4）招标文件、工程量清单及其补充通知、答疑纪要；

(5) 建设工程设计文件及相关资料；
(6) 施工现场情况、工程特点及拟定的投标施工组织设计或施工方案；
(7) 与建设项目相关的标准、规范等技术资料；
(8) 市场价格信息或工程造价管理机构发布的工程造价信息；
(9) 其他的相关资料。

4. 投标报价的编制方法和内容

投标报价的编制过程，应首先根据招标人提供的工程量清单编制分部分项工程量清单计价表、措施项目清单计价表、其他项目清单计价表、规费、税金项目清单计价表，计算完毕之后，汇总而得到单位工程投标报价汇总表，再层层汇总，分别得出单项工程投标报价汇总表和工程项目投标总价汇总表。在编制过程中，投标人应按招标人提供的工程量清单填报价格。填写的项目编码、项目名称、项目特征、计量单位、工程量必须与招标人提供的一致。

(1) 分部分项工程量清单与计价表的编制

1) 分部分项工程综合单价组成

$$分部分项工程综合单价 = 人工费 + 材料费 + 机械使用费 + 管理费 + 利润 \tag{6-1}$$

2) 分部分项工程综合单价确定的步骤和方法

①确定计算基础

主要是确定消耗量的指标和生产要素的单价。

②明确每一个清单项目的工程内容

③计算每一个工程内容的定额工程数量与清单工程量

每一项工程内容都应根据《计价表》工程量计算规则计算工程量，当定额的工程量计算规则与清单的工程量计算规则相一致时，可直接以工程量清单中的工程量作为工程内容的工程数量。

④分部分项工程人工费、材料费、机械费、管理费、利润的计算

其中：

$$人工费 = 人工消耗量 \times 人工单价 \tag{6-2}$$

$$材料费 = 材料消耗量 \times 材料单价 \tag{6-3}$$

$$机械费 = 机械消耗量 \times 机械单价 \tag{6-4}$$

$$管理费 = (人工费 + 机械费) \times 管理费费率(\%) \tag{6-5}$$

$$利润 = (人工费 + 机械费) \times 利润率(\%) \tag{6-6}$$

⑤计算综合单价

将五项费用汇总之后，并考虑合理的风险费用后，即可得到分部分项工程量清单综合单价。

$$工程量清单的综合单价 = \frac{\sum(《计价表》项目工程量 \times 《计价表》项目综合单价)}{清单工程量} \tag{6-7}$$

3) 确定分部分项工程综合单价时的注意事项

①以项目特征描述为依据

投标人投标报价时应依据招标文件中分部分项工程量清单项目的特征描述确定清单项目的综合单价。在招投标过程中，当出现招标文件中分部分项工程量清单特征描述与设计图纸不符时，投标人应以分部分项工程量清单的项目特征描述为准，确定投标报价的综合单价。当施工中施工图纸或设计变更与工程量清单项目特征描述不一致时，发、承包双方应按实际施工的项目特征，依据合同约定重新确定综合单价。

②材料暂估价的处理

招标文件中在其他项目清单中提供了暂估单价的材料，应按其暂估的单价计入分部分项工程量清单项目的综合单价中。

③应包括承包人承担的合理风险

招标文件中要求投标人承担的风险费用，投标人应考虑进入综合单价。在施工过程中，当出现的风险内容及其范围（幅度）在招标文件规定的范围（幅度）内时，综合单价不得变动，工程价款不做调整。

(2) 措施项目清单与计价表的编制

编制内容主要是计算各项措施项目费。措施项目费应根据招标文件中的措施项目清单及投标时拟定的施工组织设计或施工方案按不同报价方式自主报价。

1) 措施项目费组成

措施项目费由通用项目措施费和专业项目措施费组成。

通用项目措施费包括环境保护费、现场安全文明施工费、临时设施费、夜间施工增加费、场内二次搬运费、大型机械设备进出场及安拆费、脚手架费、已完工程及设备保护费、施工排水、降水费和混凝土、钢筋混凝土模板及支架费。

专业项目措施费包括垂直运输机械费、检验试验费、室内空气污染测试费、赶工措施费、工程按质论价费和特殊条件下施工增加费。

2) 措施项目费确定的步骤和方法

$$措施项目费 = 分部分项工程费 \times 费率 \quad (6-8)$$

或者

$$措施项目费 = 综合单价 \times 工程量 \quad (6-9)$$

或者

措施项目费由双方约定。

3) 确定措施项目费时的注意事项

①投标人投标时应根据自身编制的投标施工组织设计或施工方案确定措施项目，对招标人提供的措施项目进行调整。

②措施项目清单计价应根据拟建工程的施工组织设计，可以计算工程量适宜采用分部分项工程量清单方式的措施项目应采用综合单价计价；其余的措施项目可以"项"为单位的方式计价，应包括除规费、税金外的全部费用。

③措施项目清单中的安全文明施工费应按照国家或省级、行业建设主管部门的规定计价，不得作为竞争性费用。招标人不得要求投标人对该项费用进行优惠，投标人

也不得将该项费用参与市场竞争。

(3) 其他项目清单与计价表的编制

其他项目费主要包括暂列金额、暂估价、计日工以及总承包服务费组成。投标人对其他项目费投标报价时应遵循以下原则：

1) 暂列金额应按照其他项目清单中列出的金额填写，不得变动。

2) 暂估价不得变动和更改。在工程实施过程中，对于不同类型的材料与专业工程采用不同的计价方法。

①招标人在工程量清单中提供了暂估价的材料和专业工程属于依法必须招标的，由承包人和招标人共同通过招标确定材料单价与专业工程中标价；

②若材料不属于依法必须招标的，经发、承包双方协商确认单价后计价；

③若专业工程不属于依法必须招标的，由发包人、总承包人与分包人按有关计价依据进行计价。

3) 计日工应按照其他项目清单列出的项目和估算的数量，自主确定各项综合单价并计算费用。

4) 总承包服务费应根据招标人在招标文件中列出的分包专业工程内容和供应材料、设备情况，按照招标人提出的协调、配合与服务要求和施工现场管理需要自主确定。

(4) 规费、税金项目清单与计价表的编制

1) 规费是指政府和有关权利部门规定必须缴纳的费用。包括工程排污费、工程定额测定费、社会保障费（养老保险费、失业保险费、医疗保险费）、住房公积金、危险作业意外伤害保险。

$$规费 = (分部分项工程费 + 措施项目费 + 其他项目费) \times 规费费率 \quad (6-10)$$

规费费率必须按照国家或省级、行业建设主管部门的有关规定计取。

2) 税金是指国家税法规定的应该计入建筑与装饰工程造价内的营业税、城市维护建设税和教育费附加。

$$税金 = (分部分项工程费 + 措施项目费 + 其他项目费 + 规费) \times 税率 \quad (6-11)$$

税率必须按照国家或省级、行业建设主管部门的有关规定计取。

(5) 投标价的汇总

投标人的投标总价应当与组成工程量清单的分部分项工程费、措施项目费、其他项目费和规费、税金的合计金额相一致，即投标人在进行工程量清单招标的投标报价时，不能进行投标总价优惠（或降价、让利），投标人对投标报价的任何优惠（或降价、让利）均应反映在相应清单项目的综合单价中。

$$工程造价 = 分部分项工程费 + 措施项目费 + 其他项目费 + 规费 + 税金 \quad (6-12)$$

### 6.4.2 技术标编制

1. 施工组织设计的概念

施工组织设计是以施工工程项目为对象编制的，用以指导工程施工全过程各项施

工活动的技术、经济、组织、协调和控制的综合性文件。

2. 施工组织设计的分类

根据建筑工程施工组织设计设计阶段和编制对象的不同，建筑工程施工组织设计可以划分为两类：

(1) 标前设计：即投标前编制的施工组织设计。标前设计是为了满足编制投标书和签订工程承包合同的需要而编制的。建筑施工单位为了使投标书具有竞争力以实现中标，必须编制标前设计，对标书的内容进行规划和决策，作为投标文件的内容之一。标前设计的水平既是能否中标的关键因素，又是总包单位招标和分包单位编制投标书的重要依据。它还是承包单位进行合同谈判、提出要约和进行承诺的根据和理由，是拟定合同文件中相关条款的基础资料。

(2) 标后设计：即签订工程承包合同后编制的施工组织设计。

标后设计是为了满足施工准备和施工的需要而编制的。标后设计又可分为3种：施工组织总设计、单体工程施工组织设计和分部工程施工组织设计。

3. 施工组织设计的编制原则

(1) 认真贯彻党和国家对工程建设的各项方针和政策，严格执行建设程序。

(2) 应在充分调查研究的基础上，遵循施工工艺规律、技术规律及安全生产规律，合理安排施工程序及施工顺序。

(3) 全面规划，统筹安排，保证重点，优先安排控制工期的关键工程，确保合同工期。

(4) 采用国内外先进施工技术，科学地确定施工方案。积极采用新材料、新设备、新工艺和新技术，努力提高产品质量水平。

(5) 充分利用现有机械设备，扩大机械化施工范围，提高机械化程度，改善劳动条件，提高机械效率。

(6) 合理布置施工平面图，尽量减少临时工程和施工用地。尽量利用正式工程、原有或就近已有设施，做到暂设工程与既有设施相结合、与正式工程相结合。同时，要注意因地制宜，就地取材，以求尽量减少消耗，降低生产成本。

(7) 采用流水施工方法、网络计划技术安排施工进度计划，科学安排冬、雨期项目施工，保证施工能连续、均衡、有节奏地进行。

(8) 坚持"安全第一，预防为主"原则，确保安全生产和文明施工；认真做好生态环境和历史文物保护，严防建筑振动、噪声、粉尘和垃圾污染。

4. 施工组织设计的编制依据

(1) 单项（位）工程全部施工图纸及其标准图；

(2) 单项（位）工程工程地质勘察报告、地形图和工程测量控制网；

(3) 单项（位）工程预算文件和资料；

(4) 建设项目施工组织总设计对本工程的工期、质量和成本控制的目标要求；

(5) 承包单位年度施工计划对本工程开竣工的时间要求；

(6) 有关的标准、规范和法律；

(7) 有关技术新成果和类似建设工程项目的资料和经验。

5. 施工组织设计的主要内容

施工组织设计的内容要结合工程对象的实际特点、施工条件和技术水平进行综合考虑，一般包括以下基本内容：

(1) 工程概况

1) 本项目的性质、规模、建设地点、结构特点、建设期限、分批交付使用的条件、合同条件。

2) 本地区地形、地质、水文和气象情况。

3) 施工力量，劳动力、机具、材料、构件等资源供应情况。

4) 施工环境及施工条件等。

(2) 施工部署及施工方案

1) 根据工程情况，结合人力、材料、机械设备、资金、施工方法等条件，全面部署施工任务，合理安排施工顺序，确定主要工程的施工方案；

2) 对拟建工程可能采用的几个施工方案进行定性、定量的分析，通过技术经济评价，选择最佳方案。

(3) 施工进度计划

1) 施工进度计划反映了最佳施工方案在时间上的安排。采用计划的形式，使工期、成本、资源等方面，通过计算和调整达到优化配置，符合项目目标的要求；

2) 使工序有序地进行，使工期、成本、资源等通过优化调整达到既定目标，在此基础上编制相应的人力和时间安排计划、资源需求计划和施工准备计划。

(4) 施工平面图

施工平面图是施工方案及施工进度计划在空间上的全面安排。它把投入的各种资源、材料、构件、机械、道路、水电供应网络、生产、生活活动场地及各种临时工程设施合理地布置在施工现场，使整个现场能有组织地进行文明施工。

(5) 主要技术经济指标

技术经济指标用以衡量组织施工的水平，它是对施工组织设计文件的技术经济效益进行全面评价。

6. 建筑工程施工组织设计的技术经济分析

(1) 施工组织设计技术经济分析的目的

对施工组织设计技术经济分析的目的是论证所编制的施工组织设计在技术上是否可行、在经济上是否合理，从而选择满意的方案，并寻求节约的途径。

(2) 技术经济分析的基本要求

1) 全面分析。要对施工的技术方法、组织方法效果进行分析；对需要与可能进行分析，对施工的具体环节及全过程进行分析。

2) 进行技术经济分析时抓住施工方案、施工进度计划和施工平面图三大重点，并据此建立技术经济分析指标体系。

3) 在进行技术经济分析时，要灵活运用定性方法并有针对性地应用定量方法。

在进行定量分析时，应对主要指标、辅助指标和综合指标区别对待。

4）技术经济分析应以设计方案的要求、有关的国家规定及工程的实际需要为依据。

（3）技术经济分析的指标体系

施工组织设计中技术经济指标应包括：施工周期、劳动生产率、工程质量、降低成本、安全指标、机械化施工程序、施工机械完好率、工厂化施工程度、临时工程投资比例、临时工程费用比例以及节约三大材料百分比。

单位工程施工组织设计中技术经济指标应包括：工期指标、劳动生产率指标、质量指标、安全指标、降低成本率、主要工程工种机械化程度以及三大材料节约指标。这些指标应在施工组织设计基本完成后进行计算，并反映在施工组织设计的文件中，作为考核的依据。

施工组织设计技术经济分析指标可在图表所列的指标体系中选用。其中，主要的指标应是：总工期、单方用工、质量优良率、主要材料节约和节约率、大型机械耗用台班数以及单方大型机械费、降低成本额和降低成本率。

## 6.5 投标决策和报价技巧

### 6.5.1 投标决策

1. 投标决策含义

决策是指人们为一定的行为确定目标和制定并选择行动方案的过程。投标决策是承包商选择、确定投标目标和制订投标行动方案的过程。投标决策主要包括三方面的内容：

（1）决定投标，还是不投标；

（2）如果投标，是投什么性质的标；

（3）投标中如何采用，扬长避短，以优胜劣的报价技巧。

投标决策的正确与否，关系到能否中标和中标后的效益问题，关系到施工企业的发展前景及经济利益。因此，承包商在投标决策时要考虑的因素很多，需要广泛、深入调研，系统地积累资料，并做出全面、科学的分析，才能保证投标决策的正确性。

对决策投标的项目应充分估计竞争对手的实力、优势及投标环境的优劣等情况。竞争对手的实力越强，竞争就越激烈，对中标的影响就越大。竞争对手拥有的任务不饱满，竞争也会越激烈。

2. 投标策略

影响投标策略的因素十分复杂，既要考虑自身的优势和劣势，也要考虑竞争的激烈程度，还要分析投标项目的整体特点，按照工程的类别、施工条件等确定投标策略。

（1）生存型策略

如果企业经济状况比较糟糕，投标邀请越来越少或者没有后续项目。这时投标人应以生存为重，采取不盈利甚至赔本也要夺标的态度，只要能暂时维持生存渡过难关，就会有东山再起的希望。

（2）竞争型策略

投标报价以竞争为手段，以开拓市场，低盈利为目标，在精确计算成本的基础上，充分估计各竞争对手的报价目标，以有竞争力的报价达到中标的目的。

投标人处在以下几种情况下，应采取竞争型报价策略。

1）经营状况不景气，近期接受到的投标邀请较少。

2）竞争对手多，竞争激烈的工程；非急需工程；支付条件好的工程。

3）投标人急于打入某一市场、某一地区，或在该地区面临工程结束，机械设备等无工地转移时。

4）投标项目风险小，施工工艺简单、工程量大、社会效益好的项目。

5）附近有本企业其他正在施工的项目。而本项目又可利用该工程的设备、劳务，或有条件短期内突击完成的工程。

（3）盈利型策略

这种策略是投标人充分发挥自身优势，以实现最佳盈利为目标，对效益较小的项目热情不高，对盈利大的项目充满自信。

下面几种情况可以采用盈利型报价策略。

施工条件差的工程，专业要求高的技术密集型工程，而投标人在这方面又有专长，声望也较高；特殊的工程，如港口码头、地下开挖工程等；工期要求急的工程；投标对手少的工程；支付条件不理想的工程等。

### 6.5.2 报价技巧

投标企业应采用适当的报价技巧。从案例分析的角度讲，常用的报价技巧有以下几种：不平衡报价法、多方案报价法、增加建议方案法、突然降价法、先亏后盈法、无利润算标等等。

1. 不平衡报价法

项目总报价基本确定后，只是调整内部各个项目的报价，能做到既不提高总报价，又不影响中标，又能在结算时获得更好的经济效益的目的。通常采用的不平衡报价有下列几种情况：

（1）能够早日结算的项目（如基础工程、土石方工程等）可以适当提高报价，以利资金周转。后期工程项目如设备安装、装饰工程等的报价可适当降低。

（2）经过工程量复核，预计今后工程量会增加的项目，单价适当提高，而将来工程量有可能减少的项目单价降低，工程结算时损失不大。但是，上述两种情况要具体分析问题具体分析。

（3）图纸内容不明确或有错误，估计修改后工程量要增加的，其单价可提高；而工程内容不明确的，其单价可降低。

（4）对于暂定项目，其实施的可能性大的项目，价格可定高价；估计该工程不一定实施的可定低价。

（5）有时招标文件要求投标人对工程量大的项目报"综合单价分析表"，投标时可将单价分析表中的人工费及机械设备费报得较高，而材料费报得较低。这主要是为了在今后补充项目报价时，可以参考选用"综合单价分析表"中较高的人工费和机械费，而材料则往往采用市场价，因而可获得较高的收益。没有工程量只填报单价的项目其单价宜高。

2. 多方案报价法

对于一些招标文件，如果发现工程范围不很明确，条款不清楚或很不公正，或技术规范要求过于苛刻时投标人承担较大风险。为了减少风险就必须扩大工程单价，但这样做又会因报价过高而增加被淘汰的可能性，多方案报价法就是要在充分估计投标风险的基础上，按原招标文件报一个价，然后再提出如某某条款做某些变动，报价可降低多少，由此可报出一个较低的价。这样可以降低总价，争取达到修改工程说明书和合同为目的。

3. 增加建议方案法

如果招标文件中提出投标单位可以提一个建议方案，即可以修改原设计方案，提出投标者的方案。投标人这时应抓住机会，组织一批有经验的设计和施工工程师，对原招标文件的设计和施工方案仔细研究，提出更为合理的方案以吸引招标人，促成自己的方案中标。这种新建议方案可以降低总造价或是缩短工期，或使工程运用更为合理。但要注意，对原招标方案一定也要报价。建议方案不要写得太具体，要保留方案的技术关键，防止招标人将此方案交给其他投标人。同时要强调的是，建议方案一定要比较成熟，有很好的可操作性。

4. 突然降价法

报价是一件保密的工作，但是对手往往通过各种渠道、手段来刺探情况；因此在报价时可以采取迷惑对方的手法。即先按一般情况报价或表现出自己对该工程兴趣不大，到快投标截止时，再突然降价。

采用这种方法时，一定要在准备投标报价的过程中考虑好降价的幅度，在临近投标截止日期前，根据情报信息与分析判断，再做最后决策。如果由于采用突然降价法而中标，因为开标只降总价，在签订合同后可采用不平衡报价的思想调整工程量表内的各项单价或价格，以期取得更高的效益。

5. 先亏后盈法

有的承包商，为了打进某一地区，依靠国家、某财团或自身的雄厚资本实力，而采取一种不惜代价，只求中标的低价投标方案。应用这种手法的承包商必须有较好的资信条件，并且提出的施工方案也是先进可行，同时要加强对公司情况的宣传，否则即使低标价，也不一定被业主选中。

6. 开口升级法

将工程中的一些风险大、花钱多的分项工程或工作抛开，仅在报价单中注明，由双方再度商讨决定。这样大大降低了报价，用最低价吸引业主，取得与业主商谈的机会，而在议价谈判和合同谈判中逐渐提高报价。

7. 无利润报价

缺乏竞争优势的承包商，在不得已的情况下，只好在报价时根本不考虑利润而去夺标。这种办法一般是处于以下条件时采用：

（1）有可能在得标后，将大部分工程分包给索价较低的一些分包商；

（2）对于分期建设的项目，先以低价获得首期工程，而后赢得机会创造第二期工程中的竞争优势，并在以后的实施中盈利；

（3）较长时期内，投标人没有在建的工程项目，如果再不得标，就难以维持生存。

8. 分包商报价的采用

总承包商应在投标前先取得分包商的报价，并增加一定的管理费，作为投标总价的组成部分一并列入报价单中。

总承包商在投标前找 2、3 家分包商分别报价，而后选择其中一家信誉较好、实力较强和报价合理的分包商签订协议，同意该分包商作为本分包工程的唯一合作者，并将分包商的姓名列到投标文件中，但要求该分包商相应地提交投标保函。将分包商的利益同投标人捆在一起，可以防止分包商事后反悔和涨价，还可能迫使分包商报出较合理的价格，以便共同争取得标。

9. 许诺优惠条件

在投标时主动提出提前竣工、低息贷款、赠给施工设备、免费转让新技术或某种技术专利、免费技术协作、代为培训人员等，均是吸引招标人、利于中标的辅助手段。

【案例 6-1】 某承包商通过资格预审后，对招标文件进行了仔细分析，发现业主所提出的工期要求过于苛刻，且合同条款中规定每拖延 1 天工期罚合同价的 1‰。若要保证实现该工期要求，必须采取特殊措施，从而大大增加成本；还发现原设计结构方案采用框架剪力墙体系过于保守。因此，该承包商在投标文件中说明业主的工期要求难以实现，因而在工期方面按自己认为的合理工期（比业主要求的工期增加 6 个月）编制施工进度计划并据此报价；还建议将框架剪力墙体系改为框架体系，并对这两种结构体系进行了技术经济分析和比较，证明框架体系不仅能保证工程结构的可靠性和安全性、增加使用面积、提高空间利用的灵活性，而且可降低造价约 3%。

该承包商将技术标和商务标分别封装，在封口处加盖本单位公章和项目经理签字后，在投标截止日期前 1 天上午将投标文件报送业主。次日（即投标截止日当天）下午，在规定的开标时间前 1 小时，该承包商又递交了一份补充材料，其中声明将原报价降低 4%。

但是，招标单位的有关工作人员认为，根据国际上"一标一投"的惯例，一个承包商不得递交两份投标文件，因而拒收承包商的补充材料。

开标会由市招投标办的工作人员主持，市公证处有关人员到会，各投标单位代表均到场。开标前，市公证处人员对各投标单位的资质进行审查，并对所有投标文件进行审查，确认所有投标文件均有效后，正式开标。主持人宣读投标单位名称、投标价格、投标工期和有关投标文件的重要说明。

问题：

1. 该承包商运用了哪几种报价技巧？其运用是否得当？请逐一加以说明。
2. 招标人对投标人进行资格预审应包括哪些内容？
3. 从所介绍的背景资料来看，在该项目招标程序中存在哪些问题？请分别作简单说明。

【解答】

问题1：该承包商运用了3种报价技巧，即多方案报价法、增加建议方案法和突然降价法。其中，多方案报价法运用不当，因为运用该报价技巧时，必须对原方案（本案例指业主的工期要求）报价，而该承包商在投标时仅说明了该工期要求难以实现，却并未报出相应的投标价。

增加建议方案法运用得当，通过对两个结构体系方案的技术经济分析和比较（这意味着对两个方案均报了价），论证了建议方案（框架体系）的技术可行性和经济合理性，对业主有很强的说服力。

突然降价法也运用得当，原投标文件的递交时间比规定的投标截止时间仅提前1天多，这既是符合常理的，又为竞争对手调整、确定最终报价留有一定的时间，起到了迷惑竞争对手的作用。若提前时间太多，会引起竞争对手的怀疑，而在开标前1小时突然递交一份补充文件，这时竞争对手已不可能再调整报价了。

问题2：招标人对投标人进行资格预审应包括以下内容：投标人组织与机构和企业概况企业资质等级、企业质量安全环保认证、近3年完成工程的情况、目前正在履行的合同情况；资源方面，如财务、管理、技术、劳力、设备等方面的情况；其他资料（如各种奖励或处罚等）。

问题3：该项目招标程序中存在以下问题：

（1）招标单位的有关工作人员不应拒收承包商的补充文件，因为承包商在投标截止时间之前所递交的任何正式书面文件都是有效文件，都是投标文件的有效组成部分，也就是说，补充文件与原投标文件共同构成一份投标文件，而不是两份相互独立的投标文件。

（2）根据《中华人民共和国招标投标法》，应由招标人（招标单位）主持开标会，并宣读投标单位名称、投标价格等内容，而不应由市招投标办工作人员主持和宣读。

（3）资格审查应在投标之前进行（背景资料说明了承包商已通过资格预审），公证处人员无权对承包商资格进行审查，其到场的作用在于确认开标的公正性和合法性（包括投标文件的合法性）。

（4）公证处人员确认所有投标文件均为有效标书是错误的，因为该承包商的投标文件仅有投标单位的公章和项目经理的签字，而无法定代表人或其代理人的签字或盖章，应作为废标处理。

**【案例 6-2】** 某办公楼的招标人于 2000 年 10 月 11 日向具备承担该项目能力的 A、B、C、D、E 5 家承包商发出投标邀请书，其中说明，10 月 17～18 日 9 至 16 时在该招标人总工程师室领取招标文件，11 月 8 日 14 时为投标截止时间。该 5 家承包商均接受邀请，并按规定时间提交了投标文件。但承包商 A 在送出投标文件后发现报价估算有较严重的失误，遂赶在投标截止时间前 10 分钟递交了一份书面声明，撤回已提交的投标文件。

开标时，由招标人委托的市公证处人员检查投标文件的密封情况，确认无误后。由工作人员当众拆封。由于承包商 A 已撤回投标文件，故招标人宣布有 B、C、D、E 4 家承包商投标，并宣读该 4 家承包商的投标价格、工期和其他主要内容。

评标委员会委员由招标人直接确定，共由 7 人组成，其中招标人代表 2 人，本系统技术专家 2 人、经济专家 1 人，外系统技术专家 1 人、经济专家 1 人。

在评标过程中，评标委员会要求 B、D 两投标人分别对其施工方案作详细说明，并对若干技术要点和难点提出问题，要求其提出具体、可靠的实施措施。作为评标委员的招标人代表希望承包商 B 再适当考虑一下降低报价的可能性。

按照招标文件中确定的综合评标标准，4 个投标人综合得分从高到低的依次顺序为 B、D、C、E，故评标委员会确定承包商 B 为中标人。由于承包商 B 为外地企业，招标人于 11 月 10 日将中标通知书以挂号方式寄出，承包商 B 于 11 月 14 日收到中标通知书。

由于从报价情况来看，4 个投标人的报价从低到高的依次顺序为 D、C、B、E，因此，从 11 月 16 日至 12 月 11 日招标人又与承包商 B 就合同价格进行了多次谈判，结果承包商 B 将价格降到略低于承包商 C 的报价水平，最终双方于 12 月 12 日签订了书面合同。

问题：

1. 从招标投标的性质看，本案例中的要约邀请、要约和承诺的具体表现是什么？
2. 从所介绍的背景资料来看，在该项目的招标投标程序中在哪些方面不符合《中华人民共和国招标投标法》的有关规定？请逐一说明。

**【解答】**

问题 1：在本案例中，要约邀请是招标人的投标邀请书，要约是投标人的投标文件，承诺是招标人发出的中标通知书。

问题 2：在该项目招标投标程序中在以下几方面不符合《招标投标法》的有关规定，分述如下：

（1）招标人不应仅宣布 4 家承包商参加投标。我国《招标投标法》规定：招标人在招标文件要求提交投标文件的截止时间前收到的所有投标文件，开标时都应当当众拆封、宣读。这一规定是比较模糊的，仅按字面理解，已撤回的投标文件也应当宣读，但这显然与有关撤回投标文件的规定的初衷不符。按国际惯例，虽然承包商 A 在投标截止时间前已撤回投标文件，但仍应作为投标人宣读其名称，但不宣读其投标文件的其他内容。

(2) 评标委员会委员不应全部由招标人直接确定。按规定，评标委员会中的技术、经济专家，一般招标项目应采取（在国务院有关部门或者省、自治区、直辖市人民政府有关部门提供的专家名册或者招标代理机构的专家库内的相关专业的专家库中）随机抽取方式，特殊招标项目可以由招标人直接确定。本项目显然属于一般招标项目。

(3) 评标过程中不应要求承包商考虑降价问题。按规定，评标委员会可以要求投标人对投标文件中含义不明确的内容作必要的澄清或者说明，但是澄清或者说明不得超出投标文件的范围或者改变投标文件的实质性内容；在确定中标人前，招标人不得与投标人就投标价格、投标方案的实质性内容进行谈判。

(4) 中标通知书发出后，招标人不应与中标人就价格进行谈判。按规定，招标人和中标人应按照招标文件和投标文件订立书面合同，不得再行订立背离合同实质性内容的其他协议。

(5) 订立书面合同的时间过迟。按规定，招标人和中标人应当自中标通知书发出之日（不是中标人收到中标通知书之日）起 30 日内订立书面合同，而本案例为 32 日。

(6) 对"评标委员会确定承包商 B 为中标人"要进行分析。如果招标人授权评标委员会直接确定中标人，由评标委员会定标是对的，否则，就是错误的。

## 单元小结

投标报价的方法有定额计价和工程量清单计价。投标人要根据项目特点、自身实际情况选择适合的计价方式、报价策略及报价技巧。

## 单元课业

### 一、课业说明

完成对实际招标投标案例的分析。

### 二、参考资料

招标文件、投标文件、教学课件、视频教学资料、网络教学资源、任务工单。

## 三、单选题

1. 下列关于建设工程招投标的说法，正确的是(　　)。
   A. 在投标有效期内，投标人可以补充、修改或者撤回其投标文件
   B. 投标人在招标文件要求提交投标文件的截止时间前，可以补充、修改或者撤回投标文件
   C. 投标人可以挂靠或借用其他企业的资质证书参加投标
   D. 投标人之间可以先进行内部竞价，内定中标人，然后再参加投标

2. 下列关于联合体共同投标的说法，正确的是(　　)。
   A. 两个以上法人或其他组织可以组成一个联合体，以一个投标人的身份共同投标
   B. 联合体各方只要其中任意一方具备承担招标项目的能力即可
   C. 由同一专业的单位组成的联合体，投标时按照资质等级较高的单位确定资质等级
   D. 联合体中标后，应选择其中一方代表与招标人签订合同

3. 当投标单位在审核工程量时发现工程量清单上的工程量与施工图中的工程量不符时，应(　　)。
   A. 以工程量清单中的工程量为准
   B. 以施工图中的工程量为准
   C. 以上面A、B两者的平均值为准
   D. 在规定时间内向招标单位提出，经招标单位同意后方可调整

4. 投标单位应按招标单位提供的工程量清单，注意填写单价和合价。在开标后发现有的分项投标单位没有填写单价或合价，则(　　)。
   A. 允许投标单位补充填写
   B. 视为废标
   C. 认为此项费用已包括在其他项的单价和合价中
   D. 由招标人退回投标书

5. 不平衡报价法又称(　　)。
   A. 先盈后亏法　　B. 前重后轻法　　C. 突然降价法　　D. 增加建议法

6. 在招标文件中应明确投标保证金数额，若投标总价为200万元，则投标保证金一般情况下为(　　)万元。
   A. 2.56　　　　B. 4　　　　C. 8　　　　D. 6

7. 投标总价应按(　　)合计金额填写。
   A. 单项工程费汇总表　　　　B. 单位工程费汇总表
   C. 工程项目总价表　　　　　D. 分部分项工程费汇总表

8. 下列情况标书有效的是(　　)。
   A. 投标书未密封

B. 投标书外封面无投标人法人代表或代理人签印

C. 投标书逾期送达

D. 投标人未派代表参加开标会议

9. 联合体中标者,联合体各方面应当共同与招标人签订合同,就中标项目向招标人( )。

 A. 共同承担责任       B. 按份承担责任

 C. 承担连带责任       D. 各自承担责任

10. 工程招标代理机构在委托人的授权范围内从事的代理行为,其法律责任由( )承担。

 A. 招标代理机构       B. 发包人

 C. 监理单位         D. 承包人

## 四、多选题

1. 投标人在去现场踏勘之前,应先仔细研究招标文件有关概念的含义和各项要求,特别是招标文件中的( )。

 A. 工作范围         B. 专用条款

 C. 工程地质报告       D. 设计图纸     E. 设计说明

2. 《房屋建筑和市政基础设施工程施工招标投标管理办法》中规定的无效投标文件包括( )。

 A. 投标文件未按照招标文件的要求予以密封的

 B. 投标文件的关键内容字迹潦草,但可以辨认的

 C. 投标人未提供投标保函或者投标保证金的

 D. 投标文件中的投标函盖有投标人的企业印章,未盖企业法定代表人印章的

 E. 投标文件中的投标函盖有投标人的企业印章和企业法定代表人委托人印章的

3. 《建设项目施工招标投标管理办法》中规定的无效投标文件包括( )。

 A. 未按规定的格式填写

 B. 在一份投标文件中对同一招标项目报有多个报价的

 C. 投标人名称与资格预审时不一致的

 D. 无法定代表人盖章,只有单位盖章和法定代表人授权的代理人签字的

 E. 无单位盖章的

4. 下列有关招标投标签订合同的说明,正确的是( )。

 A. 应当在中标通知书发出之日起 30 天内签订合同

 B. 招标人和中标人不得再订立背离合同实质性内容的其他协议·

 C. 招标人和中标人可以通过合同谈判对原招标文件、投标文件的实质性内容作出修改

 D. 如果招标文件要求中标人提交履约担保,招标人应向中标人提供同等数额的工

程款支付担保

E. 中标人不与招标人订立合同的，应取消其中标资格，但投标保金应退还

5. 投标文件应当包括的内容有（    ）。
    A. 投标函
    B. 投标邀请书
    C. 投标报价
    D. 施工组织设计
    E. 投标须知

6. 投标文件的技术性评审包括（    ）。
    A. 实质上响应程度
    B. 质量控制措施
    C. 方案可行性评估和关键工序评估
    D. 环境污染的保护措施评估
    E. 现场平面布置和进度计划

7. 评标委员会负责人可以由（    ）。
    A. 政府指定
    B. 评标委员会成员推举产生
    C. 投标人推举产生
    D. 招标人确
    E. 中介机构推荐

8. 中标人的投标应当符合下列条件（    ）。
    A. 能够最大限度满足招标文件中规定的各项综合评价标准
    B. 能够满足招标文件的实质性要求
    C. 经评审的投标价格最低，但投标价格低于成本的除外
    D. 能够满足招标文件的实质性要求，投标价格（报价）最低

9. 投标偏差分为（    ）。
    A. 重大偏差
    B. 严重偏差
    C. 细微偏差
    D. 细小偏差

10. 经评审的最低投标价法完成详细评审后，拟定的"标价比较表"应当载明（    ）。
    A. 投标报价
    B. 商务偏差的价格调整和说明
    C. 废标情况说明
    D. 经评审的最终投标价
    E. 中标候选人排序

## 五、实训项目

模拟实际的招投标程序

将学生分为招标人和投标人，分小组进行招投标场景模拟练习，熟悉招投标流程、内容及策略。各个投标人能够作出正确的投标决策，实际情况选择合适的报价技巧获取中标。

# 单元 7
# 合同履行

**引　言**

　　招投标过程结束后,发承包双方就进入合同履行阶段。建设工程合同履行是一个动态过程,发承包双方严格按照合同条款履行各自的义务,享有权利。本单元主要介绍:《建筑工程施工合同》示范文本的内容;总价合同、单价合同、成本补偿合同应用;合同谈判和签订的技巧;合同实施控制;合同的风险管理;合同争议管理。

**学习目标**

　　通过本章学习,你将能够:
　　1. 掌握《建筑工程施工合同》示范文本的内容;
　　2. 掌握总价合同、单价合同、成本补偿合同应用范围;
　　3. 参与合同的谈判和签订;
　　4. 能对施工合同进行分析与控制;
　　5. 能对施工合同进行风险管理;
　　6. 能对施工合同进行争议管理。

## 7.1 建筑工程合同

### 7.1.1 建筑工程合同概述

**1. 建筑工程合同的概念**

建设工程合同是指承包人进行工程建设,发包人支付价款的合同。建设工程合同包括工程勘察、设计、施工合同。建设工程实行监理的,发包人也应与监理人订立委托监理合同。

**2. 合同类型**

(1) 按合同签约的对象内容划分

1) 建设工程勘察、设计合同

是指业主(发包人)与勘察人、设计人为完成一定的勘察、设计任务,明确双方权利、义务的协议。

2) 建设工程施工合同

通常也称为建筑安装工程承包合同。是指建设单位(发包方)和施工单位(承包方),为了完成商定的或通过招标投标确定的建筑工程安装任务,明确相互权利、义务关系的书面协议。

3) 建设工程委托监理合同

简称监理合同,是指工程建设单位聘请监理单位代其对工程项目进行管理,明确双方权利、义务的协议。建设单位称委托人(甲方)、监理单位称受委托人(乙方)。

4) 工程项目物资购销合同

由建设单位或承建单位根据工程建设的需要,分别与有关物资、供销单位,为执行建筑工程物资(包括设备、建材等)供应协作任务,明确双方权利和义务而签订的具有法律效力的书面协议。

5) 建设项目借款合同

由建设单位与中国人民建设银行或其他金融机构,根据国家批准的投资计划、信贷计划,为保证项目贷款资金供应和项目投产后能及时收回贷款签订的明确双方权利义务关系的书面协议。

除以上合同外,还有运输合同,劳务合同,供电合同等等。

(2) 按合同签约各方的承包关系划分

1) 总包合同

建设单位(发包方)将工程项目建设全过程或其中某个阶段的全部工作,发包给一个承包单位总包，发包方与总包方签订的合同称为总包合同。总包合同签订后，总承包单位可以将若干专业性工作交给不同的专业承包单位去完成，并统一协调和监督它们的工作。在一般情况下，建设单位仅同总承包单位发生法律关系，而不与各专业承包单位发生法律关系。

2）分包合同

即总承包方与发包方签订了总包合同之后，将若干专业性工作分包给不同的专业承包单位去完成，总包方分别与几个分包方签订的分包合同。对于大型工程项目，有时也可由发包方直接与每个承包方签订合同，而不采取总包形式。这时每个承包方都是处于同样地位，各自独立完成本单位所承包的任务，并直接向发包方负责。

(3) 按承包合同的不同计价方法划分

不同的招标方式决定了不同的合同方式、合同计价方式。因此，从政府、中介机构到发包方和承包方，都应重视选择建设工程施工合同计价形式，弄清各种计价方式的优缺点、使用时机，从而减少因建设工程施工合同的不完善而引起的经济纠纷。

建设工程施工合同根据合同计价方式的不同，一般情况下分为三大类型，即总价合同、单价合同和成本加酬金合同。

1）总价合同

所谓总价合同，是指根据合同规定的工程施工内容和有关条件，业主应付给承包商的款额是一个规定的金额，即明确的总价。总价合同也称作总价包干合同，即根据施工招标时的要求和条件，当施工内容和有关条件不发生变化时，业主付给承包商的价款总额就不发生变化。

总价合同又分固定总价合同和变动总价合同两种。

①固定总价合同

固定总价合同的价格计算是以图纸及规定、规范为基础，工程任务和内容明确，业主的要求和条件清楚，合同总价一次包死，固定不变。在这类合同中，承包商承担了工程量、工程单价、地质条件、气候和其他一切客观因素造成亏损的风险。固定总价合同对业主的投资控制有利。除非合同对重大工程变更和累计变更幅度量有约定，在合同执行过程中，承发包双方均不能因为工程量、设备、材料价格、工资等变动和地质条件恶劣、气候恶劣等理由，提出对合同总价调值的要求，因此，承包商在报价时应对一切费用的价格变动因素以及不可预见因素都做充分的估计，并将其包含在合同价格之中。

固定总价合同适用于以下情况：

a. 工程量小、工期短（一般不超过一年），施工过程中环境因素变化小，工程条件稳定并合理；

b. 施工图设计完整、施工任务和范围明确、业主的目标和要求及条件清楚的情况；

c. 工程结构和技术简单，风险小。

②变动总价合同

变动总价合同又称为可调值总价合同,合同价格是以图纸及规定、规范为基础,按照时价进行计算,得到包括全部工程任务和内容的暂定合同价格。

可调值总价合同的总价一般也是以图纸及规定、规范为计算基础,但它是按"时价"进行计算的,这是一种相对固定的价格。在合同执行过程中,由于通货膨胀而使所用的工料成本增加,因而对合同总价进行相应的调值,即合同总价依然不变,只是增加调值条款。因此可调值总价合同均明确列出有关调值的特定条款,往往是在合同特别说明书中列明。这种合同与固定总价合同的不同在于,它对合同实施中出现的风险做了分摊,发包方承担了通货膨胀这一不可预测费用因素的风险,而承包方只承担了实施中实物工程量成本和工期等因素的风险。可调值总价合同适用于工程内容和技术经济指标规定很明确的项目,由于合同中列明调值条款,所以在工期一年以上的项目较适于采用这种合同形式。

根据《建设工程施工合同示范文本》(GF—99—0201),合同双方可约定,在以下条件下可对合同价款进行调整:

a. 法律、行政法规和国家有关政策变化影响合同价款;

b. 工程造价管理部门公布的价格调整;

c. 一周内非承包人原因停水、停电、停气造成的停工累计超过8小时;

d. 双方约定的其他因素。

2)单价合同

单价合同是在合同中明确每一工程内容的单位价格,实际支付则根据实际工程量,按合同单价计算应付工程款。单价合同的特点是单价优先,允许随工程量的变化调整工程总价,业主和承包商都不存在工程量方面的风险。单价合同又分为固定单价合同和变动单价合同。

①固定单价合同

固定单价合同适用于工期较短、工程量变化幅度不会太大的项目。在施工图不完整或当准备发包的工程项目内容、技术经济指标一时还不能明确、无法具体地予以规定时,往往要采用单价合同形式。这样在不能比较精确地计算工程量的情况下,可以避免凭运气而使发包方或承包方任何一方承担过大的风险。

②变动单价合同

工程单价合同可细分为估算工程量单价合同和纯单价合同两种不同形式。

估算工程量单价合同是以工程量清单和工程单价表为基础和依据来计算合同价格的。通常是由发包方委托招标代理单位或造价工程师提出总工程量估算表,即"暂估工程量清单",列出分部分项工程量,由承包方以此为基础填报单价。最后工程的总价应按照实际完成工程量计算,由合同中分部分项工程单价乘以实际工程量,得出工程结算的总价。估算工程单价合同大多数用于工期长、技术复杂、不可预见因素较多的建设工程。在施工图不完善或招标内容、技术经济指标一时不明确、缺少具体规定时,往往采用这种合同计价方式。

纯单价合同是发包方只向承包方给出发包工程的有关分部分项工程以及工程范围，不需对工程量做任何规定。承包方在投标时只需要对这种给定范围的分部分项工程作出报价即可，而工程量则按实际完成的数量结算。这种合同形式主要适用于没有施工图、工程量不明，却急需开工的紧迫工程。

3）成本补偿合同

成本加酬金合同有许多形式，如成本加固定费用合同、成本加固定比例费用合同、成本加奖金合同、最大成本加费用合同。在施工承包合同中采用成本加酬金计价方式，业主与承包商对成本和酬金要有明确的约定。

①成本加固定费用合同

根据双方讨论同意的工程规模、估计工期、技术要求、工作性质及复杂性、所涉及的风险等来考虑确定一笔固定数目的报酬金额作为管理费及利润，对人工、材料、机械台班等直接成本则实报实销。如果设计变更或增加新项目，当直接费超过原估算成本的一定比例时，固定的报酬也要增加。在工程总成本一开始估计不准，可能变化不大的情况下，可采用此合同形式。

②成本加固定比例费用合同

工程成本中直接费加一定比例的报酬费，报酬部分的比例在签订合同时由双方确定。这种方式的报酬费用总额随成本加大而增加，不利于缩短工期和降低成本。一般在工程初期很难描述工作范围和性质，或工期紧迫，无法按常规编制招标文件并进行招标时采用。

③成本加奖金合同

奖金是根据报价书中的成本估算指标制定的，在合同中对这个估算指标规定一个底点和顶点，分别为工程成本估算的 $60\%\sim75\%$ 和 $110\%\sim135\%$。承包商在估算指标的顶点以下完成工程则可得到奖金，超过顶点则要对超出部分支付罚款。如果成本在底点之下，则可加大酬金值或酬金百分比。

当图纸、规范等准备不充分，不能据以确定合同价格，而仅能制定一个估算指标时可采用这种形式。

④最大成本加费用合同

在工程成本总价合同基础上加固定酬金费用的方式，即当设计深度达到可以报总价的深度，投标人报一个工程成本总价和一个固定的酬金（包括各项管理费、风险费和利润）。如果实际成本超过合同中规定的工程成本总价，由承包商承担所有的额外费用，若实施过程中节约了成本，节约的部分归业主，或者由业主与承包商分享，在合同中要确定节约分成比例。在非代理型（风险型）CM模式的合同中就采用这种方式。

成本补偿合同形式主要适用于工程复杂，技术、结构方案不能全面确定，投标报价的依据尚不充分的情况，如研究开发性质的工程项目；或时间特别紧迫，来不及进行详细的计划和商谈，如抢险、救灾工程；或者发包方与承包方之间具有高度的信任，承包方在某些方面具有独特的技术、特长和经验的工程。

对业主而言，这种合同形式有一定优点，如：可以通过分段施工，缩短工期，可以较深入地介入和控制工程施工和管理，但是对工程总价不能实施实际的控制。

对承包商来说，这种合同比固定总价的风险低，利润比较有保证，因而比较有积极性。其缺点是承包方对降低成本动力不大。而且由于设计未完成，无法准确确定合同的工程内容、工程量以及合同的终止时间，有时难以对工程计划进行合理安排。

### 7.1.2 施工合同

1. 施工合同的概念

施工合同是建设工程合同的一种，建设工程施工合同是发包人和承包人为完成双方商定的建设工程，明确相互权利义务关系的协议。在订立时应遵守自愿、公平、诚实信用等原则。

建设工程施工合同的发包方可以是法人，也可以是依法成立的其他组织或公民，而承包方必须是法人。

2. 工程施工合同特点

(1) 合同标的的特殊性

施工合同的标的是各类建筑产品，建设产品的固定性和生产的流动性；建设产品类别庞杂，形成其产品个体性和生产的单件性；一次性投资数额大。

(2) 合同履行期限的长期性

建筑物的施工由于结构复杂、体积大、建筑材料类型多、工作量大，使得工期都较长。在较长的合同期内，项目进展、承发包方履行义务受到不可抗力、政策法规、市场变化等多方面多条件的限制和影响。

(3) 合同内容的复杂性

施工合同的履行过程中涉及的主体有许多种，牵涉到分包方、材料供应单位、构配件生产和设备加工厂家，以及政府、银行等部门。施工合同内容的约定还需与其他相关合同、设计合同、供货合同等相协调，建设工程施工合同内容繁杂，合同的涉及面广。

(4) 合同风险大

施工合同的上述特点以及金额大，再加上建筑市场竞争激烈等因素，构成和加剧了施工合同的风险性。因此，在合同中应慎重分析研究各种因素和避免承担风险条款。

### 7.1.3 施工承包合同内容

1. 《建设工程施工合同（示范文本）》介绍

建设部和国家工商行政管理总局从1991年开始批准发布了全国第一个《建设工程施工合同（示范文本）》（GF—1991—0201），1999年又对其进行了修订，印发了《建设工程施工合同（示范文本）》（GF—1999—0201）（以下简称《示范文本》）。《示范文本》对合同当事人的权利义务进行规定，条款内容不仅涉及各种情况下双方的合同责任和规范化的履行管理程序,而且涵盖了非正常情况的处理原则,如变更、索赔、不可抗力、合同的被迫终止、争议的解决等方面。

2. 《示范文本》的组成

《示范文本》由《协议书》、《通用条款》、《专用条款》三部分组成,并附有三个附件。

(1)《协议书》

"协议书"是《建设工程施工合同示范文本》中总纲性文件,是发包人与承包人就建设工程施工中最基本、最重要的事项协商一致而订立的合同。它规定了合同当事人双方最主要的权利义务,规定了组成合同的文件及合同当事人对履行合同义务的承诺,并且合同当事人在这份文件上签字盖章,因此具有很高的法律效力,在所有施工合同文件组成中具有最优的解释效力。

"协议书"主要包括以下内容:

1) 工程概况:工程名称、工程地点、工程内容、群体工程应附承包人承揽工程项目一览表、工程立项批准文号、资金来源等;

2) 工程承包范围;

3) 合同工期:开工日期、竣工日期、合同工期总日历天数;

4) 质量标准;

5) 合同价款:分别用大小写表示;

6) 组成合同的文件;

7) 本协议书中有关词语含义与通用条款中分别赋予它们的定义相同;

8) 承包人向发包人承诺按照合同约定进行施工、竣工并在质量保修期内承担工程质量保修责任;

9) 发包人向承包人承诺按照合同约定的期限和方式支付合同价款及其他应当支付款项;

10) 合同生效:合同订立时间(年月日)、合同订立地点、双方约定生效的时间。

(2)《通用条款》

《通用条款》参考FIDIC《土木工程施工合同条件》相关内容的规定,根据《合同法》、《建筑法》、《建设工程施工合同管理办法》等编制的规范承发包双方履行合同义务的标准化条款。共11部分,47个条款。《通用条款》适用于各类建设工程施工。

《通用条款》的内容包括:

1) 词语定义及合同文件;

2) 双方一般权利和义务;

3) 施工组织设计和工期;

4) 质量与检验;

5) 安全施工;

6) 合同价款与支付;

7) 材料设备供应;

8) 工程变更；

9) 竣工验收与结算；

10) 违约、索赔和争议；

11) 其他。

(3)《专用条款》

由于考虑到具体工程项目的工作内容各不相同，施工现场和外部环境条件各异，因此还必须有反映工程项目特点和要求的专用条款的约定。示范文本中的《专用条款》是对《通用条款》的补充、修改或具体化。《专用条款》的条款号与《通用条款》相一致，达到相同序号的通用条款和专用条款共同组成对某一方面问题内容完备的约定。

(4) 附件

示范文本提供了《承包方承揽工程项目一览表》、《发包方供应材料设备一览表》以及《房屋建筑工程质量保修书》三个附件。附件是对施工合同当事人权利义务的进一步明确，并且使发包方和承包方的有关工作一目了然，便于执行和管理。

3. 合同文件及解释顺序

施工合同文件应能相互解释、互为说明。当合同文件出现含糊不清或者当事人有不同理解时，按照合同争议的解决方式处理。除专用条款另有约定外，组成施工合同的文件和优先解释顺序为：

(1) 双方签署的合同协议书

(2) 中标通知书

(3) 投标书及其附件

(4) 专用条款

发包人与承包人根据法律、行政法规规定，结合具体工程实际，经协商达成一致意见的条款，是对通用条款的具体化、补充或修改。

(5) 通用条款

根据法律、行政法规规定及建设工程施工的需要订立，通用于建设工程施工的条款。它代表我国的工程施工惯例。

(6) 本工程所适用的标准、规范及有关技术文件

在专用条款中约定：

1) 适用的我国国家标准、规范的名称。

2) 没有国家标准、规范但有行业标准、规范的，则约定适用行业标准、规范的名称。

3) 没有国家和行业标准、规范的，则约定适用工程所在地的地方标准、规范的名称。发包人应按专用条款约定的时间向承包人提供一式两份约定的标准、规范。

4) 国内没有相应标准、规范的，由发包人按专用条款约定的时间向承包人提出施工技术要求，承包人按约定的时间和要求提出施工工艺，经发包人认可后执行。

5) 若发包人要求使用国外标准、规范的，应负责提供中文译本。所发生的购买

和翻译标准、规范或制定施工工艺的费用,由发包人承担。

(7) 图纸

由发包人提供或由承包人提供并经发包人批准,满足承包人施工需要的所有图纸(包括配套说明和有关资料)。发包人应按专用条款约定的日期和套数,向承包人提供图纸。承包人需要增加图纸套数的,发包人应代为复制,复制费用由承包人承担。若发包人对工程有保密要求的,应在专用条款中提出,保密措施费用由发包人承担,承包人在约定保密期限内履行保密义务。承包人未经发包人同意,不得将本工程图纸转给第三人。工程质量保修期满后,除承包人存档需要的图纸外,应将全部图纸退还给发包人。承包人应在施工现场保留一套完整图纸,供工程师及有关人员进行工程检查时使用。

(8) 工程量清单

(9) 工程报价单或预算书

合同履行中,双方有关工程的洽商、变更等书面协议或文件视为本合同的组成部分。在不违反法律和行政法规的前提下,当事人可以通过协商变更合同的内容,这些变更的协议或文件的效力高于其他合同文件,且签署在后的协议或文件效力高于签署在先的协议或文件。

当合同文件内容含糊不清或不相一致时,在不影响工程正常进行的情况下,由发包人承包人协商解决。双方也可以提请负责监理的工程师作出解释。双方协商不成或不同意负责监理的工程师的解释时,按有关争议的约定处理。

施工合同文件使用汉语语言文字书写、解释和说明。如专用条款约定使用两种以上(含两种)语言文字时,汉语应为解释和说明施工合同的标准语言文字。在少数民族地区,双方可以约定使用少数民族语言文字书写和解释、说明施工合同。

4. 双方一般权利和义务

(1) 工程师及其职权

1) 工程师

工程师包括监理单位委派的总监理工程师或者发包人派驻施工场地(指由发包人提供的用于工程施工的场所,以及发包人在图纸中具体指定的供施工使用的任何其他场所)履行合同的代表两种情况。

①发包人委托监理

发包人可以委托监理单位,全部或者部分负责合同的履行。国家推行工程监理制度。对于国家规定实行强制监理的工程施工,发包人必须委托监理;对于国家未规定实施强制监理的工程施工,发包人也可以委托监理。工程施工监理应当依照法律、行政法规及有关的技术标准、设计文件和建设工程施工合同,代表发包人对承包人在施工质量、建设工期和建设资金使用等方面实施监督。监理单位受发包人委托负责工程监理并应具有相应工程监理资质等级证书。发包人应在实施监理前将委托的监理单位名称、监理内容及监理权限以书面形式通知承包人。

监理单位委派的总监理工程师在施工合同中称工程师,其姓名、职务、职权由发包人承包人在专用条款内写明。总监理工程师是经监理单位法定代表人授权,派驻施工现场监理机构的总负责人,行使监理合同赋予监理单位的权利和义务,全面负责受委托工程的建设监理工作。工程师按合同约定行使职权,发包人在专用条款内要求工程师在行使某些职权前需要征得发包人批准的,工程师应征得发包人批准。如对委托监理的工程师要求其在行使认可索赔权力时,如索赔额超过一定限度,必须先征得发包人的批准。

②发包人派驻代表

发包人派驻施工场地履行合同的代表在施工合同中也称工程师。发包人代表是经发包人法定代表人授权、派驻施工场地的负责人,其姓名、职务、职权由发包人在专用条款内写明,但职权不得与监理单位委派的总监理工程师职权相互交叉。双方职权发生交叉或不明确时,由发包人予以明确,并以书面形式通知承包人,以避免给现场施工管理带来混乱和困难。

③合同履行中,发生影响发包人承包人双方权利或义务的事件时,负责监理的工程师应依据合同在其职权范围内客观公正地进行处理。一方对工程师的处理有异议时,按争议的约定处理。

④除合同内有明确约定或经发包人同意外,负责监理的工程师无权解除合同约定的承包人的任何权利与义务。

2) 工程师的委派和指令

①工程师委派代表

在施工过程中,不可能所有的监督和管理工作都由工程师亲自完成。工程师可委派代表,行使合同约定的自己的部分权力和职责,并可在认为必要时撤回委派。委派和撤回均应提前7天以书面形式通知承包人,负责监理的工程师还应将委派和撤回通知发包人。委派书和撤回通知作为合同附件。

工程师代表在工程师授权范围内向承包人发出的任何书面形式的函件,与工程师发出的函件具有同等效力。承包人对工程师代表向其发出的任何书面形式的函件有疑问时,可将此函件提交工程师,工程师应进行确认。工程师代表发出指令有失误时,工程师应进行纠正。除工程师或工程师代表外,发包人派驻工地的其他人员均无权向承包人发出任何指令。

②工程师发布指令、通知

工程师的指令、通知由其本人签字后,以书面形式交给项目经理,项目经理在回执上签署姓名和收到时间后生效。确有必要时,工程师可发出口头指令,并在48小时内给予书面确认,承包人对工程师的指令应予执行。工程师不能及时给予书面确认的,承包人应于工程师发出口头指令后7天内提出书面确认要求。工程师在承包人提出确认要求后48小时内不予答复的,视为口头指令已被确认。

承包人认为工程师指令不合理,应在收到指令后24小时内向工程师提出修改指令的书面报告,工程师在收到承包人报告后24小内作出修改指令或继续执行原指令的决定,并以书面形式通知承包人。紧急情况下,工程师要求承包人立即执行的指令或承包人虽有异议、但工程师决定仍继续执行的指令，承包人应予执行。因指令错误发生的追加合同价款（指在合同履行中发生需要增加合同价款的情况，经发包人确认后按计算合同价款的方法增加的合同价款）和给承包人造成的损失由发包人承担，延误的工期相应顺延。

③工程师应当及时完成自己的职责

工程师应按合同约定，及时向承包人提供所需指令、批准并履行其他约定的义务。由于工程师未能按合同约定履行义务造成工期延误，发包人应承担延误造成的追加合同价款，并赔偿承包人有关损失，顺延延误的工期。

④工程师易人

如需更换工程师，发包人应至少提前7天以书面形式通知承包人，后任继续行使合同文件约定的前任职权，履行前任的义务。

(2) 项目经理及其职权

1) 项目经理

项目经理指承包人在专用条款中指定的负责施工管理和合同履行的代表。他代表承包人负责工程施工的组织、实施。承包人施工质量、进度管理方面的好坏与项目经理的水平、能力、工作热情有很大的关系，一般都应当在投标书中明确项目经理，并作为评标的一项内容。项目经理的姓名、职务应在专用条款内写明。

承包人如需更换项目经理，应至少提前7天以书面形式通知发包人，并征得发包人同意。后任继续行使合同文件约定的前任职权，履行前任的义务，不得更改前任作出的书面承诺，因为前任项目经理的书面承诺是代表承包人的，项目经理的易人并不意味着合同主体的变更，双方都应履行各自的义务。发包人可以与承包人协商，建议更换其认为不称职的项目经理。

2) 项目经理的职权

项目经理有权代表承包人向发包人提出要求和通知。承包人依据合同发出的通知，以书面形式由项目经理签字后送交工程师，工程师在回执上签署姓名和收到时间后生效。

项目经理按发包人认可的施工组织设计（施工方案）和工程师依据合同发出的指令组织施工。在情况紧急且无法与工程师联系的情况下，应当采取保证人员生命和工程、财产安全的紧急措施，并在采取措施后48小时内向工程师送交报告。若责任在发包人或第三人，由发包人承担由此发生的追加合同价款，相应顺延工期；若责任在承包人，由承包人承担费用，不顺延工期。

(3) 发包人工作

发包人按专用条款约定的内容和时间分阶段或一次完成以下工作：

1) 办理土地征用、拆迁补偿、平整施工场地等工作，使施工场地具备施工条件，在开工后继续负责解决以上事项遗留问题。（在专用条款中应该写明：施工场地具备施工条件的要求及完成的时间。如土地的征用应写明征用的面积、批准的手续；房屋的搬迁和坟地的迁移应写明搬迁和迁移的数量，搬迁后的拆除、迁移后的回填及清理；各种障碍，应写明名称、数量、清除的距离等具体内容。写明施工场地的面积和应达到的平整程度等要求。写明拆除和迁移的当事人以后提出异议或要求赔偿、施工中发现有本条约定的障碍尚未清除等情况时应由谁处理，费用如何承担。)

2) 将施工所需水、电、电讯线路从施工场地外部接至专用条款约定地点，保证施工期间的需要。(在专用条款中应该写明：将施工所需的水、电、电讯线路接至施工场地的时间、地点和供应要求。如上、下水管应在何时接至何处，每天应保证供应的数量、水的标准，不能全天供应的要写明供应的时间；供电线路应在何时接至何处，供电的电压，是否需要安装变压器及变压器的规格、数量，不能保证连续供应的，应写明供应的日期和时间。)

3) 开通施工场地与城乡公共道路的通道，以及专用条款约定的施工场地内的主要道路，满足施工运输的需要，保证施工期间的畅通。(在专用条款中应该写明：施工场地与公共道路的通道开通时间和要求。如写明发包人负责开通的道路的起止地点、开通时间，路面的规格和要求、维护工作的内容，不能保证全天通行的，要写明通行的时间。)

4) 向承包人提供施工场地的工程地质和地下管线资料，对资料的真实准确性负责。(在专用条款中应该写明：工程地质和地下管线资料的提供时间和要求。如水文资料的年代、地质资料，深度等。)

5) 办理施工许可证及其他施工所需证件、批件和临时用地、停水、停电、中断道路交通、爆破作业等的申请批准手续（证明承包人自身资质的证件除外）。(在专用条款中应该写明：由发包人办理的施工所需证件、批件的名称和完成时间，其时间可以是绝对的年、月、日，也可以是相对的时间，如在某项工作开始几天之前完成。)

6) 确定水准点与坐标控制点，以书面形式交给承包人，进行现场交验。(在专用条款中应该写明：水准点与坐标控制点交验要求。)

7) 组织承包人和设计单位（指发包人委托的负责本工程设计并取得相应工程设计资质等级证书的单位）进行图纸会审和设计交底。(在专用条款中应该写明：图纸会审和设计交底时间；不能确定准确时间，应写明相对时间，如发包人发布开工令前多少天。)

8) 协调处理施工场地周围地下管线和邻近建筑物、构筑物（包括文物保护建筑）、古树名木的保护工作，承担有关费用。(在专用条款中应该写明：施工场地周围建筑物和地下管线的保护要求。)

9) 发包人应做的其他工作，双方在专用条款内约定。

发包人可以将上述部分工作委托承包人办理，具体内容由双方在专用条款内约定，其费用由发包人承担。发包人未能履行以上各项义务，导致工期延误或给承包人造成损失的，赔偿承包人的有关损失，延误的工期相应顺延。

按具体工程和实际情况，在专用条款中逐款列出各项工作的名称、内容、完成时间和要求，实际存在而《通用条款》未列入的，要对条款或内容予以补充。双方协议将本条中发包人工作部分或全部交承包人完成时，应写明对《通用条款》的修改内容，发包人应支付费用的金额和计算方法。还应写明发包人不能按《专用条款》要求完成有关工作时，应支付的费用金额和赔偿承包人损失的范围及计算方法。

(4) 承包人工作

承包人按专用条款约定的内容和时间完成以下工作：

1) 根据发包人委托，在其设计资质等级和业务允许的范围内，完成施工图设计或与工程配套的设计，经工程师确认后使用，发包人承担由此发生的费用。（在专用条款中应该写明：需由设计资质等级和业务范围允许的承包人完成的设计文件提交时间。发包人如委托承包人完成工程施工图及配套设计，本款写明设计的名称、内容、要求、完成时间和设计费用计算方法。）

2) 向工程师提供年、季、月度工程进度计划及相应进度统计报表。（在专用条款中应该写明：应提供计划、报表的名称及完成时间。）

3) 根据工程需要，提供和维修非夜间施工使用的照明、围栏设施，并负责安全保卫。（在专用条款中应该写明：承担施工安全保卫工作及非夜间施工照明的责任和要求。）

4) 按专用条款约定的数量和要求，向发包人提供施工场地办公和生活的房屋及设施，发包人承担由此发生的费用。（在专用条款中应该写明：向发包人提供的办公和生活房屋及设施的要求。如提供的现场办公生活用房的间数、面积、规格和要求，各种设施的名称、数量、规格型号及提供的时间和要求，发生费用的金额及由谁承担。）

5) 遵守政府有关主管部门对施工场地交通、施工噪音以及环境保护和安全生产等的管理规定，按规定办理有关手续，并以书面形式通知发包人，发包人承担由此发生的费用，因承包人责任造成的罚款除外。（在专用条款中应该写明：需承包人办理的有关施工场地交通、环卫和施工噪音管理等手续。写明地方政府、有关部门和发包人对本款内容的具体要求，如在什么时间、什么地段、哪种型号的车辆不能行驶或行驶的规定，在什么时间不能进行哪些施工，施工噪音不得超过多少分贝。）

6) 已竣工工程未交付发包人之前，承包人按专用条款约定负责已完工程的保护工作，保护期间发生损坏，承包人自费予以修复。发包人要求承包人采取特殊措施保护的工程部位和相应的追加合同条款，双方在专用条款内约定。（在专用条款中应该写明：已完工程成品保护的特殊要求及费用承担。）

7) 按专用条款约定做好施工场地地下管线和邻近建筑物、构筑物（包括文物保护建筑）、古树名木的保护工作。[在专用条款中应该写明：施工场地周围地下管线和邻近建筑物、构筑物（含文物保护建筑）、古树名木的保护要求及费用承担。]

8) 保证施工场地清洁符合环境卫生管理的有关规定。交工前清理现场达到专用条款约定的要求，承担因自身原因违反有关规定造成的损失和罚款（合同签订后颁发的规定和非承包人原因造成的损失和罚款除外）（在专用条款中应该写明：施工场地清洁卫生的要求。如对施工现场布置、机械材料的放置、施工垃圾处理等场容卫生的具体要求，交工前对建筑物的清洁和施工现场清理的要求。）

9）承包人应做的其他工作，双方在专用条款内约定。

承包人未能履行上述各项义务，造成发包人损失的，赔偿发包人有关损失。

在专用条款中应该写明：按具体工程和实际情况，逐款列出各项工作的名称、内容、完成时间和要求，实际需要而《通用条款》未列的，要对条款和内容予以补充。本条工作发包人不在签订《专用条款》时写明，但在施工中提出要求，征得承包人同意后双方订立协议，可作为《专用条款》的补充，本条还应写明承包人不能按合同要求完成有关工作应赔偿发包人损失的范围和计算方法。

5. 施工合同的进度控制条款

进度控制是施工合同管理的重要组成部分。施工合同的进度控制可以分为施工准备阶段、施工阶段和竣工验收阶段的进度控制。

（1）施工准备阶段的进度控制

1）合同工期的约定

工期指发包人承包人在协议书中约定，按总日历天数（包括法定节假日）计算的承包天数。合同工期是施工的工程从开工到完成专用条款约定的全部内容，工程达到竣工验收标准所经历的时间。

承发包双方必须在协议书中明确约定工期，包括开工日期和竣工日期。开工日期指发包人承包人在协议书中约定，承包人开始施工的绝对或相对日期。竣工日期指发包人承包人在协议书中约定，承包人完成承包范围内工程的绝对或相对日期。工程竣工验收通过，实际竣工日期为承包人送交竣工验收报告的日期；工程按发包人要求修改后通过竣工验收的，实际竣工日期为承包人修改后提请发包人验收的日期。合同当事人应当在开工日期前做好一切开工的准备工作，承包人则应当按约定的开工日期开工。

对于群体工程，双方应在合同附件一中具体约定不同单位工程的开工日期和竣工日期。对于大型、复杂工程项目，除了约定整个工程的开工日期、竣工日期和合同工期的总日历天数外，还应约定重要里程碑事件的开工与竣工日期，以确保工期总目标的顺利实现。

2）进度计划

承包人应按专用条款约定的日期，将施工组织设计和工程进度计划提交工程师，工程师按专用条款约定的时间予以确认或提出修改意见，逾期不确认也不提出书面意见的，则视为已经同意。群体工程中单位工程分期进行施工的，承包人应按照发包人提供图纸及有关资料的时间，按单位工程编制进度计划，其具体内容在专用条款中约定，分别向工程师提交。

工程师对进度计划予以确认或者提出修改意见，并不免除承包人施工组织设计和工程进度计划本身的缺陷所应承担的责任。工程师对进度计划予以确认的主要目的，是为工程师对进度进行控制提供依据。

3）其他准备工作

在开工前，合同双方还应该做好其他各项准备工作，如发包人应当按照专用条款的约定使施工场地具备施工条件、开通公共道路，承包人应当做好施工人员和设备的调配工作，按合同规定完成材料设备的采购等。

工程师需要做好水准点与坐标控制点的交验，按时提供标准、规范。为了能够按时向承包人提供设计图纸，工程师需要做好协调工作，组织图纸会审和设计交底等。

4）开工及延期开工

①承包人要求的延期开工

承包人应当按照协议书约定的开工日期开始施工。若承包人不能按时开工，应当不迟于协议书约定的开工日期前7天，以书面形式向工程师提出延期开工的理由和要求。工程师应当在接到延期开工申请后的48小时内以书面形式答复承包人。工程师在接到申请后48小时内不答复，视为已同意承包人要求，工期相应顺延。如果工程师不同意延期要求或承包人未在规定时间内提出延期开工要求，工期不予顺延。

②发包人原因的延期开工

因发包人原因不能按照协议书约定的开工日期开工，工程师应以书面形式通知承包人，推迟开工日期。承包人对延期开工的通知没有否决权，但发包人应当赔偿承包人因此造成的损失，并相应顺延工期。

(2) 施工阶段的进度控制

1) 工程师对进度计划的检查与监督

开工后，承包人必须按照工程师确认的进度计划组织施工，接受工程师对进度的检查、监督，检查、督促的依据一般是双方已经确认的月度进度计划。一般情况下，工程师每月检查一次承包人的进度计划执行情况，由承包人提交一份上月进度计划实际执行情况和本月的施工计划。同时，工程师还应进行必要的现场实地检查。

工程实际进度与经确认的进度计划不符时，承包人应按工程师的要求提出改进措施，经工程师确认后执行。但是，对于因承包人自身的原因导致实际进度与进度计划不符时，所有的后果都应由承包人自行承担，承包人无权就改进措施追加合同价款，工程师也不对改进措施的效果负责。如果采用改进措施后，经过一段时间工程实际进展赶上了进度计划，则仍可按原进度计划执行。如果采用改进措施一段时间后，工程实际进展仍明显与进度计划不符，则工程师可以要求承包人修改原进度计划，并经工程师确认后执行。但是，这种确认并不是工程师对工程延期的批准，而仅仅是要求承包人在合理的状态下施工。因此，如果承包人按修改后的进度计划使施工不能按期竣工的，承包人仍应承担相应的违约责任。

工程师应当随时了解施工进度计划执行过程中所存在的问题，并帮助承包人予以解决，特别是承包人无力解决的内外关系协调问题。

2) 暂停施工

①工程师要求的暂停施工

工程师认为确有必要暂停施工时，应当以书面形式要求承包人暂停施工，并在提出要求后48小时内提出书面处理意见。承包人应当按工程师要求停止施工，并妥善保护已完工程。承包人实施工程师作出的处理意见后，可以书面形式提出复工要求，工程师应当在48小时内给予答复。工程师未能在规定时间内提出处理意见，或收到承包人复工要求后48小时内未予答复，承包人可自行复工。

因发包人原因造成停工的，由发包人承担所发生的追加合同价款，赔偿承包人由此造成的损失，相应顺延工期；因承包人原因造成停工的，由承包人承担发生的费用，工期不予顺延。因工程师不及时作出答复，导致承包人无法复工，由发包人承担违约责任。

②因发包人违约导致承包人的主动暂停施工

当发包人出现某些违约情况时，承包人可以暂停施工，这是合同赋予的承包人保护自身权益的有效措施。如发包人不按合同约定及时向承包人支付工程预付款或进度款且双方未达成延期付款协议，在承包人发出要求付款通知后仍不付款的，经过一段时间后，承包人均可暂停施工。这时，发包人应当承担相应的违约责任。出现这种情况时，工程师应当尽量督促发包人履行合同，以求减少双方的损失。

③意外事件导致的暂停施工

在施工过程中出现一些意外情况，如果需要承包人暂停施工的，承包人则应该暂停施工。此时工期是否给予顺延，应视风险责任应由谁承担而确定。如发现有价值的文物、发生不可抗力事件等，风险责任应由发包人承担，故应给予承包人顺延工期。

3）工程设计变更

工程师在其可能的范围内应尽量减少设计变更，以避免影响工期。如果必须对设计进行变更，应当严格按照国家的规定和合同约定的程序进行。

①发包人对原设计进行变更

施工中发包人如果需要对原工程设计进行变更，应提前14天以书面形式向承包人发出变更通知。变更超过原设计标准或者批准的建设规模时，发包人应报规划管理部门和其他有关部门重新审查批准，并由原设计单位提供变更的相应的图纸和说明。承包人按照工程师发出的变更通知及有关要求，进行下列需要的变更：

    a. 更改工程有关部分的标高、基线、位置和尺寸；

    b. 增减合同中约定的工程量；

    c. 改变有关工程的施工时间和顺序；

    d. 其他有关工程变更需要的附加工作。

由于发包人对原设计进行变更，导致合同价款的增减及造成的承包人损失，由发包人承担，延误的工期相应顺延。

合同履行中发包人要求变更工程质量标准及发生其他实质性变更，由双方协商解决。

②承包人要求对原设计进行变更

承包人应当严格按照图纸施工，不得对原工程设计进行变更。因承包人擅自变更设计发生的费用和由此导致发包人的直接损失，由承包人承担，延误的工期不予顺延。承包人在施工中提出的合理化建议涉及对设计图纸或施工组织设计的更改及对材料、设备的换用，须经工程师同意。工程师同意变更后，也须取得有关主管部门的批准,并由原设计单位提供相应的变更图纸和说明。未经同意擅自更改或换用时,承包人承担由此发生的费用,并赔偿发包人的有关损失,延误的工期不予顺延。工程师同意采用承包人的合理化建议,所发生的费用和获得的收益,发包人承包人另行约定分担或分享。

4)工期延误

承包人应当按照合同工期完成工程施工,如果由于其自身原因造成工期延误,则应承担违约责任。但因以下原因造成工期延误,经工程师确认,工期相应顺延:

①发包人未能按专用条款的约定提供图纸及开工条件;

②发包人未能按约定日期支付工程预付款、进度款,致使施工不能正常进行;

③工程师未按合同约定提供所需指令、批准等,致使施工不能正常进行;

④设计变更和工程量增加;

⑤一周内非承包人原因停水、停电、停气造成停工累计超过 8 小时;

⑥不可抗力;

⑦专用条款中约定或工程师同意工期顺延的其他情况。

上述这些情况工期可以顺延的原因在于:这些情况属于发包人违约或者是应当由发包人承担的风险。

承包人在以上情况发生后 14 天内,就延误的工期以书面形式向工程师提出报告,工程师在收到报告后 14 天内予以确认,逾期不予确认也不提出修改意见,视为同意顺延工期。

工程师确认的工期顺延期限应当是事件造成的合理延误,由工程师根据发生事件的具体情况和工期定额、合同等的规定确认。经工程师确认的顺延工期应纳入合同总工期,如果承包人不同意工程师的确认结果,则可按合同约定的争议解决方式处理。

(3)竣工验收阶段的进度控制

在竣工验收阶段,工程师进度控制的任务是督促承包人完成工程扫尾工作,协调竣工验收中的各方关系,参加竣工验收。

1)竣工验收的程序

承包人必须按照协议书约定的竣工日期或者工程师同意顺延的工期竣工。因承包人原因不能按照协议书约定或者工程师同意顺延的工期竣工,承包人应当承担违约责任。

①承包人提交竣工验收报告:当工程按合同要求全部完成后,具备竣工验收条件,承包人按国家工程竣工验收的有关规定,向发包人提供完整的竣工资料和竣工验收报告。双方约定由承包人提供竣工图的,承包人应按专用条款内约定的日期和份数向发包人提交竣工图。

②发包人组织验收:发包人收到竣工验收报告后 28 天内组织有关单位验收,并在验收后 14 天内给予认可或提出修改意见,承包人应当按要求进行修改,并承担由自身原因造成修改的费用。中间交工工程的范围和竣工时间,由双方在专用条款内约定,验收程序同上。

③发包人不能按时组织验收：发包人收到承包人送交的竣工验收报告后28天内不组织验收，或者在验收后14天内不提出修改意见，则视为竣工验收报告已经被认可。发包人收到承包人竣工验收报告后28天内不组织验收，从第29天起承担工程保管及一切意外责任。

2）提前竣工

施工中发包人如需提前竣工，双方协商一致后应签订提前竣工协议，作为合同文件组成部分。提前竣工协议应包括：

①要求提前的时间；

②承包人采取的赶工措施；

③发包人为提前竣工提供的条件；

④承包人为保证工程质量和安全采取的措施；

⑤提前竣工所需的追加合同价款等。

3）甩项工程

因特殊原因，发包人要求部分单位工程或工程部位须甩项竣工时，双方应另行订立甩项竣工协议，明确双方责任和工程价款的支付办法。

6. 施工合同的质量控制条款

工程施工中的质量控制是合同履行中的重要环节。施工合同的质量控制涉及许多方面的因素，任何一个方面的缺陷和疏漏，都会使工程质量无法达到预期的标准。承包人应按照合同约定的标准、规范、图纸、质量等级以及工程师发布的指令认真施工，并达到合同约定的质量等级。在施工过程中，承包人要随时接受工程师对材料、设备、中间部位、隐蔽工程、竣工工程等质量的检查、验收与监督。

(1) 工程质量标准

工程质量应当达到协议书约定的质量标准，质量标准的评定以国家或专业的质量检验评定标准为依据。因承包人原因工程质量达不到约定的质量标准，由承包人承担违约责任。发包人对部分或全部工程质量有特殊要求的，应支付由此增加的追加合同价款（在专用条款中写明计算方法），对工期有影响的应给予相应顺延。

双方对工程质量有争议，由双方同意的工程质量检测机构鉴定，所需费用及因此造成的损失，由责任方承担。双方均有责任，由双方根据其责任分别承担。

(2) 检查和返工

在工程施工过程中，工程师及其委派人员对工程的检查检验，是一项日常工作和重要职能。承包人应认真按照标准、规范和设计图纸要求以及工程师依据合同发出的指令施工，随时接受工程师的检查检验，为检查检验提供便利条件。工程质量达不到约定标准的部分，工程师一经发现，应要求承包人拆除和重新施工，承包人应按工程师的要求拆除和重新施工，直到符合约定标准。因承包人原因达不到约定标准，由承包人承担拆除和重新施工的费用，工期不予顺延。

工程师的检查检验不应影响施工正常进行，如影响施工正常进行，检查检验不合格时，影响正常施工的费用由承包人承担。除此之外影响正常施工的追加合同价款由发包人承担，相应顺延工期。

因工程师指令失误或其他非承包人原因发生的追加合同价款，由发包人承担。以上检查检验合格后，又发现由承包人原因引起的质量问题，仍由承包人承担责任和发生的费用，赔偿发包人的直接损失，工期不予顺延。

(3) 隐蔽工程和中间验收

工程具备隐蔽条件或达到专用条款约定的中间验收部位，承包人进行自检，并在隐蔽或中间验收前 48 小时以书面形式通知工程师验收。通知包括隐蔽和中间验收的内容、验收时间和地点。承包人准备验收记录，验收合格，工程师在验收记录上签字后，承包人方可进行隐蔽和继续施工。验收不合格，承包人在工程师限定的时间内修改后重新验收。

工程师不能按时进行验收，应在验收前 24 小时以书面形式向承包人提出延期要求，延期不能超过 48 小时。工程师未能按以上时间提出延期要求，不进行验收，承包人可自行组织验收，工程师应承认验收记录。经工程师验收，工程质量符合标准、规范和设计图纸等的要求，验收 24 小时后，工程师不在验收记录上签字，视为工程师已经认可验收记录，承包人可进行隐蔽或继续施工。

(4) 重新检验

无论工程师是否进行验收，当其提出对已经隐蔽的工程重新检验的要求时，承包人应按要求进行剥离或开孔，并在检验后重新覆盖或修复。检验合格，发包人承担由此发生的全部追加合同价款，赔偿承包人损失，并相应顺延工期；检验不合格，承包人承担发生的全部费用，工期不予顺延。

(5) 工程试车

双方约定需要试车的，应当组织试车。试车内容应与承包人承包的安装范围相一致。

1) 单机无负荷试车：设备安装工程具备单机无负荷试车条件，由承包人组织试车，并在试车前 48 小时以书面形式通知工程师。通知包括试车内容、时间、地点。承包人准备试车记录。发包人根据承包人要求为试车提供必要条件。试车合格，工程师在试车记录上签字。只有单机试运转达到规定要求，才能进行联试。工程师不能按时参加试车，须在开始试车前 24 小时以书面形式向承包人提出延期要求，延期不能超过 48 小时。工程师未能按以上时间提出延期要求，不参加试车，承包人可自行组织试车，工程师应承认试车记录。

2) 联动无负荷试车：设备安装工程具备无负荷联动试车条件，发包人组织试车，并在试车前 48 小时以书面形式通知承包人。通知包括试车内容、时间、地点和对承包人的要求。承包人按要求做好准备工作。试车合格，双方在试车记录上签字。

3) 投料试车：投料试车应在工程竣工验收后由发包人负责。如发包人要求在工程竣工验收前进行或需要承包人配合时，应当征得承包人同意，双方另行签订补充协议。

4) 双方责任如下：

①由于设计原因试车达不到验收要求,发包人应要求设计单位修改设计,承包人按修改后的设计重新安装。发包人承担修改设计、拆除及重新安装的全部费用和追加合同价款,工期相应顺延。

②由于设备制造原因试车达不到验收要求,由该设备采购一方负责重新购置或修理,承包人负责拆除和重新安装。设备由承包人采购的,由承包人承担修理或重新购置、拆除及重新安装的费用,工期不予顺延;设备由发包人采购的,发包人承担上述各项追加合同价款,工期相应顺延。

③由于承包人施工原因试车达不到验收要求,承包人按工程师要求重新安装和试车,并承担重新安装和试车的费用,不期不予顺延。

④试车费用除已包括在合同价款之内或专用条款另有约定外,均由发包人承担。

⑤工程师在试车合格后不在试车记录上签字,试车结束24小时后,视为工程师已经认可试车记录,承包人可继续施工或办理竣工手续。

(6) 竣工验收

竣工验收是全面考核建设工作,检查是否符合设计要求和工程质量的重要环节。工程未经竣工验收或竣工验收未通过的,发包人不得使用。发包人强行使用时,由此发生的质量问题及其他问题,由发包人承担责任。但在此情况下发包人主要是对强行使用直接产生的质量问题和其他问题承担责任,不能免除承包人对工程的保修等责任。

《建筑法》第58条规定:建筑施工企业对工程的施工质量负责。第60条规定:建筑物在合理使用寿命内,必须确保地基基础工程和主体结构的质量。建筑工程竣工时,屋顶墙面不得留有渗漏、开裂等施工缺陷,对已发现的质量缺陷,建筑施工企业应当修复。

(7) 质量保修

承包人应按法律、行政法规或国家关于工程质量保修的有关规定,对交付发包人使用的工程在质量保修期内承担质量保修责任。建设工程办理交工验收手续后,在规定的期限内,因勘察、设计、施工、材料等原因造成的质量缺陷,应当由施工单位负责维修。所谓质量缺陷是指工程不符合国家或行业现行的有关技术标准、设计文件以及合同中对质量的要求。

承包人应在工程竣工验收之前,与发包人签订质量保修书,作为合同附件(《示范文本》附件3),质量保修书的主要内容包括:

1) 工程质量保修范围和内容

质量保修范围包括地基基础工程、主体结构工程、屋面防水工程和双方约定的其他土建工程,以及电气管线、上下水管线的安装工程,供热、供冷系统工程等项目。具体质量保修内容由双方约定。

2) 质量保修期

质量保修期从工程实际竣工之日算起。分单项竣工验收的工程,按单项工程分别计算质量保修期。

3) 质量保修责任

①属于保修范围和内容的项目，承包人应在接到修理通知之日后 7 天内派人修理。承包人不在约定期限内派人修理，发包人可委托其他人员修理，保修费用从质量保修金内扣除。

②发生须紧急抢修事故（如上水跑水、暖气漏水漏气、燃气漏气等），承包人接到事故通知后，应立即到达事故现场抢修。非承包人施工质量引起的事故，抢修费用由发包人承担。

③在国家规定的工程合理使用期限内，承包人确保地基基础工程和主体结构的质量。因承包人原因致使工程在合理使用期限内造成人身和财产损害的，承包人应承担损害赔偿责任。

4) 质量保修金的支付方法等

(8) 材料设备供应的质量控制

1) 发包人供应材料设备

实行发包人供应材料设备的，双方应当约定发包人供应材料设备的一览表，作为本合同的附件。一览表应包括发包人供应材料设备的品种、规格、型号、数量、单价、质量等级、提供时间和地点。发包人应按一览表约定的内容提供材料设备，并向承包人提供产品合格证明，对其质量负责。发包人在所供材料设备到货前 24 小时，以书面形式通知承包人，由承包人派人与发包人共同清点。

发包人供应的材料设备，承包人派人参加清点后由承包人妥善保管，发包人支付相应保管费用。因承包人原因发生丢失损坏，由承包人负责赔偿。发包人未通知承包人清点，承包人不负责材料设备的保管，丢失损坏由发包人负责。

如果发包人供应的材料设备与一览表不符时，发包人应承担有关责任。发包人应承担责任的具体内容，双方可根据以下情况在专用条款内约定：

①材料设备单价与一览表不符，由发包人承担所有价差。

②材料设备的品种、规格、型号、质量等级与一览表不符，承包人可拒绝接收保管，由发包人运出施工场地并重新采购。

③发包人供应的材料规格、型号与一览表不符，经发包人同意，承包人可代为调剂串换，由发包人承担相应费用。

④到货地点与一览表不符，由发包人负责运至一览表指定地点。

⑤供应数量少于一览表约定的数量时，由发包人补齐。多于一览表约定数量时，发包人负责将多余部分运出施工场地。

⑥到货时间早于一览表约定时间，由发包人承担因此发生的保管费用。到货时间迟于一览表约定的供应时间，发包人赔偿由此造成的承包人损失。造成工期延误的，相应顺延工期。

发包人供应的材料设备使用前，由承包人负责检验或试验，不合格的不得使用，检验或试验费用由发包人承担。发包人供应材料设备的结算方法，双方在专用条款内约定。

2) 承包人采购材料设备

承包人负责采购材料设备的,应按照专用条款约定及设计和有关标准要求采购,并提供产品合格证明,对材料设备质量负责。承包人在材料设备到货前24小时通知工程师清点。承包人采购的材料设备与设计或标准要求不符时,承包人应按工程师要求的时间运出施工场地,重新采购符合要求的产品,承担由此发生的费用,由此延误的工期不予顺延。

承包人采购的材料设备在使用前,承包人应按工程师的要求进行检验或试验,不合格的不得使用,检验或试验费用由承包人承担。工程师发现承包人采购并使用不符合设计或标准要求的材料设备时,应要求由承包人负责修复、拆除或重新采购,并承担发生的费用,由此延误的工期不予顺延。

根据工程需要,承包人需要使用代用材料时,应经工程师认可后才能使用,由此增减的合同价款双方以书面形式议定。由承包人采购的材料设备,发包人不得指定生产厂或供应商。

7. 施工合同的投资控制条款

(1) 施工合同价款及调整

施工合同价款指发包人、承包人在协议书中约定,发包人用以支付承包人按照合同约定完成承包范围内全部工程并承担质量保修责任的款项。招标工程的合同价款由发承包人依据中标通知书中的中标价格在协议书内约定。非招标工程的合同价款由发承包人依据工程预算书在协议书内约定。合同价款在协议书内约定后,任何一方不得擅自改变。下列三种确定合同价款的方式,双方可在专用条款内约定采用其中一种:

1) 固定价格合同

双方在专用条款内约定合同价款包含的风险范围和风险费用的计算方法,在约定的风险范围内合同价款不再调整。风险范围以外的合同价款调整方法,应当在专用条款内约定。如果发包人对施工期间可能出现的价格变动采取一次性付给承包人一笔风险补偿费用办法的,可在专用条款内写明补偿的金额和比例,写明补偿后是全部不予调整还是部分不予调整,及可以调整项目的名称。

2) 可调价格合同

合同价款可根据双方的约定而调整,双方在专用条款内约定合同价款的调整方法。可调价格合同中合同价款的调整因素包括:

①法律、行政法规和国家有关政策变化影响合同价款;

②工程造价管理部门(指国务院有关部门、县级以上人民政府建设行政主管部门或其委托的工程造价管理机构)公布的价格调整;

③一周内非承包人原因停水、停电、停气造成停工累计超过8小时;

④双方约定的其他因素。

此时,双方在专用条款中可写明调整的范围和条件,除材料费外是否包括机械费、人工费、管理费等,对《通用条款》中所列出的调整因素是否还有补充,如对工程量增减和工程变更的数量有限制的,还应写明限制的数量;调整的依据,写明是哪一级工程造价管理部门公布的价格调整文件；写明调整的方法、程序，承包人提出调价通知的时间，工程师批准和支付的时间等。

承包人应当在上述情况发生后14天内，将调整原因、金额以书面形式通知工程师，工程师确认调整金额后作为追加合同价款，与工程款同期支付。工程师收到承包人通知后14天内不予确认也不提出修改意见，视为已经同意该项调整。

3）成本加酬金合同

合同价款包括成本和酬金两部分，双方在专用条款内约定成本构成和酬金的计算方法。

(2) 工程预付款

预付款是在工程开工前发包人预先支付给承包人用来进行工程准备的一笔款项。实行工程预付款的，双方应当在专用条款内约定发包人向承包人预付工程款的时间和数额，开工后按约定的时间和比例逐次扣回。预付时间应不迟于约定的开工日期前7天。发包人不按约定预付，承包人在约定预付时间7天后向发包人发出要求预付的通知，发包人收到通知后仍不能按要求预付，承包人可在发出通知后7天停止施工，发包人应从约定应付之日起向承包人支付应付款的贷款利息，并承担违约责任。

工程款的预付可根据主管部门的规定，双方协商确定后把预付工程款的时间、金额或占合同价款总额的比例、方法和扣回的时间、比例、方法（预付款一般应在工程竣工前全部扣回，可采取当工程进展到某一阶段如完成合同额的60%~65%时开始起扣，也可从每月的工程付款中扣回）在专用条款内写明。如果发包人不预付工程款，在合同价款中可考虑承包人垫付工程费用的补偿。

(3) 工程进度款

1）工程量的确认

对承包人已完成工程量进行计量、核实与确认，是发包人支付工程款的前提。工程量具体的确认程序如下：

①承包人应按专用条款约定的时间，向工程师提交已完成工程量的报告。

②工程师接到报告后7天内按设计图纸核实已完成工程量（计量），并在计量前24小时通知承包人。承包人为计量提供便利条件并派人参加。承包人收到通知后不参加计量，计量结果有效，作为工程价款支付的依据。

③工程师收到承包人报告后7天内未进行计量，从第8天起，承包人报告中开列的工程量即视为已被确认，作为工程价款支付的依据。

④工程师不按约定时间通知承包人，致使承包人未能参加计量，计量结果无效。

⑤对承包人超出设计图纸范围和因承包人原因造成返工的工程量，工程师不予计量。

2）工程款（进度款）结算方式

①按月结算

这是国内外常见的一种工程款支付方式，一般在每个月末，承包人提交已完成工程量报告，经工程师审查确认，签发月度付款证书后，由发包人按合同约定的时间支付工程款。

②按形象进度分段结算

这是国内一种常见的工程款支付方式,实际上是按工程形象进度分段结算。当承包人完成合同约定的工程形象进度时,承包人提出已完成工程量报告,经工程师审查确认,签发付款证书后,由发包人按合同约定的时间付款。

③竣工后一次性结算

当工程项目工期较短或合同价格较低的,可以采用工程价款每月月中预支、竣工后一次性结算的方法。

④其他结算方式

结算双方可以在专用条款中约定采用并经开户银行同意的其他结算方式。

3) 工程款（进度款）支付的程序和责任

在确认计量结果后 14 天内,发包人应向承包人支付工程款（进度款）。同期用于工程的发包人供应的材料设备价款、按约定时间发包人应扣回的预付款,与工程款（进度款）同期结算。合同价款调整、工程师确认增加的工程变更价款及追加的合同价款、发包人或工程师同意确认的工程索赔款等,也应与工程款（进度款）同期调整支付。

发包人超过约定的支付时间不支付工程款（进度款）,承包人可向发包人发出要求付款的通知,发包人收到承包人通知后仍不能按要求付款,可以与承包人协商签订延期付款协议,经承包人同意后可延期支付。协议应明确延期支付的时间和从计量结果确认后第 15 天起计算应付款的贷款利息。发包人不按合同约定支付工程款（进度款）,双方又未达成延期付款协议,导致施工无法进行,承包人可停止施工,由发包人承担违约责任。

(4) 变更价款的确定

承包人在工程变更确定后 14 天内,提出变更工程价款的报告,经工程师确认后调整合同价款。变更合同价款按下列方法进行:

1) 合同中已有适用于变更工程的价格,按合同已有的价格计算变更合同价款;

2) 合同中只有类似于变更工程的价格,可以参照类似价格变更合同价款;

3) 合同中没有适用或类似于变更工程的价格,由承包人提出适当的变更价格,经工程师确认后执行。

承包人在双方确定变更后 14 天内不向工程师提出变更工程价款的报告时,视为该项变更不涉及合同价款的变更。工程师应在收到变更工程价款报告之日起 14 天内予以确认,工程师无正当理由不确认时,自变更工程价款报告送达之日起 14 天后视为变更工程价款报告已被确认。工程师不同意承包人提出的变更价款,按照通用条款约定的争议解决办法处理。

因承包人自身原因导致的工程变更,承包人无权要求追加合同价款。

(5) 施工中涉及的其他费用

1) 安全施工

承包人应遵守工程建设安全生产有关管理规定,严格按安全标准组织施工,并随时接受行业安全检查人员依法实施的监督检查，采取必要的安全防护措施，消除事故隐患，由于承包人安全措施不力造成事故的责任和因此发生的费用，由承包人承担。

发包人应对其在施工场地的工作人员进行安全教育，并对他们的安全负责。发包人不得要求承包人违反安全管理的规定进行施工。因发包人原因导致的安全事故，由发包人承担相应责任及发生的费用。

承包人在动力设备、输电线路、地下管道、密封防震车间、易燃易爆地段以及临街交通要道附近施工时，施工开始前应向工程师提出安全保护措施，经工程师认可后实施。由发包人承担防护措施费用。

实施爆破作业，在放射、毒害性环境中施工（含储存、运输、使用）及使用毒害性、腐蚀性物品施工时，承包人应在施工前14天以书面形式通知工程师，并提出相应的安全防护措施，经工程师认可后实施，由发包人承担安全防护措施费用。

发生重大伤亡及其他安全事故，承包人应按有关规定立即上报有关部门并通知工程师，同时按政府有关部门要求处理，由事故责任方承担发生的费用。双方对事故责任有争议时，应按政府有关部门的认定处理。

2）专利技术及特殊工艺

发包人要求使用专利技术或特殊工艺，应负责办理相应的申报手续，承担申报、试验、使用等费用。承包人应按发包人要求使用，并负责试验等有关工作。承包人提出使用专利技术或特殊工艺，应取得工程师认可，承包人负责办理申报手续并承担有关费用。擅自使用专利技术侵犯他人专利权的，责任者依法承担相应责任。

3）文物和地下障碍物

在施工中发现古墓、古建筑遗址等文物及化石或其他有考古、地质研究等价值的物品时，承包人应立即保护好现场并于4小时内以书面形式通知工程师，工程师应于收到书面通知后24小时内报告当地文物管理部门，发包人承包人按文物管理部门的要求采取妥善保护措施。发包人承担由此发生的费用，延误的工期相应顺延。如发现后隐瞒不报，致使文物遭受破坏，责任者依法承担相应责任。

施工中发现影响施工的地下障碍物时，承包人应于8小时内以书面形式通知工程师，同时提出处置方案，工程师收到处置方案后24小时内予以认可或提出修正方案。发包人承担由此发生的费用，延误的工期相应顺延。所发现的地下障碍物有归属单位时，发包人应报请有关部门协同处置。

(6) 竣工结算

1）竣工结算程序

工程竣工验收报告经发包人认可后28天内，承包人向发包人递交竣工结算报告及完整的结算资料，双方按照协议书约定的合同价款及专用条款约定的合同价款调整内容，进行工程竣工结算。发包人收到承包人递交的竣工结算报告及结算资料后28天内进行核实，给予确认或者提出修改意见。发包人确认竣工结算报告后通知经办银行向承包人支付工程竣工结算价款。承包人收到竣工结算价款后14天内将竣工工程交付发包人。

2) 竣工结算相关的违约责任

①发包人收到竣工结算报告及结算资料后 28 天内无正当理由不支付工程竣工结算价款，从第 29 天起按承包人同期向银行贷款利率支付拖欠工程价款的利息，并承担违约责任。

②发包人收到竣工结算报告及结算资料后 28 天内不支付工程竣工结算价款，承包人可以催告发包人支付结算价款。发包人在收到竣工结算报告及结算资料后 56 天内仍不支付的，承包人可以与发包人协议将该工程折价，也可以由承包人申请人民法院将该工程依法拍卖，承包人就该工程折价或者拍卖的价款优先受偿。

③工程竣工验收报告经发包人认可后 28 天内，承包人未能向发包人递交竣工结算报告及完整的结算资料，造成工程竣工结算不能正常进行或工程竣工结算价款不能及时支付，发包人要求交付工程的，承包人应当交付，发包人不要求交付工程的，承包人承担保管责任。

④承发包双方对工程竣工结算价款发生争议时，按通用条款关于争议的约定处理。

(7) 质量保修金

保修金（或称保留金）是发包人在应付承包人工程款内扣留的金额，其目的是约束承包人在竣工后履行竣工义务。有关保修项目、保修期、保修内容、范围、期限及保修金额（一般不超过施工合同价款的 3%）等均应在工程质量保修书中约定。

保修期满，承包人履行了保修义务，发包人应在质量保修期满后 14 天内结算，将剩余保修金和按工程质量保修书约定银行利率计算的利息一起返还承包人，不足部分由承包人交付。

8. 施工合同的其他条款

(1) 不可抗力

不可抗力指合同当事人不能预见、不能避免且不能克服的客观情况。建设工程施工中的不可抗力包括因战争、动乱、空中飞行物体坠落或其他非发包人承包人责任造成的爆炸、火灾，以及专用条款约定的风、雨、雪、震、洪水等对工程造成损害的自然灾害。

在合同订立时应当明确不可抗力的范围。在专用条款中双方应当根据工程所在地的地理气候情况和工程项目的特点，对造成工期延误和工程灾害的不可抗力事件认定标准作出规定，可采用以下形式：1) ×级以上的地震；2) ×级以上持续×天的大风；3) ×mm 以上持续×天的大雨；4) ×年以上未发生过，持续×天的高温天气；5) ×年以上未发生过，持续×天的严寒天气。

在施工合同的履行中，应当加强管理，在可能的范围内减少或者避开不可抗力事件的发生（如爆炸、火灾等有时就是因为管理不善引起的）。不可抗力事件发生后，承包人应立即通知工程师，并在力所能及的条件下迅速采取措施，尽力减少损失，发包人应协助承包人采取措施。工程师认为应当暂停施工的，承包人应暂停施工。不可抗力事件结束后 48 小时内承包人向工程师通报受害情况和损失情况，及预计清理和修复的费用。不可抗力事件持续发生，承包人应每隔 7 天向工程师报告一次受害情况。不可抗力事件结束后 14 天内，承包人向工程师提交清理和修复费用的正式报告及有关资料。

因不可抗力事件导致的费用及延误的工期由双方按以下方法分别承担：

1）工程本身的损害、因工程损害导致第三人人员伤亡和财产损失以及运至施工场地用于施工的材料和待安装设备的损害，由发包人承担；

2）发包人承包人人员伤亡由其所在单位负责，并承担相应费用；

3）承包人机械设备损坏及停工损失，由承包人承担；

4）停工期间，承包人应工程师要求留在施工场地的必要的管理人员及保卫人员的费用由发包人承担；

5）工程所需清理、修复费用，由发包人承担；

6）延误的工期相应顺延。

因合同一方迟延履行合同后发生不可抗力的，不能免除迟延履行方的相应责任。

(2) 保险

在施工合同中，发包人承包人双方的保险义务分担如下：

1）工程开工前，发包人为建设工程和施工场地内的自有人员及第三人人员生命财产办理保险，支付保险费用；

2）运至施工场地内用于工程的材料和待安装设备，由发包人办理保险，并支付保险费用；

3）发包人可以将有关保险事项委托承包人办理，但费用由发包人承担；

4）承包人必须为从事危险作业的职工办理意外伤害保险，并为施工场地内自有人员生命财产和施工机械设备办理保险，支付保险费用；

5）保险事故发生时，发包人承包人有责任尽力采取必要的措施，防止或者减少损失；

6）具体投保内容和相关责任，发包人承包人在专用条款中约定。

(3) 担保

发包人承包人为了全面履行合同，应互相提供以下担保：

1）发包人向承包人提供履约担保，按合同约定支付工程价款及履行合同约定的其他义务；

2）承包人向发包人提供履约担保，按合同约定履行自己的各项义务。

发包人承包人双方的履约担保一般可以履约保函的方式提供，实际上是担保方式中的保证。履约保函往往是由银行出具的，即以银行为保证人。一方违约后，另一方可要求提供担保的第三人（如银行）承担相应责任。当然，履约担保也不排除其他担保人出具的担保书，但由于其他担保人的信用低于银行，因此担保金额往往较高。

提供担保的内容、方式和相关责任，发包人承包人除在专用条款中约定外，被担保人与担保人还应签订担保合同，作为施工合同的附件。

(4) 工程转包与分包

施工企业的施工力量、技术力量、人员素质、信誉好坏等，对工程质量、投资控制、进度控制等有直接影响。发包人是在经过了一系列考察，以及资格预审、投标和评标等活动之后选中承包人的，签订合同不仅意味着发包人对报价、工期等可定量化因素的认可，也意味着发包人对承包人的信任。因此在一般情况下，承包人应当以自己的力量来完成施工任务或主要施工任务。

1）工程转包

工程转包是指不行使承包人的管理职责，不承担技术经济责任，将所承包的工程倒手转给他人的行为。《建筑法》第28条、《合同法》第272条规定：承包人不得将其承包的全部建设工程转包给第三人，也不得将其承包的全部建设工程肢解以后以分包的名义分别转包给第三人。下列情况一般属于转包：

①承包人将承包的工程全部包给其他施工单位，从中提取回扣者；

②承包人将工程的主体结构或群体工程（指结构技术要求相同的）中半数以上的单位工程包给其他施工单位者；

③分包单位将其承包的工程再次分包给其他施工单位者。

2）工程分包

工程分包是指经合同约定和发包人认可，从工程承包人承担的工程中承包部分工程的行为。

承包人必须自行完成建设项目（或单项、单位工程）的主要部分，其非主要部分或专业性较强的工程经发包人同意可以分包给第三人。禁止承包人将工程分包给不具备相应资质条件的单位。

承包人按专用条款的约定分包所承包的部分工程，并与分包人签订分包合同。未经发包人同意，承包人不得将承包工程的任何部分分包。分包合同签订后，发包人与分包人之间不存在直接的合同关系。分包人应对承包人负责，承包人对发包人负责。

工程分包不能解除承包人任何义务与责任。承包人应在分包场地派驻相应管理人员，保证本合同的履行。分包人的任何违约行为或疏忽导致工程损害或给发包人造成其他损失，承包人承担连带责任。

分包工程价款由承包人与分包人结算。发包人未经承包人同意不得以任何形式向分包人支付各种工程款项。

（5）违约责任

1）发包人违约

发包人应当按合同约定完成相应的义务。如果发包人不履行合同义务或不按合同约定履行义务，则应承担相应的违约责任。发包人的违约行为包括：

①发包人不按合同约定按时支付工程预付款；

②发包人不按合同约定支付工程进度款，导致施工无法进行；

③发包人无正当理由不支付工程竣工结算价款；

④发包人不履行合同义务或者不按合同约定履行义务的其他情况。

发包人的违约行为可以分成两类：一类是不履行合同义务，如发包人应当将施工所需的水、电、电讯线路从施工场地外部接至约定地点，但发包人没有履行该项义务，即构成违约；另一类是不按合同约定履行义务，如发包人应当开通施工场地与城乡公共道路的通道，并在专用条款中约定了开通的时间和质量要求，但实际开通的时间晚于约定或质量低于合同约定，也构成违约。

合同约定应该由工程师完成的工作，工程师没有完成或没有按照约定完成，给承包人造成损失的，也应当由发包人承担违约责任。因为工程师是代表发包人进行工作的，其行为与合同约定不符时，视为发包人的违约。发包人承担违约责任后，可以根据监理委托合同追究监理单位相应的责任。

发包人承担违约责任的方式有以下4种：

①赔偿因其违约给承包人造成的经济损失：赔偿损失是发包人承担违约责任的主要方式，其目的是补偿因违约给承包人造成的经济损失。发承包人双方应当在专用条款内约定发包人赔偿承包人损失的计算方法。损失赔偿额应当相当于因违约所造成的损失，包括合同履行后可以获得的利益，但不得超过发包人在订立合同时预见或者应当预见到的因违约可能造成的损失。

②支付违约金：支付违约金的目的是补偿承包人的损失，双方在专用条款中约定发包人应当支付违约金的数额或计算方法。

③顺延延误的工期：对于因为发包人违约而延误的工期，应当相应顺延。

④继续履行：发包人违约后，承包人要求发包人继续履行合同的，发包人应当在承担上述违约责任后继续履行施工合同。

2) 承包人违约

承包人的违约行为主要有以下3种情况：

①因承包人原因不能按照协议书约定的竣工日期或者工程师同意顺延的工期竣工；

②因承包人原因工程质量达不到协议书约定的质量标准；

③承包人不履行合同义务或不按合同约定履行义务的其他情况。

承包人承担违约责任的方式有以下4种：

①赔偿因其违约给发包人造成的损失：承发包人双方应当在专用条款内约定承包人赔偿发包人损失的计算方法。损失赔偿额应当相当于因违约所造成的损失，包括合同履行后可以获得的利益，但不得超过承包人在订立合同时预见或者应当预见到的因违约可能造成的损失。

②支付违约金：双方可以在专用条款中约定承包人应当支付违约金的数额或计算方法。发包人在确定违约金的费率时，一般要考虑以下因素：

a. 发包人盈利损失；

b. 由于工期延长而引起的贷款利息增加；

c. 工程拖期带来的附加监理费；

d. 由于本工程拖期竣工不能使用，租用其他建筑物时的租赁费。

至于违约金的计算方法，在每个合同文件中均有具体规定，一般按每延误一天赔偿一定的款额计算，累计赔偿额一般不超过合同总额的 10%。

③采取补救措施：对于施工质量不符合要求的违约，发包人有权要求承包人采取返工、修理、更换等补救措施。

④继续履行：承包人违约后，如果发包人要求承包人继续履行合同时，承包人承担上述违约责任后仍应继续履行施工合同。

3）担保人承担责任

如果施工合同双方当事人设定了担保方式，一方违约后，另一方可按双方约定的担保条款，要求提供担保的第三人承担相应的责任。

(6) 合同争议的解决

发包人承包人在履行合同时发生争议，可以和解或者要求有关主管部门调解。当事人不愿意和解、调解或和解、调解不成的，双方可以在专用条款内约定以下方式解决争议：

1）双方达成仲裁协议，向约定的仲裁委员会申请仲裁；

2）向有管辖权的人民法院起诉。

发生争议后，除非出现下列情况的，双方都应继续履行合同，保持施工连续，保护好已完工程：

1）单方违约导致合同确已无法履行，双方协议停止施工；

2）调解要求停止施工，且为双方接受；

3）仲裁机构要求停止施工；

4）法院要求停止施工。

(7) 施工合同的解除

1）可以解除合同的情形

①发包人承包人协商一致，可以解除合同。

②发包人不按合同约定支付工程款（进度款），双方又未达成延期付款协议，导致施工无法进行，承包人可以停止施工，由发包人承担违约责任。如果停止施工超过 56 天，发包人仍不支付工程款（进度款），承包人有权解除合同。

③承包人将其承包的全部工程转包给他人，或者肢解以后以分包的名义分别转包给他人，发包人有权解除合同。

④因不可抗力致使合同无法履行，发包人承包人可以解除合同。

⑤因一方违约（包括因发包人原因造成工程停建或缓建）致使合同无法履行，发包人承包人可以解除合同。

2）当事人一方主张解除合同的程序

合同一方依据上述约定要求解除合同的，应以书面形式向对方发出解除合同的通知，并在发出通知前 7 天告知对方，通知到达对方时合同解除。对解除合同有争议的，双方可按有关争议的约定处理。

3）合同解除后的善后处理

合同解除后，承包人应妥善做好已完工程和已购材料、设备的保护和移交工作，按发包人要求将自有机械设备和人员撤出施工场地。发包人应为承包人撤出提供必要条件，支付以上所发生的费用，并按合同约定支付已完工程价款。已经订货的材料、设备由订货方负责退货或解除订货合同，不能退还的货款和因退货、解除订货合同发生的费用，由发包人承担，因未及时退货造成的损失由责任方承担。除此之外，有过错的一方应当赔偿因合同解除给对方造成的损失。

合同解除后，不影响双方在合同中约定的结算和清理条款的效力。

（8）合同生效与终止

双方在协议书中约定本合同生效方式，如双方当事人可选择以下几种方式之一：

1）本合同于××年××月××日签订，自即日起生效；

2）本合同双方约定应进行公（鉴）证，自公（鉴）证之日起生效；

3）本合同签订后，自发包人提供图纸或支付预付款或提供合格施工场地或下达正式开工指令之日起生效；

4）本合同签订后，需经发包人上级主管部门批准，自上级主管部门正式批准之日起生效，但双方应约定合同签订后多少天内发包人上级主管部门应办完正式批准手续；

5）其他方式等。

除了质量保修方面双方的权利和义务，如果发包人承包人履行完合同全部义务，竣工结算价款支付完毕，承包人向发包人交付竣工工程后，本合同即告终止。合同的权利义务终止后，发包人承包人应当遵循诚实信用原则，履行通知、协助、保密等义务。

（9）合同份数

施工合同正本两份，具有同等效力，由发包人承包人分别保存一份。施工合同副本份数，由双方根据需要在专用条款内约定。

### 7.1.4 建设工程其他合同内容简介

1. 建设工程勘察设计合同

（1）建设工程勘察设计合同的概念

建设工程勘察设计合同简称勘察设计合同，是指建设单位或相关单位与勘察设计单位为完成约定的勘察、设计任务，明确相互权利、义务而签订的协议。依据合同，承包方完成发包方委托的勘察设计项目，发包方承接符合约定的勘察设计成果并支付酬金。

建设工程勘察、设计合同的发包方一般是项目业主（建设单位）或建设项目总承包单位；承包人是持有国家认可的勘察、设计证书，具有经过有关部门核准的资质等级的勘察、设计单位。

（2）建设工程勘察设计合同的订立

发包方的建设工程勘察设计任务通过招标或设计方案的竞标确定勘察、设计单位后，要依据工程项目建设程序与承包方签订勘察设计合同。

订立勘察合同时,由建设单位、设计单位或有关单位提出委托,双方协商后即可签订;订立设计合同时,除了双方协商同意外,尚须有上级机关批准的设计任务书。

(3) 建设工程勘察合同的内容

1) 总述

主要说明建设工程名称、规模、建设地点、委托方和承包方的概况。

2) 委托方的义务

在勘察工作开展前,委托方应向承包方提交由设计单位提供、经建设单位同意的勘察范围的地形图和建筑平面布置图各一份,提交由建设单位委托、设计单位填写的勘察技术要求及附图。委托方应负责勘察现场的水电供应,道路平整,现场清理等工作,以保证勘察工作的顺利开展。

①向承包方提供开展勘察所必需的有关基础资料。委托勘察的,需在开展工作前向承包方提交工程项目的批准文件、勘察许可批复、工程勘察任务委托书、技术要求和工作范围地形图、勘察范围内已有的技术资料、工程所需的坐标与标高资料、勘察工作范围内地下埋藏物的资料等文件。在勘察工作范围内,不属于委托勘察任务而且没有资料的地段,发包方应负责清理地下埋藏物。

②工程勘察前,若属于发包方负责提供的材料,应根据承包方提出的工程用料计划按时提供(包括产品合格证明),并负责运输费用。

③在勘察人员进入现场作业时,委托方应负责提供必要的工作和生活条件。

④勘察过程中的任务变更,经办理正式的变更手续后,发包方应按实际发生的工作量支付勘察费。

⑤发包方应对承包方的投标书、勘察方案、报告书、文件、资料、图纸、数据、特殊工艺(方法)、专利技术及合理化建议进行妥善保管、保护。未经承包方同意,发包方不得复制、泄露、擅自修改、传达或向第三者转让或用于本合同之外的项目。

⑥发包方若要求在合同约定时间内提前完工(或提交勘察成果资料)时,发包方应向承包方支付一定的加班费。由于发包方的原因而造成承包方停、窝工时,除顺延工期外,发包方应支付一定的停、窝工费。

3) 承包方的义务

①承包方应按照现行国家技术规范、标准、规程、技术条例,根据发包方的委托任务书和技术要求进行工程勘察,按合同规定的时间、质量要求提交勘察成果(资料、文件),并对其负责。

②勘察工作中,根据岩土工程条件(或工作现场的地形地貌、地质和水文地质条件)及技术规范要求,向发包方提出增减工作量或修改勘察工作的意见,并办理正式的变更手续。

③承包方应在合同约定的时间内提交勘察成果(资料、文件),勘察工作以发包方下达的开工通知书或合同约定的开工时间为准。

若勘察工作中出现设计变更、工作量变化、不可抗力或其他非承包方的原因而造成停工、窝工时,工期可以相应顺延。

4）勘察费

勘察工作的取费标准是按照勘察工作的内容决定的。勘察费用一般按实际完成的工作量收取，我国有规定的勘察工作量计算方法。

勘察合同生效后，委托方应向承包方支付为勘察费用总额30％的定金；全部勘察工作结束后，承包方按合同规定向委托方提交勘察报告和图纸；委托方在收取勘察成果资料后规定的期限内，按实际勘察工作量付清勘察费。

属于特殊工程的勘察工作收费办法，原则上按勘察工程总价加收20％—40％的勘察费。特殊工程指自然地质条件复杂、技术要求高、勘察手段超出现行规范，特别重大、紧急、有特殊要求的工程，或特别小的工程等。

5）违约责任

①委托方若不履行合同，无权要求返还定金；若承包方不履行合同，应双倍偿还定金。

②如果委托方变更计划，提供不准确的资料，未按合同规定提供勘察设计工作必需的资料或工作条件，或修改设计，造成勘察设计工作的返工、停工、窝工，委托方应按承包方实际消耗的工作量增付费用。因委托方责任而造成重大返工或重新进行勘察设计时，应另增加勘察设计费。

③勘察设计的成果按期、按质、按量交付后，委托方要按期、按量支付勘察设计费。若委托方超过合同规定的日期付费，应偿付逾期违约金。

④因勘察设计质量低劣引起返工，或未按期提出勘察设计文件，拖延工程工期造成委托方损失，应由承包方继续完善勘察，完成设计，并视造成的损失、浪费的大小，减收或免收勘察设计费。

⑤对因勘察设计错误而造成工程重大质量事故，承包方除免收损失部分的勘察设计费外，还应支付与该部分勘察设计费相当的赔偿金。

6）争执的处理

建设工程勘察设计合同在实施中发生争执，双方应及时协商解决；若协商不成，双方又同属一个部门，可由上级主管部门调解；调解不成或双方不属于同一个部门，可按合同向仲裁委员会申请仲裁，也可直接向人民法院起诉。

7）其他规定

①合同的生效和失效日期。通常勘察合同在全部勘察工作验收合格后失效，设计合同在全部设计任务完成后失效。

②勘察设计合同的未尽事宜，需经双方协商，作出补充规定。补充规定与原合同具有同等效力，但不得与原合同内容冲突。

③附件是勘察设计合同的组成部分。勘察合同的附件包括测量任务和质量要求表、工程地质勘察任务和质量要求表等。设计合同的附件一般包括委托设计任务书、工程设计取费表、补充协议书等。

(4) 建设工程设计合同的内容

1）总述

主要说明建设工程名称、规模、建设地点、投资额、委托方和承包方的情况。

2) 委托方的义务

①如果委托初步设计，委托方应在规定的日期内向承包方提供经过批准的设计任务书（或可行性研究报告）、选择建设地址的报告以及原料、燃料、水电、运输等方面的协议文件和能满足初步设计要求的勘察资料、经科研取得的技术资料等。

②如果委托施工图设计，委托方应在规定日期内向承包方提供经过批准的初步设计文件和能满足施工图设计要求的勘察资料、施工条件以及有关设备的技术资料等。

③委托方应负责及时地向有关部门办理各阶段设计文件的审批工作。

④明确设计范围和深度。

⑤如果委托设计中有配合引进项目的设计，则在引进过程中，从询价、对外谈判、国内外技术考察直到建成投产的各个阶段，都应通知承担有关设计任务的单位参加。

⑥在设计人员进入施工现场工作时，委托方应提供必要的工作和生活条件。

⑦委托方要按照国家有关规定付给承包方勘察设计费，维护承包方的勘察成果和设计文件，不得擅自修改，也不得转让给第三方重复使用，否则便侵犯了承包方的智力成果权。

3) 承包方的义务

①承包方应根据已批准的设计任务书（或可行性研究报告）或上一阶段设计的批准文件，以及有关设计的技术经济文件、设计标准、技术规范、规程、定额等提出勘察技术要求，进行设计。并按合同规定的时间、质量要求提交设计成果（图纸、资料、文件），并对其负责。

②设计阶段的内容一般包括初步设计、技术设计和施工图设计阶段。其中初步设计包括总体设计、方案设计、初步设计文件的编制；技术设计包括提出技术设计计划、编制技术设计文件、参加初步审查；施工图设计包括建筑设计、结构设计、设备设计、专业设计的协调、施工图文件的编制等。承包方应根据合同完成上述全部内容或部分内容。

③初步设计经上级主管部门审查后，在原定任务书范围内的必需修改由设计单位负责。若原定任务书有重大变更需重新设计或修改设计时，须具有审批机关或设计任务书批准机关的议定书，经双方协商后另订合同。

④承包方应配合所承担设计任务的建设项目的施工。施工前进行设计技术交底，解决施工中出现的设计问题，负责设计变更和修改预算，参加试车验收和竣工验收。大中型工业项目及复杂、重要民用工程应派驻现场设计代表，参加隐蔽工程的验收等。

⑤承包方交付设计资料、文件后，按规定参加有关设计审查，根据审查结论负责对不超出原定范围内的内容作必要的修改。

⑥若建设项目的设计任务由两个以上的设计单位配合设计，如果委托其中一个设

计单位为总承包时，则签订总承包合同，总承包单位对发包方负责。总承包单位与各分包单位签订分包合同，分包单位对总承包单位负责。

4）设计的修改和停止

①设计文件批准后，不能任意修改和变更。如果需要修改，必须经有关部门批准，其批准权限视修改的内容所涉及的范围而定：如果修改的部分属于初步设计的内容（如总平面布置图、工艺流程、设备、面积、建筑标准、定员、概算等），须经设计的原批准单位批准；如果修改部分属于设计任务书的内容（如建设规模、产品方案、建设地点及主要协作关系等），则须经设计任务书的原批准单位批准；施工图设计的修改，须经设计单位的同意。

②委托方因故要求修改工程的设计，经承包方同意后，除设计文件的提交时间另订外，委托方还应按承包方实际返工修改的工作量增付设计费。

③原定设计任务书或初步设计如有重大变更而需要重作或修改时，须经设计任务书的批准机关或初步设计批准机关同意，并经双方当事人协商后另订合同。委托方负责支付已经进行了的设计的费用。

④委托方因故要求中途停止设计，应及时书面通知承包方，已付的设计费不退，并按该阶段实际耗用工日，增付和结清设计费，同时结束合同关系。

5）设计费

①收费标准。设计合同的收费标准，应按国家有关建设工程设计费的管理规定、工程种类、建设规模和工程的繁简程度确定。也可以采取预算包干或实际完成的工作量结算等方式。

②设计费的支付。发包方应按下述要求支付设计费：合同生效后3天内，发包方应向承包方支付设计费总额的20%作为定金。设计工作开始后，定金作为设计费；承包方交付初步设计文件后3天内，发包方应支付设计费总额的30%；施工图阶段，当承包方按合同约定提交阶段性设计成果后，发包方应根据约定的支付条件、所完成的施工图工作量比例和时间，分期分批向承包方支付剩余总设计费的50%。施工图完成后，发包方结清设计费，不留尾款。

6）违约责任

发包方的违约责任：

①发包方不履行合同时，无权要求返还定金。

②发包方延误设计费的支付时，每逾期1天，应承担应付金额0.2%的违约金，并顺延设计时间。逾期30天以上时，承包方有权暂停履行下一阶段的工作，并书面通知发包方。

③由于审批工作而造成的延误应视为发包方的责任。承包方提交合同约定的设计资料后，按照承包方已完成全部工作对待，发包方需结清全部设计费。

④在合同履行期间，发包方要求终止或解除合同，承包方未开始设计工作时，不返还发包方已付的定金；已经开始设计工作的，完成的实际工作量不足50%时，按该阶段设计费的一半支付；超过50%时，按该阶段设计费的全部支付。

承包方的违约责任：

①承包方不履行合同时，应双倍返还定金。

②因设计错误造成工程质量事故、损失的，承包方除了负责采取补救措施外，免收直接受损部分的设计费。损失严重的还应根据损失程度向发包方支付与该部分设计费相当的赔偿金。

③因设计成果质量低劣，施工单位已经按照此成果文件施工而导致工程质量不合格，需要返工、改建时，承包方应重新完成设计成果中不合格部分，并视造成损失的程度减收或免收设计费。

④承包方未按合同规定的时间（日期）提交设计成果，每超过1天，应减收设计费用的0.2%。

7) 争执的解决。同勘察合同的要求。

8) 其他条款。同勘察合同要求。

2. 建设工程监理合同

(1) 建设工程监理合同的概念

建设工程委托监理合同简称监理合同，是指委托人与监理人就委托的工程项目管理内容签订的明确双方权利、义务的协议。

监理合同是一种委托合同，建设单位称委托方，监理单位称受托方。建设工程监理合同的主体是工程业主和工程监理企业，权利客体是业主委托监理单位对工程建设实施的监理工作，内容则是在实施工程建设监理过程中双方的权利和义务。

(2) 建设工程监理合同的特点

1) 监理合同的当事人双方应当是具有民事权力能力和民事行为能力、取得法人资格的企事业单位、其他社会组织，个人在法律允许的范围内也可以成为合同当事人。

①委托人必须是具有国家批准的建设项目，落实投资计划的企事业单位、其他社会组织及个人；

②作为受托人必须是依法成立具有法人资格的监理企业，并且所承担的工程监理业务应与企业资质等级和业务范围相符合；

2) 监理合同委托的工作内容必须符合工程项目建设程序，遵守有关法律、行政法规。监理合同是以对建设工程项目实施控制和管理为主要内容，因此监理合同必须符合建设工程项目的程序，符合国家和建设行政主管部门颁发的有关建设工程的法律、行政法规、部门规章和各种标准、规范要求。

3) 委托监理合同的标的是服务。

建设工程实施阶段所签订的其他合同，如勘察设计合同、施工承包合同、物资采购合同、加工承揽合同的标的物是产生新的物质成果或信息成果，而监理合同的标的是服务，即监理工程师凭据自己的知识、经验、技能受业主委托为其所签订其他合同的履行实施监督和管理。

(3) 建设工程委托监理合同示范文本

建设部、国家工商行政管理局于 2000 年 2 月 17 日颁发了《建设工程委托监理合同（示范文本）》（GF-2000-0202），该文本由建设工程委托监理合同、标准条件和专用条件组成。

1）建设工程委托监理合同

建设工程委托监理合同实际上是协议书，是监理合同的总纲。主要内容是当事人双方确认的委托监理工程的概况、价款和酬金、合同签订、完成时间，并表示双方愿意遵守规定的各项义务，以及明确监理合同文件的组成。

监理合同的组成文件包括：

①监理委托函或中标函。

②监理委托合同标准条件。

③监理委托合同专用条件。

2）标准条件

标准条件为合同的通用文本，适用于各类建设工程项目监理，所有签约工程都应遵守。

标准条件共 11 小节，49 条。其内容涵盖了合同中所有词语的定义，适用范围和法规，签约双方的责任、权利和义务，合同生效、变更与终止，监理酬金，争议的解决及其他情况。

3）专用条件

由于标准条件适用于所有的建设工程委托监理，因此其中的某些条款规定得比较笼统，需要在签订具体的工程项目监理合同时，结合地域特点、专业特点和委托监理项目的工程特点，对标准条件中的某些条款进行补充、修正。专用条件和标准条件配合使用。

(4) 监理合同双方的权利和义务

1) 委托方的权利：

①授予监理单位监理权限的权利。

②对设计合同、施工合同、采购、运输合同等的承包单位有选定权和订立合同的签订权。

③对工程规模、设计标准、规划设计、生产工艺设计和设计使用功能要求的认定权，以及对工程设计变更的审批权。

④对监理单位履行合同的监督控制权，包括：对监理合同的转让及分包的监督、对监理人员的控制监督、对合同履行的监督。

2) 监理单位的权利：

监理合同中涉及监理方权利的条款有两大类，一是监理方在委托合同中应享有的权利，二是监理方履行委托方与第三方签订的承包合同的监理任务时可行使的权利。

监理方在委托合同中应享有的权利，包括：

①完成监理任务后获得酬金的权利。监理方应获得完成合同规定任务后的约定酬金，如果合同履行中由于主、客观条件的变化，监理方完成附加工作和额外工作，也

有权按照专用条件中约定的计算方法得到额外工作的酬金。相关的酬金的支付方法，应在专用条款中写明。我国现行的监理酬金的计算方法主要有四种，即国家物价局、建设部颁发的价费字 479 号文《关于发布工程建设监理费有关规定的通知》中规定的办法。

监理费用由正常的监理酬金、附加监理工作酬金和额外监理工作酬金组成。

正常的监理酬金由监理方在工程项目监理中所需的全部成本，即直接成本和间接成本，加上合理的利润和税金构成。

附加监理工作包括增加监理工作时间和增加监理工作范围或内容两种情况。前者补偿酬金由双方在合同中约定；后者可由双方商议决定，并签订相关的补充协议。

额外监理工作酬金按实际增加的工作天数计算确定补偿金额。

②获得奖励的权利。由于监理方在工作中做出显著成绩，如提出合理化建议使委托方获得实际经济利益，则应按照合同中规定的奖励方法得到委托方的奖励，奖励方法可参照国家颁布的合理化建议奖励方法，写在专用条款相应的条款中。

③终止合同的权利。如果由于委托方严重违约，如拖欠监理酬金，或由于非监理方的责任而使监理暂停的期限超过半年以上，监理方可按照终止合同的规定程序，单方面提出终止合同，以保护自己的合法权益。

监理方监理任务时可行使的权利，包括：

①监理方有就建设工程有关事项的建议权。

监理方有权就以下几个方面向业主提出建议：选择工程总设计单位和施工总承包单位的建议权；对包括工程规模、设计标准、规划设计、生产工艺设计和使用功能要求在内的工程建设有关事项，向业主单位的建议权。

监理方有权向与业主签订承包合同的第三方提出建议：对工程设计中的技术问题，按照安全和优化的原则，向设计单位提出建议并向业主提出书面报告；审批工程施工组织设计和技术方案，按照保质量、保工期和降低成本的原则，向承建商提出建议，并向业主提供书面报告等。

②对实施项目的监理合同有监督控制权

对实施项目的监理合同有监督控制权，主要表现在监理的主要工作职责是对工程质量、进度、费用的检查、监督和管理。

③工程建设有关的协作单位的组织协调，重要协调事项应当事先向向委托方报告。

④工程上使用的材料和施工质量的检验权。

工程上使用的材料和施工质量的检验权包括：对于不符合设计要求及国家质量标准的材料设备，有权通知承建商停止使用；不符合规范和质量标准的工序、分部分项工程和不安全的施工作业，有权通知承建商停工整改、返工。发布开工、停工、复工令应当事先向业主报告，如在紧急情况下未能事先报告时，则应在 24 小时内向业主做出书面报告。

⑤在委托的工程范围内，委托方或承包方对对方的任何意见和要求（包括索赔要

求),均必须先向监理机构提出,由监理机构研究处理意见,再由双方协商解决。当委托方和承包方发生争议时,监理机构应根据自己的职能,以独立的身份来判断,公正地进行调解。若双方的争议由政府机构或仲裁机构来解决时,监理机构应公正地提供佐证的事实材料。

3) 委托方的义务

①负责工程建设的所有外部关系的协调,为监理工作提供外部条件。

②在约定的时间内免费向监理单位提供与工程有关的为监理工作所需要的工程资料。

③在约定的时间内就监理单位书面提交并要求做出决定的一切事宜做出书面决定。

④授权一名熟悉本工程情况、能迅速做出决定的常驻代表,负责与监理单位联系;更换常驻代表,要提前通知监理单位。

⑤将授予监理单位的监理权利,以及该机构主要成员的职能分工、监理权限,及时书面通知已选定的第三方(即承包人),并在与第三方签订的合同中予以明确。

⑥为监理单位提供如下协助:获得本工程使用的原材料、构配件、机械设备等生产厂家名录,提供与本工程有关的协作单位、配合单位的名录。

⑦免费向监理单位提供合同专用条款约定的设施,对监理单位自备的设施给予合理的经济补偿。

⑧如果双方约定由业主免费向监理单位提供职员和服务人员,则应在监理合同专用条件中增加与此相应的条款。

4) 监理方的工作范围和义务

监理方的工作范围包括正常监理工作、附加监理工作、额外监理工作。由于工作性质的特点,有些工作在订立合同时未能预见或未能合理预见,因此监理方除应完成正常工作之外,还应完成附加工作和额外工作。

监理单位的义务有以下四点:

①向业主报送委派的总监理工程师及其监理机构主要成员名单、监理规划,完成监理合同专用条件中约定的监理工程范围内的监理业务。

②监理单位在履行合同的义务期间,应为建设单位提供与其监理水平相适应的咨询意见,认真、勤奋地工作,帮助建设单位实现合同预定的目标,公正地维护各方的合法权益。

③监理单位使用建设单位提供的设施和物品属于建设单位的财产,在监理工作完成或合同终止时,按合同约定的时间和方式移交此类设施和物品,并提交清单。

④在合同期内或合同终止后,未征得有关方同意,不得泄露与本工程、本合同业务活动有关的保密资料。

(5) 双方的违约责任

1) 委托方的责任

委托方应履行委托监理合同约定的义务,如有违反,则应承担违约责任,赔偿给监理方造成的经济损失；委托方若向监理方提出的赔偿要求不能成立，则应补偿由该索赔所引起的监理方的各种费用支出。

2) 监理方的责任

在监理合同的有效期内，如果因工程建设进度的推迟或延误而超过书面约定日期，双方应进一步约定顺延的合同期；监理方在合同责任期内，应全面履行约定的义务。若因监理方的过失而造成委托方的经济损失，应向委托方赔偿，累计赔偿总额一般不应超过监理酬金总额；监理方对承包方违反合同规定的质量要求和完工时限，不承担责任。因不可抗力导致委托监理合同不能全部或部分履行，监理方不承担责任。但因监理方未尽自身义务而引起委托方的损失，应向委托方承担赔偿责任；监理方向委托方提出赔偿要求不能成立时，监理方应补偿由于该索赔所导致委托方的各种费用支出。

(6) 合同争议的处理

因违反或终止合同而造成对方的损失，要依照合同约定负赔偿责任，或由双方协商解决。若协商未能达成一致，可提交主管部门调解。若仍不能达成一致的，根据双方约定提交仲裁机构仲裁或向人民法院起诉。

3. 建设工程物资采购合同

(1) 建设工程物资采购合同的概念

建设工程物资采购合同，是指具有平等主体的自然人、法人、其他组织之间为实现建设工程物资买卖，设立、变更、终止相互权利义务关系的协议。建设工程物资采购合同，一般分为材料采购合同和设备采购合同。

(2) 材料采购合同

材料采购合同，是指平等主体的自然人、法人、其他组织之间，以工程项目所需材料为标的、以材料买卖为目的，出卖人（卖方）转移材料的所有权于买受人（买方），买受人支付材料价款的合同。

1) 材料采购合同的订立方式

材料采购合同的订立方式有公开招标、邀请招标、询价-报价、直接定购四种。

2) 材料采购合同的主要条款

①标的。主要包括购销物资的名称（注明牌号、商标）、品种、型号、规格、等级、花色、技术标准或质量要求等。

标的物的质量要求应该符合国家或者行业现行有关质量标准和设计要求，应该符合以产品采用标准、说明、实物样品等方式表明的质量状况。

②数量。合同中应该明确所采用的计量方法，并明确计量单位。要按照国家或主管部门的规定执行，或者按照供需双方商定的方法执行。

对于某些建筑材料，还应在合同中写明交货数量的正负尾数差、合理磅差和运输途中的自然损耗的规定及计算方法。

③包装。包括包装的标准、包装物的供应和回收。

包装标准是指产品包装的类型、规格、容量以及标记等。产品或者其包装标识应该符合要求，如包括产品名称、生产厂家、厂址、质量检验合格证明等。

包装物一般应由建筑材料的供方负责供应，并且一般不得另外向需方收取包装费。

包装物回收可以采用押金回收或折价回收两种形式之一。

④交付及运输方式。交付方式可以是需方到约定地点提货或供方负责将货物送达指定地点两大类。如果是由供方负责将货物送达指定地点，要确定运输方式，可以选择铁路、公路、水路、航空、管道运输及海上运输等，一般由需方在签订合同时提出要求，供方代办发运，运费由需方负担。

⑤验收。合同中应该明确货物的验收依据和验收方式。

验收依据包括：采购合同；供货方提供的发货单、计量单、装箱单及其他有关凭证；合同约定的质量标准和要求；产品合格证、检验单；图纸、样品和其他技术证明文件；双方当事人封存的样品。

验收方式有驻厂验收、提运验收、接运验收和入库验收等方式。

⑥交货期限。应明确具体的交货时间。如果分批交货，要注明各个批次的交货时间。

交货日期的确定可以按照下列方式：供方负责送货的，以需方收货戳记的日期为准；需方提货的，以供方按合同规定通知的提货日期为准；凡委托运输部门或单位运输、送货或代运的产品，一般以供方发运产品时承运单位签发的日期为准，不是以向承运单位提出申请的日期为准。

⑦价格。有国家定价的材料，应按国家定价执行；按规定应由国家定价的但国家尚无定价的材料，其价格应报请物价主管部门的批准；不属于国家定价的产品，可由供需双方协商确定价格。

⑧结算。合同中应明确结算的时间、方式和手续。首先应明确是验单付款还是验货付款。结算方式可以是现金支付、转账结算或异地托收承付。现金支付适用于成交货物数量少且金额小的合同；转账结算适用于同城市或同地区内的结算；异地托收承付适用于合同双方不在同一城市的结算方式。

⑨违约责任。当事人任何一方不能准确履行合同义务时，都可以以违约金的形式承担违约赔偿责任。双方应通过协商确定违约金的比例，并在合同条款内明确。

(3) 设备采购合同的主要内容

成套设备供应合同的一般条款可参照建筑材料供应合同的一般条款，包括产品（设备）的名称、品种、型号、规格、等级、技术标准或技术性能指标；数量和计量单位；包装标准及包装物的供应与回收；交货单位、交货方式、运输方式、交货地点、提货单位、交（提）货期限；验收方式；产品价格；结算方式；违约责任等。此外，还需要注意的是以下几个方面。

①设备价格与支付。设备采购合同通常采用固定总价合同，在合同交货期内价格不进行调整。应该明确合同价格所包括的设备名称、套数，以及是否包括附件、配件、工具和损耗品的费用，是否包括调试、保修服务的费用等。合同价内应该包括设

备的税费、运杂费、保险费等与合同有关的其他费用。

②设备数量。明确设备名称、套数、随主机的辅机、附件、易损耗备用品、配件和安装修理工具等，应于合同中列出详细清单。

③技术标准。应注明设备系统的主要技术性能，以及各部分设备的主要技术标准和技术性能。

④现场服务。合同可以约定设备安装工作由供货方负责还是采购方负责。如果由采购方负责，可以要求供货方提供必要的技术服务，现场服务等内容可能包括：供方派必要的技术人员到现场向安装施工人员进行技术交底；指导安装和调试，处理设备的质量问题，参加试车和验收试验等。在合同中应明确服务内容，对现场技术人员在现场的工作条件、生活待遇及费用等做出明确规定。

⑤验收和保修。成套设备安装后一般应进行试车调试，双方应该共同参加启动试车的检验工作。

合同中应明确成套设备的验收办法以及是否保修、保修期限、费用负担等。

## 7.2 合同审查、谈判和签订

### 7.2.1 合同审查

1. 合同审查分析的目的

建设方和施工方签订合同之前进行施工合同的审查，可以发现施工合同中潜在问题，尽可能地减少和避免在履行施工合同的过程中产生不必要的分歧和争议。在实践中，合同审查分析的目的有以下几点：

（1）剖析合同文本，使谈判双方对合同有一个全面、完整的认识和理解；

（2）检查合同结构和内容的完整性，及时发现缺少和遗漏了的必需条款；

（3）分析评价每一合同条款执行的法律后果，其中包含哪些风险，为投标报价制定提供资料，为合同谈判和签订提供决策依据。

2. 合同审查分析的内容

合同审查分析是一项技术性很强的综合性工作，它要求合同管理者必须熟悉与合同相关的法律法规，精通合同条款，对工程环境有全面的了解，有合同管理的实际工作经验并有足够的细心和耐心。

合同的三大要素合同主体、客体、合同内容等。合同审查分析主要包括以下几方面内容：

（1）合同主体资格审查

合同主体是否具备签订及履行合同的资格，是合同审查中首先要注重的问题，这涉及交易是否合法、合同是否有效的问题。

1) 合同主体的合法性和真实性的审查

合同主体的合法性和真实性是合同审查的重要项目之一，是关系合同目的能否实现的前提之一。注意审核或确认负责签订合同的单位或个人是否已取得相应的合法授权，以防止无权代理或超越代理权限订立合同的情形存在。

2) 合同主体的资质审查

根据我国法律规定，无论是发包人还是承包人必须具有发包和承包工程、签订合同的资格。违反这些规定，将因项目不合法而导致所签订的建设工程施工合同无效。因此，在订立合同时，应先审查建设单位是否依法领取企业法人营业执照，取得相应的经营资格和等级证书，审查建设单位签约代表人的资格。对承包人来讲，要承包工程不仅必须具备相应的营业执照、许可证，而且还必须具备相应的资质等级证书。

3) 合同主体资信能力、业绩、人员等的审查

合同主体资信能力是影响其履约能力的重要因素，一个规模较大、信誉良好、业绩精彩的组织同样有可能因为资金周转的问题而影响其具体项目的操作，从而可能造成缔约方的损失，轻则延误履行期限，重则违约不能履行。业绩和人员素质也是缔约目的实现的保障之一，对业绩和人员的资料审查应该列入合同要害审查项目之一。同时还要对施工当事人的设备、技术水平、经营范围、履约能力、信誉等情况，加以调查核实。

(2) 合同客体资格审查

1) 是否具备工程项目建设所需要的各种批准文件；

2) 工程项目是否已经列入年度建设计划；

3) 建设资金和主要建筑材料和设备来源是否已经落实。

(3) 合同内容的审查

《合同法》规定，一份完整的合同应包括合同当事人、合同标的、标的的数量和质量、合同价款或酬金、履行期限、地点和方式、违约责任和解决争议的方法等条款。由于建设工程的工程活动多，涉及面广，合同履行中不确定性因素多，从而给合同履行带来很大风险。如果合同不够完备，就可能会给当事人造成重大损失。因此，必须对合同内容进行审查。主要包括：

1) 合同文件是否齐全；

2) 合同条款是否齐全，是否存在漏项；

3) 各条款内容是否具体、明确；

4) 合同条款是否公正、合理；

5) 合同风险分担是否合理。

对施工合同而言，应当重点审查以下内容：

1) 工作内容

工作内容是承包人所承担的工作范围，包括施工，材料和设备供应，施工人员的提供，工程量的确定，质量、工期要求及其他义务。在这方面，经常发生的问题有：

①因工作范围和内容规定不明确，或承包人未能正确理解而出现报价漏项，从而导致成本增加甚至整个项目出现亏损；

②由于工作范围不明确，对一些应包括进去的工程量没有进行计算而导致施工成本上升；

③规定工作内容时，对于规格、型号、质量要求、技术标准文字表达不清楚，从而在实施过程中易产生合同纠纷。

2) 合同权利和义务审查

在合同审查时，一定要进行权利义务关系分析，检查合同双方责任、权利、义务是否平衡对等，还必须对双方责任和权力的制约关系进行分析。如在合同中规定一方当事人有一项权力，则要分析该权力的行使会对对方当事人产生什么影响，该权力是否需要制约，权力方是否会滥用该权力，使用该权力权力方应承担什么责任等。据此可以提出对该项权力的反制约。

同时，如合同中规定一方当事人必须承担一项责任，则要分析要承担该责任应具备什么前提条件，以及相应应拥有什么权力，如果对方不履行相应的义务应承担什么责任等。

在审查时，还应当检查双方当事人的责任和权益是否具体、详细明确。

3) 工期

工期的长短直接影响到承包方的利益。对承包人来说，明确合同工期的定义（合同范围内工程完工工期、总承包工程开工至整体竣工验收的工期）；明确计划开工日、实际开工日、计划完工日、实际完工日、计划竣工日和实际竣工日的定义、确认程序和时限；工期顺延的条件和确认程序；工期延误、逾期竣工的违约责任及赔偿范围。

如期竣工，发包人应当提供什么条件，承担什么义务；由于工程变更、不可抗力及其他发包人原因而导致承包人不能按期竣工的，承包人是否可延长竣工时间等。业主及其他承包商原因造成，承包商有权要求延长工期，并在合同中明确规定如发包人不履行义务应承担什么责任，以及承包人不能按时完工应当承担什么责任等。

4) 工程质量

不同的工程质量对工程造价有很大的影响。合同审查主要看关于工程质量有无明晰的标准，是否符合国家颁发的施工质量标准，工程质量要求合格，还是优良。质量验收的范围（尤其是对中间和隐蔽工程的验收）工程验收程序及期限规定、材料设备的标准及验收规定；质量争议的处理方式及违约责任是否约定；工程质量保修范围、保修期和保修金的规定等。

5) 工程款及支付问题

①合同价款

主要审查合同的计价方式，采用固定价格方式、可调价格方式、还是成本加酬金方式，还应检查竣工结算的前提条件，如结算的条件、依据、结算的期限、程序、审核，逾期审核的责任等。

②工程款支付

主要审查分析预付款的比例、支付时间及扣还方式等。施工企业保证金等是否符合法定数额，工程预付款数目是否合理，施工进度款支付数额、日期是否合理，维修保证金是否合规。价款的调整条件和方法；价款调整的依据；固定总价时的包干范围和风险包干系数；固定单价时的工程量调整依据、计量方法及适用单价。

6) 违约责任

违约责任条款的约定必须具体、完整。施工合同中违约责任与义务要相对应，应符合法律法规规定，约定的违约金和赔偿金的数额不得高于或者低于法律法规规定的比例幅度或限额。应当根据不同的违约行为，约定违约责任。

同时还要审查争议解决的途径。尽量选择双方协商，协商不成时申请仲裁或诉讼。

此外，还要审查合同签订的手续和形式是否完备。

施工合同都难以做到十分详尽，在合同审查时，还必须注意合同中关于保险、担保、工程保修、变更、索赔等条款的约定是否完备、公平合理。对影响合同变动的因素考虑得越周密细致，就越能避免纠纷，当事人的合同权益也就越容易得到保障。

3. 合同审查表

(1) 合同审查表的作用

合同审查后，对上述分析研究结果可以用合同审查表进行归纳整理。用合同审查表可以系统地针对合同文本中存在的问题提出相应的对策。

通过合同审查表可以发现：

1) 合同条款之间的矛盾；
2) 不公平条款，如过于苛刻、责权利不平衡、单方面约束性条款；
3) 隐含着较大风险的条款；
4) 内容含糊，概念不清，或未能完全理解的条款。

(2) 合同审查表

1) 合同审查表的格式

合 同 审 查 表　　　　　　　　　　　表 7-1

| 审查项目编号 | 审查项目 | 条款号 | 条款内容 | 条款说明 | 建议或对策 |
|---|---|---|---|---|---|
| S06021 | 责任和义务 | 6.1 | 承包商严格遵守工程师对本工程的各项指令并使工程师满意 | 使工程师满意对承包商产生极大约束 | 工程师指令及满意仅限技术规范及合同条件范围内并增加反约束条款 |
| S07056 | 工程质量 | 16.2 | 承包商在施工中应加强质量管理工作，确保交工时工程达到设计生产能力，否则应对业主损失给予赔偿 | 达不到设计生产能力的原因很多，责权不平衡 | 1. 赔偿责任仅限因承包商原因造成的<br>2. 对因业主原因达不到设计生产能力的，承包商有权获得补偿 |
| …… | …… | …… | …… | …… | …… |

2) 审查项目

审查项目的建立和合同结构标准化是审查的关键。在实际工程中，某一类合同，其条款内容、性质和说明的对象往往基本相同，此时，即可将这类合同的合同结构固定下来，作为该类合同的标准结构。合同审查可以从合同标准结构中的项目和子项目作为具体的审查项目。

3) 编码

这是为了计算机数据处理的需要而设计的，以方便调用、对比、查询和储存。编码应能反映所审查项目的类别、项目、子项目等项目特征，对复杂的合同还可以细分。为便于操作，合同结构编码系统要统一。

4) 合同条款号及内容

审查表中的条款号必须与被审查合同条款号相对应。

被审查合同相应条款的内容是合同分析研究的对象，可从被审查合同中直接摘录该被审查合同条款到合同审查表中来。

5) 说明

这是对该合同条款存在的问题和风险进行分析研究。主要是具体客观地评价该条款执行的法律后果及将给合同当事人带来的风险。这是合同审查中最核心的问题，分析的结果是否正确、完备将直接影响到以后的合同谈判、签订乃至合同的履行时合同当事人的地位和利益。因此，合同当事人对此必须给予高度重视。

6) 建议或对策

针对审查分析得出的合同中存在的问题和风险，提出相应的对策或建议，并将合同审查表交给合同当事人和合同谈判者。合同谈判者在与对方进行合同谈判时可以针对审查出来的问题和风险，落实审查表中的对策或建议，做到有的放矢，以维护合同当事人的合法权益。

### 7.2.2 工程合同的谈判

合同谈判，是工程施工合同签订双方对是否签订合同以及合同具体内容达成一致的协商过程。为了切实维护自己的合法利益，在合同谈判之前，无论是发包人还是承包人都必须仔细认真地研究招标文件及双方在招投标过程中达成的协议，审查每一个合同条款，分析该条款的履行后果，从中寻找合同漏洞及于己不利的条款，力争通过合同谈判使自己处于较为有利的位置，以改善合同条件中一些主要条款的内容，从而能够从合同条款上全力维护自己的合法权益。

发包人愿意进一步通过合同谈判签订合同的原因是：

①完善合同条款

招标文件中往往存在缺陷和漏洞，如工程范围含糊不清；合同条款较抽象，可操作性不强；合同中出现错误、矛盾和二义性等，从而给今后合同履行带来很大困难。为保证工程顺利实施，必须通过合同谈判完善合同条款。

②降低合同价格

在评标时，虽然从总体上可以接受承包人的报价，但发现承包人投标报价仍有部分不太合理。因此，希望通过合同谈判，进一步降低正式的合同价格。

③分析投标报价过程中承包人是存在欺诈等违背诚实信用原则的现象

评标时发现其他投标人的投标文件中某些建议非常可行，而中标人并未提出，发包人非常希望中标人能够采纳这些建议。因此需要与承包人商讨这些建议，并确定由于采纳建议导致的价格变更。

④讨论某些局部变更，包括设计变更、技术条件或合同条件变更对合同价格的影响

作为承包方，承包人只能处于被动应付的地位。因此，业主所提供的合同条款往往很难达到公平公正的程度。因此，承包人应逐条审查合同条款是否公平公正，对明显缺乏公平公正的条款，在合同谈判时，通过寻找合同漏洞，或向发包人解释自己合理化建议，以及利用发包人澄清合同条款及进行变更的机会等方式，力争发包人对合同条款作出有利于自己的修改。谋求公正和合理的权益，使承包人的权利与义务达到平衡。进行谈判主要有以下几个目的：

①澄清标书中某些含糊不清的条款，充分解释自己在投标文件中的某些建议或保留意见；

②争取合理的价格，既要对付发包方的压价，当发包方拟修改设计、增加项目或提供标准时又要适当增加报价；

③争取改善合同条款，主要是争取修改过于苛刻的不合理条款，增加保护自身利益的条款。

1. 合同谈判的准备工作

合同谈判是业主与承包商面对面的直接较量，谈判的结果直接关系到合同条款的订立是否于己有利。因此，在合同正式谈判开始前，无论是业主还是承包商，必须深入细致地做好充分的组织准备、资料准备等。谈判工作的成功与否，通常取决于准备工作的充分程度、谈判策略与技巧的运用程度。

谈判的准备工作具体包括以下几部分：

(1) 合同谈判的组织准备

如何组织一个精明强干、经验丰富的谈判班子进行谈判工作至关重要。谈判组成员的专业知识结构、综合业务能力和基本素质对谈判结果有着重要的影响。谈判小组一般有3~5人组成，包括有谈判经验的技术人员、财务人员、法律人员组成。谈判组长应该选择思维敏捷，精力充沛，具备高度组织能力与应变能力，熟悉业务并有着丰富经验的谈判专家担任。

(2) 合同谈判的资料准备

合同谈判必须有理有据，因此谈判前必须收集和整理各种材料。

这些资料包括：

1) 原招标文件中的合同条件、技术规范及投标文件、中标函等文件，以及前期接触过程中已经达成的意向书、会议纪要、备忘录等。

2) 谈判时对方可能索取的资料、针对对方可能提出的各种问题准备好的资料论据以及向对方提出的建议等资料。

3) 能够证明自己能力和资信程度的资料，使对方能够确信自己具备履约能力。包括项目的资金来源、土地获得情况、项目目前进展情况等。

(3) 背景材料的分析

1) 对对方的分析

①对对方谈判意图的分析。只有在充分了解对方的谈判意图和谈判动机后，才能在谈判中把握主动权，达到谈判目标。

②对对方资格、实力的分析。主要指的是对对方是否具有合同主体资格，以及资信、技术、物力、财力等状况的分析。无论发包方还是承包方都要对对方的实力进行考察。否则就很难保证项目的正常进行。

③对对方谈判人员的分析。主要了解对方谈判人员由谁组成，他们的身份、资历、专业水平、谈判风格等，注意与对方建立良好的关系，发展谈判双方的友谊，为谈判创造良好的氛围。

2) 对自己的分析

对发包人而言，应了解建设项目准备工作情况，包括技术准备、征地拆迁、现场准备及资金准备情况，及自己对项目在质量、工期、造价等方面的要求，以确定自己的谈判方案。对承包人而言，应分析项目的合法性与有效性，项目的自然条件和施工条件，自己在承包该项目具备的优势和劣势，以确定自己的谈判地位。

(4) 谈判方案的准备

要根据谈判目标，并针对对背景资料的分析，准备几套不同的谈判方案，还要研究和考虑其中哪个方案较好以及对方可能倾向与哪个方案。这样，当对方不易接受某一方案时，就可以改换另一种方案，通过协商就可以选择一个为双方都能够接受的最佳方案。

(5) 会议具体事务的安排准备

会议具体事务的安排准备，包括三方面内容：选择谈判的时机、谈判的地点以及谈判议程的安排。尽可能选择有利于己方的时间和地点，同时要兼顾对方能否接受。应根据具体情况安排议程，议程安排应松紧适度。

2. 谈判程序

(1) 一般讨论

谈判开始阶段通常都是先广泛交换意见，各方提出自己的设想方案，探讨各种可能性，经过商讨逐步将双方意见综合并统一起来，形成共同的问题和目标，为下一步详细谈判做好准备。不要一开始就使会谈进入实质性问题的争论，或逐条讨论合同条款。一定要先搞清基本概念和双方的基本观点，在双方相互了解基本观点之后，再逐条逐项仔细地讨论合同条款。

(2) 技术谈判

在一般讨论之后，就要进入技术谈判阶段。主要对原合同中技术方面的条款进行讨论，包括工程范围、技术规范、标准、施工条件、施工方案、施工进度、质量检查、竣工验收等。

(3) 商务谈判

主要对原合同中商务方面的条款进行讨论，包括工程合同价款、支付条件、支付方式、预付款、履约保证金、保留金、货币风险的防范、合同价格的调整等。需注意的是，技术条款与商务条款往往是密不可分的，因此，在进行技术谈判和商务谈判时，不能将两者分割开来。

(4) 合同拟定

谈判进行到一定阶段后，在双方对原则问题意见基本一致的情况下，相互之间就可以交换书面意见或合同稿。然后以书面意见或合同稿为基础，逐条逐项审查讨论合同条款。先审查一致性问题，对双方不能确定、达不成一致意见的问题，请示上级审定，下次谈判继续讨论，直至双方对合同条款一致同意并形成合同草案为止。

3. 谈判的策略和技巧

合同谈判是一门科学也是一门艺术，它直接关系到谈判桌上各方最终利益的得失，因此，根据项目特征和谈判对象不同，注重谈判的策略和技巧。

以下介绍几种常见的谈判的策略和技巧：

(1) 合理把握谈判议程

施工合同谈判涉及众多事项，而谈判各方对同一事项的关注程度也不相同。这就要求合同谈判人员善于把握谈判的进程，引导对方商讨自己所关注的主要议题，从而抓住有利时机，促成有利于己方的协议。同时，谈判者应合理分配谈判时间，把大部分时间和精力放在主要议题上，不要过于拘泥于细节性问题。

(2) 注意谈判氛围

合同谈判中，施工企业与业主的地位是平等的，施工企业要有大度的气势和平等谈判的态势。双方通过谈判主要是维护各方的利益，求同存异。谈判双方希望在轻松舒缓的气氛中完成谈判，但是难免出现争执，使谈判气氛比较紧张。有经验的谈判者会采取润滑措施，舒缓压力。在我国最常见的方式是饭桌式谈判。通过餐宴，联络谈判各方的感情，进而使得谈判进程得以继续。

(3) 确立谈判的基本立场和原则

明确己方谈判的基本立场和原则，在整个谈判过程中，要始终注意抓住主要的实质性问题如工作范围、合同价格、工期、支付条件、验收及违约责任等来谈，要本着抓大放小的原则，哪些问题是必须坚持的，哪些问题可以做出一定的合理让步以及让步的程度等。同时，还应具体分析在谈判中可能遇到的各种复杂情况及其对谈判目标实现的影响，遇到实质性问题争执不下如何解决等。

(4) 扬长避短，对等让步

谈判各方都有自己的优势和弱点。谈判者应在充分分析形势的情况下，做出正确判断，利用正确判断，抓住对方弱点，猛烈攻击，迫其就范，做出妥协。而对己方的弱点，则要尽量注意回避。

当己方准备对某些条件作出让步时,可以要求对方在其他方面也应作出相应的让步。要争取把对方的让步作为自己让步的前提和条件。同时应分析对方让步与己方作出的让步是否均衡,在未分析研究对方可能作出的让步之前轻易表态让步是不可取的。

(5) 分配谈判角色,发挥专家的作用

谈判双方的谈判组都由众多人士组成。谈判中应充分利用个人不同的性格特征,各自扮演不同的角色,有积极进攻的角色,也有和颜悦色的角色,这样有软有硬,软硬兼施,可以事半功倍。同时注意谈判中充分发挥各领域专家作用,既可以在专业问题上获得技术支持,又可以利用专家的权威性给对方以心理压力,从而取得谈判的成功。

4. 施工合同谈判的主要内容

(1) 关于工程内容和范围的确认

工程范围包括施工、设备采购、安装和调试等。在签订合同时要做到范围清楚、责任明确。在谈判中双方达成一致的内容,包括在谈判讨论中经双方确认的工程内容和范围方面的修改或调整,应以文字方式确定下来,并以"合同补遗"或"会议纪要"方式作为合同附件,并明确它是构成合同的一部分。

(2) 关于技术要求、技术规范和施工技术方案

双方可以对技术要求、技术规范和施工技术方案等进行进一步讨论和确认,必要的情况下甚至可以变更技术要求和施工方案。

(3) 关于合同价格条款

依据计价方式的不同,建设工程施工合同可以分为总价合同、单价合同和成本加酬金合同。一般在招标文件中就会明确规定合同将采用什么计价方式,在合同谈判阶段往往没有讨论的余地。但在可能的情况下,中标人在谈判过程中仍然可以提出降低风险的改进方案。

(4) 关于价格调整条款

对于工期较长的建设工程,容易遭受货币贬值或通货膨胀等因素的影响,可能给承包人造成较大损失。价格调整条款可以比较公正地解决这一承包人无法控制的风险损失。无论是单价合同还是总价合同,都可以确定价格调整条款,即是否调整以及如何调整等。可以说,合同计价方式以及价格调整方式共同确定了工程承包合同的实际价格,直接影响着承包人的经济利益。在建设工程实践中,由于各种原因导致费用增加的几率远远大于费用减少的几率,有时最终的合同价格调整金额会远远超过原定的合同总价,因此承包人在投标过程中,尤其是在合同谈判阶段务必对合同的价格调整条款予以充分的重视。

(5) 关于合同款支付方式的条款

建设工程施工合同的付款分4个阶段进行,即预付款、工程进度款、最终付款和退还保留金。关于支付时间、支付方式、支付条件和支付审批程序等有很多种可能的选择,并且可能对承包人的成本、进度等产生比较大的影响,因此,合同支付方式的

有关条款是谈判的重要方面。

(6) 关于工期和维修期

明确开工日期，竣工日期等。双方可根据各自的项目准备情况、季节和施工环境因素等条件洽商适当的开工时间。

双方应通过谈判明确，因变更设计造成工程量增加或修改原设计方案，或恶劣的气候影响，或其他由于发包方的原因以及"作为一个有经验的承包人无法预料的工程施工条件的变化"等原因对工期产生不利影响时的解决办法，通常在上述情况下应该给予承包人要求合理延长工期的权利。

合同文本中应当对维修工程的范围、维修责任及维修期的开始和结束时间有明确的规定，承包人应该只承担由于材料和施工方法及操作工艺等不符合合同规定而产生的缺陷。承包人应力争以维修保函来代替工程价款的保证金和业主扣留的保留金。维修保函对承包人有利，因为维修保函具有保函有效期的规定，可以保障承包方在维修期满时自行撤销其维修责任。维修期满后，承包人应及时从业主处撤回保函。

(7) 不可预见的自然条件和人为障碍问题

必须在合同中明确界定"不可预见的自然条件和人为障碍"的内容。若招标文件中提供的气象、地质、水文资料与实际情况有出入，则应争取列出"遇非正常气象和水文情况时，由发包方提供额外补偿费用"的条款。

(8) 关于工程的变更和增减

工程变更应有一个合适的限额，超过限额，承包方有权修改单价。对于单项工程的大幅度变更，应在工程施工初期提出，并争取规定限期。超过限期且大幅度增加的单项工程，由发包方承担材料、工资价格上涨而引起的额外费用；大幅度减少的单项工程，发包方应承担因材料业已订货而造成的损失。

5. 谈判时应注意的问题

(1) 注意谈判态度

谈判时必须注意礼貌，态度要友好，行为举止要文明。当对方提出相反意见或不愿接受自己的意见时，要认真倾听，并复述对方的建议或记笔记，表示尊重。然后用详实的数据、资料，去说服对方。说话要有理有据，态度不卑不亢，尽量避免发生僵局。另外适当地运用语言艺术也可以缓解谈判的紧张气氛。

(2) 内部意见要统一

谈判小组应实行集体负责制，当谈判小组成员对某些事项或决定出现意见分歧时，不要在对手面前暴露出来，应在内部讨论解决，由谈判小组组长集中大多数成员的意见决定有关事项。而组长对对方提出的各种要求，不应急于表态，特别是不要轻易承诺承担违约责任，而是在和大家讨论后，再作出决定。

(3) 注重实际

在双方初步接触，交换基本意见后，就应当对谈判目标和意图尽可能多商讨具体的办法和意见，可进行多轮技术谈判和商务谈判，具体数量由谈判小组根据具体情况确定。同时，要掌握谈判的技巧和分寸、谈判的进程和谈判的整体节奏。

### 7.2.3 工程合同的签订

根据《中华人民共和国招标投标法》第 46 条规定："招标人和中标人应当自中标通知书发出之日起 30 日内，按照招标文件和中标人的投标文件订立书面合同。招标人和中标人不得再行订立背离合同实质性内容的其他协议。"

《招标投标法》第 59 条："招标人与中标人不按照招标文件和中标人的投标文件订立合同的，或者招标人、中标人订立背离合同实质性内容的协议的，责令改正；可以处中标项目金额 5‰ 以上 10‰ 以下的罚款。"

订立工程合同前，要细心研究招标文件和合同条款，要结合项目特点和当事人自身情况，设想在履行中可能出现的问题，事先提出解决的应对和防范措施。合同条款用词要准确，发包人和承包人的义务、责任、权利要写清楚，切不要因准备不足或疏忽而使合同条款留下漏洞，给合同履行带来困难，使双方尤其是施工单位合法权益蒙受损失。

经过合同谈判，双方对新形成的合同条款一致同意并形成合同草案后，即进入合同签订阶段。这是确立承发包双方权利义务关系的最后一步工作，一个符合法律规定的合同一经签订，即对合同当事人双方产生法律约束力。因此，无论发包人还是承包人，应当抓住这最后的机会，再认真审查分析合同草案，检查其合法性、完备性和公正性，争取改变合同草案中的某些内容，以最大限度地维护自己的合法权益。

1. 合同订立的基本原则

工程合同的签订直接关系到合同的履行和实现，关系到合同当事人各方的利益和信誉，因此必须采取严格认真的态度。为此，在签订工程合同时，必须遵循一定的基本原则。

(1) 平等自愿原则

根据《合同法》规定，签订工程合同的双方当事人的法律地位是平等的。

自愿是指是否订立合同、与谁订立合同、订立合同的内容及是否变更合同，都要由当事人依法自愿决定。

(2) 公平原则

签订工程合同，双方当事人的权利义务关系必须对等，即合同对各方规定的责任必须公平合理，要照顾到双方的利益，不论是哪一方，只要享有某种权利就应当承担相应的责任；反之，只要向对方承担了某种义务，同时也应为自己规定相应的权利，即权利义务必须对等。

(3) 诚实信用原则

当事人在订立、履行合同时，应当表里如一，正确、适当地行使合同规定的权利，全面履行合同义务；不做损害对方、国家、集体或第三人以及社会公共利益的事情；不采用欺诈、胁迫或乘人之危要求对方与之订立违背对方意愿的合同。

(4) 合法原则

即工程合同当事人、合同的订立形式和程序、合同各项条款的内容、履行合同的方式、合同解除条件和程序等约定，必须符合国家法律、行政法规及社会公共利益。

2. 工程合同的订立形式

我国的《合同法》第十条规定："当事人订立合同，有书面形式、口头形式和其他形式。法律、行政法规规定采用书面形式的，应当采用书面形式。当事人约定采用书面形式的，应当采用书面形式。"

(1) 口头形式

即当事人以口头语言的方式达成协议，订立合同的形式，包括当面对话、电话联系等形式。凡合同当事人没有约定形式要求的，法律未规定采用特定形式的合同，均可采用这一形式。其优点是简便易行，缺点是发生合同纠纷时取证困难。

(2) 书面形式

《合同法》第十一条规定："书面形式是指合同书、信件和数据电文（包括电报、电传、传真、电子数据交换和电子邮件）等可以有形地表现所载内容的形式。"其优点是发生合同纠纷时有据可查，便于举证分清责任。

(3) 其他形式

除了口头形式和书面形式外，当事人还可以通过自己的行为成立合同。当事人用行为向对方发出要约，作出一定的行为作为承诺，合同成立。如事实合同、默示合同等。

3. 工程合同的订立程序

根据我国《合同法》、《招标投标法》及《房屋建筑和市政基础设施工程施工招标投标管理办法》的规定，工程合同的订立程序如下：

(1) 要约邀请

即发包人采取招标通知或公告的方式，向不特定人发出的，以吸引或邀请相对人发出要约为目的的意思表示。招标人通过媒体发布招标公告，或向符合条件的投标人发出招标文件，为要约邀请。

(2) 要约

即投标，指投标人按照招标人提出的要求，在规定的期间内向招标人发出的，以订立合同为目的的，包括合同的主要条款的意思表示。投标人应当按照招标文件的要求编制投标文件，对招标文件提出的实质性要求和条件作出响应。投标人根据招标文件内容在约定的期限内向招标人提交投标文件，为要约。

(3) 承诺

即中标通知，指由招标人通过评标后，在规定期间内发出的，表示愿意按照投标人所提出的条件与投标人订立合同的意思表示。招标人通过评标确定中标人，发出中标通知书，为承诺。

(4) 签约

根据《合同法》规定，在承诺生效后，招标人和中标人按照中标通知书、招标文件和中标人的投标文件等订立书面合同时，合同成立并生效。但是，由于工程建设的特殊性，工程施工合同的订立往往要经历一个较长的过程。在明确中标人并发出中标通知书后，双方即可就建设工程施工合同的具体内容和有关条款展开谈判，直到最终签订合同。

4. 签订施工合同注意问题

(1) 仔细阅读使用的合同文本，掌握有关建设工程施工合同的法律、法规规定

目前签订的施工合同，大都以《建设工程施工合同》示范文本为依据。该文本由协议书、通用条款、专用条款及合同附件四个部分组成。签订合同前仔细阅读和准确理解"通用条款"十分重要。因为这一部分内容不仅注明合同用语的确切含义，引导合同双方如何签订"专用条款"，更重要的是当"专用条款"中某一条款未作特别约定时，"通用条款"中的对应条款自动成为合同双方一致同意的合同约定。

(2) 严格审查发包人资质等级及履约信用

施工单位在签订《建设工程施工合同》时，对发包人主体资格的审查是签约的一项重要的准备工作，它将不合格的主体排斥在合同的大门之外，将导致合同伪装的坑穴和风险隐患排除在外，为将来合同能够得到及时、正确地履行奠定一个良好的基础。

(3) 关于工期，质量、造价的约定，是施工合同最重要的内容

1) 实践中关于工期的争议多因开工、竣工日期未明确界定而产生。开工日期有"破土之日"、"验线之日"、"进场之日"之说，竣工日期有"验收合格之日"、"交付使用之日"、"申请验收之日"之说。无论采用何种说法，均应在合同中予以明确，并约定开工、竣工应办理哪些手续、签署何种文件。

2) 根据国务院《建设工程质量管理条例》的规定，竣工验收将由建设单位组织勘察、设计、施工、监理单位进行。因此，合同中应明确约定参加验收的单位、人员，采用的质量标准，验收程序，须签署的文件及产生质量争议的处理办法等。

3) 建设工程施工合同最常见的纠纷是对工程造价的争议。合同中必须对价款调整的范围、程序、计算依据和设计变更、现场签证、材料价格的签发、确认作出明确规定。

(4) 对工程进度拨款和竣工结算程序做出详细规定

一般情况下，工程进度款按月付款或按工程进度拨付，但如何申请拨款，需报何种文件，如何审核确认拨款数额以及双方对进度款额认识不一致时如何处理，往往缺少详细的合同规定，引起争议，影响工程施工。一般合同中对竣工结算程序的规定也较粗，不利操作。因此，合同中应特别注重拨款和结算的程序约定。

(5) 明确规定监理工程师及双方管理人员的职责和权限

建设工程施工过程中，发包方、承包方、监理方参与生产管理的工程技术人员和管理人员较多，合同中应明确列出各方派出的管理人员名单，明确其各自的职责和权限，特别应将具有变更、签证、价格确认等签认权的人员、签认范围、程序、生效条件等规定清楚，防止其他人员随意签字，给各方造成损失。

(6) 不可抗力要量化

《通用条款》未明确，达到什么程度的自然灾害才能被认定为不可抗力，实践中

双方难以达成共识,双方当事人在合同中对可能发生的风、雨、雪、洪震等自然灾害的程度应予以量化。如几级以上的大风、几级以上的地震、持续多少天达到多少毫米的降水等等,才可能认定为不可抗力,以免引起不必要的纠纷。

(7) 用担保条件,降低风险系数

在签订《建设工程施工合同》时,可以运用法律资源中的担保制度,来防范或减少合同条款所带来的风险。如施工企业向业主提供履约担保的同时,业主也应该向施工企业提供工程款支付担保。

除上述 7 个方面外,签订合同时对材料设备采购、检验,施工现场安全管理,违约责任等条款也应充分重视,作出具体明确的约定。任何一份施工合同都难以做到十分详尽、完美,合同履行中还应根据实际情况需要及时签订补充协议、变更协议,调整各方权利义务。

## 7.3 施工合同的履行

### 7.3.1 施工合同的履行概述

1. 施工合同的履行的含义

土木工程合同的履行是指工程建设项目的发包方和承包方根据合同规定的时间、地点、方式、内容及标准等要求,各自完成合同义务的行为。合同的履行是合同当事人双方都应尽的义务。任何一方违反合同,不履行合同义务,或者未完全履行合同义务,给对方造成损失时,都应当承担赔偿责任。

对发包方来说,履行土木工程合同最主要的义务是按约定支付合同价款,而承包方最主要的是一系列义务的总和。

2. 施工合同履行的基本原则

(1) 实际履行原则

实际履行原则的含义是指当事人一定按合同约定履行义务,不能用违约金或赔偿金来代替合同的标的;任何一方违约时,也不能以支付违约金或赔偿损失的方式来代替合同的履行,守约一方要求继续履行的,应当继续履行。

(2) 全面履行原则

《合同法》第 60 条第 1 款规定:"当事人应当按照约定全面履行自己的义务"。全面履行原则,又称适当履行原则或正确履行原则。它要求当事人按合同约定的标的及其质量、数量,合同约定的履行期限、履行地点、适当的履行方式、全面完成合同义务的履行原则。

(3) 协作履行原则

即合同当事人各方在履行合同过程中，应当互谅、互助，尽可能为对方履行合同义务提供相应的便利条件。

(4) 诚实信用原则

《合同法》第60条第2款规定："当事人应当遵循诚实信用原则，根据合同的性质、目的和交易习惯履行通知、协助、保密等义务。"诚实信用原则是合同法的基本原则，对施工合同来说，业主应当按合同规定向承包方提供施工场地，及时支付工程款，聘请工程师进行公正的现场协调和监理；承包方应当认真计划、组织好施工，努力按质按量在规定时间内完成施工任务，并履行合同所规定的其他义务等。

(5) 情事变更原则

情事变更原则是指在合同订立后，如果发生了订立合同时当事人不能预见并且不能克服的情况，改变了订立合同时的基础，使合同的履行失去意义或者履行合同将使当事人之间的利益发生重大失衡，应当允许受不利影响的当事人变更合同或者解除合同。情事变更原则实质上是按诚实信用原则履行合同的延伸，其目的在于消除合同因情事变更所产生的不公平后果。

### 7.3.2 施工合同分析

1. 合同分析概述

(1) 合同分析的概念

合同分析是从合同执行的角度去分析、补充和解释合同的具体内容和要求，将合同目标和合同规定落实到合同实施的具体问题和具体时间上，用以指导具体工作，使合同能符合日常工程管理的需要。使工程按合同要求实施，为合同执行和控制确定依据。

从项目管理的角度来看，合同分析就是为合同控制确定依据。合同分析确定合同控制的目标，并结合项目进度控制、质量控制、成本控制的计划，为合同控制提供相应的合同工作、合同对策、合同措施。从此意义上讲，合同分析是承包商项目管理的起点。

合同履行阶段的合同分析不同于合同谈判阶段的合同审查与分析。合同谈判时的合同分析主要是对尚未生效的合同草案的合法性、完备性和公正性进行审查，其目的是针对审查发现的问题，争取通过合同谈判改变合同草案中于己不利的条款，以维护己方的合法权益。而合同履行阶段的合同分析主要是对已经生效的合同进行分析，其目的主要是明确合同目标，并进行合同结构分解，将合同落实到合同实施的具体问题和具体事件上，用以指导具体工作，保证合同能够得到顺利履行。

(2) 合同分析的作用

1) 分析合同漏洞、解释争议内容

在合同起草和谈判过程中，双方都会力争完善，但是工程施工的实际情况千变万化，一份再标准的合同也不可能将所有问题都考虑在内，难免会有漏洞。在这种情况下，通过分析合同漏洞，将分析的结果作为合同的履行依据。

在合同执行过程中，合同双方有时也会发生争议，往往是由于对合同条款的理解不一致造成的，或者施工中出现合同未作出明确约定情况要解决争执，双方必须就合同条文的理解达成一致。特别是在索赔中，合同分析为索赔提供了理由和根据。

2) 分析合同风险，制定风险对策

不同的工程合同，其风险的来源和风险量的大小都不同，要根据合同进行分析，因此，在合同实施前有必要作进一步的全面分析，以落实风险责任。对己方应承担的风险也有必要通过风险分析和评价，制定和落实风险回应措施。

3) 分解合同工作并落实合同责任

在实际工程中，要将合同中的任务进行分解，将合同中与各部分任务相对应的具体要求明确，然后落实到具体的工程小组或部门、人员身上，以便于实施与检查，这就需要通过合同分析分解合同工作，落实合同责任。

(3) 合同分析的要求

1) 准确客观

合同分析的结果应准确、全面地反映合同内容。如果不能准确客观地分析合同，就不可能有效、全面地执行合同，从而导致合同实施产生更大失误。事实证明许多工程失误和合同争议都起源于不能准确地理解合同。

尤其对合同的风险分析，划分双方合同责任和权益，都必须实事求是，而不能以当事人的主观愿望解释合同，否则必然导致合同争执。

2) 简明清晰

合同分析的结果必然采用使不同层次的管理人员、工作人员都能够接受的表达方式，使用简单易懂的工程语言，如图、表等形式，对不同层次的管理人员提供不同要求、不同内容的合同分析资料。

3) 协调一致

合同双方及双方的所有人员对合同的理解应一致，合同分析实质上是双方对合同的详细解释。由于在合同分析时要落实各方面的责任界面，这容易引起争执。因此，双方在合同分析时应尽可能协调一致，分析的结果应能为对方认可，以减少合同争执。

4) 全面完整

合同分析应全面，对全部的合同文件进行解释。对合同中的每一条款、每句话，甚至每个词都应认真推敲，细心琢磨，全面落实。

合同分析应完整，应当从整体上分析合同，特别当不同文件、不同合同条款之间规定不一致或有矛盾时，更应当全面整体地理解合同。

(4) 合同分析的内容

合同分析应当在前述合同谈判前的审查分析的基础上进行。按其性质、对象和内容，合同分析可分为：合同总体分析、合同详细分析及合同交底。

2. 合同总体分析

(1) 合同的总体分析

合同总体分析的主要对象是合同协议书和合同条件。通过合同的总体分析，将合同条款和合同规定落实到一些带全局性的具体问题上。

合同总体分析的结果是工程施工总的指导性文件，应该用简单的形式表达出来，以便于进行合同交底。

(2) 施工合同总体分析的内容

1) 合同的法律基础

2) 承包人的主要任务

①承包人的总任务

即合同标的。承包人在设计、采购、制作、试验、运输、土建施工、安装、验收、试生产、缺陷责任期维修等方面的主要责任，施工现场的管理，给业主的管理人员提供生活和工作条件等责任。

②工作范围

通常由合同中的工程量清单、图纸、工程说明、技术规范所定义。工程范围的界限应很清楚，否则会影响工程变更和索赔，特别对固定总价合同。

在合同实施中，如果工程师指令的工程变更属于合同规定的工程范围，则承包人必须无条件执行；如果工程变更超过承包人应承担的风险范围，则可向业主提出工程变更的补偿要求。

③关于工程变更的规定

在合同实施过程中，变更程序非常重要，通常要作工程变更工作流程图，并交付相关的职能人员。

工程变更的补偿范围，通常以合同金额一定的百分比表示。通常这个百分比越大，承包人的风险越大。

工程变更的索赔有效期，由合同具体规定，一般为28天，也有14天的。一般这个时间越短，对承包人管理水平的要求越高，对承包人越不利。

3) 发包人的责任

这里主要分析发包人（业主）的合作责任。其责任通常有如下几方面：

①业主雇用工程师并委托其在授权范围内履行业主的部分合同责任；

②业主和工程师有责任对平行的各承包人和供应商之间的责任界限作出划分，对这方面的争执作出裁决，对他们的工作进行协调，并承担管理和协调失误造成的损失；

③及时作出承包人履行合同所必需的决策，如下达指令、履行各种批准手续、作出认可、答复请示，完成各种检查和验收手续等；

④提供施工条件，如及时提供设计资料、图纸、施工场地、道路等；

⑤按合同规定及时支付工程款，及时接收已完工程等。

4) 合同价格

对合同的价格，应重点分析以下几个方面：

①合同所采用的计价方法及合同价格所包括的范围；

②工程量计量程序，工程款结算（包括进度付款、竣工结算、最终结算）方法和

程序；

③合同价格的调整，即费用索赔的条件、价格调整方法，计价依据，索赔有效期规定；

④拖欠工程款的合同责任。

5) 违约责任

如果合同一方未遵守合同规定，造成对方损失，应受到相应的合同处罚。通常分析：

①承包人不能按合同规定工期完成工程的违约金或承担业主损失的条款；

②由于管理上的疏忽造成对方人员和财产损失的赔偿条款；

③由于预谋或故意行为造成对方损失的处罚和赔偿条款等；

④由于承包人不履行或不能正确的履行合同责任，或出现严重违约时的处理规定；

⑤由于业主不履行或不能正确的履行合同责任，或出现严重违约时的处理规定，特别是对业主不及时支付工程款的处理规定。

6) 验收，移交和保修

验收包括许多内容，如材料和机械设备的现场验收、隐蔽工程验收、单项工程验收、全部工程竣工验收等。

在合同分析中，应对重要的验收要求、时间、程序以及验收所带来的法律后果作说明。

竣工验收合格即办理移交。移交作为一个重要的合同事件，同时又是一个重要的法律概念。

7) 索赔程序和争执的解决

这里要分析：

①索赔的程序；

②争议的解决方式和程序；

③仲裁条款：包括仲裁所依据的法律、仲裁地点、方式和程序、仲裁结果的约束力等。

3. 合同详细分析

(1) 合同详细分析的概念

为了使工程有计划、有秩序地按合同实施，必须将承包合同目标、要求和合同双方的责权利关系分解落实到具体的工程活动上。这就需要对合同进行详细分析。合同详细分析是在合同总体分析的基础上，依据合同协议书、合同条件、规范、图纸、工作量表等，确定各项目管理人员及各工程小组的合同工作，以及划分各责任人的合同责任。

(2) 合同详细分析内容

合同详细分析涉及承包商签约后的所有活动，其结果实质上是承包商的合同执行计划，它包括：

1) 工程项目的结构分解，即工程活动的分解和工程活动逻辑关系的安排；
2) 技术会审工作；
3) 工程实施方案、总体计划和施工组织计划，在投标书中已包括这些内容，但在施工前，应进一步细化，作详细的安排；
4) 工程详细的成本计划；
5) 合同之间的协调。合同详细分析，不仅针对承包合同，而且包括与承包合同同级的各个合同的协调，包括各个分合同的工作安排和各分合同之间的协调。

(3) 合同事件表

合同详细分析的结果是合同事件表。承包合同的实施由许多具体的工程活动和合同双方的其他经济活动构成。这些工程活动所确定的状态被称为合同事件。

合同事件表是工程施工中最重要的文件之一，它从各个方面定义了该合同事件。它实质上是承包商详细的合同执行计划，有利于进行项目目标分解，落实各分包商、项目管理人员及各工程小组的合同责任，进行合同监督、跟踪、分析和处理索赔事项。

合同事件表（表7-2）具体说明如下：

合同事件表    表7-2

| 子项目 | 事件编码 | 日期变更次数 |
|---|---|---|
| 事件名称和简要说明 | | |
| 事件内容说明 | | |
| 前提条件 | | |
| 本事件的主要活动 | | |
| 负责人（单位） | | |
| 费用：<br>计划：<br>实际： | 其他参加者 | 工期：<br>计划：<br>实际： |

1) 事件编码

这是为了计算机数据处理的需要，对事件的各种数据处理都靠编码识别。编码要能反映事件的各种特性，如所属的项目、单项工程、单位工程、专业性质、空间位置等。通常它应与网络事件（或活动）的编码有一致性。

2) 事件名称和简要说明

对一个确定的承包合同，承包商的工程范围、合同责任是一定的，则相关的合同事件和工程活动也是一定的，在一个工程中，这样的事件通常可能有几百甚至几千件。

3) 变更次数和最近一次的变更日期

它记载着与本事件相关的工程变更。在接到变更指令后，应落实变更，修改相应栏目的内容。

最近一次的变更日期表示，从这一天以来的变更尚未考虑到。这样可以检查每个变更指令落实情况，既防止重复，又防止遗漏。

4) 事件的内容说明

主要为该事件的目标，如某一分项工程的数量、质量、技术要求以及其他方面的要求。这由工程量清单、工程说明、图纸、规范等定义，是承包商应完成的任务。

5) 前提条件

该事件进行前应有哪些准备工作？应具备什么样的条件？这些条件有的应由事件的责任人承担，有的应由其他工程小组、其他承包商或业主承担。这里不仅确定事件之间的逻辑关示，而且确定了各参加者之间的责任界限。

6) 本事件的主要活动

即完成该事件的一些主要活动和它们的实施方法、技术与组织措施。

7) 责任人

即负责该事件实施的工程小组负责人或分包商。

8) 成本（或费用）

这里包括计划成本和实际成本。

9) 计划和实际的工期

计划工期由网络分析得到。这里有计划开始期、结束期和持续时间。实际工期按实际情况，在该事件结束后填写。

4. 合同交底

(1) 合同交底概念

合同交底是以合同分析为基础、以合同内容为核心的交底工作。通过合同交底，合同管理人员可以对合同的主要内容达成一致，熟悉合同中的各种规定、管理程序，了解发承包商的合同责任和工程范围、各种行为的法律后果等，从而避免在合同履行中的违约行为。

(2) 合同交底作用

在我国传统的施工项目管理中，一直没有十分注重"合同交底"工作，导致项目组和各工程小组对项目的合同体系、合同基本内容不甚了解。因此，合同管理人员应在合同的总体分析、合同工作分析的基础上，按施工管理程序，在工程开工前，逐级进行合同交底。

合同交底的作用是将合同目标和责任具体分解落实到各分包商或工程小组直至每一个项目参加者，并指导管理及技术人员以合同作为行为准则，以保证合同目标能够得到实现。

(3) 合同交底内容

合同交底应分解落实如下合同和合同分析文件：合同事件表（任务单、分包合同），图纸，设备安装图纸，详细的施工说明等。最重要的是如下几方面内容：

1) 工程的质量、技术要求和实施中的注意点；

2) 各项工作或各个工程的工期要求；

3) 成本目标和消耗标准;

4) 合同事件之间的逻辑关系;

5) 各工程小组(分包商)责任界限的划分;

6) 合同有关各方(如业主、监理工程师)的责任及影响。

### 7.3.3 合同实施控制

1. 合同控制概述

(1) 合同控制概念

合同控制指承包商的合同管理组织为保证合同所约定的各项义务的全面完成及各项权利的实现,以合同分析的成果为基准,对整个合同实施过程进行全面监督、检查、对比和纠正的管理活动。

施工合同定义了工程项目管理的三大目标:即进度目标、质量目标、成本目标,承包商最根本的合同责任是实现这三大目标。由于在工程施工中各种干扰的作用,常常使工程实施过程偏离总目标。为了顺利地实现既定的目标,整个项目需要实施控制,而合同控制是成本控制、质量控制、进度控制的保障。通过合同控制可以使质量控制、进度控制和成本控制协调一致,形成一个有序的项目管理过程。

(2) 合同控制的内容

从表 7-3 可以看出,合同控制的目的是按合同的规定,全面完成承包商的义务,防止违约;合同控制的目标是合同规定的各项义务。承包商在施工过程中必须按合同规定的成本、质量、进度、安全要求完成既定目标,履行合同规定的各项义务,同时承包商还有权力获得合同规定的各项权利等。这一切都必须通过合同控制来实施和保障。此外,合同控制的范围不仅包括承包商与业主之间的工程承包合同,分包合同、供应合同、担保合同等,而且包括总合同与各分合同、各分合同之间的协调控制。

工程实施控制的目的、目标和依据　　　　表 7-3

| 序号 | 控制内容 | 控制目的 | 控制目标 | 控制依据 |
| --- | --- | --- | --- | --- |
| 1 | 成本控制 | 保证按计划成本完成工程,防止成本超支和费用增加 | 计划成本 | 各分项工程、分部工程、总工程计划成本,人力、材料、资金计划,计划成本曲线等 |
| 2 | 质量控制 | 保证按合同规定的质量完成工程,使工程顺利通过验收,交付使用,达到预定的功能 | 合同规定的质量标准 | 工程说明、规范、图纸等 |
| 3 | 进度控制 | 按预定进度计划进行施工,按期交付工程,防止因工程拖延受到罚款 | 合同规定的工期 | 合同规定的总工期计划,业主批准的详细的施工进度计划、网络图、横道图等 |
| 4 | 合同控制 | 按合同规定全面完成承包商的义务,防止违约 | 合同规定的各项义务 | 合同范围内的各种文件,合同分析资料 |

可见合同控制的内容较成本控制、质量控制、进度控制广得多。而且合同实施经常受到外界干扰，常常偏离目标，合同实施就必须随变化了的情况和目标不断调整，因此合同控制是动态的。

合同实施控制的内容包括合同监督、合同跟踪、合同诊断。

2. 合同监督

合同实施监督是工程管理的日常事务性工作的，其目的是保证按照合同双方完成自己的合同责任。表现在对工程活动的监督上，即保证按照预先确定的各种计划、设计、施工方案实施工程。工程实际状况反映在原始的工程资料（数据）上，如质量检查报告、分项工程进度报告、记工单、用料单、成本核算凭证等。

合同监督的主要工作有：

(1) 落实合同计划

合同管理人员与项目的其他职能人员一起落实合同实施计划，为各工程小组、分包商的工作提供必要的保证，并对各工程小组和分包商进行工作指导，作经常性的合同解释，使各工程小组都有全局观念，对工程中发现的问题提出意见、建议。

(2) 协调各方关系

在合同范围内协调业主、工程师、项目管理各职能人员、所属的各工程小组和分包商之间的工作关系。他们之间常常互相推卸一些合同中或合同事件表中未明确划定的工程活动的责任。这会引起争执，对此合同管理人员必须做调解工作，解决争执。

(3) 进行合同变更管理

合同管理工作一经进入施工现场后，合同的任何变更，都应由合同管理人员负责提出；具体内容在后面章节中详细叙述，这里不再赘述。

(4) 进行索赔管理

这里的索赔管理工作包括日常的索赔和反索赔。

(5) 进行文档管理

对向分包商发出的任何指令，向业主发出的任何文字答复、请示，业主方发出的任何指令，都必须经合同管理人员审查，记录在案。还有工程实施中的许多文件，例如业主和工程师的指令、会谈纪要、备忘录、修正案、附加协议等也是合同的一部分，它们也应接受合同审查。

(6) 进行争议处理

业主、工程师、项目管理各职能人员、所属的各工程小组和分包商之间的任何争议的协商和解决都必须有合同管理人员的参与，并对解决结果进行合同和法律方面的审查、分析和评价。

3. 合同跟踪

在工程实施过程中，由于实际情况千变万化，导致合同实施与预定目标（计划和设计）的偏离，如果不采取措施，这种偏差常常由小到大，日积月累。这就需要对合同实施情况进行跟踪，以便及时发现偏差，不断调整合同实施，使之与总目标一致。

合同签订以后，合同中各项任务的执行要落实到具体的项目经理部或具体的项目参与人员身上,承包单位作为履行合同义务的主体,必须对合同执行者(项目经理部或项目参与人)的履行情况进行跟踪、监督和控制,确保合同义务的完全履行。

(1) 合同跟踪的概念

施工合同跟踪有两个方面的含义。一是承包单位的合同管理职能部门对合同执行者(项目经理部或项目参与人)的履行情况进行的跟踪、监督和检查,二是合同执行者(项目经理部或项目参与人)本身对合同计划的执行情况进行的跟踪、检查与对比。在合同实施过程中二者缺一不可。

将收集到的工程资料和实际数据进行整理,得到能够反映工程实施状况的各种信息,如各种实际进度报表,各种成本和费用收支报表等。将这些信息与工程目标(如合同文件、合同分析文件、计划、设计等)进行对比分析,就可以发现工程实施偏离目标的程度。如果没有差异,或差异较小,则可以按原计划继续实施工程。

(2) 合同跟踪的依据

1) 合同以及依据合同而编制的各种计划文件:各种计划、方案、合同变更文件、合同分析的资料等;

2) 各种实际工程文件如原始记录、工程报表、验收报告等;

3) 管理人员对现场情况的直观了解,如现场巡视、交谈、会议、质量检查等。

(3) 合同跟踪的对象

合同实施情况追踪的对象主要有如下几个方面:

1) 承包的任务

①工程施工的质量,包括材料、构件、制品和设备等的质量,以及施工或安装质量,是否符合合同要求等等;

②工程进度,是否在预定期限内施工,工期有无延长,延长的原因是什么等等;

③工程数量,是否按合同要求完成全部施工任务,有无合同规定以外的施工任务等等;

④成本的增加和减少。

2) 工程小组或分包人的工程和工作

可以将工程施工任务分解交由不同的工程小组或发包给专业分包完成,在实际工程中常常因为某一工程小组或分包商的工作质量不高或进度拖延而影响整个工程施工。合同管理人员必须对这些工程小组或分包人及其所负责的工程进行跟踪检查,协调关系,提出意见、建议或警告,保证工程总体质量和进度。

对专业分包人的工作和负责的工程,总承包商负有协调和管理的责任,并承担由此造成的损失,所以总承包商要严格控制分包商的工作,监督他们按分包合同完成工程,并随时注意将专业分包人的工作和负责的工程纳入总承包工程的计划和控制中,防止因分包人工程管理失误而影响全局。

3) 业主和其委托的工程师的工作

业主和工程师是承包商的主要工作伙伴,对他们的工作进行监督和跟踪是十分重要。

①业主和工程师必须正确、及时地履行合同责任，及时提供各种工程实施条件，如及时发布图纸、提供场地、及时下达指令、作出答复、及时支付工程款等。是否及时并足额地支付了应付的工程款项。

②业主和工程师是否及时给予了指令、答复和确认等；

通过合同实施情况追踪、收集、整理，能反映工程实施状况的各种工程资料和实际数据，并将这些信息与工程目标等进行对比分析，可以发现两者的差异。根据差异的大小确定工程实施偏离目标的程度。如果没有差异，或差异较小，则可以按原计划继续实施工程。

4. 合同诊断

(1) 合同实施情况偏差分析含义

合同实施情况偏差分析是指通过合同跟踪，可能会发现合同实施中存在着偏差，评价合同实施情况及其偏差，预测偏差的影响及发展的趋势，并分析偏差产生的原因，以便对该偏差采取调整措施，避免损失。

(2) 合同实施情况偏差分析的内容包括

1) 合同执行差异的原因分析

通过对合同执行实际情况与实施计划的对比分析，不仅可以发现合同实施的偏差，而且可以探索引起差异的原因。原因分析可以采用鱼刺图、因果关系分析图(表)、成本量差、价差、效率差分析等方法定性或定量地进行。

2) 合同差异责任分析

即这些原因由谁引起？该由谁承担责任？这常常是索赔的理由。一般只要原因分析详细有根有据，则责任分析自然清楚。责任分析必须以合同为依据，按合同规定落实双方的责任。

3) 合同实施趋向预测

分别考虑不采取调控措施和采取调控措施，以及采取不同的调控措施情况下合同的最终执行结果。

①最终的工程状况，包括总工期的延误、总成本的超支、质量标准、所能达到的生产能力（或功能要求）等。

②承包商将承担什么样的后果，如被罚款、被清算，甚至被起诉，对承包商资信、企业形象、经营战略的影响等。

③最终工程经济效益（利润）水平。

(3) 合同实施偏差处理

根据合同实施偏差分析的结果，承包商应该采取相应的调整措施，调整措施可以分为：

1) 组织措施，如增加人员投入，调整人员安排，调整工作流程和工作计划等；

2) 技术措施，如变更技术方案，采用新的高效率的施工方案等；

3) 经济措施，如增加投入，采取经济激励措施等；

4) 合同措施，如进行合同变更，签订附加协议，采取索赔手段等。

其中，合同措施是承包商的首选措施，该措施主要有承包商的合同管理机构来实施。

### 7.3.4 合同变更管理

1. 合同变更概述

(1) 工程变更的概念及性质

工程变更是一种特殊的合同变更。合同变更指合同成立以后，履行完毕以前由双方当事人依法对原合同的内容所进行的修改。工程变更一般是指在工程施工过程中，根据合同约定对施工的程序、工程的内容、数量、质量要求及标准等做出的变更。工程变更属于合同变更，合同变更主要是由于工程变更而引起的，合同变更的管理也主要是进行工程变更的管理。

(2) 工程变更的起因

合同内容频繁的变更是工程合同的特点之一。一个工程，合同变更的次数、范围和影响的大小与该工程的招标文件（特别是合同条件）的完备性、技术设计的正确性，以及实施方案和实施计划的科学性直接相关。合同变更一般主要有以下几方面的原因：

1) 业主新的变更指令，对建筑的新要求，如业主有新的意图，业主修改项目总计划，削减预算等；

2) 由于设计人员、工程师、承包商事先没能很好地理解业主的意图，或设计的错误，导致的图纸修改；

3) 工程环境的变化，预定的工程条件不准确，要求实施方案或实施计划变更；

4) 由于产生新的技术和知识，有必要改变原设计、实施方案或实施计划，或由于业主指令及业主责任的原因造成承包商施工方案的改变；

5) 政府部门对工程新的要求，如国家计划变化、环境保护要求、城市规划变动等；

6) 由于合同实施出现问题，必须调整合同目标，或修改合同条款。

2. 变更范围和内容

根据国家发展和改革委员会等九部委联合编制的《标准施工招标文件》中的通用合同条款的规定，除专用合同条款另有约定外，在履行合同中发生以下情形之一，应按照本条规定进行变更。

1) 取消合同中任何一项工作，但被取消的工作不能转由发包人或其他人实施；

2) 改变合同中任何一项工作的质量或其他特性；

3) 改变合同工程的基线、标高、位置或尺寸；

4) 改变合同中任何一项工作的施工时间或改变已批准的施工工艺或顺序；

5) 为完成工程需要追加的额外工作。

FIDIC 合同条件规定，变更的内容可包括：

1) 改变合同中所包括的任何工作的数量（但这种改变不一定构成变更）；

2) 改变任何工作的质量和性质；

3）改变工程任何部分的标高、基线、位置和尺寸；

4）删减任何工作；

5）任何永久工程需要的附加工作、工程设备、材料或服务；

6）改动工程的施工顺序或时间安排。

根据我国新版示范文本的约定，工程变更包括设计变更和工程质量标准等其他实质性内容的变更。其中设计变更包括：

1）更改工程有关部分的标高、基线、位置和尺寸；

2）增减合同中约定的工程量；

3）改变有关工程的施工时间和顺序；

4）其他有关工程变更需要的附加工作。

3. 工程变更的程序

根据九部委《标准施工招标文件》中通用合同条款的规定，变更指示只能由监理人发出。在履行合同过程中，经发包人同意，监理人可按合同约定的变更程序向承包人作出变更指示，承包人应遵照执行，没有监理人的变更指示，承包人不得擅自变更。

（1）工程变更的提出

根据九部委《标准施工招标文件》中通用合同条款的规定，在履行合同过程中，承包人对发包人提供的图纸、技术要求以及其他方面提出的合理化建议，均应以书面形式提交监理人。监理人应与发包人协商是否采纳建议，建议被采纳并构成变更的，应按合同约定的程序向承包人发出变更指示。

1）承包商提出工程变更

承包商在提出工程变更时，一般情况是工程遇到不能预见的地质条件或地下障碍。另一种情况是承包商为了节约工程成本或加快工程施工进度，提出工程变更。

2）业主方提出变更

业主一般可通过工程师提出工程变更。但如业主方提出的工程变更内容超出合同限定的范围，则属于新增工程，只能另签合同处理，除非承包方同意作为变更。

3）工程师提出工程变更

工程师往往根据工地现场的工程进展的具体情况，认为确有必要时，可提出工程变更。工程承包合同施工中，因设计考虑不周，或施工时环境发生变化，工程师本着节约工程成本和加快工程与保证工程质量的原则，提出工程变更。只要提出的工程变更在原合同规定的范围内，一般是切实可行的。若超出原合同，新增了很多工程内容和项目，则属于不合理的工程变更请求，工程师应和承包商协商后酌情处理。

（2）工程变更的批准

由承包商提出的工程变更，应交与工程师审查并批准。

由业主提出的工程变更，为便于工程的统一管理，一般可由工程师代为发出。

工程师发出工程变更通知的权力，一般由工程施工合同明确约定。当然该权力也可约定为业主所有，然后，业主通过书面授权的方式使工程师拥有该权力。如果合同对工程师提出工程变更的权力作了具体限制，而约定其余均应由业主批准，则工程师就超出其权限范围的工程变更发出指令时，应附上业主的书面批准文件，否则承包商可拒绝执行。

工程变更审批的一般原则应为：首先考虑工程变更对工程进展是否有利；第二要考虑工程变更是否可以节约工程成本；第三应考虑工程变更是否兼顾业主、承包商或工程项目之外其他第三方的利益，不能因工程变更而损害任何一方的正当权益；第四必须保证变更工程符合本工程的技术标准；最后一种情况为工程受阻，如遇到特殊风险、人为阻碍、合同一方当事人违约等不得不变更工程。

（3）工程变更指令的发出及执行

为了避免耽误工作，工程师在和承包商就变更价格达成一致意见之前，有必要先行发布变更指示，然后就变更价格和工期进一步协商。

工程变更指示的发出有两种形式：书面形式和口头形式。

1）一般情况要求工程师签发书面变更通知令。

2）当由于情况紧急，工程师发出口头指令要求工程变更时，该口头指示在事后一定要补签一份书面的工程变更指示。如果工程师口头指示后忘了补书面指示，承包商（须7天内）以书面形式证实此项指示，交与工程师签字，工程师若在14天之内没有提出反对意见，应视为认可。

根据通常的工程惯例，除非工程师明显超越合同赋予其的权限，承包商应该无条件的执行其工程变更的指示。如果工程师根据合同约定发布了进行工程变更的书面指令，则不论承包商对此是否有异议，不论工程变更的价款是否已经确定，也不论监理方或业主答应给予付款的金额是否令承包商满意，承包商都必须无条件地执行此种指令。即使承包商有意见，也只能是一边进行变更工作，一边根据合同规定寻求索赔或仲裁解决。在争议处理期间，承包商有义务继续进行正常的工程施工和有争议的变更工程施工，否则可能会构成承包商违约。

4. 工程变更责任分析

（1）设计变更

设计变更会引起工程量的增加、减少，新增或删除分项工程，工程质量和进度的变化，实施方案的变化。一般工程施工合同赋予业主（工程师）这方面的变更权力，可以直接通过下达指令，重新发布图纸或规范实现变更。其责任划分原则为：

1）由于业主要求、政府部门要求、环境变化、不可抗力、原设计错误等导致设计的修改，必须由业主承担责任，由此产生的施工方案变更及工期延长、费用增加应业主承担；

2）由于承包商施工过程、施工方案出现错误、疏忽而导致设计的修改，必须由承包商负责；

3）由承包商提出的设计必须经过工程师（或业主）的批准，对不符合业主在招标文件中提出的工程要求的设计，工程师有权不认可。

（2）施工方案变更

1）在通常情况下由于承包商自身原因（如失误或风险）修改施工方案所造成的

损失由承包商负责。业主向承包商授标前，可要求承包商对施工方案作出说明或修改方案，以符合业主的要求。

2）由重大的设计变更导致的施工方案变更，如果设计变更由业主承担责任，则相应的施工方案的变更也由业主负责；反之，则由承包商负责。

3）对不利的异常的地质条件所引起的施工方案的变更，一般作为业主的责任。一方面这是一个有经验的承包商无法预料现场气候条件除外的障碍或条件，另一方面业主负责地质勘察和提供地质报告，则他应对报告的正确性和完备性承担责任。

4）施工进度的变更。施工进度的变更十分频繁：在招标文件中，业主给出工程的总工期目标；承包商在投标文件中有一个总进度计划；中标后承包商还要提出详细的进度计划，由工程师批准（或同意）；在工程开工后，每月都可能有进度调整。通常只要工程师（或业主）批准（或同意）承包商的进度计划（或调整后的进度计划），则新的进度计划就有约束力。如果业主不能按照新进度计划完成按合同应由业主完成的责任，如及时提供图纸、施工场地、水电等，则属业主违约，应承担责任。

5. 工程变更价款的确定

FIDIC 条款中第 12、13 条规定，一般合同工程变更估价的原则为：

1）对于所有按工程师指示的工程变更，若属于原合同中的工程量清单上增加或减少的工作项目的费用及单价，一般应根据合同中工程量清单所列的单价或价格而定或参考工程量清单所列的单价或价格而定；

2）如果合同中的工程量清单中没有包括此项变更工作的单价或价格，则应在合同的范围内使用合同中的费率和价格作为估价的基础；

3）整个工程或分项工程中工程性质和数量有较大的变更，用工程量清单中价格已是不合理的或不合适时，工程师需作决定的单项造价及费率。

我国施工合同示范文本所确定的工程变更估价原则为：

1）合同中已有适用于变更工程的价格，按合同已有的价格变更合同价款；

2）合同中只有类似于变更工程的价格，可以参照类似价格变更合同价款；

3）合同中没有适用或类似于变更工程的价格，由承包人提出适当的变更价格，经工程师确认后执行。

建设部 1999 年颁发的《建设工程施工发包与承包价格管理暂行规定》第 17 条规定变更价款的估价原则为：

1）中标价或审定的施工图预算中已有与变更工程相同的单价，应按已有的单价计算；

2）中标价或审定的施工图预算中没有与变更工程相同的单价时，应按定额相类似项目确定变更价格；

3）中标价或审定的施工图预算或定额分项没有适用和类似的单价时，应由乙方编制一次性补充定额单价送甲方代表审定并报当地工程造价管理机构备案。乙方提出和甲方确认变更价款的时间按合同条款约定，如双方对变更价款不能达成协议则按合同条款约定的办法处理。

## 7.4 施工合同的争议管理

### 7.4.1 施工合同的常见争议

工程合同争议,是指工程合同订立至完全履行前,合同当事人因对合同的条款理解产生歧义或因当事人违反合同的约定,没有履行义务或虽履行了义务但没有达到约定的标准等原因而产生的纠纷。产生工程合同纠纷的原因十分复杂,因此了解建设工程施工合同的主要纠纷类型,有助于建筑企业防范风险、减少纠纷数量,提高企业利润。

1. 施工合同主体纠纷

建设工程施工合同主体包括发包人和承包商。发包人应具有工程发包主体资质和支付工程价款能力,承包商应具有工程承包主体资格并被发包人接受。

造成施工合同主体纠纷原因有以下几个:

(1) 承包商资质不够导致纠纷

承包商应具备一定的资质条件,资质不够的承包商签订的建设工程施工合同是无效合同。发包方应加强对承包商资质的审查,避免与不具备相应资质的承包商订立合同。

(2) 因无权代理与表见代理引发纠纷

施工合同各方应当加强对授权委托书的管理,避免无权代理和表见代理的产生,避免与无权代理人签订合同。

(3) 因联合体承包导致纠纷

联合体各方应当具备一定的条件,联合体以一个投标人的身份参加头投标,中标后各方就中标项目向发包人承担连带责任。

(4) 因挂靠问题产生纠纷

挂靠方式签订的合同违反法律强制性规定,属无效合同,挂靠企业要承担法律责任。

2. 施工合同工程款纠纷

(1) 合同本身存在缺陷

主要表现在:承发包双方之间没有订立书面的施工合同,仅有口头合同;或者订立了书面,但内容过于简单;或合同的各个条款之间、不同的协议之间、图纸与施工技术规范之间出现矛盾;合同总价与分项工程单价之和不符,合同缺项等。

(2) 工程进度款支付、竣工结算及审价争议施工合同中虽然已列出了工程量，约定了合同价款，但实际施工中由于设计变更、工程师签发的变更指令、现场条件变化，以及计量方法等会引起工程量变化，从而导致进度款支付价款发生变更。承包人通常会在工程进度款报表中列出实际已完的工作而未获得付款的金额，希望得到额外付款，而发包人在按进度支付工程款时往往会扣除那些他们未予确认的工程量或存在质量问题的已完工程的应付款项。这样承包人由于未得到足够的应付工程款而放慢工程进度，发包人则会认为在工程进度拖延的情况下更不能多支付给承包人任何款项，这种争议比较多。

另有，发包人利用其优势地位，要求承包人垫资施工、不支付预付款、尽量拖延支付进度款、拖延工程结算及工程审价进程，致使承包人的权益得不到保障，最终引起争议。

(3) 拖欠工程价款纠纷

由于建设资金或其他问题，建项项目无法继续施工，从而造成建设项目的停建、缓建，建筑企业的工程款长期被拖欠，对企业本身造成损失，引起争议。

还有一种情况就是工程的发包人并非工程真正的建设单位，发包人通常不具备工程价款的支付能力。这时承包人理应向真正工程权利人主张权利，以保证合法权利不受侵害。

3. 施工合同质量争议

造成建设工程质量问题的原因可以分为：

(1) 承包人原因造成的质量问题

1) 未按设计图纸、施工技术规范、经发包方审定的施工组织方案施工。

2) 使用未经检验的或检验不合格的材料、构配件、设备，不符合设计要求、技术标准和合同约定。

3) 施工单位对于在质量保修期内出现的质量缺陷不履行质量保修责任。特别是发包人要求承包人修复工程缺陷而承包人拖延修复，或发包人未经通知承包人就自行委托第三人对工程缺陷进行修复。

(2) 分包人的原因造成的质量问题

由于分包人原因造成的工程质量不符合约定，分包人首先应当承担修复义务，具体体现为修理、返工或者改建，以达到约定的质量要求和标准。

(3) 发包人原因造成的质量问题

1) 提供的设计有缺陷，或在设计或施工中提出违反法律、行政法规和建筑工程质量、安全标准的要求；

2) 建设单位提供的建筑材料、建筑构配件和设备不符合标准，或给施工单位指定厂家，明示、暗示使用不合格的材料、构配件和设备；

3) 直接指定分包人分包专业工程或将工程发包给没有资质的单位或者将工程任意肢解进行发包。

(4) 其他原因造成的工程质量问题

主要由于不可抗力等原因造成的质量问题，承发包双方均不承担民事责任，而是按照风险分担原则来承担损失。

4. 施工合同工期争议

工期延误往往是由于错综复杂的原因造成的，要分清各方的责任十分困难。通常的情况是发包人要求承包人承担工程竣工逾期的违约责任，而承包人则提出因诸多发包人的原因及不可抗力等工期应相应顺延，有时承包人还就工期的延长要求发包人承担停工窝工的费用。

工期纠纷通常涉及违约金的计算、工程款计算等问题，而工期纠纷的核心问题是如何确定实际工期。实际工期是指实际开工日期至实际竣工日期的日历天数。因此，确定了实际开工日期、实际竣工日期就可以计算出实际工期，进而解决因工期纠纷而引起的各个问题。

5. 施工合同变更和解除争议

(1) 合同的变更引起的争议

1) 合同的变更，除了法定情形外，应通过当事人的合意来实现。通常情况下，工程量的增减，均有建设单位或施工方的工程变更单，经双方确认后施工。

2) 单方发出变更单或者变更指令的，必须由有相应权限的人签发。

3) 没有发包人的变更令，承包人不能自行增减工程量或变更工程。承包人完成的工作，如既无合同约定，又无发包人的指令，承包人应自行承担其中的风险和费用。

(2) 合同的解除引起的争议

合同解除一般都会给某一方或者双方造成严重的损害。如何合理处置合同终止后双方的权利和义务，往往是这类争议的焦点。合同终止可能有以下几种情况：

1) 承包人责任引起的终止合同

发包人认为并证明承包人不履约，承包人严重拖延工程并证明已无能力改变局面，承包人破产或严重负债而无力偿还致使工程停滞等等。

2) 发包人责任引起的终止合同

发包人不履约、严重拖延应付工程款并被证明已无力支付欠款，发包人破产或无力清偿债务，发包人严重干扰或阻碍承包人的工作等等。

3) 由于不可抗力导致合同终止

合同中如果没有明确规定这类终止合同的后果处理办法，双方应通过协商处理，若达不成一致则按争议处理方式申请仲裁或诉讼。

4) 任何一方由于自身需要而终止合同

在发包人因自身原因要求终止合同时，可能会承诺给承包人补偿的范围只限于其实际损失，而承包人可能要求还应补偿其失去承包其他工程机会而遭受的损失和预期利润。这就在补偿范围和金额方面发生争议。

### 7.4.2 合同争议的解决方式

《合同法》第129条规定："当事人可以通过和解或者调解解决合同争议。当事人不愿和解、调解或者和解、调解不成的，可以根据仲裁协议向仲裁机构申请仲裁。当事人没有订立仲裁协议或者仲裁协议无效的，可以向人民法院起诉。当事人应当履行发生法律效力的判决、仲裁裁决、调解书，拒不履行的，对方可以请求人民法院执行。"

在我国，合同争议解决的方式主要有和解、调解、仲裁和诉讼4种。

1. 和解

(1) 和解的概念和原则

和解是指在合同发生争议后，合同当事人在自愿互谅基础上，依照法律、法规的规定和合同的约定，自行协商解决合同争议。

和解是解决合同争议最常见的一种最简便、最有效、最经济的方法。

和解应遵循合法、自愿、平等、互谅互让的原则。

(2) 和解的优点

1) 简便易行，能经济、及时地解决纠纷；

2) 有利于维护合同双方的友好合作关系，使合同能更好地得到履行；

3) 有利于和解协议的执行。

2. 调解

(1) 调解的概念及原则

调解，是指合同当事人对合同所约定的权利、义务发生争议，不能达成和解协议的，在第三人（经济合同管理机关或有关机关，团体等）的参加与主持下，通过对当事人进行说服教育，促使双方互相做出适当的让步，平息争端，自愿达成协议，以求解决经济合同纠纷的方法。

调解一般应遵循自愿、合法、公平的原则。

(2) 调解的优点

合同纠纷的调解往往是当事人经过和解仍不能解决纠纷后采取的方式，因此与和解相比，它面临的纠纷要大一些。与诉讼、仲裁相比，仍具有与和解相似的优点：它能够较经济、较及时地解决纠纷；有利于消除合同当事人的对立情绪，维护双方的长期合作关系。

3. 仲裁

(1) 仲裁的概念和原则

仲裁是指由合同双方当事人自愿达成仲裁协议、选定仲裁机构对合同争议依法作出有法律效力的裁决的解决合同争议的方法。如果当事人之间有仲裁协议，争议发生后又无法通过和解和调解解决，则应及时将争议提交仲裁机构仲裁。

仲裁应该遵循独立、自愿、先行调解、一裁终局的原则。

(2) 仲裁的特点

1) 仲裁具有灵活性

仲裁的灵活性表现在合同争议双方有许多选择的自由，只要是双方事先达成协议的，基本上都能得到仲裁庭的尊重。比如：选择适用的法律、仲裁机构、仲裁规则、仲裁地点和选择仲裁员等。

2）仲裁程序的保密性

仲裁程序一般都是保密的，除非双方当事人一致同意，仲裁案件的申理并不公开进行，除涉及国家秘密的以外，当事人协议仲裁公开进行的，则可以公开进行。

3）仲裁效率较高和费用较低

和司法程序相比较，仲裁效率要高一些。民事案件诉讼采用多审制，时间花费较长，而且受到法律程序的限制。而仲裁则是一审终局的，立案到最终裁决的持续时间要短得多，仲裁员的专业知识有助于加快审理和裁决进程。

此外，仲裁所花费用也会比诉讼相对要低些。

4. 诉讼

(1) 诉讼的概念

诉讼是指合同当事人按照民事诉讼程序向法院对一定的人提出权益主张并要求法院予以解决和保护的请求。合同双方当事人如果未约定仲裁协议，则只能以诉讼作为解决争议的最终方式。

(2) 诉讼的特点

1）任何一方当事人都有权起诉，而无须征得对方当事人的同意。

2）当事人向法院提起诉讼，适用民事诉讼程序解决；诉讼应当遵循地域管辖、级别管辖和专属管辖的原则。在不违反级别管辖和专属管辖的原则的前提下，可以依法选择管辖法院。

3）法院审理合同争议案件，实行二审终审制度。当事人对法院作出的一审判决、裁定不服的，有权上诉。对生效判决、裁定不服的，尚可向人民法院申请再审。

最后，需要注意到是：发生争议后，在一般情况下，双方都应继续履行合同，保持施工连续，保护好已完工程。只有出现下列情况时，当事人方可停止履行施工合同：

1）单方违约导致合同确已无法履行，双方协议停止施工；

2）调解要求停止施工，且为双方接受；

3）仲裁机构要求停止施工；

4）法院要求停止施工。

### 7.4.3 工程合同的争议管理

1. 争取和解或调解

由于工程合同争议情况复杂，专业问题多，而且许多争议法律没有明确规定，施工企业又必须设法解决。因此，处理争议时要深入研究案情和对策，要有理有利有节，能采取和解、调解的，尽量不要采取诉讼或仲裁方式。因为通常情况下，工程合同争议案件经法院几个月的审理，最终还是采取调解方式结案。

2. 重视诉讼、仲裁时效

所谓时效制度，是指一定的事实状态经过一定的期间之后即发生一定的法律后果的制度。

所谓诉讼或仲裁时效，是指权利人请求法院或者仲裁机构保护其合法权益的有效期限。合同当事人在法定提起诉讼或仲裁申请的期限内依法提起诉讼或申请仲裁的，则法院或者仲裁机构对权利人的请求予以保护。

通过仲裁、诉讼的方式解决工程合同争议的，应当特别注意有关仲裁时效与诉讼时效的法律规定，在法定时效内主张权利。在时效期限满后，权利人的请求权就得不到保护，债务人可依法免于履行债务。换言之，若权利人在时效期间届满后才主张权利的，即丧失了胜诉权，其权利不受保护。

《仲裁法》第74条规定："法律对仲裁时效有规定的，适用该规定，法律对仲裁时效没有规定的，适用诉讼时效的规定。"《民法通则》第5条规定："向人民法院请求保护民事权利的诉讼时效期间为2年，法律另有规定的除外。"

3. 收集全面、充分的证据

证据是指能够证明案件真实情况的事实。《民事诉讼法》第63条将证据分为书证、物证、视听资料、证人证言、当事人的陈述、鉴定结论、勘验笔录7种。

合同当事人的主张能否成立，取决于其举证的质量。可见，收集证据是一项十分重要的准备工作。收集证据应当注意：

(1) 收集证据的程序和方式必须符合法律规定；

(2) 收集证据必须客观、全面、深入、及时；

(3) 收集证据必须尊重客观事实，不能弄虚作假；

(4) 全面收集证据就是要收集能够收集到的、能够证明案件真实情况的全部证据；

(5) 只有深入、细致地收集证据，才能把握案件的真实情况，对于某些可能由于外部环境或条件的变化而灭失的证据，要及时予以收集，否则就有可能功亏一篑，后悔莫及。

4. 做好财产保全

为了有效防止债务人转移、隐匿财产，顺利实现债权，应当在起诉或申请仲裁成立之前向人民法院申请财产保全。对合同的当事人而言，提起诉讼的目的，大多数情况下是为了实现金钱债权，因此，必须在申请仲裁或者提起诉讼前调查债务人的财产状况，为申请财产保全做好充分准备。当全面了解保全财产的情况后，即可申请仲裁或提起诉讼。

5. 聘请专业律师

合同当事人遇到案情复杂、难以准确判断的争议时，应当尽早聘请专业律师和专业律师事务所。专业律师熟悉、擅长工程合同争议解决，而很多事实证明。工程合同争议的解决不仅取决于行业情况的熟悉，很大程度上取决于诉讼技巧和正确的策略，而这些都是专业律师的专长。

【案例分析7-1】某建筑公司与某厂签订施工合同，承包人为发包人承担6台400立方米煤气罐检查返修的任务，工期6个月，某年10月开工，合同价42万元。临近开工时，因煤气罐仍在运行，施工条件不具备，承包人同意发包人的提议将开工日期变更至次年7月动工。经发包人许可，承包人着手从本公司基地调集机械和人员如期进入施工现场，搭设脚手架，装配排残液管线。工程进展约 2 个月，发包人以竣工期无法保证和工程质量差为由，同承包人先是协商提前竣工期，继而洽谈解除合同问题，承包人未同意。接着，发包人正式发文："本公司决定解除合同，望予谅解和支持。"同时，限期让承包人拆除脚手架，迫使承包人无法施工，导致原合同无法履行。为此承包人向法院起诉，要求发包人赔偿其实际损失 24 万元。

在法院审理中，被告方认为：承包人投入施工现场的人员少、素质差，不可能保证工程任务如期完成和工程质量。承包人认为：他们是根据工程进展有计划地调集和加强施工力量，足以保证工期按期完成；对方在工程完工前断言工程质量不可靠，缺乏根据。法院认为：这份施工合同是双方协商一致同意签订的有效合同，现在合同终止是单方毁约行为，应负违约责任。考虑到本案实际情况，继续履行合同有困难。最后在法院主持下双方达成调解协议，施工合同尚未履行部分由发包人承担终止执行责任，由发包人赔偿承包人工程款、工程器材费和赔偿金等共 16 万元。

工程实践证明：工程合同的争议呈现逐步上升并愈演愈烈趋势，这是建筑市场不规范，各种主客观原因综合形成，不以人的意志为转移。因此，合同双方都应该高度重视、密切关注并研究解决争议的对策，从而促使合同争议尽快合理地解决。

【案例分析 7-2】 1992 年 12 月 26 日，上海某建设发展公司（下称 A 公司）与中国建筑工程局某建筑工程公司（下称建筑公司）签订了《工程施工合同》一份。合同约定：A 公司受上海某商厦筹建处（下称筹建处）委托，并征得市建委施工处、市施工招标办的同意，采用委托施工的形式，择定建筑公司为某商厦工程的施工总承包单位。施工范围按某市建筑设计院所设计的施工图施工，内容包括土建、装饰及室外总体等。同时，合同就工程开竣工时间、工程造价及调整、预付款、工程量的核定确认和工程验收、决算等均作了具体约定。

合同签订后，建筑公司即按约组织施工，于 1996 年 12 月 29 日竣工，并在 1997 年 4 月 3 日通过上海市建设工程质量监督总站的工程质量验收。1997 年 11 月，建筑公司与筹建处就工程总造价进行决算，确认该工程总决算价为人民币 50702440 元；同月 30 日，又对已付工程款作了结算，确认截止 1997 年 11 月 30 日，A 公司尚欠建筑公司工程款人民币 13913923.17 元。后经建筑公司不懈地催讨，至 1999 年 2 月 9 日止，A 公司尚欠建筑公司工程款人民币 950 万元。

在施工合同的履行过程中，A 公司曾于 1993 年 12 月致函建筑公司：《工程施工合同》的甲方名称更改为筹建处。但经查，筹建处未经上海市工商行政管理局注册登记备案。又查：该商厦的实际业主为某上市公司（下称 B 公司），且已于 1995 年 12 月 14 日取得上海市外销商品房预售许可证。1999 年 7 月，建筑公司即以 A 公司为施工合同的发包人，B 公司为该商厦的所有人为由，将两公司作为共同被告向人民法院提起诉讼，要求两公司承担连带清偿责任。

庭审中，A、B 公司对于 950 万元的工程欠款均无任何异议。但 A 公司辩称：A 公司为代理筹建处发包，并于 1993 年 12 月致函建筑公司，施工合同甲方的名称已改为筹建处；之后，建筑公司一直与筹建处发生联系，事实上已承认了施工合同发包人的主体变更。同时 A 公司证实，筹建处为某局发文建立，并非独立经济实体，且筹建处资金来源于 B 公司。所以，A 公司不应承担支付 950 万元工程款项的义务。

B 公司辩称：B 公司与建筑公司无法律关系。施工合同的发包人为 A 公司，工程结算为建筑公司与筹建处间进行，与 B 公司不存在任何法律上的联系。筹建处有"筹建许可证"，系独立经济实体，应当独立承担民事责任。虽然 B 公司取得了预售许可，但 B 公司的股东已发生变化，故现在的公司对以前公司股东的工程欠款不应承担民事责任。庭审上，B 公司向法庭出示了一份"筹建许可证"，以证明筹建处依法登记至今未撤销。

建筑公司认为：A 公司虽接受委托，与建筑公司签订了施工合同，但征得了市建委施工处、市施工招标办的同意，该施工合同应当有效。而它作为施工合同的发包人，理应承担民事责任。而经查实，筹建处未经上海市工商行政管理局注册登记，它不具备主体资格，所以无法取代 A 公司在施工合同中的甲方地位。对于 B 公司，虽非施工合同的发包人，但他实际上已取得了该物业，是该商厦的所有权人，为真正的发包人，依法有承担支付工程款项的责任。

一审法院对原、被告出具的施工合同、筹建许可证、预售许可证及相关函件等证据进行了质证，认为：A 公司实质上为建设方的代理人，合同约定的权利义务应由被代理人承担，并判由 B 公司承担支付所有工程欠款的责任。

## 7.5　施工合同的风险管理

### 7.5.1　风险管理概述

建设工程项目实施周期长、投资规模大，内容复杂，实施过程中存在着很多的不确定性因素，面临的风险也越来越多，风险所致损失规模也越来越大，这些都促使科研人员和实际管理人员从理论上和实践上重视对工程项目的风险管理。

1．风险的概念

风险是人们应对未来行为的决策及客观条件的不确定性而可能引起的后果与预定目标发生多种负偏离的综合。或者说，风险是活动或事件消极的、人们不希望的后果发生的潜在可能性。

2．风险的特点

工程项目风险具有的特点：

(1) 客观性

工程项目实施过程中的自然界的各种突变，社会生活的各种矛盾都是客观存在的，不以人的意志为转移的。作为损失发生的不确定性，风险是不以人的意志为转移并超越人们主观意识的客观存在，而且在项目的全寿命周期内，风险是无处不在、无时不有的。

(2) 不确定性

指工程项目的风险活动或事件的发生及其后果都具有不确定性。

(3) 可变性

主要表现在风险性质的变化、后果的变化，出现新的风险或风险因素已消除。

(4) 可预测性

任何一种具体风险的发生都是诸多风险因素和其他因素共同作用的结果，是一种随机现象。个别风险事故的发生是偶然的、杂乱无章的，但对大量风险事故资料的观察和统计分析，发现其呈现出明显的运动规律，这就使人们有可能用概率统计方法及其他现代风险分析方法去计算风险发生的概率和损失程度，这实质是风险预测的过程。

(5) 多样性和多层次性

建筑工程项目周期长、规模大、涉及范围广、风险因素数量多且种类繁杂致使其在全寿命周期内面临的风险多种多样。而且大量风险因素之间的内在关系错综复杂、各风险因素之间并与外界交叉影响又使风险显示出多层次性，这是建筑工程项目中风险的主要特点之一。

3. 承包人的主要风险

工程合同的风险因素分析对发包人和承包人来说都十分重要，发包人主要从对承包人的资格考察及合同具体条款的签订上防范风险，这里不多叙述。此处仅介绍承包人在建设工程承包过程中的风险因素分析。承包人在工程中常见的风险主要可分为宏观方面的风险和微观方面的风险。

(1) 承包商在建设工程中可能面临的宏观风险主要有政治风险、经济风险和自然环境变化带来的风险。

1) 政治风险

如工程所在国政局的不稳定性，战争状态、动乱、政变，国家对外关系的变化，国家政策的变化等造成工程中断或终止。

2) 经济风险

如经济环境的变化，如通货膨胀、汇率调整、工资和物价上涨；合同所依据的法律的变化，如新的法律颁布，国家调整税率或增加新的税种，新的外汇管理政策等。

3) 自然风险

如自然环境的变化，如百年未遇的洪水、地震、台风等，以及工程水文、地质条件的不确定性。

(2) 承包商在建设工程中可能面临的微观风险主要有承包商在工程的技术、经济、法律等方面的不足所造成的风险，业主资信风险，分包风险和合同风险等。

1) 工程的技术、经济、法律等方面的风险具体包括：

①由于现代工程规模大，功能要求高，需要新技术、特殊的工艺，特殊的施工设备，同时，由于建筑工程现场条件复杂，干扰因素多，受场地条件、自然环境、地质条件、天气条件、水电供应和材料供应等多方面因素的限制，如果承包商的技术力量、施工力量、装备水平、工程管理水平一旦出现不足，技术设计、施工方案、施工计划和组织措施存在缺陷和漏洞，计划不周，报价失误等必然导致在工程实施即履行工程合同过程中出现这样或那样的失误。此外，由于业主原因造成的技术风险也是常常发生的。例如，业主或工程师的原因提供设计图纸不及时或设计图纸发生变更，从而给承包人造成工期延误、工程成本加大等风险。

②目前由于我国建筑市场不规范，工程建设投入巨大，所以承包商资金不足、周转困难现象比较普遍。承包商经济风险既有承包商财务管理水平低下、实力不足等的主观原因，又有因业主拖欠工程款、变更工程设计等造成的客观原因。此外，即使承包商没有垫资施工，也可能出现业主拖欠工程款或没有及时支付工程款而导致承包商资金周转不灵的问题。

③承包商除了遇到技术上的风险外，当其在国外或外地承包工程时，还往往遇到对当地法律法规、语言不熟悉，对技术文件、工程说明和规范理解不正确或出错的现象，从而造成法律方面的风险。

2）发包人资信风险

属于发包人资信风险的有如下几方面：发包人的经济情况变化，如经济状况恶化，濒于倒闭，无力继续实施工程，无力支付工程款，工程被迫中止；发包人的信誉差，不诚实，有意拖欠工程款，或对承包人的合理索赔要求不作答复，或拒不支付；发包人为了达到不支付或少支付工程款的目的，在工程中苛刻刁难承包人，滥用权力，施行罚款或扣款；发包人经常改变主意，如改变设计方案、实施方案，打乱工程施工秩序，但又不愿意给承包人以补偿等。

3）分包风险

承包商作为总包商选择分包商时，可能会遇到分包商违约、不能按时完成分包工程而使整个工程进展受到影响的风险，或者对分包商协调、组织工作做得不到位而影响全局。另外如果一个工程分包商比较多，则容易造成工序搭接和配合困难，引起许多干扰和连锁反应，还有就是分包商出现隐瞒缺陷，变更设计、代换材料、拖延工期等违约行为给总包商带来风险。一般而言，分包单位的任何违约行为或疏忽导致工程损害或给发包人造成其他损失，总承包人需要承担连带责任。因此，只要工程中有分包，分包风险就会存在。

4）合同风险

即施工合同中的一般风险条款和一些明显的或隐含着对承包人不利的条款。它们会造成承包人的损失，是进行合同风险分析的重点。

合同风险的客观存在是由其合同特殊性、合同履行的长期性和合同履行的多样性、复杂性以及建筑工程的特点决定。合同的客观风险是法律法规、合同条件以及国际惯例规定,其风险责任是合同双方无法回避的。

4. 风险管理

(1) 风险管理概念

风险管理是人们对潜在的意外损失进行辨识、评估、预防和控制的过程,是用最低的费用把项目中可能发生的各种风险控制在最低限度的一种管理体系。建筑工程由于生产的单件性、地点的固定性、投资数额巨大以及周期长、施工过程复杂等特点,比一般产品生产具有更大的风险。建筑工程项目的立项及其可行性研究、设计与计划都是基于可预见的技术、管理与组织条件以及对工程项目的环境(政治、经济、社会、自然等各方面)理性预测的基础上作出的,而在工程项目实施以及项目建成后运行的过程中,这些因素都有可能会产生变化,存在着不确定性。风险管理不仅能使建设项目获得很高的经济效益,还能促进建设项目的管理水平和竞争能力的提高。每个工程项目都存在风险,对于项目管理者的主要挑战就是将这种损失发生的不确定性减至一个可以接受的程度,然后再将剩余不确定性的责任分配给最适合承担它的一方,这个过程构成了工程项目的风险管理。

(2) 风险管理的任务

风险管理主要包括风险识别、风险分析和风险处置。风险管理是对项目目标的主动控制,是建立项目风险的管理程序及应对机制,以有效降低项目风险发生的可能性,或一旦风险发生,风险对于项目的冲击能够最小。

风险管理的任务是:识别与评估风险;制定风险处置对策和风险管理预算;制定落实风险管理措施;风险损失发生后的处理与索赔管理。

1) 风险识别

有效进行合同风险识别是防范和控制风险的前提。一般来说施工企业进行合同风险识别的常用方法的有下列几种:专家调查法、财务报表法、流程图法、初始清单法、经验数据法和风险调查法。

①专家调查法

包括调查问卷法、面谈法、专题讨论法、德尔菲法等,常用的主要方式有两种:一种是召集企业有关高级专业管理人员开会,另一种是采用问卷式调查,由风险管理人员对高级专业管理人员发表的意见加以归纳分类、整理分析,形成总体风险表,供领导决策参考。

②财务报表法

采用财务报表法进行风险识别,要对财务报表中所列的各项会计数据作深入的分析研究,通过对以往相似工程财务数据进行分析来识别拟承揽的工程风险。

③流程图法

主要是将合同从立项签订、招投标、委托授权、市场准入、合同履行、终结及售后服务全过程,以流程图的形式绘制出来,从而确定合同管理的重要环节,进行风险分析,提出补救措施。这种方法比较简洁和直观,易于发现关键控制点的风险因素。

④初始清单法

首先将其按单项工程、单位工程分解，再对各单项工程、单位工程分别从时间维、目标维和因素维进行分解，识别出建设工程主要的、常见的风险，还可以参照同类建设工程风险的经验数据（若无现成的资料，则要多方收集）或针对具体建设工程的特点进行风险调查。

⑤经验数据法

经验数据法也称为统计资料法，即根据已承建项目的相关风险资料来识别拟承建工程的风险。

⑥风险调查法

风险调查应当从分析具体建设工程的特点入手，一方面对通过其他方法已识别出的风险（如初始风险清单所列出的风险）进行鉴别和确认，另一方面，通过风险调查有可能发现此前尚未识别出的重要的工程风险。通常，风险调查可以从组织、技术、自然、环境、经济、合同等方面分析拟承建工程的特点以及相应的潜在风险。需要说明的是风险调查并不是一次性的，由于风险管理是一个系统的、完整的循环过程，因而风险调查也应该在建设工程实施全过程中不断地进行，这样才能了解不断变化的条件对工程风险状态的影响。当然，随着工程实施的进展，不确定性因素越来越少，风险调查的内容亦将相应减少，风险调查的重点也随之变化。

对于施工合同风险来说，仅仅采用一种风险识别方法是远远不够的，一般都应综合采用两种或多种风险识别方法，才能取得较为满意的结果。而且，不论采用何种风险识别方法组合，都必须包含风险调查法。从某种意义上讲，前五种风险识别方法的主要作用在于建立初始风险清单，而风险调查法的作用则在于建立最终的风险清单。

2）风险评估

风险评估是指采用科学的评估方法将辨识并经分类的风险进行评估，再根据其评估值大小予以排队分级，为有针对性、有重点地管理好风险提供科学依据。

风险评估可以有许多方法，如方差与变异系数分析法、层次分析法（简称AHP法）、强制评分法及专家经验评估法等。经过风险评估，将风险分为几个等级，如重大风险、一般风险、轻微风险、没有风险。

对于重大风险要进一步分析其原因和发生条件，采取严格的控制措施或将其转移，即使多付出些代价也在所不惜；对于一般风险，只要给予足够的重视即可，当采取化解措施时，要较多地考虑成本费用因素；对于轻微风险，只要按常规管理就可以了。

3）风险的防范

风险防范就是根据风险评估以及风险分析的结果，采取相应的措施，也就是制定并实施风险处置计划。通过风险评估以及风险分析，可以知道项目发生各种风险的可能性及其危害程度，将此与公认的安全指标相比较，就可确定项目的风险等级，从而决定应采取什么样的措施。

施工合同风险对策有许多种，但常用的风险对策主要有风险回避、风险控制、风险转移和风险自担。各种对策均有其适用范围，但对一个具体的施工合同来说并不是只运用一种方式,往往是针对不同的施工合同综合应用。

①风险回避

风险回避是彻底规避风险的一种做法,在风险事件发生之前将风险因素完全消除,从而完全消除了这些风险可能造成的各种损失。但也因为避免遭受损失的同时也放弃了获得利润的可能。一般适用于以下两种情况:

a. 某风险所致的损失相当大、发生频率较高;

b. 应用其他风险管理方法的成本较高。

②风险控制

风险控制就是为了最大限度地降低风险事故发生的概率和减小损失幅度而采取的风险处置技术。对损失小、概率大的风险,可采取控制措施来降低风险发生的概率,当风险事件已经发生则尽可能降低风险事件的损失,也就是风险降低。

风险控制是一种最积极、最有效的处置方式,它能有效地减少项目由于风险事故所造成的损失。

③风险转移

风险转移是指借用合同或协议,在风险事件发生时将损失的一部分或全部转移到有相互经济利益关系的另一方。对损失大、概率小的风险,可通过保险或合同条款将责任转移。风险转移主要有两种方式,即保险风险转移和非保险风险转移。

a. 保险风险转移:保险是最重要的风险转嫁方式,是指通过购买保险的办法将风险转移给保险公司或保险机构。

b. 非保险风险转移:非保险风险转移是指通过保险以外的其他手段将风险转移出去。非保险风险转移主要有:担保合同、租赁合同、委托合同、分包合同等。

通过转嫁方式处置风险,风险本身并没有减少,只是风险承担者发生了变化,因此转移出去的风险,应尽可能让最有能力的承受者分担,否则就有可能给项目带来意外的损失。

④风险保留

风险保留就是将风险损失留给施工企业自己承担。风险保留有主动保留和被动保留之分。主动保留是指在对项目风险进行预测、识别、评估和分析的基础上,明确风险的性质及其后果,风险管理者认为主动承担某些风险比其他处置方式更好。被动保留则是指未能准确识别和评估风险及损失后果的情况下,被迫采取自身承担后果的风险处置方式。被动保留应该尽量避免。

这种方法通常在下列情况下采用:

a．获得高额利润或因为企业战略考虑而需要冒险,必须承担这种风险;

b．采取风险降低、风险控制、风险转移等风险控制方法的费用支出将大于自担风险损失;

c．错过了风险识别、风险处置的时机。

5. 承包人的风险管理

(1) 承包人风险管理的主要内容

1) 合同签订前对风险做全面分析和预测。主要考虑如下问题：工程实施过程中可能出现的风险类型、种类；风险发生的规律，如发生的可能性、发生的时间及分布规律；风险的影响，即风险发生对承包人的施工过程、工期、成本等有哪些影响；承包人要承担哪些经济和法律的责任等；各种风险之间的内在联系，如一起发生或伴随发生的可能性。

2) 对风险采取有效的对策和计划。即考虑如果风险发生应采取什么措施予以防止，或降低它的不利影响，为防范风险做组织、技术、资金等方面的准备。

3) 在合同实施过程中对可能发生、或已经发生的风险进行有效控制。包括采取措施防止或避免风险的发生；有效地转移风险，争取让其他方承担风险造成的损失；降低风险的不利影响，减少自己的损失；在风险发生的情况下进行有效决策，对工程施工进行有效控制，保证工程项目的顺利实施。

(2) 承包人的合同风险对策

1) 选择合适的报价策略

投标之前，对招标文件深入研究和全面分析，正确理解招标文件，吃透业主意图和要求，全面分析投标人须知，详细勘察现场，审查图纸，复核工程量，分析合同条款，制定投标策略，以减少合同签订后的风险。

2) 通过谈判，完善合同条文，双方合理分担风险

由于一些不可预测的风险总是存在的，而合同中始终存在一定的缺陷，双方的责权利不可能绝对平衡，在谈判策略上，承包人应善于在合同中限制风险和转移风险，达到风险在双方中合理分配。通过合同谈判争取在合同条款中增加对承包人权益的保护性条款。

比如充分考虑合同实施过程中可能发生的各种情况，在合同中予以详细、具体地规定，防止意外风险；承包商对于业主免除责任的条款应研究透彻，对业主的风险责任条款要规定具体明确；承包商可以说服业主修订某些过于苛刻的条件，确保合同双方责权利关系比较平衡等。

3) 购买保险

购买保险是承包人转移风险的一种重要手段。通常，承包人的工程保险主要有工程一切险、施工设备保险、第三方责任险、人身伤亡保险等。承包人应充分了解这些保险所保的风险范围、保险金计算、赔偿方法、程序、赔偿额等详细情况。

4) 加强合同的履约管理

承包人应设立专门的合同管理机构负责施工合同的订阅，采取相关的技术、经济和管理的措施，实施对合同的监督、管理和控制。对技术复杂的工程，采用新型成熟的工艺、设备和施工方法；对风险大的工程，应做更周密的计划，在机械、材料、劳务供应及技术力量的安排上特殊对待，采用有效的检查、监督和控制手段等。

5) 加强索赔管理

索赔是双向的，承包人可以向业主索赔，业主也可以向承包人索赔，但业主索赔处理比较方便，它可以通过扣拨工程款及时解决索赔问题，相反，承包人向业主索赔

处理较为困难。作为承包人要增强市场意识、法律意识、合同意识、管理意识、经济效益意识外,更关键的是要学会科学的索赔方法。因此承包人必须注意索赔策略和方法,严格按合同规定要求的程度提出索赔用索赔来弥补或减少损失、提高合同价格、增加工程收益、补偿由风险造成的损失。

6) 风险转移

对不可预测风险的发生,在合同履行过程中,推行索赔制度是转移风险的有效方法,尽可能把风险降到最低程度。另一方面要注意向第三方转移风险。主要通过履约保证、工程保险、建立联营体、工程分包等方式来实现风险转移等,但施工企业重点要做好分包管理工作等。

### 7.5.2 工程担保

担保是指承担保证义务的一方,即保证人(担保人)应债务人(被保证人或称被担保人)的要求,就债务人应对债权人(权利人)的某种义务向债权人作出的书面承诺,保证债务人按照合同规定条款履行义务和责任,或及时支付有关款项,保障债权人实现债权的信用工具。

担保制度在国际上已有很长的历史,已经形成了比较完善的法规体系和成熟的运作方式。中国的担保制度的建设是以1995年颁布的《中华人民共和国担保法》为标志的,现在已经进入了一个快速发展阶段。

在工程担保中大量采用的是第三方担保,也就是保证担保。

1. 合同担保的基本概念

工程合同担保是合同当事人为了保证工程合同的切实履行,由保证人作为第三方对建设工程中一系列合同的履行进行监管并承担相应的责任,是一种采用市场经济手段和法律手段进行风险管理的机制。在工程建设中,权利人(债权人)为了避免因义务人(债务人)原因而造成的损失,往往要求由第三方为义务人提供保证,即通过保证人向权利人进行担保,倘若被保证人不能履行其对权利人的承诺和义务,以致权利人遭受损失,则由保证人代为履约或负责赔偿。工程保证担保制度在世界发达国家已有一百多年的发展历程,已成为一种国际惯例。

工程担保制度是以经济责任链条建立起保证人与建设市场主体之间的责任关系。工程承包人在工程建设中的任何不规范行为都可能危害担保人的利益,担保人为维护自身的经济利益,在提供工程担保时,必然对申请人的资信、实力、履约记录等进行全面的审核,根据被保证人的资信实行差别费率,并在建设过程中对被担保人的履约行为进行监督。通过这种制约机制和经济杠杆,可以迫使当事人提高素质、规范行为,保证工程质量、工期和施工安全。另外,承建商拖延工期、拖欠工人工资和供货商货款、保修期内不尽保修义务和设计人延迟交付图纸及业主拖欠工程款等问题光靠工程保险解决不了,必须借助于工程担保。实践证明,工程保证担保制度对规范建筑市场、防范建筑风险特别是违约风险、降低建筑业的社会成本、保障工程建设的顺利进行等方面都有十分重要和不可替代的作用。

引进并建立符合中国国情的工程保证担保制度是完善和规范我国建设市场的重要举措。

(1) 担保的原则

遵循平等、自愿、公平、诚实信用的原则。

(2) 担保方式

担保方式为保证、抵押、质押、留置、定金。

1) 保证

①保证是指保证人和债权人约定,当债权人不履行债务时,保证人按照约定履行债务或者承担责任的行为。

②不能作为保证人的是:

a. 企业法人的分支机构、职能部门。企业法人的分支机构有法人书面授权的,可以在授权范围内提供保证。

b. 国家机关。经国务院批准为使用外国政府或者国际经济组织贷款进行转贷的除外。

c. 学校、幼儿园、医院等以公益为目的的事业单位、社会团体。

2) 抵押:

①抵押是指债务人或者第三人向债权人以不转移占有的方式提供一定的财产作为抵押物,用以担保债务履行的担保方式。

②债务人不履行债务时,债权人有权依照法律规定以抵押物折价或者从变卖抵押物的价款中优先受偿。

③债务人或者第三人称为抵押人,债权人称为抵押权人,提供担保的财产为抵押物。

④不得抵押的财产有:

a. 土地所有权;

b. 耕地、宅基地、自留地、自留山等集体所有的土地使用权;

c. 学校、幼儿园、医院等以公益为目的的事业单位、社会团体的教育设施、医疗卫生设施和其他社会公益设施;

d. 所有权、使用权不明或者有争议的财产;

e. 依法被查封、扣押、监管的财产;

f. 依法不得抵押的其他财产。

⑤当事人以土地使用权、城市房地产、林木、航空器、船舶、车辆等财产抵押的,应当办理抵押物登记,抵押合同自登记之日起生效;当事人以其他财产抵押的,可以自愿办理抵押物登记,抵押合同自签订之日起生效。

3) 质押

①质押是指债务人或者第三人将其财产或权利移交债权人占有,用以担保债权履行的担保。质押后,当债务人不能履行债务时,债权人依法有权就该动产或权利优先得到清偿。

②债务人或者第三人为出质人，债权人为质权人，移交的动产或权利为质物。

③质押可分为动产质押和权利质押。

A. 动产质押是指债务人或者第三人将其动产移交债权人占有，将该动产作为债权的担保、能够用作质押的动产没有限制。

动产质押合同的订立及其生效：出质人和质权人应当以书面形式订立质押合同。质押合同自质物移交于质权人占有时生效。

B. 权利质押一般是将权利凭证交付质权人的担保。权力质押合同的生效：自权力凭证交付之日起生效。可以质押的权利包括：

a. 汇票、支票、本票、债券、存款单、仓单、提单；

b. 依法可以转让的股份、股票；

c. 依法可以转让的商标专用权、专利权、著作权中的财产权；

d. 依法可以质押的其他权利。

4）留置

①留置是指债权人按照合同约定占有对方（债务人）的动产，当债务人不能按照合同约定期限履行债务时，债权人有权依照法律规定留置该动产并享有处置该动产得到优先受偿的权利。

②留置的使用范围：因保管合同、运输合同、加工承揽合同发生的债权，债务人不履行债务的，债权人有留置权。

5）定金

①定金，是指当事人双方为了保证债务的履行，约定由当事人一方先行支付给对方一定数额的货币作为担保。

②定金的数额由当事人约定，但不得超过主合同标的额的 20%。

③定金合同采用书面形式，并在合同中约定交付定金的期限，定金合同从实际交付定金之日起生效。债务人履行债务后，定金应当抵作价款或者收回。

④给付定金的一方不履行约定的债务的，无权要求返回定金；收受定金的一方不履行约定的债务的，应当双倍返还定金。

2. 工程投标担保

（1）投标担保的概念和作用

投标担保，或投标保证金，是指投标人保证中标后履行签订承发包合同的义务，否则，招标人将对投标保证金予以没收。投标人不按招标文件要求提交投标保证金的，该投标文件可视为不响应招标而予以拒绝或作为废标处理。

投标担保的作用有以下两点：

1）确保投标人在投标有效期内不中途撤回标书，可以保护招标人不因中标人不签约而蒙受经济损失。

2）保证投标人在中标后与业主签订合同，并提供招标文件所要求的履约担保、预付款担保等。

（2）投标担保的形式

投标担保的形式有很多,可以采用保证担保、抵押担保等方式,具体方式由招标人在招标文件中规定。通常有如下几种:

1) 现金;

2) 保兑支票;

3) 银行汇票;

4) 现金支票;

5) 不可撤销信用证。

(3) 投标担保的额度

根据《工程建设项目施工招标投标办法》规定,施工投标保证金的数额一般不得超过投标总价的 2%,但最高不得超过 80 万元人民币。投标保证金有效期应当超出投标有效期三十天。

根据《工程建设项目勘察设计招标投标办法》规定,招标文件要求投标人提交投标保证金的,保证金数额一般不超过勘察设计费投标报价的 2%,最多不超过 10 万元人民币。

国际上常见的投标担保的保证金数额为 2%~5%。

(4) 担保的有效期

投标担保的有效期应超出投标有效期的 29~30 天,但在确定中标人后 3~10 天以内返还未中标人保函、担保书或定金。不同的工程可以有不同的时间规定,这些都应该在招标文件中明确。

3. 履约担保

履约担保是指由于非业主的原因,承包商无法履行合同义务,保证机构应该接受该工程,并经业主同意由其他承包商继续完成工程建设,业主只按原合同支付工程款,保证机构须将保证金付给业主作为赔偿。履约担保充分保障了业主依照合同条件完成工程的合法权益。

(1) 履约担保的概念

履约担保是为保障承包商履行承包合同义务所作的一种承诺,这是工程担保中最重要的也是担保金额最大的一种工程担保。履约担保的概念所谓履约担保,是指发包人在招标文件中规定的要求承包人提交的保证履行合同义务的担保。

(2) 担保方式

履行担保一般有三种形式:

1) 银行履约保函

银行履约保函是由商业银行开具的担保证明,通常为合同金额的 10% 左右。银行保函分为有条件的银行保函和无条件的银行保函。

2) 履约担保书

履约担保书的担保方式是:当承包人在履行合同中违约时,开出担保书的担保公司或者保险公司用该项担保金去完成施工任务或者向发包人支付该项保证金。工程采购项目保证金提供担保形式的,其金额一般为合同价的 30%~50%。承包人违约时,由工程担保人代为完成工程建设的担保方式，有利于工程建设的顺利进行。

3）保留金

保留金是指发包人根据合同的约定，每次支付工程进度款时扣除一定数目的款项，作为承包人完成其修补缺陷义务的保证。保留金一般为每次工程进度款的10%，但总额一般应限制在合同总价款的5%（通常最高不得超过10%）。一般在工程移交时，发包人将保留金的一半支付给承包人；质量保修期满1年（一般最高不超过2年）后14天内，将剩下的一半支付给承包人。

(3) 担保额度

采用履约担保金方式（包括银行保函）的履约担保额度为合同价的5%～10%；采用担保书和同业担保方式的一般为合同价的10%～15%。

履约保证金额的大小取决于招标项目的类型与规模，但必须保证承包人违约时，发包人不受损失。在投标须知中，发包人要规定使用哪一种形式的履约担保。承包人应当按照招标文件中的规定提交履约担保。没有按照上述要求提交履约担保的，发包人将把合同授予次低标者，并没收投标保证金。

(4) 履约担保的有效期

承包商履约担保的有效期应当截止到承包商根据合同完成了工程施工并经竣工验收合格之日。业主应当按承包合同约定在承包商履约担保有效期截止日后若干天之内退还承包商的履约担保。

4. 预付款担保

(1) 预付款担保的概念和作用

预付款担保是指承包人与发包人签订合同后，承包人正确、合理使用发包人支付的预付款的担保。建设工程合同签订以后，发包人给承包人一定比例的预付款，一般为合同金额的10%，但需由承包人的开户银行向发包人出具预付款担保。

预付款担保的主要作用在于保证承包人能够按合同规定进行施工，偿还发包人已支付的全部预付金额。如果承包人中途毁约，中止工程，使发包人不能在规定期限内从应付工程款中扣除全部预付款，则发包人作为保函的受益人有权凭预付款担保向银行索赔该保函的担保金额作为补偿。

(2) 担保方式

1) 银行保函

预付款担保的主要形式即银行保函。预付款担保的担保金额通常与发包人的预付款是等值的。预付款一般逐月从工程预付款中扣除，预付款担保的担保金额也相应逐月减少。承包人在施工期间应当定期从发包人处取得同意此保函减值的文件，并送交银行确认。承包人还清全部预付款后，发包人应退还预付款担保，承包人将其退回银行注销，解除担保责任。

2) 发包人与承包人约定的其他形式

预付款担保也可由保证担保公司担保，或采取抵押等担保形式。

(3) 担保额度

预付款担保额度与预付款数额相同,但其担保额度应随投标人返还的金额而逐渐减少。预付款不计利息。

(4) 预付款担保有效期

发包人将按合同专用条款中规定的金额和日期向承包人支付预付款。预付款保函应在预付款全部扣回之前保持有效。

5. 支付担保

(1) 支付担保的概念和作用

支付担保是指应承包人的要求,发包人提交的保证履行合同中约定的工程款支付义务的担保。

支付担保的主要作用是通过对发包人资信状况进行严格审查并落实各项反担保措施,确保工程费用及时支付到位;一旦发包人违约,付款担保人将代为履约。业主支付担保对于解决我国普遍存在的拖欠工程款现象是一项有效的措施。

(2) 支付担保的形式

支付担保有如下形式:

1) 银行保函;

2) 履约保证金;

3) 担保公司担保;

4) 抵押或者质押。

发包人支付担保应是金额担保。实行履约金分段滚动担保。担保额度为工程总额的20%~25%。本段清算后进入下段。已完成担保额度,发包人未能按时支付,承包人可依据担保合同暂停施工,并要求担保人承担支付责任和相应的经济损失。

(3) 支付担保的额度

发包人支付担保应是金额担保。实行履约金分段滚动担保。担保额度为工程总额的20%~25%。本段清算后进入下段。已完成担保额度,发包人未能按时支付,承包人可依据担保合同暂停施工,并要求担保人承担支付责任和相应经济损失。

(4) 支付担保有关规定

1)《建设工程合同(示范文本)》第41条规定了关于发包人工程款支付担保的内容。

①发包人承包人为了全面履行合同,应互相提供以下担保:发包人向承包人提供履约担保,按合同约定支付工程价款及履行合同约定的其他义务;承包人向发包人提供履约担保,按合同约定履行自己的各项义务。

②如果一方违约后,另一方可要求提供担保的第三人承担相应责任。

③提供担保的内容、方式和相关责任,发包人承包人除在专用条款中约定外,被担保方与担保方还应签订担保合同,作为本合同附件。

6. 维修担保

维修担保是为保障维修期内出现质量缺陷时,承包商负责维修而提供的担保。维修担保可以单列,也可以包含在履约担保内,也有采用扣留一定比例工程款作担保的。有些工程采取扣留合同价款的5%作为维修保证金。

### 7.5.3 工程合同的保险

建筑工程建设是一项复杂的系统工程，周期一般持续时间较长，所涉及的风险因素较多，如政治、社会、经济、自然、技术等因素。这些因素都会不同程度地影响建筑工程的实施。为了确保建设项目的顺利进行，在预定的工期、成本、质量框架内实现项目目标，科学地进行风险管理是非常必要的。工程保险是很有效的工程风险管理手段之一。

1. 工程保险的含义

工程合同保险是业主和承包商为了工程项目的顺利实施，以建设工程项目（包括建设工程本身、工程设备和施工机具以及与之有关联的人）作为保险对象，向保险人支付保险费，由保险人根据合同约定对建设过程中遭受自然灾害或意外事故所造成的财产和人身伤害承担赔偿保险金责任的一种保险形式。投保人将威胁自己的工程风险通过按约向保险人交纳保险费的办法转移给保险人（保险公司），通过保险公司取得损失赔偿以保证自身免受损失。这里，投保人可以为业主、承包商、设计（咨询、监理）单位等。

2. 工程保险的发展

工程保险是工程项目管理的国际惯例之一。20世纪80年代初期，在世界银行贷款的项目中，工程保险才引进我国，进入90年代，国内建筑工程保险才得到了应有的发展。在我国相继颁布了《建筑法》、《担保法》、《保险法》、《合同法》、《招标投标法》等一系列法律后，风险管理已经逐渐被采用，近年来工程保险在我国取得相当大的进展。但从总体上看，我国的工程风险管理水平仍然十分落后，实行工程保险的范围有限。

发达国家建设工程的投保率几乎接近100%，而且与建设工程有关的险种非常丰富，国际上强制性的工程保险主要有以下几种：建筑工程一切险（附加第三者责任险）；安装工程一切险（附加第三者责任险）；社会保险（如人身意外伤害险，雇主责任险和其他国家法令规定的强制保险）；机动车辆险；10年责任险和2年责任险；专业责任险等。而我国建设工程的投保率特别是内资建设工程项目的投保率相对比较低，且险种单一。

3. 工程保险的作用

(1) 经济补偿作用

业主或承包商只需要支付一定的保险费，即可以在遭受重大损失时，得到经济补偿。从而减轻风险发生后的经济损失，增强业主或承包商抵御风险的能力，大大降低工程保险的不确定性的影响，最终增强建设企业的竞争能力和生存能力。在投保工程保险的前提下，银行较愿意提供贷款，使工程项目的资金来源有所保证。

(2) 提供风险管理服务

保险公司参与工程运作过程有助于工程风险管理的操作。从经营保险的角度来看,风险管理服务也是保险机构减少事故发生率,降低事故损失,并提高自身经营效益的重要手段。在共同利益的驱动下,保险公司在承保工程保险后,一般都投入大量的人力物力和财力为被保险人提供优质的风险管理服务,从而有效地减少和避免风险的发生。

4. 工程合同保险的分类

(1) 按保险标的分类

工程保险按保险标的分可以分为建筑工程一切险、安装工程一切险、机器损失保险和船舶建造险。

(2) 按工程建设所涉及的险种分类

1) 建筑工程一切险

公路、桥梁、电站、港口、宾馆、住宅等工业建筑、民用建筑的土木建筑工程项目均可投保建筑工程一切险。

2) 安装工程一切险

机器设备安装、企业技术改造、设备更新等安装工程项目均可投保安装工程一切险。

3) 第三方责任险

该险种一般附加在建筑工程(安装工程)一切险中,承保的是施工造成的工程、永久性设备及承包商设备以外的财产和承包商雇员以外的人身损失或损害的赔偿责任。保险期为保险生效之日起到工程保修期结束。

4) 雇主责任险

该险种是承包商为其雇员办理的保险,承保承包商应承担的其雇员在工程建设期间因与工作有关的意外事件导致伤害、疾病或死亡的经济赔偿责任。

5) 承包商设备险

承包商在现场所拥有的(包括租赁的)设备、设施、材料、商品等,只要没有列入工程一切险标的范围的都可以作为财产保险标的,投保财产险。这是承包商财产的保障,一般应由承包商承担保费。

6) 意外伤害险

意外伤害险是指被保险人在保险有效期间因遭遇非本意、外来的、突然的意外事故,致使其身体蒙受伤害而残疾或死亡时,由保险人依照保险合同规定付给保险金的保险。意外伤害险可以由雇主为雇员投保,也可以由雇员自己投保。

7) 执业责任险

执业责任险是以设计人、咨询商(监理人)的设计、咨询错误或员工工作疏漏给业主或承包商造成的损失为保险标的险种。

(3) 按主动性、被动性分类

工程保险按主动性和被动性,可分为强制性保险和自愿保险两类。

1) 强制性保险

所谓强制性保险是指根据国家法律法规和有关政策规定或投标人按招标文件要求

必须投保的险种，如在工业发达国家和地区，强制性的工程保险主要有建筑工程一切险（附加第三者责任险）、安装工程一切险（附加第三者责任险）、社会保险（如人身意外险、雇主责任险和其他国家法令规定的强制保险）、机动车辆险、10年责任险和5年责任险、专业责任险等。

2) 自愿保险

自愿保险是由投保人完全自主决定投保的险种，如在国际上常被列为自愿保险的工程保险主要有国际货物运输险、境内货物运输险、财产险、责任险、政治风险保险、汇率保险等。

5. 建设工程保险

(1) 建筑工程一切险的概念和特点

1) 建筑工程一切险的概念

建筑工程一切险承保各类土木建筑工程，如房屋、公路、铁路、桥梁、隧道、堤坝、电站、码头、飞机场等工程，在建造过程中因自然灾害或意外事故所导致的损失。在这里，自然灾害通常指地震、海啸、雷电、飓风、台风、龙卷风、风暴、暴雨、洪水、水灾、冻灾、冰雹、地崩、山崩、雪崩、火山爆发、地面下陷下沉及其他人力不可抗拒的破坏力强大的自然现象；意外事故通常指不可预料的以及被保险人无法控制并造成物质损失或人身伤亡的突发性事件，通常包括火灾和爆炸。

2) 建筑工程一切险的特点

①建筑工程保险的标的从开工以后逐步增加，保险额也逐步提高；

②在一般情况下，自然灾害造成建筑工程一切险的保险标的损失的可能性较大。

3) 建筑工程一切险承保的危险和损失

建筑工程一切险承保的危险与损害涉及面很广，凡保险单中列举的除外情况之外的一切事故损失全在保险范围内，尤其是下述原因造成的损失：

①火灾、爆炸、雷击、飞机坠毁及灭火或其他救助所造成的损失；

②海啸、洪水、潮水、水灾、地震、暴雨、风暴、雪崩、地崩、山崩、冻灾、冰雹及其他自然灾害；

③由于工人、技术人员缺乏经验、疏忽、过失、恶意行为或无能力等导致的施工拙劣而造成的损失；

④其他意外事件一般性盗窃和抢劫。

4) 建筑工程一切险的除外责任

建筑工程一切险的除外情况主要有以下几种：

①设计错误引起的损失和费用；

②自然磨损、内在或潜在缺陷、物质本身变化、自燃、自热、氧化、锈蚀、渗漏、鼠咬、虫蛀、大气（气候或气温）变化、正常水位变化或其他渐变原因造成的保险财产自身的损失和费用；

③因原材料缺陷或工艺不善引起的保险财产本身的损失以及为换置，修理或矫正这些缺点错误所支付的费用；

④非外力引起的机械或电气装置的本身损失,或施工用机具、设备、机械装置失灵造成的本身损失;

⑤维修保养或正常检修的费用;

⑥档案、文件、账簿、票据、现金、各种有价证券、图表资料及包装物料的损失;

⑦盘点时发现的短缺;

⑧领有公共运输行驶执照的,或已由其他保险予以保障的车辆、船舶和飞机的损失;

⑨除非另有约定,在保险工程开始以前已经存在或形成的位于工地范围内或其周围的属于被保险人的财产的损失;

⑩除非另有约定,在本保险单保险期限终止以前,被保险财产中已由工程所有人签发完工验收证书或验收合格或实际占有或使用或接收的部分。

5) 建筑工程一切险的保险期限

建筑工程一切险的保险责任自保险工程在工地动工、用于保险工程的材料、设备运抵工地之时起始,至对部分或全部工程签发完工验收证书、工程所有人实际占用全部工程之时终止,以先发生者为准。

建设工程一切险往往还加保第三者责任险。

我国《建设工程施工合同(示范文本)》规定,应当由发包人投保建筑工程一切险,由发包人支付保险费用。我国《施工合同(示范文本)》中要求:保险人可以对设计原因、原材料缺陷或工艺不善、自然磨损、维修保养费用带来的损失不负责赔偿。

(2) 安装工程一切险的概念和特点

1) 安装工程一切险的概念

安装工程是指各种设备、装置的安装工程。通常包括电气、通风、给排水、设备安装、工业设备及管道等工作内容。

建筑安装工程一切险主要承保机器设备安装、企业技术改造、设备更新等安装工程项目的物质损失和第三者责任。

安装工程一切险属于技术险种,其目的在于为各种机器的安装及钢结构工程的实施提供尽可能全面的专门保险。

2) 安装工程一切险的特点

安装工程一切险与建筑工程一切险有着重要的区别。

①安装工程一切险的保险标的一开始就存放于工地,保险公司一开始就承担着全部货价的风险,风险比较集中。在机器安装好之后,试车、考核所带来的危险以及在试车过程中发生机器损坏的危险是相当大的,这些危险在建筑工程险部分是没有的。

②安装工程一切险的保险标的多数是建筑物内安装及设备(石化、桥梁、钢结构建筑物等除外),受自然灾害(洪水、台风、暴雨等)损失的可能性较小,受人为事

故损失的可能性较大,这就要督促被保险人加强现场安全操作管理,严格执行安全操作规程。

③安装工程在交接前必须经过试车考核,而在试车期内,任何潜在的因素都可能造成损失,损失率要占安装工期内的总损失的一半以上。由于风险集中,试车期的安装工程一切险的保险费率通常占整个工期的保费的 1/3 左右,而且对旧机器设备不承担赔付责任。

总的来讲,安装工程一切险的风险较大,保险费率也要高于建筑工程一切险。

3)安装工程一切险承保的危险和损失

安装工程一切险承保的危险和损害除包括建筑工程一切险中规定的内容外,还包括:

①短路、过电压、电弧所造成的损失;

②超压、压力不足、和离心力引起的断裂所造成的损失;

③其他意外事故,如因进入异物或因安装地点的运输而引起的意外事件等。

4)安装工程一切险的除外责任

安装工程一切险的除外情况主要有以下几种:

①由结构、材料或在车间制作方面的错误导致的损失;

②因被保险人或其派遣人员蓄意破坏或欺诈行为而造成的损失;

③因功力或效益不足而招致合同罚款或其他非实质性损失;

④由战争或其他类似事件,民众运动或因当局命令而造成的损失;

⑤因罢工和骚乱而造成的损失(但有些国家却不视为除外情况);

⑥由原子核裂化或核辐射造成的损失等。

5)安装工程一切险的保险期限

①安装工程一切险的保险责任的开始和终止

安装工程一切险的保险责任,自投保工程的动工日(如果包括土建任务的话)或第一批被保险项目卸至施工地点时(以先发生为准),即行开始。其保险责任的终止日可以是安装完毕验收通过之日或保险物所列明的终止日,这两个日期同样以先发生者为准。安装工程一切险的保险责任也可以延展至为期一年的维修期满日。

在征得保险人同意后,安装工程一切险的保险期限可以延长,但应在保险单上加批并增收保费。

②试车考核期

安装工程一切险的保险期内,一般应包括一个试车考核期。考核期的长短应根据工程合同上的规定来决定。对考核期的保险责任一般不超过 3 个月,若超过 3 个月,应另行加收费用。安装工程一切险对于旧机器设备不负考核期的保险责任,也不承担其维修期的保险责任。如果同一张保险单同时还承保其他新的项目,则保险单仅对新设备的保险责任有效。

安装工程一切险的保险金额包括物质损失和第三者责任两大部分。

(3)建筑意外伤害保险

建筑意外伤害保险，是我国《建筑法》和《建设工程安全生产管理条例》强制要求施工单位必须投保的险种。《条例》第 38 条规定："施工单位应当为施工现场从事危险作业的人员办理意外伤害保险。意外伤害保险费由施工单位支付。实行施工总承包的，由总承包单位支付意外伤害保险费。意外伤害保险期限自建设工程开工之日起至竣工验收合格止。"

我国各保险公司有关建筑意外伤害保险的保险条款大同小异。

1）被保险人和投保人

在保险公司的相应保险条款中，通常会约定：凡在建筑工程施工现场从事管理和作业，并与施工企业建立劳动关系的人员均可作为被保险人。以团体为单位，由所在施工企业作为投保人，经被保险人书面同意，向保险人投保该险种。

建设工程根据《劳动法》的有关规定，劳动者的年龄不得低于 16 周岁。有的保险公司在保险条款中对此进行了明确约定。

2）保险责任

在保险责任有效期间内，被保险人从事建筑施工及与建筑施工相关的工作，或在施工现场或施工期限指定的生活区域内遭受意外伤害，保险人应当按保险合同约定给付保险金。保险人承担保险责任的情况主要有：

①意外身故保险金

被保险人自意外伤害发生之日起在约定的时间内因同一原因死亡的，保险人按保险金额给付死亡保险金，保险合同对该被保险人保险责任终止。

被保险人自意外伤害发生之日起在约定的时间内（一般为 180 日）因同一原因死亡的，保险人按保险金额给付死亡保险金，保险合同对该被保险人保险责任终止。

②意外残疾保险金

被保险人自意外伤害发生之日起在约定的时间内因同一原因身体残疾的，保险人根据约定的《人身保险残疾程度与保险金给付比例表》，按保险金额及该项身体残疾所对应的给付比例给付残疾保险金。被保险人自意外伤害发生之日起在约定的时间内（一般为 180 日）因同一原因身体残疾的，保险人根据约定的《人身保险残疾程度与保险金给付比例表》按保险金额及该项身体残疾所对应的给付比例给付残疾保险金。

3）责任免除

各保险公司有关责任免除的条款不尽相同，其中常见的责任免除情形主要有：

①投保人、受益人对被保险人的故意杀害、伤害；

②被保险人故意犯罪或拒捕；

③被保险人殴斗、酗酒、自杀、故意自伤；

④被保险人受酒精、毒品、管制药物的影响而导致的意外；

⑤被保险人酒后驾驶、无有效驾驶执照驾驶或驾驶无有效行驶证的机动交通工具；

⑥被保险人在从事与建筑施工不相关的工作，或在施工现场或施工期限指定的生

活区域外发生的意外伤害事故等等。

4) 保险期间

根据《建设工程安全生产管理条例》，保险期间自保险人同意承保、收取保险费并签发保险单的次日零时起至约定的终止日的 24 时止。

## 7.6 国际工程施工合同

### 7.6.1 FIDIC 合同条件概述

FIDIC 是"国际咨询工程师联合会"（Federaion International Des Ingenieura Conseiles）的缩写。该组织在每个国家或地区只吸收一个独立的咨询工程师协会作为团体会员，至今已有 60 多个发达国家和发展中国家或地区的成员，因此它是国际上最具有权威性的咨询工程师组织。FIDIC 下设许多专业委员会，各专业委员会编制了很多重要的管理性文件和标准化的合同文件范本。这些合同文件被 FIDIC 成员国广泛采用。

1. FIDIC 合同条件简介

1957 年，FIDIC 与国际房屋建筑和公共工程联合会（FIEC）出版了《土木工程施工合同条件（国际）》（第 1 版）（俗称"红皮书"）；1969 年，红皮书出版了第二版，这版增加疏浚和填筑工程专用条件；1977 年，FIDIC 和欧洲国际建筑联合会（FIEC）联合编写红皮书的第三版；1987 年 9 月红皮书出版了第四版。将第二部分（专用合同条件）扩大了，单独成册出版，但其条款编号与第一部分一一对应，使两部分合在一起共同构成确定合同双方权利和义务的合同条件。

1963 年，首次出版了适用于业主和承包商的机械与设备供应和安装的《电气与机械工程标准合同条件格式》即"黄皮书"。1980 年，黄皮书出了第二版；1987 同时出版的还有黄皮书第三版《电气与机械工程合同条件》，分为三个独立的部分：序言，通用条件和专用条件。

1995 年，出版了橘皮书《设计—建造和交钥匙合同条件》。

直到 1999 年以前，该联合会共制定和颁布了《土木工程施工合同条件》、《电气和机械工程施工合同条件》、《业主和咨询工程师协议书国际通用规则》、《设计—建造与交钥匙工程合同条件》、《工程施工分包合同条件》等合同系列。

1999 年 9 月，FIDIC 又将这些合同体系作了重大修改，出版了一套 4 本全新的标准合同条件：《施工合同条件》（新红皮书）；《设备与设计—建造合同》（新黄皮书）；《EPC/交钥匙项目合同条件》（银皮书）；FIDIC 还编写了适合于小规模项目的《简明合同格式》（绿皮书）。

## 2. FIDIC 文本格式

FIDIC 出版的所有合同文本结构，都是以通用条件、专用条件和合同协议书的格式编制。

### (1) 通用条件

所谓"通用"的含义是，工程建设项目只要是土木工程类的施工项目。如：工业与民用建筑工程、水电工程、路桥工程、港口工程等，都可适用。

通用合同条件共分 25 大项，内含 72 条，72 条又可细分为 194 款。25 大项分别是：定义与解释；工程师及工程师代表；转让与分包；合同文件；一般义务；劳务；材料、工程设备和工艺；暂时停工；开工和误期；变更、增添和省略；索赔程序；承包商的设备、临时工程和材料；计量；暂定金额；指定的分包商；证书与支付；补救措施；特殊风险；解除履约合同；争端的解决；通知；业主的违约；费用和法规的变更；货币与汇率。条款内容涉及合同履行过程中业主和承包商各方的权利与义务；工程师的权力和职责；各种可能预见到事件发生后的责任界限；合同正常履行过程中各方应遵循的工作程序，以及因意外事件而使合同被迫解除时各方应遵循的工作准则。

### (2) 专用条件

专用条件是相对于"通用"而言，要根据准备实施的项目的工程专业特点，以及工程所在地的政治、经济、法律、自然条件等地域特点，针对通用条件中条款的规定进行相应补充完善、修订或取代其中的某些内容，以及增补通用条件中没有规定的条款。专用条件中条款序号应与通用条件中要说明条款的序号对应，通用条件和专用条件内相同序号的条款共同构成对某一问题的约定责任。

### (3) 标准化的文件格式

FIDIC 位编制的标准化合同文本，除了通用条件和专用条件以外，还包括有标准化的投标书（及附录）和协议书的格式文件。

## 3. FIDIC 合同条件的特点

### (1) 体系完整，责任明确

施工合同条件将技术、经济、法律的有关内容有机地结合在一起，形成了一个完整的体系。而且从合同生效之日到合同解除为止，正常履行过程中可能涉及的各类情况，都明确划分了参与合同管理有关各方的责任界限，而且还规范了合同履行过程中应遵循的管理程序。

### (2) 责任划分较为公正

施工合同条件属于双方有偿合同，不仅规定了双方的行为责任，还明确了双方各自应承担的风险责任，力求使合同双方当事人的权利、义务达到总体上的平衡，风险分担较为公正合理。

### (3) 适用于大型复杂工程采用单价合同的承包方式

由于采用该合同条件得到的工程通常在初步设计完成后就开始施工招标，因此承包商据以报价的工程量清单中各项工作内容项下的工程量一般为概算工程量。合同履行过程中，承包商实际完成的工程量可能多于或少于清单中的估计量。单价合同的支付原则是,按承包商实际完成工程量乘以清单中相应工作内容的单价,结算该部分工作的工程款。

(4) 适用于采用竞争性招标选择承包商实施的承包合同

竞争招标有利于雇主将工程建设交给可靠的承包商实施,并取得有竞争性的合同价格。

(5) 以工程师为核心的管理模式

合同履行过程中,建立以工程师为核心的管理模式,这是施工合同条件的基本出发点。

业主雇用工程师作为其代理人管理合同,管理施工以及签证支付;希望在工程施工的全过程中持续得到全部信息,并能作变更等;希望支付根据工程量清单或通过的工作总价。而承包商仅根据业主提供的图纸资料进行施工。

### 7.6.2 FIDIC 土木工程施工合同的主要内容

FIDIC《施工合同条件》和《示范文本》是我国工程建设领域进行国际工程项目合同管理的两个重要依据。《示范文本》采用了很多 FIDIC《施工合同条件》的条款,本节粗略予以介绍。

1. 重要词语含义

(1) 合同工期

合同工期是所签合同内注明的完成全部工程或分部移交工程的时间,加上合同履行过程中因非承包商应负责原因导致变更和索赔事件发生后,经工程师批准顺延工期之和。

(2) 施工期

从工程师按合同约定发布的"开工令"中指明的应开工之日起,至工程移交证书注明的竣工日止的日历天数为承包商的施工期。

用施工期与合同工期比较,判定承包商的施工是提前竣工,还是延误竣工。

(3) 缺陷责任期

缺陷责任期即国内施工文本所指的工程保修期,自工程移交证书中写明的竣工日开始,至工程师颁发解除缺陷责任证书为止的日历天数。设置缺陷责任期的目的是为了考验工程在动态运行条件下是否达到了合同中技术规范的要求。

(4) 合同价格

合同价格指中标通知书中写明的,按照合同规定,为了工程的实施、完成及其任何缺陷的修补应付给承包商的金额。但应注意,中标通知书中写明的合同价格仅指业主接受承包商投标书中为完成全部招标范围内工程报价的金额,不能简单地理解为承包商完成施工任务后应得到的结算款额。

(5) 指定分包商

指定分包商是由业主(或工程师)指定、选定,完成某项特定工作内容并与承包商签订分包合同的特殊分包商。通用条件规定,业主有权将部分工程项目的施工任务或涉及提供材料、设备、服务等工作内容发包给指定分包商实施。

特殊专项工作的实施要求指定分包商拥有某方面的专业技术或专门的施工设备、独特的施工方法。业主和工程师往往根据所积累的资料、信息，也可能依据以前与之交往的经验，对其信誉、技术能力、财务能力等比较了解，通过议标方式选择。若没有理想的合作者，也可以就这部分承包商不善于实施的工作内容，采用招标方式选择指定分包商。

2. FIDIC《施工合同条件》合同文件

FIDIC《施工合同条件》合同文件是由以下几部分组成的：

(1) 合约；

(2) 中标通知书；

(3) 一般条款；

(4) 特殊条款；

(5) 技术规范；

(6) 图纸；

(7) 工程量清单；

(8) 各种附件。

3. FIDIC《施工合同条件》与《示范文本》相同点

(1) 总体结构一致

FIDIC《施工合同条件》（以下简称 FIDIC）由协议书、通用条件和专用条件 3 部分组成。通用条件和专用条件相互对应、互为补充，构成合同内容结构完整、思想体系一致的世界通用合同条件。合同条件后附有一些附件，如争端裁决决议书、各类担保、投标函、合同协议书等标准格式。

《建设工程合同（示范文本）》（以下简称《示范文本》）也分为协议书、通用条款和专用条款。通用条款和专用条款的内容、编号与通用条款相对应。合同条件后有 3 个附件，分别是承包人承揽工程项目一览表、发包人供应材料设备一览表、工程质量保修书。

(2) 突出了进度控制、质量控制、投资控制

两者基本都是按照工程进度的过程展开：如进度控制条款包括施工准备阶段、施工阶段和竣工验收阶段进度控制等；质量控制条款包括材料、设备、中间及隐蔽工程验收、试车、工程竣工验收、保修期质量控制等；投资控制条款包括工程预付款、工程进度款、变更工程付款、竣工结算、质量保修金等。

《示范文本》在条款上沿用了 FIDIC 中的"工程师"的称谓及其职责，索赔程序、双向索赔制度等。同时增加了工程担保条款和有关保险的内容。

4. FIDIC《施工合同条件》与《示范文本》不同点

(1) 适用范围不同

FIDIC 在国际承包商、国际金融组织和项目业主中被作为规范性文件而广泛使用。因此有人称 FIDIC 合同是国际工程承包业中的"圣经"。

《示范文本》基本适用于我国各类公用建筑、民用住宅、工业厂房、交通设施及线路管道的施工和设备安装。

(2) 施工期不同

FIDIC 规定："实际施工期是从发出开工令,到工程师根据合同规定认为的实际完成时间,并在移交证书中写明"。

《示范文本》规定："实际施工期是自开工日期到实际的竣工日期。而实际的竣工日期是指如果工程通过验收检验,承包商递交竣工报告的日期。"

(3) 工程保修期不同

FIDIC 对缺陷期的要求为:次要部位通常为半年,主要工程及设备大多为 1 年;个别重要设备也可以约定为 1 年半。缺陷通知期满时,如果工程师认为还存在影响工程运行和使用的较大缺陷,可以延长缺陷通知期,推迟颁发证书,但缺陷期的延长不超过竣工日后的 2 年。

《示范文本》规定:基础设施工程、房屋建筑的地基基础工程和主体结构工程为设计文件规定的该工程的合理使用年限;屋面防水工程、有防水要求的卫生间、房间和外墙面的防渗漏为 5 年;供热与供冷系统为 2 个采暖期、供冷期;电气管线、给排水管道、设备安装和装修工程为 2 年。其他项目的保修期限由发包方与承包方约定。

(4) 进度计划规定不同

FIDIC 第 4.21 条对承包商提交月进度报告的期限、份数、内容做了详细的规定。而《示范文本》第 10 条规定进度计划的提交时间在专用条款中约定。

(5) 工程师权限规定不同

FIDIC 中工程师是指业主雇用的咨询工程师。咨询工程师的职责范围很广,涉及工程质量、计量付款、解释合同、评定变更索赔等各个方面。

《示范文本》中工程师指本工程监理单位委派的总监理工程师或发包人指定的履行本合同的代表,其具体身份和职权由发包人、承包人在专用条款中约定。

但与 FIDIC 比,《示范文本》中对监理工程师权利的规定,受限很多。

1) 工程分包的决定权

FIDIC 第 4.4 条规定："除合同另有规定外,无工程师的事先同意,承包商不得将工程的任何部分分包出去。"

《示范文本》第 38.1 条规定："非经发包人同意,承包人不得将承包工程的任何部分分包。"

可见,FIDIC 赋予了监理工程师分包决定权,而我国的分包决定权在发包人。从便于项目管理的角度出发,对发包人要求的分包,应经过监理工程师的同意认可。

2) 开工令的效力

FIDIC 第 8.1 条规定："工程师应在不少于 7 天前向承包商发出开工日期的通知,应在合理可能的情况下尽快开工。"而《示范文本》第 11.1 条规定："承包人应当按照协议书约定的开工日期开工。"

虽然我国的监理合同中明确了监理工程师发布开工令的权力。但《示范文本》中只规定了承包人按时开工的义务，未提及"开工令"的效力，因而限制了监理工程师的权力。

3）变更权利

FIDIC第13.1条规定："在颁发工程接收证书前的任何时间，工程师可通过发布指示或要求承包商提交建议书的方式，提出变更。"

《示范文本》第29.1条规定："施工中，发包人需对原工程设计进行变更，应提前14天以书面形式向承包人发出变更通知，承包人按照工程师发出的变更通知及有关要求，进行下列需要的变更：……"

《示范文本》第30条规定："发包人要求变更工程质量标准及发生其他实质性变更，由双方协商解决。"

由此可见，FIDIC中工程师对待变更有相当大的控制权。而《示范文本》中规定，监理工程师除了对承包人提出的对施工组织设计的更改及对材料、设备的换用有主动控制权外，其他方面基本处于被动控制位置。

4）对价款支付的审核权

在FIDIC中，业主依据工程师各阶段开具的支付证书进行付款。

《示范文本》中监理工程师只对现场情况进行确认，具体工程量的核实工作由业主完成。这样导致监理工程师的工作积极性难以提高，同时也限制了监理工程师素质的提高。

5）对承包商代表撤换的权利受限

FIDIC第4.3条规定："没有工程师的事先同意，承包商不得撤销对承包商代表的任命或对其进行更换。"而《示范文本》第7.4条规定："承包人如需更换项目经理，应至少提前7天以书面形式通知发包人，并征得发包人同意。"

6）监理工程师的撤换

FIDIC第3.4条规定："如果业主准备撤换工程师，则必须在期望撤换日期42天以前向承包商发出通知说明拟替换的工程师的名称、地址及相关经历。如果承包商对替换人选向业主发出了拒绝通知，并附具体的证明资料，则雇主不能撤换工程师。"

而《示范文本》第6.4条规定："如需更换工程师，发包人应至少提前7天以书面形式通知承包人。"

(6) 计价方式不同

FIDIC是单价合同，承包商投标时报的单价在整个合同的执行过程中不发生变化，《示范文本》规定发承包双方可采用固定价格合同、可调价格合同、成本加酬金合同三种计价方式。

(7) 对合同价格支付方式规定不同

FIDIC对工程预付款保函的提交、预付款开始抵扣的时间、扣除方式、扣除比例、特殊情况进度款支付内容、方式；预付款、进度款、最终工程款的支付期限；延误支付的责任、处罚金计算方法；保留金的释放时间、示范比例的计算方法；最终工程款的支付期限、方式、责任等；支付货币等等做了具体规定。

《示范文本》对工程预付款、工程量确认、进度款支付也都做了规定，但没有具体的抵扣方式、计算方法等规定。

### 7.6.3 EPC/交钥匙项目合同条件

1. EPC/交钥匙合同条件简介

EPC 交钥匙施工合同是近年来国际上较为流行的项目管理模式，所谓 EPC 合同，即：设计—采购—施工（Engineering，Procurement and Construct）合同，是一种包括设计、设备采购、施工、安装和调试，直至竣工移交的总承包模式。

EPC/交钥匙项目合同条件特别适宜于下列项目类型：

（1）民间主动融资，或公共/民间伙伴，或 BOT 及其他特许经营合同的项目；

（2）发电厂或工厂且业主期望以固定价格的交钥匙方式来履行项目；

（3）基础设计项目（如公路、铁路、桥、水或污水处理石、水坝等）或类似项目，业主提供资金并希望以固定价格的交钥匙方式来履行项目；

（4）民用项目且业主希望采纳固定价格的交钥匙方式来履行项目，通常项目的完成包括所有家具、调试和设备。

2. EPC/交钥匙合同条件的特点

EPC 合同模式有以下的特点：

（1）EPC 合同模式是一种快速跟进方式的管理模式

EPC 合同模式是在主体设计方案确定后，随着设计工作的进展，完成一部分分项工程的设计后，即对这一部分分项工程组织招标，进行施工。

快速跟进模式的最大优点就是可以大大缩短工程从规划、设计到竣工的周期，节约建设投资，减少投资风险，可以较早地获取收益。

（2）EPC 采用的是固定总价合同

EPC 合同模式下承包商对设计、采购和施工进行总承包，而且 EPC 采用的是固定总价合同。这样承包商承担的风险就比较大。因此在项目初期和设计时就考虑到采购和施工的影响，考虑到可能的风险，尽量减少由于设计错误、疏忽引起的变更，可以达到防范风险的目的。

（3）承包商风险责任大

在传统合同模式下，业主的风险大致包括：政治风险、社会风险、经济风险、法律风险、自然风险等，其余风险由承包商承担，另外，出现不可抗力风险时，业主一般负担承包商的直接损失。EPC 合同明确划分了业主和承包商的风险，上述自然风险，经济风险一般都要求承包商来承担。这样，项目的风险大部分转嫁给了承包商。对承包商来说，如何控制和处理这些风险，最大限度地将风险转化为利润，是一个挑战性的问题。

（4）管理方式

EPC还有一个明显的特点，就是合约中没有咨询工程师这个专业监控角色，即弱化监管。由于业主承担的风险已大大减少，他就没有必要专门聘请工程师来代表他对工程进行全面细致的管理。EPC合同中规定，业主或委派业主代表直接对项目进行管理，业主代表被授予的权力一般较小，对承包商的工作只应进行有限的控制，一般不进行干预，给予承包商按他选择的方式进行工作的自由。

3. EPC/交钥匙合同的主要内容

(1) 建设工程总承包合同的主要条款

1) 词语涵义及合同文件

建设工程总承包合同双方当事人应对合同中常用的或容易引起歧义的词语进行解释，赋予它们明确的涵义。对合同文件的组成、顺序、合同使用的标准，也应作出明确的规定。

2) 总承包的内容

建设工程总承包合同双方当事人应对总承包的内容作出明确规定，一般包括从工程立项到交付使用的工程建设全过程，具体应包括：勘察设计、设备采购、施工管理、试车考核（或交付使用）等内容。具体的承包内容由当事人约定，如约定设计—施工的总承包，投资—设计—施工的总承包等。

3) 双方当事人的权利义务

发包人一般应当承担以下义务：按照约定向承包人支付工程款；向承包人提供现场；协助承包人申请有关许可、执照和批准；如果发包人单方要求终止合同后，没有承包人的同意，在一定时期内不得重新开始实施该工程。

承包人一般应当承担以下义务：完成满足发包人要求的工程以及相关的工作；提供履约保证，负责工程的协调与恰当实施；按照发包人的要求终止合同。

4) 合同履行期限

合同应当明确规定交工的时间，同时也应对各阶段的工作期限作出明确规定。

5) 合同价款

这一部分内容应规定合同价款的计算方式、结算方式，以及价款的支付期限等。

6) 工程质量与验收

合同应当明确规定对工程质量的要求，对工程质量的验收方法、验收时间及确认方式。工程质量检验的重点应当是竣工验收，通过竣工验收后发包人可以接收工程。

7) 合同的变更

工程建设的特点决定了建设工程总承包合同在履行中往往会出现一些事先没有估计到的情况。一般在合同期限内的任何时间，发包人代表可以通过发布指示或者要求承包人以递交建议书的方式提出变更。如果承包人认为这种变更是有价值的，也可以在任何时候向发包人代表提交此类建议书。当然，最后的批准权在发包人。

8) 风险、责任和保险

承包人应当保障和保护发包人、发包人代表以及雇员免遭由工程导致的一切索赔、损害和开支。应由发包人承担的风险也应作明确的规定。合同对保险的办理、保险事故的处理等都应作明确的规定。

9) 工程保修

合同应按国家的规定写明保修项目、内容、范围、期限及保修金额和支付办法。

10) 对设计、分包人的规定

承包人进行并负责工程的设计，设计应当由合格的设计人员进行。承包人还应当编制足够详细的施工文件，编制和提交竣工图；操作和维修手册。承包人应对所有分包方遵守合同的全部规定负责，任何分包方、分包方的代理人或者雇员的行为或者违约，完全视为承包人自己的行为或者违约，并负全部责任。

11) 索赔和争议的处理

合同应明确索赔的程序和争议的处理方式。对争议的处理，一般应以仲裁作为解决的最终方式。

12) 违约责任

合同应明确双方的违约责任。包括发包人不按时支付合同价款的责任、超越合同规定干预承包人工作的责任等；也包括承包人不能按合同约定的期限和质量完成工作的责任等。

(2) 建设工程总承包合同的订立和履行

1) 建设工程总承包合同的订立

建设工程总承包合同通过招标投标方式订立。承包人一般应当根据发包人对项目的要求编制投标文件，可包括设计方案、施工方案、设备采购方案、报价等。双方在合同上签字盖章后合同即告成立。

2) 建设工程总承包合同的履行

建设工程总承包合同订立后，双方都应按合同的规定严格履行；总承包单位可以按合同规定对工程项目进行分包，但不得倒手转包；建筑工程总承包单位可以将承包工程中的部分工程发包给具有相应资质条件的分包单位，但是除总承包合同中约定的工程分包外，必须经发包人认可。

### 7.6.4 其他合同简介

1. 美国 AIA 系列合同条件

AIA 是美国建筑师学会（The American Institute of Architects）的简称。该学会作为建筑师的专业社团已经有近 140 年的历史。AIA 出版的系列合同文件在美国建筑业界及国际工程承包界，特别在美洲地区具有较高的权威性。

(1) AIA 系列合同的特点

1) AIA 合同条件主要用于私营的房屋建筑工程，并专门编制用于小型项目的合同条件。

2) AIA 系列合同条件的核心是"通用条件"。采用不同的工程项目管理，不同的计价方式时，只需选用不同的"协议书格式"与"通用条件"结合。AIA 合同文件的计价方式主要有总价、成本补偿合同及最高限定价格法。

(2) AIA 系列合同的文本

AIA 文件分为 A、B、C、D、F、G 系列。其中，

A 系列，是关于发包人与承包人之间的合约文件；

B 系列，是关于发包人与提供专业服务的建筑师之间的合约文件；

C 系列，是关于建筑师与提供专业服务的顾问之间的合约文件；

D 系列，是建筑师行业所用的文件；

F 系列，是财务管理表格；

G 系列，是合同和办公管理表格。

1987 年版的 AIA 文件 A201《施工合同通用条件》共计 14 条 68 款，主要内容包括：业主、承包商的权利与义务；建筑师与建筑师的合同管理；索赔与争议的解决；工程变更；工期；工程款的支付；保险与保函；工程检查与更正他条款。AIA 文件 A201 作为施工合同的实质内容，规定了业主、承包商之间的权利、义务及建筑师的职责和权限，该文件通常与其他 AIA 文件共同使用，因此被称为"基本文件"。

2. NEC 合同条件

NEC（New Engineering Contract，新工程合同）合同条件是 ICE（The Institution of Civil Engineers，英国土木工程师学会）于 1993 年制定的适用于国际工程采购和承包领域影响比较广泛的标准系列合同条件之一。

(1) NEC 的主要特征

与现有的其他标准合同条件相比，NEC 合同条件具有如下特性：

1) 适用范围广

NEC 合同立足于工程实践，主要条款都用非技术语言编写，避免特殊的专业术语和法律术语；设计责任不是固定地由发包人或者承包人承担，可根据项目的具体情况由发包人或承包人按一定的比例承担责任；包括 6 种主要合同形式（总价合同、单价合同、目标总价合同、目标单价合同、成本加酬金合同、工程管理合同）、9 项核心条件（总则、承包人的主要职责、工期、检验与缺陷、支付、补偿、权利、风险与保险、争端与终止）以及 15 项次要选项条款；发包人可以根据需要自行选择。

2) 为项目管理提供动力

NEC 强调沟通、合作与协调，通过对合同条款和各种信息清晰的定义，旨在促进对项目目标进行有效的控制。

3) 简明清晰

NEC 的合同语言简明清晰，避免使用法律的和专业的技术语言，合同语句言简意赅。

(2) NEC 合同系列包括：

1) 工程施工合同，适用于所有领域的工程项目。

2) 工程施工分包合同，它是与工程施工合同（ECC）配套使用文本。

3) 专业服务合同，它适用于业主聘用专业顾问、项目经理、设计师、监理工程师等专业技术人才的情况。

4）工程施工简要合同，它适用于工程结构简单，风险较低，对项目管理要求不太苛刻的项目。

3. ICE 合同条件

"ICE"是英国土木工程师学会（The Institution of Civil Engineers）的简称。该学会是设于英国的国际性组织，已有 180 年的历史，已成为世界公认的学术中心、资质评定组织及专业代表机构。ICE 在土木工程建设合同方面具有高度的权威性，它编制的土木工程合同条件在土木工程具有广泛的应用。

1991 年 1 月第六版的《ICE 合同条件（土木工程施工）》共计 71 条 109 款，主要内容包括：工程师及工程师代表；转让与分包；合同文件；承包商的一般义务；保险；工艺与材料质量的检查；开工，延期与暂停；变更、增加与删除；材料及承包商设备的所有权；计量；证书与支付；争端的解决；特殊用途条款；投标书格式。此外 ICE 合同条件的最后也附有投标书格式、投标书格式附件，协议书格式、履约保证等等文件。

# 单元小结

《示范文本》和 FIDIC《施工合同条件》的内容比较多，学习时要注意对比。平时多看一些实际案例分析。

合同履行需要把握合同的谈判、签订；分析与控制、合同风险管理；合同争议管理这几个环节。

# 单元课业

## 一、课业说明

完成实际合同管理案例的分析

## 二、参考资料

建筑工程施工合同文本、工程项目合同管理案例、教学课件、视频教学资料、网络教学资源、任务工单

## 三、单选题

1. 合同中没有适用或类似变更工程的价格，则变更部分的价款调整应该( )。
   A. 按审价部门提出的价格调整
   B. 按发包人指定的价格调整
   C. 按设计部门提出的价格调整
   D. 由承包人或发包人提出适当的变更价格，经对方确认后调整

2. 施工合同文件正确的解释顺序是( )。
   A. 施工合同协议书→施工合同专用条款→施工合同通用条款→工程量清单→工程报价单或预算书
   B. 施工合同协议书→中标通知书→施工合同通用条款→施工合同专用条款→工程量清单
   C. 施工合同协议书→中标通知书→施工合同专用条款→施工合同通用条款→工程量清单
   D. 施工合同协议书→中标通知书→投标书及其附件→施工合同通用条款→施工合同专用条款

3. 施工合同示范文本规定，发包人供应的材料设备与约定不符时，由( )承担所有差价。
   A. 承包人                    B. 发包人
   C. 承包人与发包人共同          D. 承包人与发包人协商

4. 如单项工程的分类已详细而明确，但实际与预计的工程量可能有较大出入时，应优先选择( )。
   A. 总价合同                  B. 单价合同
   C. 成本加酬金合同             D. 以上合同类型均合适

5. 按照 FIDIC 合同条件规定的工程索赔程序中，工程师答复的时限要求是( )。
   A. 14 天内      B. 15 天内      C. 28 天内      D. 42 天内

6. 实行工程量清单报价宜采用( )合同，承发包双方必须在合同专用条款内约定风险范围和风险费用的计算方法。
   A. 固定单价     B. 固定总价     C. 成本加酬金     D. 可调价格

7. 实行工程量清单报价时如采用( )合同，发包方和投标单位应确认清单工程量的准确性或在合同中明确清单工程量错误时的价款调整方法。
   A. 固定单价     B. 固定总价     C. 成本加酬金     D. 可调价格

8. 在约定风险范围时，( )不应包括在承包人的风险范围内，价款调整方法应当在专用条款内约定。
   A. 自然灾害                  B. 不可预见性灾害
   C. 设计变更及施工条件变更      D. 政策性调整

9. 在下列情况下,承包人工期不予顺延的是( )。
   A. 发包人未按时提供施工条件
   B. 设计变更造成工期延长,但此项有时差可利用
   C. 一周内非承包人原因停水.停电.停气造成停工累计超过8小时
   D. 不可抗力事件

10. 建筑工程施工人员意外伤害保险属于( )保险。
    A. 财产保险　　　　　　　　B. 人身保险
    C. 第三者责任保险　　　　　D. 自愿保险

## 四、多选题

1. 安装工程一切险与建筑工程一切险相比较,有下列重要特征( )。
   A. 保险公司一开始就承担着全部货价的风险,风险比较集中
   B. 安装工程一切险的保险标的受自然灾害损失的可能性较小,受人为事故损失的可能性较大
   C. 安装工程一切险的保险费率较低
   D. 安装工程一切险的保险限额较低
   E. 安装工程一切险的承保人在试车期内风险集中

2. 《担保法》规定的担保方式有( )。
   A. 保函　　　　B. 抵押　　　　C. 保证　　　　D. 留置
   E. 定金

3. 财政部、建设部制订的《建设工程价款结算办法》规定,可调价格合同的调整因素包括( )。
   A. 法律、行政法规和国家有关政策变化影响合同价款
   B. 工程造价管理机构的价格调整
   C. 经批准的设计变更
   D. 发包人更改经审定批准的施工组织设计(修正错误除外)造成费用增加
   E. 双方约定的其他因素

4. 根据《建筑工程施工合同示范文本》的规定,一周内非承包人原因停水.停电.停气造成停工累计超过( )时,可由工程师审定后对合同价款进行调整。
   A. 48小时　　　B. 8小时　　　C. 24小时　　　D. 16小时

5. 按照FIDIC合同条件,关于工程变更的计算,说法不正确的是( )。
   A. 变更工作在工程量表中有同种工作内容的单价或价格,应以该单价计算变更工程费用
   B. 工程量表中虽然有同类工作的单价或价格,但对具体变更工作而言已不适用,则应在原单价或价格的基础上制定合理的新单价或价格
   C. 工作的内容在工程量表中没有同类工作内容的单价或价格,应按照与合同单价

水平一致的原则，确定新的单价或价格

D. 变更工作的内容在工程量表中没有同类工作内容的单价或价格，由工程师确定新的单价或价格

6. 《建设工程施工合同（示范文本）》规定，因不可抗力事件导致的费用，应由承包人承担的有(　　)。

A. 第三方人员伤亡费用

B. 承包人机械设备损坏费用

C. 工程所需清理、修复费用

D. 承包人应工程师要求留在施工现场的管理人员费用

7. 下列说法错误的是(　　)。

A. 施工中发包人如果需要对原工程进行设计变更，应不迟于变更前14天以书面形式通知承包人

B. 承包人对于发包人的变更要求，有拒绝执行的权利

C. 承包人未经工程师同意不得擅自更改、换用图纸，否则承包人承担由此发生的费用，赔偿发包人的损失，延误的工期不予顺延

D. 增减合同中约定的工程量不属于工程变更

E. 更改有关部分的标高、基线、位置和尺寸属于工程变更

8. 按索赔的目的分类，通常可将索赔分为(　　)。

A. 工期索赔　　B. 时间索赔　　C. 经济索赔　　D. 利润索赔

E. 费用索赔

9. 承包人具有(　　)情形之一，发包人请求解除合同，法院应予支持。

A. 将承包的建设工程非法转包的

B. 将承包的建设工程违法分包的

C. 已经完成的建设工程质量不合格并拒绝修复的

D. 超越资质等级承包的

E. 工期延误的

10. 成本加酬金合同的形式包括(　　)。

A. 成本加固定百分比酬金合同　　B. 成本加递增百分比酬金合同

C. 成本加递减百分比酬金合同　　D. 成本加固定酬金合同

E. 最高限额成本加固定最大酬金

## 五、实训项目

模拟合同双方进行合同的谈判练习，了解合同谈判过程。

模拟合同签订双方，学会制定合同。每组根据项目特点和具体要求，在教师的指导下完成和完善合同文件编制；在教师的指导下拟订有利于自身的合同条款。

# 附录A 建筑工程工程量清单项目及计算规则

## 一、实体项目

### A.1 土(石)方工程

#### A.1.1 土方工程

工程量清单项目设置及工程量计算规则,应按表A.1.1的规定执行。

土方工程(编码:010101)　　　　　表A.1.1

| 项目编码 | 项目名称 | 项目特征 | 计量单位 | 工程量计算规则 | 工程内容 |
|---|---|---|---|---|---|
| 010101001 | 平整场地 | 1. 土壤类别<br>2. 弃土运距<br>3. 取土运距 | $m^2$ | 按设计图示尺寸以建筑物首层面积计算 | 1. 土方挖填<br>2. 场地找平<br>3. 运输 |
| 010101002 | 挖土方 | 1. 土壤类别<br>2. 挖土平均厚度<br>3. 弃土运距 | $m^3$ | 按设计图示尺寸以体积计算 | 1. 排地表水<br>2. 土方开挖<br>3. 挡土板支拆<br>4. 截桩头<br>5. 基底钎探<br>6. 运输 |
| 010101003 | 挖基础土方 | 1. 土壤类别<br>2. 基础类型<br>3. 垫层底宽、底面积<br>4. 挖土深度<br>5. 弃土运距 | | 按设计图示尺寸以基础垫层底面积乘以挖土深度计算 | |
| 010101004 | 冻土开挖 | 1. 冻土厚度<br>2. 弃土运距 | | 按设计图示尺寸开挖面积乘以厚度以体积计算 | 1. 打眼、装药、爆破<br>2. 开挖<br>3. 清理<br>4. 运输 |
| 010101005 | 挖淤泥、流砂 | 1. 挖掘深度<br>2. 弃淤泥、流砂距离 | | 按设计图示位置、界限以体积计算 | 1. 挖淤泥、流砂<br>2. 弃淤泥、流砂 |
| 010101006 | 管沟土方 | 1. 土壤类别<br>2. 管外径<br>3. 挖沟平均深度<br>4. 弃土石运距<br>5. 回填要求 | m | 按设计图示以管道中心线长度计算 | 1. 排地表水<br>2. 土方开挖<br>3. 挡土板支拆<br>4. 运输<br>5. 回填 |

#### A.1.3 土石运输与回填

工程量清单项目设置及工程量计算规则,应按表A.1.3的规定执行。

土石方回填(编码:010103)　　　　　表A.1.3

| 项目编码 | 项目名称 | 项目特征 | 计量单位 | 工程量计算规则 | 工程内容 |
|---|---|---|---|---|---|
| 010103001 | 土(石)方回填 | 1. 土质要求<br>2. 密实度要求<br>3. 粒径要求<br>4. 夯填(碾压)<br>5. 松填<br>6. 运输距离 | $m^3$ | 按设计图示尺寸以体积计算<br>注:1. 场地回填:回填面积乘以平均回填厚度<br>2. 室内回填:主墙间净面积乘以回填厚度<br>3. 基础回填:挖方体积减去设计室外地坪以下埋设的基础体积(包括基础垫层及其他构筑物) | 1. 挖土方<br>2. 装卸、运输<br>3. 回填<br>4. 分层碾压、夯实 |

**A.1.4 其他相关问题应按下列规定处理：**

1. 土壤及岩石的分类应按表 A.1.4-1 确定。

土壤及岩石（普氏）分类表　　　　　表 A.1.4-1

| 土石分类 | 普氏分类 | 土壤及岩石名称 | 天然湿度下平均容量 (kg/m³) | 极限压碎强度 (kg/cm²) | 用轻钻孔机钻进1m耗时 (min) | 开挖方法及工具 | 紧固系数 $f$ |
|---|---|---|---|---|---|---|---|
| 一、二类土壤 | I | 砂<br>砂壤土<br>腐殖土<br>泥炭 | 1500<br>1600<br>1200<br>600 | | | 用尖锹开挖 | 0.5～0.6 |
| | II | 轻壤和黄土类土<br>潮湿而松散的黄土，软的盐渍土和碱土<br>平均15mm以内的松散而软的砾石<br>含有草根的密实腐殖土<br>含有直径在30mm以内根类的泥炭和腐殖土<br>掺有卵石、碎石和石屑的砂和腐殖土<br>含有卵石或碎石杂质的胶结成块的填土<br>含有卵石、碎石和建筑料杂质的砂壤土 | 1600<br>1600<br>1700<br>1400<br>1100<br>1650<br>1750<br>1900 | | | 用锹开挖并少数用镐开挖 | 0.6～0.8 |
| 三类土壤 | III | 肥黏土其中包括石炭纪、侏罗纪的黏土和冰黏土<br>重壤土、粗砾石，粒径为15～40mm的碎石和卵石<br>干黄土和掺有碎石或卵石的自然含水量黄土<br>含有直径大于30mm根类的腐殖土或泥炭<br>掺有碎石或卵石和建筑碎料的土壤 | 1800<br>1750<br>1790<br>1400<br>1900 | | | 用尖锹并同时用镐开挖（30%） | 0.8～1.0 |
| 四类土壤 | IV | 土含碎石重黏土其中包括侏罗纪和石英纪的硬黏土<br>含有碎石、卵石、建筑碎料和重达25kg的顽石（总体积10%以内）等杂质的肥黏土和重壤土<br>冰渍黏土，含有重量在50kg以内的巨砾其含量为总体积10%以内<br>泥板岩<br>不含或含有重量达10kg的顽石 | 1950<br>1950<br>2000<br>2000<br>1950 | | | 用尖锹并同时用镐和撬棍开挖（30%） | 1.0～1.5 |
| 松石 | V | 含有重量在50kg以内的巨砾（占体积10%以上）的冰渍石<br>矽藻岩和软白垩岩<br>胶结力弱的砾岩<br>各种不坚实的片岩<br>石膏 | 2100<br>1800<br>1900<br>2600<br>2200 | 小于200 | 小于3.5 | 部分用手凿工具部分用爆破来开挖 | 1.5～2.0 |

续表

| 土石分类 | 普氏分类 | 土壤及岩石名称 | 天然湿度下平均容量（kg/m³） | 极限压碎强度（kg/cm²） | 用轻钻孔机钻进1m耗时（min） | 开挖方法及工具 | 紧固系数 $f$ |
|---|---|---|---|---|---|---|---|
| 次坚石 | Ⅵ | 凝灰岩和浮石<br>松软多孔和裂隙严重的石灰岩和介质石灰岩<br>中等硬变的片岩<br>中等硬变的泥灰岩 | 1100<br>1200<br>2700<br>2300 | 200～400 | 3.5 | 用风镐和爆破法来开挖 | 2～4 |
| | Ⅶ | 石灰石胶结的带有卵石和沉积岩的砾石<br>风化的和有大裂缝的黏土质砂岩<br>坚实的泥板岩<br>坚实的泥灰岩 | 2200<br>2000<br>2800<br>2500 | 400～600 | 6.0 | | 4～6 |
| | Ⅷ | 砾质花岗岩<br>泥灰质石灰岩<br>黏土质砂岩<br>砂质云母片岩<br>硬石膏 | 2300<br>2300<br>2200<br>2300<br>2900 | 600～800 | 8.5 | | 6～8 |
| 普坚石 | Ⅸ | 严重风化的软弱的花岗岩、片麻岩和正长岩<br>滑石化的蛇纹岩<br>致密的石灰岩<br>含有卵石、沉积岩的渣质胶结的砾岩<br>砂岩<br>砂质石灰质片岩<br>菱镁矿 | 2500<br>2400<br>2500<br>2500<br>2500<br>2500<br>3000 | 800～1000 | 11.5 | 用爆破方法开挖 | 8～10 |
| | Ⅹ | 白云石<br>坚固的石灰岩<br>大理石<br>石灰胶结的致密砾石<br>坚固砂质片岩 | 2700<br>2700<br>2700<br>2600<br>2600 | 1000～1200 | 15.0 | | 10～12 |
| | Ⅺ | 粗花岗岩<br>非常坚硬的白云岩<br>蛇纹岩<br>石灰质胶结的含有火成岩之卵石的砾石<br>石英胶结的坚固砂岩<br>粗粒正长岩 | 2800<br>2900<br>2600<br>2800<br>2700<br>2700 | 1200～1400 | 18.5 | | 12～14 |
| | Ⅻ | 具有风化痕迹的安山岩和玄武岩<br>片麻岩<br>非常坚固的石灰岩<br>硅质胶结的含有火成岩之卵石的砾石<br>粗石岩 | 2700<br>2600<br>2900<br>2900<br>2600 | 1400～1600 | 22.0 | | 14～16 |
| | ⅩⅢ | 中粒花岗岩<br>坚固的片麻岩<br>辉绿岩<br>玢岩<br>坚固的粗面岩<br>中粒正长岩 | 3100<br>2800<br>2700<br>2500<br>2800<br>2800 | 1600～1800 | 27.5 | | 16～18 |

续表

| 土石分类 | 普氏分类 | 土壤及岩石名称 | 天然湿度下平均容量（kg/m³） | 极限压碎强度（kg/cm²） | 用轻钻孔机钻进1m耗时（min） | 开挖方法及工具 | 紧固系数 $f$ |
|---|---|---|---|---|---|---|---|
| 普坚石 | XIV | 非常坚硬的细粒花岗岩<br>花岗岩麻岩<br>闪长岩<br>高硬度的石灰岩<br>坚固的玢岩 | 3300<br>2900<br>2900<br>3100<br>2700 | 1800～2000 | 32.5 | 用爆破方法开挖 | 18～20 |
| | XV | 安山岩、玄武岩、坚固的角页岩<br>高硬度的辉绿岩和闪长岩<br>坚固的辉长岩和石英岩 | 3100<br>2900<br>2800 | 2000～2500 | 46.0 | | 20～25 |
| | XVI | 拉长玄武岩和橄榄玄武岩<br>特别坚固的辉长辉绿岩、石英石和玢岩 | 3300<br>3300 | 大于2500 | 大于60 | | 大于25 |

2. 土石方体积应按挖掘前的天然密实体积计算。如需按天然密实体积折算时，应按表A.1.4-2系数计算。

土石方体积折算系数表　　　　　　　　　表 A.1.4-2

| 天然密实度体积 | 虚方体积 | 夯实后体积 | 松填体积 |
|---|---|---|---|
| 1.00 | 1.30 | 0.87 | 1.08 |
| 0.77 | 1.00 | 0.67 | 0.83 |
| 1.15 | 1.49 | 1.00 | 1.24 |
| 0.93 | 1.20 | 0.81 | 1.00 |

3. 挖土方平均厚度应按自然地面测量标高至设计地坪标高间的平均厚度确定。基础土方、石方开挖深度应按基础垫层底表面标高至交付施工场地标高确定，无交付施工场地标高时，应按自然地面标高确定。

4. 建筑物场地厚度在±30cm以内的挖、填、运、找平，应按A.1.1中平整场地项目编码列项。±30cm以外的竖向布置挖土或山坡切土，应按A.1.1中挖土方项目编码列项。

5. 挖基础土方包括带形基础、独立基础、满堂基础（包括地下室基础）及设备基础、人工挖孔桩等的挖方。带形基础应按不同底宽和深度，独立基础和满堂基础应按不同底面积和深度分别编码列项。

6. 管沟土（石）方工程量应按设计图示尺寸以长度计算。有管沟设计时，平均深度以沟垫层底表面标高至交付施工场地标高计算；无管沟设计时，直埋管深度应按管底外表面标高至交付施工场地标高的平均高度计算。

7. 设计要求采用减震孔方式减弱爆破震动波时，应按A.1.2中预裂爆破项目编码列项。

8. 湿土的划分应按地质资料提供的地下常水位为界，地下常水位以下为湿土。

9. 挖方出现流砂、淤泥时，可根据实际情况由发包人与承包人双方认证。

## A.3 砌筑工程

### A.3.1 砖基础

工程量清单项目设置及工程量计算规则，应按表 A.3.1 的规定执行。

砖基础（编码：010301）　　　　　　　　　表 A.3.1

| 项目编码 | 项目名称 | 项目特征 | 计量单位 | 工程量计算规则 | 工程内容 |
|---|---|---|---|---|---|
| 010301001 | 砖基础 | 1. 砖品种、规格、强度等级<br>2. 基础类型<br>3. 基础深度<br>4. 砂浆强度等级 | $m^3$ | 按设计图示尺寸以体积计算。包括附墙垛基础宽出部分体积，扣除地梁（圈梁）、构造柱所占体积，不扣除基础大放脚 T 形接头处的重叠部分及嵌入基础内的钢筋、铁件、管道、基础砂浆防潮层和单个面积 $0.3m^2$ 以内的孔洞所占体积，靠墙暖气沟的挑檐不增加。<br>基础长度：外墙按中心线，内墙按净长线计算 | 1. 砂浆制作、运输<br>2. 砌砖<br>3. 防潮层铺设<br>4. 材料运输 |

### A.3.2 砖砌体

工程量清单项目设置及工程量计算规则。应按表 A.3.2 的规定执行。

砖砌体（编码：010302）　　　　　　　　　表 A.3.2

| 项目编码 | 项目名称 | 项目特征 | 计量单位 | 工程量计算规则 | 工程内容 |
|---|---|---|---|---|---|
| 010302001 | 实心砖墙 | 1. 砖品种、规格、强度等级<br>2. 墙体类型<br>3. 墙体厚度<br>4. 墙体高度<br>5. 勾缝要求<br>6. 砂浆强度等级、配合比 | $m^3$ | 按设计图示尺寸以体积计算。扣除门窗洞口、过人洞、空圈、嵌入墙内的钢筋混凝土柱、梁、圈梁、挑梁、过梁及凹进墙内的壁龛、管槽、暖气槽、消火栓箱所占体积。不扣除梁头、板头、檩头、垫木、木楞头、沿缘木、木砖、门窗走头、砖墙内加固钢筋、木筋、铁件、钢管及单个面积 $0.3m^2$ 以内的孔洞所占体积。凸出墙面的腰线、挑檐、压顶、窗台线、虎头砖、门窗套的体积亦不增加。凸出墙面的砖垛并入墙体体积内计算<br>1. 墙长度：外墙按中心线，内墙按净长计算<br>2. 墙高度：<br>（1）外墙：斜（坡）屋面无檐口天棚者算至屋面板底；有屋架且室内外均有天棚者算至屋架下弦底另加 200mm；无天棚者算至屋架下弦底另加 300mm，出檐宽度超过 600mm 时按实砌高度计算；平屋面算至钢筋混凝土板底；<br>（2）内墙：位于屋架下弦者，算至屋架下弦底；无屋架者算至天棚底另加 100mm；有钢筋混凝土楼板隔层者算至楼板顶；有框架梁时算至梁底；<br>（3）女儿墙：从屋面板上表面算至女儿墙顶面（如有混凝土压顶时算至压顶下表面）<br>（4）内、外山墙：按其平均高度计算<br>3. 围墙：高度算至压顶上表面（如有混凝土压顶时算至压顶下表面），围墙柱并入围墙体积内 | 1. 砂浆制作、运输<br>2. 砌砖<br>3. 勾缝<br>4. 砖压顶砌筑<br>5. 材料运输 |

续表

| 项目编码 | 项目名称 | 项目特征 | 计量单位 | 工程量计算规则 | 工程内容 |
|---|---|---|---|---|---|
| 010302002 | 空斗墙 | 1. 砖品种、规格、强度等级<br>2. 墙体类型<br>3. 墙体厚度<br>4. 勾缝要求<br>5. 砂浆强度等级、配合比 | m³ | 按设计图示尺寸以空斗墙外形体积计算。墙角、内外墙交接处、门窗洞口立边、窗台砖、屋檐处的实砌部分体积并入空斗墙体积内 | 1. 砂浆制作、运输<br>2. 砌砖<br>3. 装填充料<br>4. 勾缝<br>5. 材料运输 |
| 010302003 | 空花墙 | 1. 砖品种、规格、强度等级<br>2. 墙体类型<br>3. 墙体厚度<br>4. 勾缝要求<br>5. 砂浆强度等级 | | 按设计图示尺寸以空花部分外形体积计算,不扣除空洞部分体积 | |
| 010302004 | 填充墙 | 1. 砖品种、规格、强度等级<br>2. 墙体厚度<br>3. 填充材料种类<br>4. 勾缝要求<br>5. 砂浆强度等级 | | 按设计图示尺寸以填充墙外形体积计算 | |
| 010302005 | 实心砖柱 | 1. 砖品种、规格、强度等级<br>2. 柱类型<br>3. 柱截面<br>4. 柱高<br>5. 勾缝要求<br>6. 砂浆强度等级、配合比 | | 按设计图示尺寸以体积计算。扣除混凝土及钢筋混凝土梁垫、梁头、板头所占体积 | 1. 砂浆制作、运输<br>2. 砌砖<br>3. 勾缝<br>4. 材料运输 |
| 010302006 | 零星砌砖 | 1. 零星砌砖名称、部位<br>2. 勾缝要求<br>3. 砂浆强度等级、配合比 | m³ (m²、m、个) | | |

## A.3.3 砖构筑物

工程量清单项目设置及工程量计算规则,应按表 A.3.3 的规定执行。

**砖构筑物**(编码:010303) 表 A.3.3

| 项目编码 | 项目名称 | 项目特征 | 计量单位 | 工程量计算规则 | 工程内容 |
|---|---|---|---|---|---|
| 010303001 | 砖烟囱、水塔 | 1. 筒身高度<br>2. 砖品种、规格、强度等级<br>3. 耐火砖品种、规格<br>4. 耐火泥品种<br>5. 隔热材料种类<br>6. 勾缝要求<br>7. 砂浆强度等级、配合比 | m³ | 按设计图示筒壁平均中心线周长乘以厚度乘以高度以体积计算。扣除各种孔洞、钢筋混凝土圈梁、过梁等的体积 | 1. 砂浆制作、运输<br>2. 砌砖<br>3. 涂隔热层<br>4. 装填充料<br>5. 砌内衬<br>6. 勾缝<br>7. 材料运输 |

续表

| 项目编码 | 项目名称 | 项目特征 | 计量单位 | 工程量计算规则 | 工程内容 |
|---|---|---|---|---|---|
| 010303002 | 砖烟道 | 1. 烟道截面形状、长度<br>2. 砖品种、规格、强度等级<br>3. 耐火砖品种规格<br>4. 耐火泥品种<br>5. 勾缝要求<br>6. 砂浆强度等级、配合比 | $m^3$ | 按图示尺寸以体积计算 | 1. 砂浆制作、运输<br>2. 砌砖<br>3. 涂隔热层<br>4. 装填充料<br>5. 砌内衬<br>6. 勾缝<br>7. 材料运输 |
| 010303003 | 砖窨井、检查井 | 1. 井截面<br>2. 垫层材料种类、厚度<br>3. 底板厚度<br>4. 勾缝要求<br>5. 混凝土强度等级<br>6. 砂浆强度等级、配合比<br>7. 防潮层材料种类 | 座 | 按设计图示数量计算 | 1. 土方挖运<br>2. 砂浆制作、运输<br>3. 铺设垫层<br>4. 底板混凝土制作、运输、浇筑、振捣、养护<br>5. 砌砖<br>6. 勾缝<br>7. 井池底、壁抹灰<br>8. 抹防潮层<br>9. 回填<br>10. 材料运输 |
| 010303004 | 砖水池、化粪池 | 1. 池截面<br>2. 垫层材料种类、厚度<br>3. 底板厚度<br>4. 勾缝要求<br>5. 混凝土强度等级<br>6. 砂浆强度等级、配合比 | | | |

### A.3.4 砌块砌体

工程量清单项目设置及工程量计算规则，应按表 A.3.4 的规定执行。

砌块砌体（编码：010304） 表 A.3.4

| 项目编码 | 项目名称 | 项目特征 | 计量单位 | 工程量计算规则 | 工程内容 |
|---|---|---|---|---|---|
| 010304001 | 空心砖墙、砌块墙 | 1. 墙体类型<br>2. 墙体厚度<br>3. 空心砖、砌块品种、规格、强度等级<br>4. 勾缝要求<br>5. 砂浆强度等级、配合比 | $m^3$ | 按设计图示尺寸以体积计算。扣除门窗洞口、过人洞、空圈、嵌入墙内的钢筋混凝土柱、梁、圈梁、挑梁、过梁及凹进墙内的壁龛、管槽、暖气槽、消火栓箱所占体积，不扣除梁头、板头、檩头、垫木、木楞头、沿缘木、木砖、门窗走头、砖墙内加固钢筋、木筋、铁件、钢管及单个面积 $0.3m^2$ 以内的孔洞所占体积，凸出墙面的腰线、挑檐、压顶、窗台线、虎头砖、门窗套的体积不增加，凸出墙面的砖垛并入墙体体积内。<br>1. 墙长度：外墙按中心线，内墙按净长计算<br>2. 墙高度：<br>（1）外墙：斜（坡）屋面无檐口天棚者算至屋面板底；有屋架且室内外均有天棚者算至屋架下弦底另加 200mm；无天棚者算至屋架下弦底另加 300mm，出檐宽度超过 600mm 时按实砌高度计算；平屋面算至钢筋混凝土板底<br>（2）内墙：位于屋架下弦者，算至屋架下弦底；无屋架者算至天棚底另加 100mm；有钢筋混凝土楼板隔层者算至楼板顶；有框架梁时算至梁底<br>（3）女儿墙：从屋面板上表面算至女儿墙顶面（如有压顶时算至压顶下表面）<br>（4）内、外山墙：按其平均高度计算<br>3. 围墙：高度算至压顶上表面（如有混凝土压顶时算至压顶下表面），围墙柱并入围墙体积内 | 1. 砂浆制作、运输<br>2. 砌砖、砌块<br>3. 勾缝<br>4. 材料运输 |

续表

| 项目编码 | 项目名称 | 项目特征 | 计量单位 | 工程量计算规则 | 工程内容 |
|---|---|---|---|---|---|
| 010304002 | 空心砖柱、砌块柱 | 1. 柱高度<br>2. 柱截面<br>3. 空心砖、砌块品种、规格、强度等级<br>4. 勾缝要求<br>5. 砂浆强度等级、配合比 | m³ | 按设计图示尺寸以体积计算。扣除混凝土及钢筋混凝土梁垫、梁头、板头所占体积 | 1. 砂浆制作、运输<br>2. 砌砖、砌块<br>3. 勾缝<br>4. 材料运输 |

### A.3.5 石砌体

工程量清单项目设置及工程量计算规则，按表A.3.5的规定执行。

**石砌体**（编码：010305） 表 A.3.5

| 项目编码 | 项目名称 | 项目特征 | 计量单位 | 工程量计算规则 | 工程内容 |
|---|---|---|---|---|---|
| 010305001 | 石基础 | 1. 石料种类、规格<br>2. 基础深度<br>3. 基础类型<br>4. 砂浆强度等级、配合比 | m³ | 按设计图示尺寸以体积计算。包括附墙垛基础宽出部分体积，不扣除基础砂浆防潮层及单个面积0.3m²以内的孔洞所占体积，靠墙暖气沟的挑檐不增加体积。基础长度：外墙按中心线，内墙按净长计算 | 1. 砂浆制作、运输<br>2. 砌石<br>3. 防潮层铺设<br>4. 材料运输 |
| 010305002 | 石勒脚 | 1. 石料种类、规格<br>2. 石表面加工要求<br>3. 勾缝要求<br>4. 砂浆强度等级、配合比 | m³ | 按设计图示尺寸以体积计算。扣除单个0.3m²以外的孔洞所占的体积 | 1. 砂浆制作、运输<br>2. 砌石<br>3. 石表面加工<br>4. 勾缝<br>5. 材料运输 |
| 010305003 | 石墙 | 1. 石料种类、规格<br>2. 墙厚<br>3. 石表面加工要求<br>4. 勾缝要求<br>5. 砂浆强度等级、配合比 | m³ | 按设计图示尺寸以体积计算。扣除门窗洞口、过人洞、空圈、嵌入墙内的钢筋混凝土柱、梁、圈梁、挑梁、过梁及凹进墙内的壁龛、管槽、暖气槽、消火栓箱所占体积，不扣除梁头、板头、檩头、垫木、木楞头、沿缘木、木砖、门窗走头、砖墙内加固钢筋、木筋、铁件、钢管及单个面积0.3m²以内的孔洞所占体积，凸出墙面的腰线、挑檐、压顶、窗台线、虎头砖、门窗套不增加体积，凸出墙面的砖垛并入墙体体积内。<br>1. 墙长度：外墙按中心线，内墙按净长计算<br>2. 墙高度：<br>(1)外墙：斜(坡)屋面无檐口天棚者算至屋面板底；有屋架且室内外均有天棚者算至屋架下弦底另加200mm；无天棚者算至屋架下弦底另加300mm，出檐宽度超过600mm时按实砌高度计算；平屋面算至钢筋混凝土板底<br>(2)内墙：位于屋架下弦者，算至屋架下弦底；无屋架者算至天棚底另加100mm；有钢筋混凝土楼板隔层者算至楼板顶；有框架梁时算至梁底<br>(3)女儿墙：从屋面板上表面算至女儿墙顶面(如有压顶时算至压顶下表面)<br>(4)内、外山墙：按其平均高度计算<br>3. 围墙：高度算至压顶上表面(如有混凝土压顶时算至压顶下表面)，围墙柱、砖压顶并入围墙体积内 | 1. 砂浆制作、运输<br>2. 砌石<br>3. 石表面加工<br>4. 勾缝<br>5. 材料运输 |

续表

| 项目编码 | 项目名称 | 项目特征 | 计量单位 | 工程量计算规则 | 工程内容 |
|---|---|---|---|---|---|
| 010305004 | 石挡土墙 | 1. 石料种类、规格<br>2. 墙厚<br>3. 石表面加工要求<br>4. 勾缝要求<br>5. 砂浆强度等级、配合比 | m³ | 按设计图示尺寸以体积计算 | 1. 砂浆制作、运输<br>2. 砌石<br>3. 压顶抹灰<br>4. 勾缝<br>5. 材料运输 |
| 010305005 | 石柱 | 1. 石料种类、规格<br>2. 柱截面<br>3. 石表面加工要求<br>4. 勾缝要求<br>5. 砂浆强度等级、配合比 | | | 1. 砂浆制作、运输<br>2. 砌石<br>3. 石表面加工<br>4. 勾缝<br>5. 材料运输 |
| 010305006 | 石栏杆 | | m | 按设计图示以长度计算 | |
| 010305007 | 石护坡 | 1. 垫层材料种类、厚度<br>2. 石料种类、规格<br>3. 护坡厚度、高度<br>4. 石表面加工要求<br>5. 勾缝要求<br>6. 砂浆强度等级、配合比 | m³ | 按设计图示尺寸以体积计算 | 1. 铺设垫层<br>2. 石料加工<br>3. 砂浆制作、运输<br>4. 砌石<br>5. 石表面加工<br>6. 勾缝<br>7. 材料运输 |
| 010305008 | 石台阶 | | | | |
| 010305009 | 石坡道 | | m² | 按设计图示尺寸以水平投影面积计算 | |
| 010305010 | 石地沟、石明沟 | 1. 沟截面尺寸<br>2. 垫层种类、厚度<br>3. 石料种类、规格<br>4. 石表面加工要求<br>5. 勾缝要求<br>6. 砂浆强度等级、配合比 | m | 按设计图示以中心线长度计算 | 1. 土石挖运<br>2. 砂浆制作、运输<br>3. 铺设垫层<br>4. 砌石<br>5. 石表面加工<br>6. 勾缝<br>7. 回填<br>8. 材料运输 |

## A.3.6 砖散水、地坪、地沟

工程量清单项目设置及工程计算规则，应按表 A.3.6 的规定执行。

**砖散水、地坪、地沟**（编码：010306） 表 A.3.6

| 项目编码 | 项目名称 | 项目特征 | 计量单位 | 工程量计算规则 | 工程内容 |
|---|---|---|---|---|---|
| 010306001 | 砖散水、地坪 | 1. 垫层材料种类、厚度<br>2. 散水、地坪厚度<br>3. 面层种类、厚度<br>4. 砂浆强度等级、配合比 | m² | 按设计图示尺寸以面积计算 | 1. 地基找平、夯实<br>2. 铺设垫层<br>3. 砌砖散水、地坪<br>4. 抹砂浆面层 |

续表

| 项目编码 | 项目名称 | 项目特征 | 计量单位 | 工程量计算规则 | 工程内容 |
|---|---|---|---|---|---|
| 010306002 | 砖地沟、明沟 | 1. 沟截面尺寸<br>2. 垫层材料种类、厚度<br>3. 混凝土强度等级<br>4. 砂浆强度等级、配合比 | m | 按设计图示以中心线长度计算 | 1. 挖运土石<br>2. 铺设垫层<br>3. 底板混凝土制作、运输、浇筑、振捣、养护<br>4. 砌砖<br>5. 勾缝、抹灰<br>6. 材料运输 |

**A.3.7** 其他相关问题应按下列规定处理：

1. 基础垫层包括在基础项目内。

2. 标准砖尺寸应为 240mm×115mm×53mm。标准砖墙厚度应按表 A.3.7 计算：

**标准墙计算厚度表**　　　　　　　　　　　　　　　表 A.3.7

| 砖数（厚度） | 1/4 | 1/2 | 3/4 | 1 | $1\frac{1}{2}$ | 2 | $2\frac{1}{2}$ | 3 |
|---|---|---|---|---|---|---|---|---|
| 计算厚度（mm） | 53 | 115 | 180 | 240 | 365 | 490 | 615 | 740 |

3. 砖基础与砖墙（身）划分应以设计室内地坪为界（有地下室的按地下室室内设计地坪为界），以下为基础，以上为墙（柱）身。基础与墙身使用不同材料，位于设计室内地坪±300mm 以内时以不同材料为界，超过±300mm，应以设计室内地坪为界。砖围墙应以设计室外地坪为界，以下为基础，以上为墙身。

4. 框架外表面的镶贴砖部分，应单独按 A.3.2 中相关零星项目编码列项。

5. 附墙烟囱、通风道、垃圾道，应按设计图示尺寸以体积（扣除孔洞所占体积）计算，并入所依附的墙体体积内。当设计规定孔洞内需抹灰时，应按 B.2 中相关项目编码列项。

6. 空斗墙的窗间墙、窗台下、楼板下等的实砌部分，应按 A.3.2 中零星砌砖项目编码列项。

7. 台阶、台阶挡墙、梯带、锅台、炉灶、蹲台、池槽、池槽腿、花台、花池、楼梯栏板、阳台栏板、地垄墙、屋面隔热板下的砖墩、0.3m² 孔洞填塞等，应按零星砌砖项目编码列项。砖砌锅台与炉灶可按外形尺寸以个计算，砖砌台阶可按水平投影面积以平方米计算，小便槽、地垄墙可按长度计算，其他工程量按立方米计算。

8. 砖烟囱应按设计室外地坪为界，以下为基础，以上为筒身。

9. 砖烟囱体积可按下式分段计算：$V=\Sigma H \times C \times \pi \times D$ 式中：$V$ 表示筒身体积，$H$ 表示每段筒身垂直高度，$C$ 表示每段筒壁厚度，$D$ 表示每段筒壁平均直径。

10. 砖烟道与炉体的划分应按第一道闸门为界。

11. 水塔基础与塔身划分应以砖砌体的扩大部分顶面为界，以上为塔身，以下为基础。

12. 石基础、石勒脚、石墙身的划分：基础与勒脚应以设计室外地坪为界，勒脚与墙身应以设计室内地坪为界。石围墙内外地坪标高不同时，应以较低地坪标高为界,以下为基础;内外标高之差为挡土墙时,挡土墙以上为墙身。

13. 石梯带工程量应计算在石台阶工程量内。

14. 石梯膀应按A.3.5石挡土墙项目编码列项。

15. 砌体内加筋的制作、安装,应按A.4相关项目编码列项。

## A.4 混凝土及钢筋混凝土工程

### A.4.1 现浇混凝土基础

工程量清单项目设置及工程量计算规则,应按表A.4.1的规定执行。

现浇混凝土基础(编码:010401)　　　　表A.4.1

| 项目编码 | 项目名称 | 项目特征 | 计量单位 | 工程量计算规则 | 工程内容 |
| --- | --- | --- | --- | --- | --- |
| 010401001 | 带形基础 | 1. 混凝土强度等级<br>2. 混凝土拌和料要求<br>3. 砂浆强度等级 | m³ | 按设计图示尺寸以体积计算。不扣除构件内钢筋、预埋铁件和伸入承台基础的桩头所占体积 | 1. 混凝土制作、运输、浇筑、振捣、养护<br>2. 地脚螺栓二次灌浆 |
| 010401002 | 独立基础 | | | | |
| 010401003 | 满堂基础 | | | | |
| 010401004 | 设备基础 | | | | |
| 010401005 | 桩承台基础 | | | | |
| 010401006 | 垫层 | | | | |

### A.4.2 现浇混凝土柱

工程量清单项目设置及工程量计算规则,应按表A.4.2的规定执行。

现浇混凝土柱(编码:010402)　　　　表A.4.2

| 项目编码 | 项目名称 | 项目特征 | 计量单位 | 工程量计算规则 | 工程内容 |
| --- | --- | --- | --- | --- | --- |
| 010402001 | 矩形柱 | 1. 柱高度<br>2. 柱截面尺寸<br>3. 混凝土强度等级<br>4. 混凝土拌和料要求 | m³ | 按设计图示尺寸以体积计算。不扣除构件内钢筋、预埋铁件所占体积<br>柱高:<br>1. 有梁板的柱高,应自柱基上表面(或楼板上表面)至上一层楼板上表面之间的高度计算<br>2. 无梁板的柱高,应自柱基上表面(或楼板上表面)至柱帽下表面之间的高度计算<br>3. 框架柱的柱高,应自柱基上表面至柱顶高度计算<br>4. 构造柱按全高计算,嵌接墙体部分并入柱身体积<br>5. 依附柱上的牛腿和升板的柱帽,并入柱身体积计算 | 混凝土制作、运输、浇筑、振捣、养护 |
| 010402002 | 异形柱 | | | | |

### A.4.3 现浇混凝土梁

工程量清单项目设置及工程量计算规则,应按表A.4.3的规定执行。

现浇混凝土梁（编码：010403） 表 A.4.3

| 项目编码 | 项目名称 | 项目特征 | 计量单位 | 工程量计算规则 | 工程内容 |
|---|---|---|---|---|---|
| 010403001 | 基础梁 | 1. 梁底标高<br>2. 梁截面<br>3. 混凝土强度等级<br>4. 混凝土拌和料要求 | m³ | 按设计图示尺寸以体积计算。不扣除构件内钢筋、预埋铁件所占体积，伸入墙内的梁头、梁垫并入梁体积内<br>梁长：<br>1. 梁与柱连接时，梁长算至柱侧面<br>2. 主梁与次梁连接时，次梁长算至主梁侧面 | 混凝土制作、运输、浇筑、振捣、养护 |
| 010403002 | 矩形梁 | | | | |
| 010403003 | 异形梁 | | | | |
| 010403004 | 圈梁 | | | | |
| 010403005 | 过梁 | | | | |
| 010403006 | 弧形、拱形梁 | | | | |

### A.4.4 现浇混凝土墙

工程量清单项目设置及工程量计算规则，应按表 A.4.4 的规定执行。

现浇混凝土墙（编码：010404） 表 A.4.4

| 项目编码 | 项目名称 | 项目特征 | 计量单位 | 工程量计算规则 | 工程内容 |
|---|---|---|---|---|---|
| 010404001 | 直形墙 | 1. 墙类型<br>2. 墙厚度<br>3. 混凝土强度等级<br>4. 混凝土拌和料要求 | m³ | 按设计图示尺寸以体积计算。不扣除构件内钢筋、预埋铁件所占体积，扣除门窗洞口及单个面积 0.3m² 以外的孔洞所占体积，墙垛及突出墙面部分并入墙体体积内计算 | 混凝土制作、运输、浇筑、振捣、养护 |
| 010404002 | 弧形墙 | | | | |

### A.4.5 现浇混凝土板

工程量清单项目设置及工程量计算规则，应按表 A.4.5 的规定执行。

现浇混凝土板（编码：010405） 表 A.4.5

| 项目编码 | 项目名称 | 项目特征 | 计量单位 | 工程量计算规则 | 工程内容 |
|---|---|---|---|---|---|
| 010405001 | 有梁板 | 1. 板底标高<br>2. 板厚度<br>3. 混凝土强度等级<br>4. 混凝土拌和料要求 | m³ | 按设计图示尺寸以体积计算。不扣除构件内钢筋、预埋铁件及单个面积 0.3m² 以内的孔洞所占体积。有梁板（包括主、次梁与板）按梁、板体积之和计算，无梁板按板和柱帽体积之和计算，各类板伸入墙内的板头并入板体积内计算，薄壳板的肋、基梁并入薄壳体积内计算 | 混凝土制作、运输、浇筑、振捣、养护 |
| 010405002 | 无梁板 | | | | |
| 010405003 | 平板 | | | | |
| 010405004 | 拱板 | | | | |
| 010405005 | 薄壳板 | | | | |
| 010405006 | 栏板 | | | | |
| 010405007 | 天沟、挑檐板 | | | 按设计图示尺寸以体积计算 | |
| 010405008 | 雨篷、阳台板 | 1. 混凝土强度等级<br>2. 混凝土拌和料要求 | | 按设计图示尺寸以墙外部分体积计算。包括伸出墙外的牛腿和雨篷反挑檐的体积 | |
| 010405009 | 其他板 | | | 按设计图示尺寸以体积计算 | |

## A.4.6 现浇混凝土楼梯

工程量清单项目设置及工程量计算规则,应按表 A.4.6 的规定执行。

现浇混凝土楼梯(编码:010406)　　　　表 A.4.6

| 项目编码 | 项目名称 | 项目特征 | 计量单位 | 工程量计算规则 | 工程内容 |
|---|---|---|---|---|---|
| 010406001 | 直形楼梯 | 1. 混凝土强度等级<br>2. 混凝土拌和料要求 | m² | 按设计图示尺寸以水平投影面积计算。不扣除宽度小于500mm的楼梯井,伸入墙内部分不计算 | 混凝土制作、运输、浇筑、振捣、养护 |
| 010406002 | 弧形楼梯 | | | | |

## A.4.7 现浇混凝土其他构件

工程量清单项目设置及工程量计算规则,应按表 A.4.7 的规定执行。

现浇混凝土其他构件(编码:010407)　　　　表 A.4.7

| 项目编码 | 项目名称 | 项目特征 | 计量单位 | 工程量计算规则 | 工程内容 |
|---|---|---|---|---|---|
| 010407001 | 其他构件 | 1. 构件的类型<br>2. 构件规格<br>3. 混凝土强度等级<br>4. 混凝土拌和要求 | m³<br>(m²、m) | 按设计图示尺寸以体积计算。不扣除构件内钢筋、预埋铁件所占体积 | 混凝土制作、运输、浇筑、振捣、养护 |
| 010407002 | 散水、坡道 | 1. 垫层材料种类、厚度<br>2. 面层厚度<br>3. 混凝土强度等级<br>4. 混凝土拌和料要求<br>5. 填塞材料种类 | m² | 按设计图示尺寸以面积计算。不扣除单个0.3m²以内的孔洞所占面积 | 1. 地基夯实<br>2. 铺设垫层<br>3. 混凝土制作、运输、浇筑、振捣、养护<br>4. 变形缝填塞 |
| 010407003 | 电缆沟、地沟 | 1. 沟截面<br>2. 垫层材料种类、厚度<br>3. 混凝土强度等级<br>4. 混凝土拌和料要求<br>5. 防护材料种类 | m | 按设计图示以中心线长度计算 | 1. 挖运土石<br>2. 铺设垫层<br>3. 混凝土制作、运输、浇筑、振捣、养护<br>4. 刷防护材料 |

## A.4.8 后浇带

工程量清单项目设置及工程量计算规则,应按表 A.4.8 的规定执行。

后浇带(编码:010408)　　　　表 A.4.8

| 项目编码 | 项目名称 | 项目特征 | 计量单位 | 工程量计算规则 | 工程内容 |
|---|---|---|---|---|---|
| 010408001 | 后浇带 | 1. 部位<br>2. 混凝土强度等级<br>3. 混凝土拌和料要求 | m³ | 按设计图示尺寸以体积计算 | 混凝土制作、运输、浇筑、振捣、养护 |

A.4.9 预制混凝土柱

工程量清单项目设置及工程量计算规则,应按表 A.4.9 的规定执行。

预制混凝土柱(编码:010409) 表 A.4.9

| 项目编码 | 项目名称 | 项目特征 | 计量单位 | 工程量计算规则 | 工程内容 |
| --- | --- | --- | --- | --- | --- |
| 010409001 | 矩形柱 | 1. 柱类型<br>2. 单件体积<br>3. 安装高度<br>4. 混凝土强度等级<br>5. 砂浆强度等级 | $m^3$<br>(根) | 1. 按设计图示尺寸以体积计算。不扣除构件内钢筋、预埋铁件所占体积<br>2. 按设计图示尺寸以"数量"计算 | 1. 混凝土制作、运输、浇筑、振捣、养护<br>2. 构件制作、运输<br>3. 构件安装<br>4. 砂浆制作、运输<br>5. 接头灌缝、养护 |
| 010409002 | 异形柱 | | | | |

A.4.10 预制混凝土梁

工程量清单项目设置及工程量计算规则,应按表 A.4.10 的规定执行。

预制混凝土梁(编码:010410) 表 A.4.10

| 项目编码 | 项目名称 | 项目特征 | 计量单位 | 工程量计算规则 | 工程内容 |
| --- | --- | --- | --- | --- | --- |
| 010410001 | 矩形梁 | 1. 单件体积<br>2. 安装高度<br>3. 混凝土强度等级<br>4. 砂浆强度等级 | $m^3$<br>(根) | 按设计图示尺寸以体积计算。不扣除构件内钢筋、预埋铁件所占体积 | 1. 混凝土制作、运输、浇筑、振捣、养护<br>2. 构件制作、运输<br>3. 构件安装<br>4. 砂浆制作、运输<br>5. 接头灌缝、养护 |
| 010410002 | 异形梁 | | | | |
| 010410003 | 过梁 | | | | |
| 010410004 | 拱形梁 | | | | |
| 010410005 | 鱼腹式吊车梁 | | | | |
| 010410006 | 风道梁 | | | | |

A.4.11 预制混凝土屋架

工程量清单项目设置及工程量计算规则,应按表 A.4.11 的规定执行。

预制混凝土屋架(编码:010411) 表 A.4.11

| 项目编码 | 项目名称 | 项目特征 | 计量单位 | 工程量计算规则 | 工程内容 |
| --- | --- | --- | --- | --- | --- |
| 010411001 | 折线型屋架 | 1. 屋架的类型、跨度<br>2. 单件体积<br>3. 安装高度<br>4. 混凝土强度等级<br>5. 砂浆强度等级 | $m^3$<br>(榀) | 按设计图示尺寸以体积计算。不扣除构件内钢筋、预埋铁件所占体积 | 1. 混凝土制作、运输、浇筑、振捣、养护<br>2. 构件制作、运输<br>3. 构件安装<br>4. 砂浆制作、运输<br>5. 接头灌缝、养护 |
| 010411002 | 组合屋架 | | | | |
| 010411003 | 薄腹屋架 | | | | |
| 010411004 | 门式刚架屋架 | | | | |
| 010411005 | 天窗架屋架 | | | | |

### A.4.12 预制混凝土板

工程量清单项目设置及工程量计算规则，应按表 A.4.12 的规定执行。

**预制混凝土板**（编码：010412） 表 A.4.12

| 项目编码 | 项目名称 | 项目特征 | 计量单位 | 工程量计算规则 | 工程内容 |
| --- | --- | --- | --- | --- | --- |
| 010412001 | 平板 | 1. 构件尺寸<br>2. 安装高度<br>3. 混凝土强度等级<br>4. 砂浆强度等级 | m³<br>（块） | 按设计图示尺寸以体积计算。不扣除构件内钢筋、预埋铁件及单个尺寸300mm×300mm 以内的孔洞所占体积，扣除空心板空洞体积 | 1. 混凝土制作、运输、浇筑、振捣、养护<br>2. 构件制作、运输<br>3. 构件安装<br>4. 升板提升<br>5. 砂浆制作、运输<br>6. 接头灌缝、养护 |
| 010412002 | 空心板 | ^ | ^ | ^ | ^ |
| 010412003 | 槽形板 | ^ | ^ | ^ | ^ |
| 010412004 | 网架板 | ^ | ^ | ^ | ^ |
| 010412005 | 折线板 | ^ | ^ | ^ | ^ |
| 010412006 | 带肋板 | ^ | ^ | ^ | ^ |
| 010412007 | 大型板 | ^ | ^ | ^ | ^ |
| 010412008 | 沟盖板、井盖板、井圈 | 1. 构件尺寸<br>2. 安装高度<br>3. 混凝土强度等级<br>4. 砂浆强度等级 | m³<br>（块、套） | 按设计图示尺寸以体积计算。不扣除构件内钢筋、预埋铁件所占体积 | 1. 混凝土制作、运输、浇筑、振捣、养护<br>2. 构件制作、运输<br>3. 构件安装<br>4. 砂浆制作、运输<br>5. 接头灌缝、养护 |

### A.4.13 预制混凝土楼梯

工程量清单项目设置及工程量计算规则，应按表 A.4.13 的规定执行。

**预制混凝土楼梯**（编码：010413） 表 A.4.13

| 项目编码 | 项目名称 | 项目特征 | 计量单位 | 工程量计算规则 | 工程内容 |
| --- | --- | --- | --- | --- | --- |
| 010413001 | 楼梯 | 1. 楼梯类型<br>2. 单件体积<br>3. 混凝土强度等级<br>4. 砂浆强度等级 | m³ | 按设计图示尺寸以体积计算。不扣除构件内钢筋、预埋铁件所占体积，扣除空心踏步板空洞体积 | 1. 混凝土制作、运输、浇筑、振捣、养护<br>2. 构件制作、运输<br>3. 构件安装<br>4. 砂浆制作、运输<br>5. 接头灌缝、养护 |

### A.4.14 其他预制构件

工程量清单项目设置及工程量计算规则，应按表 A.4.14 的规定执行。

### A.4.15 混凝土构筑物

工程量清单项目设置及工程量计算规则，应按表 A.4.15 的规定执行。

**其他预制构件**（编码：010414） 表 A.4.14

| 项目编码 | 项目名称 | 项目特征 | 计量单位 | 工程量计算规则 | 工程内容 |
|---|---|---|---|---|---|
| 010414001 | 烟道、垃圾道、通风道 | 1. 构件类型<br>2. 单件体积<br>3. 安装高度<br>4. 混凝土强度等级<br>5. 砂浆强度等级 | $m^3$ | 按设计图示尺寸以体积计算。不扣除构件内钢筋、预埋铁件及单个尺寸 300mm×300mm 以内的孔洞所占体积，扣除烟道、垃圾道、通风道的孔洞所占体积 | 1. 混凝土制作、运输、浇筑、振捣、养护<br>2. （水磨石）构件制作、运输<br>3. 构件安装<br>4. 砂浆制作、运输<br>5. 接头灌缝、养护<br>6. 酸洗、打蜡 |
| 010414002 | 其他构件 | 1. 构件的类型<br>2. 单件体积<br>3. 水磨石面层厚度<br>4. 安装高度<br>5. 混凝土强度等级<br>6. 水泥石子浆配合比<br>7. 石子品种、规格、颜色<br>8. 酸洗、打蜡要求 | | | |
| 010414003 | 水磨石构件 | | | | |

**混凝土构筑物**（编码：010415） 表 A.4.15

| 项目编码 | 项目名称 | 项目特征 | 计量单位 | 工程量计算规则 | 工程内容 |
|---|---|---|---|---|---|
| 010415001 | 贮水（油）池 | 1. 池类型<br>2. 池规格<br>3. 混凝土强度等级<br>4. 混凝土拌和料要求 | $m^3$ | 按设计图示尺寸以体积计算。不扣除构件内钢筋、预埋铁件及单个面积 $0.3m^2$ 以内的孔洞所占体积 | 混凝土制作、运输、浇筑、振捣、养护 |
| 010415002 | 贮仓 | 1. 类型、高度<br>2. 混凝土强度等级<br>3. 混凝土拌和料要求 | | | |
| 010415003 | 水塔 | 1. 类型<br>2. 支筒高度、水箱容积<br>3. 倒圆锥形罐壳厚度、直径<br>4. 混凝土强度等级<br>5. 混凝土拌和料要求<br>6. 砂浆强度等级 | | | 1. 混凝土制作、运输、浇筑、振捣、养护<br>2. 预制倒圆锥形罐壳、组装、提升、就位<br>3. 砂浆制作、运输<br>4. 接头灌缝、养护 |
| 010415004 | 烟囱 | 1. 高度<br>2. 混凝土强度等级<br>3. 混凝土拌和料要求 混凝土制作、运输、浇筑、振捣、养护 | | | 混凝土制作、运输、浇筑、振捣、养护 |

### A.4.16 钢筋工程

工程量清单项目设置及工程量计算规则,应按表 A.4.16 的规定执行。

钢筋工程(编码:010416) 表 A.4.16

| 项目编码 | 项目名称 | 项目特征 | 计量单位 | 工程量计算规则 | 工程内容 |
| --- | --- | --- | --- | --- | --- |
| 010416001 | 现浇混凝土钢筋 | 钢筋种类、规格 | t | 按设计图示钢筋(网)长度(面积)乘以单位理论质量计算 | 1. 钢筋(网、笼)制作、运输<br>2. 钢筋(网、笼)安装 |
| 010416002 | 预制构件钢筋 | | | | |
| 010416003 | 钢筋网片 | | | | |
| 010416004 | 钢筋笼 | | | | |
| 010416005 | 先张法预应力钢筋 | 1. 钢筋种类、规格<br>2. 锚具种类 | t | 按设计图示钢筋长度乘以单位理论质量计算 | 1. 钢筋制作、运输<br>2. 钢筋张拉 |
| 010416006 | 后张法预应力钢筋 | 1. 钢筋种类、规格<br>2. 钢丝束种类、规格<br>3. 钢绞线种类、规格<br>4. 锚具种类<br>5. 砂浆强度等级 | t | 按设计图示钢筋(丝束、绞线)长度乘以单位理论质量计算。<br>1. 低合金钢筋两端均采用螺杆锚具时,钢筋长度按孔道长度减 0.35m 计算,螺杆另行计算<br>2. 低合金钢筋一端采用镦头插片、另一端采用螺杆锚具时,钢筋长度按孔道长度计算,螺杆另行计算<br>3. 低合金钢筋一端采用镦头插片、另一端采用帮条锚具时,钢筋增加 0.15m 计算;两端均采用帮条锚具时,钢筋长度按孔道长度增加 0.3m 计算<br>4. 低合金钢筋采用后张混凝土自锚时,钢筋长度按孔道长度增加 0.35m 计算<br>5. 低合金钢筋(钢绞线)采用 JM、XM、QM 型锚具,孔道长度在 20m 以内时,钢筋长度增加 1m 计算;孔道长度 20m 以外时,钢筋(钢绞线)长度按孔道长度增加 1.8m 计算<br>6. 碳素钢丝采用锥形锚具,孔道长度在 20m 以内时,钢丝束长度按孔道长度增加 1m 计算;孔道长在 20m 以上时,钢丝束长度按孔道长度增加 1.8m 计算<br>7. 碳素钢丝束采用镦头锚具时,钢丝束长度增加 0.35m 计算 | 1. 钢筋、钢丝束、钢绞线制作、运输<br>2. 钢筋、钢丝束、钢绞线安装<br>3. 预埋管孔道铺设<br>4. 锚具安装<br>5. 砂浆制作、运输<br>6. 孔道压浆、养护 |
| 010416007 | 预应力钢丝 | | | | |
| 010416008 | 预应力钢绞线 | | | | |

## A.4.17 螺栓、铁件

工程量清单项目设置及工程量计算规则,应按表 A.4.17 的规定执行。

螺栓、铁件(编码:010417)　　　　　　表 A.4.17

| 项目编码 | 项目名称 | 项目特征 | 计量单位 | 工程量计算规则 | 工程内容 |
| --- | --- | --- | --- | --- | --- |
| 010417001 | 螺栓 | 1. 钢材种类、规格<br>2. 螺栓长度<br>3. 铁件尺寸 | t | 按设计图示尺寸以质量计算 | 1. 螺栓(铁件)制作、运输<br>2. 螺栓(铁件)安装 |
| 010417002 | 预埋铁件 | | | | |

A.4.18 其他相关问题应按下列规定处理:

1. 混凝土垫层包括在基础项目内。

2. 有肋带形基础、无肋带形基础应分别编码(第五级编码)列项,并注明肋高。

3. 箱式满堂基础,可按 A.4.1、A.4.2、A.4.3、A.4.4、A.4.5 中满堂基础、柱、梁、墙、板分别编码列项;也可利用 A.4.1 的第五级编码分别列项。

4. 框架式设备基础,可按 A.4.1、A.4.2、A.4.3、A.4.4、A.4.5 中设备基础、柱、梁、墙、板分别编码列项;也可利用 A.4.1 的第五级编码分别列项。

5. 构造柱应按 A.4.2 中矩形柱项目编码列项。

6. 现浇挑檐、大沟板、雨篷、阳台与板(包括屋面板、楼板)连接时,以外墙外边线为分界线;与圈梁(包括其他梁)连接时,以梁外边线为分界线。外边线以外为挑檐、天沟、雨篷或阳台。

7. 整体楼梯(包括直形楼梯、弧形楼梯)水平投影面积包括休息平台、平台梁、斜梁和楼梯的连接梁。当整体楼梯与现浇楼板无梯梁连接时,以楼梯的最后一个踏步边缘加 300mm 为界。

8. 现浇混凝土小型池槽、压顶、扶手、垫块、台阶、门框等,应按 A.4.7 中其他构件项目编码列项。其中扶手、压顶(包括伸入墙内的长度)应按延长米计算,台阶应按水平投影面积计算。

9. 三角形屋架应按 A.4.11 中折线型屋架项目编码列项。

10. 不带肋的预制遮阳板、雨篷板、挑檐板、栏板等,应按 A.4.12 中平板项目编码列项。

11. 预制 F 形板、双 T 形板、单肋板和带反挑檐的雨篷板、挑檐板、遮阳板等,应按 A.4.12 中带肋板项目编码列项。

12. 预制大型墙板、大型楼板、大型屋面板等,应按 A.4.12 中大型板项目编码列项。

13. 预制钢筋混凝土楼梯,可按斜梁、踏步分别编码(第五级编码)列项。

14. 预制钢筋混凝土小型池槽、压顶、扶手、垫块、隔热板、花格等,应按 A.4.14 中其他构件项目编码列项。

15. 贮水(油)池的池底、池壁、池盖可分别编码(第五级编码)列项。有壁基梁的,应以壁基梁底为界,以上为池壁、以下为池底;无壁基梁的,锥形坡底应算至其上口,池壁下部的八字靴脚应并入池底体积内。无梁池盖的柱高应从池底上表面算至池盖下表面,柱帽和柱座应并在柱体积内。肋形池盖应包括主、次梁体积;球形池盖应以池壁顶面为界,边侧梁应并入球形池盖体积内。

16. 贮仓立壁和贮仓漏斗可分别编码(第五级编码)列项,应以相互交点水平线为界,壁上圈梁应并入漏斗体积内。

17. 滑模筒仓按 A.4.15 中贮仓项目编码列项。

18. 水塔基础、塔身、水箱可分别编码(第五级编码)列项。筒式塔身应以筒座上表面或基础底板上表面为界;柱式(框架式)塔身应以柱脚与基础底板或梁顶为界,与基础板连接的梁应并入基础体积内。塔身与水箱应以箱底相连接的圈梁下表面为界,以上为水箱,以下为塔身。依附于塔身的过梁、雨篷、挑檐等,应并入塔身体积内;柱式塔身应不分柱、梁合并计算。依附于水箱壁的柱、梁,应并入水箱壁体积内。

19. 现浇构件中固定位置的支撑钢筋、双层钢筋用的"铁马"、伸出构件的锚固钢筋、预制构件的吊钩等,应并入钢筋工程量内。

## A.5　厂库房大门、特种门、木结构工程

### A.5.1　厂库房大门、特种门

工程量清单项目设置及工程量计算规则,应按表 A.5.1 的规定执行。

厂库房大门、特种门(编码:010501) 表 A.5.1

| 项目编码 | 项目名称 | 项目特征 | 计量单位 | 工程量计算规则 | 工程内容 |
| --- | --- | --- | --- | --- | --- |
| 010501001 | 木板大门 | 1. 开启方式<br>2. 有框、无框<br>3. 含门扇数<br>4. 材料品种、规格<br>5. 五金种类、规格<br>6. 防护材料种类<br>7. 油漆品种、刷漆遍数 | 樘/$m^2$ | 按设计图示数量或设计图示洞口尺寸以面积计算 | 1. 门(骨架)制作、运输<br>2. 门、五金配件安装<br>3. 刷防护材料、油漆 |
| 010501002 | 钢木大门 | | | | |
| 010501003 | 全钢板大门 | | | | |
| 010501004 | 特种门 | | | | |
| 010501005 | 围墙铁丝门 | | | | |

### A.5.2　木屋架

工程量清单项目设置及工程量计算规则,应按表 A.5.2 的规定执行。

木屋架(编码:010502) 表 A.5.2

| 项目编码 | 项目名称 | 项目特征 | 计量单位 | 工程量计算规则 | 工程内容 |
| --- | --- | --- | --- | --- | --- |
| 010502001 | 木屋架 | 1. 跨度<br>2. 安装高度<br>3. 材料品种、规格<br>4. 刨光要求<br>5. 防护材料种类<br>6. 油漆品种、刷漆遍数 | 榀 | 按设计图示数量计算 | 1. 制作、运输<br>2. 安装<br>3. 刷防护材料、油漆 |
| 010502002 | 钢木屋架 | | | | |

### A.5.3　木构件

工程量清单项目设置及工程量计算规则,应按表 A.5.3 的规定执行。

**木构件**（编码：010503）　　　　　　　　　　　　　　　　　　表 A.5.3

| 项目编码 | 项目名称 | 项目特征 | 计量单位 | 工程量计算规则 | 工程内容 |
|---|---|---|---|---|---|
| 010503001 | 木柱 | 1. 构件高度、长度<br>2. 构件截面<br>3. 木材种类<br>4. 刨光要求<br>5. 防护材料种类<br>6. 油漆品种、刷漆遍数 | m³ | 按设计图示尺寸以体积计算 | 1. 制作<br>2. 运输<br>3. 安装<br>4. 刷防护材料、油漆 |
| 010503002 | 木梁 | | | | |
| 010503003 | 木楼梯 | 1. 木材种类<br>2. 刨光要求<br>3. 防护材料种类<br>4. 油漆品种、刷漆遍数 | m² | 按设计图示尺寸以水平投影面积计算。不扣除宽度小于300mm的楼梯井，伸入墙内部分不计算 | |
| 010503004 | 其他木构件 | 1. 构件名称<br>2. 构件截面<br>3. 木材种类<br>4. 刨光要求<br>5. 防护材料种类<br>6. 油漆品种、刷漆遍数 | m³<br>(m) | 按设计图示尺寸以体积或长度计算 | |

**A.5.4** 其他相关问题应按下列规定处理：

1. 冷藏门、冷冻间门、保温门、变电室门、隔音门、防射线门、人防门、金库门等，应按 A.5.1 中特种门项目编码列项；

2. 屋架的跨度应以上、下弦中心线两交点之间的距离计算；

3. 带气楼的屋架和马尾、折角以及正交部分的半屋架，应按相关屋架项目编码列项；

4. 木楼梯的栏杆（栏板）、扶手，应按 B.1.7 中相关项目编码列项。

## A.6 金属结构工程

### A.6.1 钢屋架、钢网架

工程量清单项目设置及工程量计算规则，应按表 A.6.1 的规定执行。

**钢屋架、钢网架**（编码：010601）　　　　　　　　　　　　　　表 A.6.1

| 项目编码 | 项目名称 | 项目特征 | 计量单位 | 工程量计算规则 | 工程内容 |
|---|---|---|---|---|---|
| 010601001 | 钢屋架 | 1. 钢材品种、规格<br>2. 单榀屋架的重量<br>3. 屋架跨度、安装高度<br>4. 探伤要求<br>5. 油漆品种、刷漆遍数 | t<br>(榀) | 按设计图示尺寸以质量计算。不扣除孔眼、切边、切肢的质量，焊条、铆钉、螺栓等不另增加质量，不规则或多边形钢板以其外接矩形面积乘以厚度乘以单位理论质量计算 | 1. 制作<br>2. 运输<br>3. 拼装<br>4. 安装<br>5. 探伤<br>6. 刷油漆 |
| 010601002 | 钢网架 | 1. 钢材品种、规格<br>2. 网架节点形式、连接方式<br>3. 网架跨度、安装高度<br>4. 探伤要求<br>5. 油漆品种、刷漆遍数 | | | |

### A.6.2 钢屋架、钢桁架

工程量清单项目设置及工程量计算规则,应按表 A.6.2 的规定执行。

钢托架、钢桁架(编码:010602)　　　　　表 A.6.2

| 项目编码 | 项目名称 | 项目特征 | 计量单位 | 工程量计算规则 | 工程内容 |
|---|---|---|---|---|---|
| 010602001 | 钢托架 | 1. 钢材品种、规格<br>2. 单榀重量<br>3. 安装高度<br>4. 探伤要求<br>5. 油漆品种、刷漆遍数 | t | 按设计图示尺寸以质量计算。不扣除孔眼、切边、切肢的质量,焊条、铆钉、螺栓等不另增加质量,不规则或多边形钢板,以其外接矩形面积乘以厚度乘以单位理论质量计算 | 1. 制作<br>2. 运输<br>3. 拼装<br>4. 安装<br>5. 探伤<br>6. 刷油漆 |
| 010602002 | 钢桁架 | | | | |

### A.6.3 钢柱

工程量清单项目设置及工程量计算规则,应按表 A.6.3 的规定执行。

钢　柱(编码:010603)　　　　　表 A.6.3

| 项目编码 | 项目名称 | 项目特征 | 计量单位 | 工程量计算规则 | 工程内容 |
|---|---|---|---|---|---|
| 010603001 | 实腹柱 | 1. 钢材品种、规格<br>2. 单根柱重量<br>3. 探伤要求<br>4. 油漆品种、刷漆遍数 | t | 按设计图示尺寸以质量计算。不扣除孔眼、切边、切肢的质量,焊条、铆钉、螺栓等不另增加质量,不规则或多边形钢板,以其外接矩形面积乘以厚度乘以单位理论质量计算,依附在钢柱上的牛腿及悬臂梁等并入钢柱工程量内 | 1. 制作<br>2. 运输<br>3. 拼装<br>4. 安装<br>5. 探伤<br>6. 刷油漆 |
| 010603002 | 空腹柱 | | | | |
| 010603003 | 钢管柱 | 1. 钢材品种、规格<br>2. 单根柱重量<br>3. 探伤要求<br>4. 油漆种类、刷漆遍数 | | 按设计图示尺寸以质量计算。不扣除孔眼、切边、切肢的质量,焊条、铆钉、螺栓等不另增加质量,不规则或多边形钢板,以其外接矩形面积乘以厚度乘以单位理论质量计算,钢管柱上的节点板、加强环、内衬管、牛腿等并入钢管柱工程量内 | 1. 制作<br>2. 运输<br>3. 安装<br>4. 探伤<br>5. 刷油漆 |

### A.6.4 钢梁

工程量清单项目设置及工程量计算规则,应按表 A.6.4 的规定执行。

钢梁(编码:010604)　　　　　表 A.6.4

| 项目编码 | 项目名称 | 项目特征 | 计量单位 | 工程量计算规则 | 工程内容 |
|---|---|---|---|---|---|
| 010604001 | 钢梁 | 1. 钢材品种、规格<br>2. 单根重量<br>3. 安装高度<br>4. 探伤要求<br>5. 油漆品种、刷漆遍数 | t | 按设计图示尺寸以质量计算。不扣除孔眼、切边、切肢的质量,焊条、铆钉、螺栓等不另增加质量,不规则或多边形钢板,以其外接矩形面积乘以厚度乘以单位理论质量计算,制动梁、制动板、制动桁架、车档并入钢吊车梁工程量内 | 1. 制作<br>2. 运输<br>3. 安装<br>4. 探伤要求<br>5. 刷油漆 |
| 010604002 | 钢吊车梁 | | | | |

## A.6.5 压型钢板楼板、墙板

工程量清单项目设置及工程量计算规则，应按表 A.6.5 的规定执行。

**压型钢板楼板、墙板**（编码：010605）　　　　表 A.6.5

| 项目编码 | 项目名称 | 项目特征 | 计量单位 | 工程量计算规则 | 工程内容 |
|---|---|---|---|---|---|
| 010605001 | 压型钢板楼板 | 1. 钢材品种、规格<br>2. 压型钢板厚度<br>3. 油漆品种、刷漆遍数 | m² | 按设计图示尺寸以铺设水平投影面积计算。不扣除柱、垛及单个 0.3m² 以内的孔洞所占面积 | 1. 制作<br>2. 运输<br>3. 安装<br>4. 刷油漆 |
| 010605002 | 压型钢板墙板 | 1. 钢材品种、规格<br>2. 压型钢板厚度、复合板厚度<br>3. 复合板夹芯材料种类、层数、型号、规格 | | 按设计图示尺寸以铺挂面积计算。不扣除单个 0.3m² 以内的孔洞所占面积，包角、包边、窗台泛水等不另增加面积 | |

## A.6.6 钢构件

工程量清单项目设置及工程量计算规则，应按表 A.6.6 的规定执行。

**钢构件**（编码：010606）　　　　表 A.6.6

| 项目编码 | 项目名称 | 项目特征 | 计量单位 | 工程量计算规则 | 工程内容 |
|---|---|---|---|---|---|
| 010606001 | 钢支撑 | 1. 钢材品种、规格<br>2. 单式、复式<br>3. 支撑高度<br>4. 探伤要求<br>5. 油漆品种、刷漆遍数 | t | 按设计图示尺寸以质量计算。不扣除孔眼、切边、切肢的质量，焊条、铆钉、螺栓等不另增加质量，不规则或多边形钢板以其外接矩形面积乘以厚度乘以单位理论质量计算 | 1. 制作<br>2. 运输<br>3. 安装<br>4. 探伤<br>5. 刷油漆 |
| 010606002 | 钢檩条 | 1. 钢材品种、规格<br>2. 型钢式、格构式<br>3. 单根重量<br>4. 安装高度<br>5. 油漆品种、刷漆遍数 | | | |
| 010606003 | 钢天窗架 | 1. 钢材品种、规格<br>2. 单榀重量<br>3. 安装高度<br>4. 探伤要求<br>5. 油漆品种、刷漆遍数 | | | |
| 010606004 | 钢挡风架 | 1. 钢材品种、规格<br>2. 单祸重量<br>3. 探伤要求<br>4. 油漆品种、刷漆遍数 | | | |
| 010606005 | 钢墙架 | | | | |
| 010606006 | 钢平台 | 1. 钢材品种、规格<br>2. 油漆品种、刷漆遍数 | | | |
| 010606007 | 钢走道 | | | | |
| 010606008 | 钢梯 | 1. 钢材品种、规格<br>2. 钢梯形式<br>3. 油漆品种、刷漆遍数 | | | |
| 010606009 | 钢栏杆 | 1. 钢材品种、规格<br>2. 油漆品种、刷漆遍数 | | | |

续表

| 项目编码 | 项目名称 | 项目特征 | 计量单位 | 工程量计算规则 | 工程内容 |
|---|---|---|---|---|---|
| 010606010 | 钢漏斗 | 1. 钢材品种、规格<br>2. 方形、圆形<br>3. 安装高度<br>4. 探伤要求<br>5. 油漆品种、刷漆遍数 | t | 按设计图示尺寸以重量计算。不扣除孔眼、切边、切肢的质量,焊条、铆钉、螺栓等不另增加质量,不规则或多边形钢板以其外接矩形面积乘以厚度乘以单位理论质量计算,依附漏斗的型钢并入漏斗工程量内 | 1. 制作<br>2. 运输<br>3. 安装<br>4. 探伤<br>5. 刷油漆 |
| 010606011 | 钢支架 | 1. 钢材品种、规格<br>2. 单件重量<br>3. 油漆品种、刷漆遍数 | | 按设计图示尺寸以质量计算。不扣除孔眼、切边、切肢的质量,焊条、铆钉、螺栓等不另增加质量,不规则或多边形钢板以其外接矩形面积乘以厚度乘以单位理论质量计算 | |
| 010606012 | 零星钢构件 | 1. 钢材品种、规格<br>2. 构件名称<br>3. 油漆品种、刷漆遍数 | | | |

### A.6.7 金属网

工程量清单项目设置及工程量计算规则,应按表 A.6.7 的规定执行。

金属网(编码:010607)   表 A.6.7

| 项目编码 | 项目名称 | 项目特征 | 计量单位 | 工程量计算规则 | 工程内容 |
|---|---|---|---|---|---|
| 010607001 | 金属网 | 1. 材料品种、规格<br>2. 边框及立柱型钢品种、规格<br>3. 油漆品种、刷漆遍数 | m² | 按设计图示尺寸以面积计算 | 1. 制作<br>2. 运输<br>3. 安装<br>4. 刷油漆 |

A.6.8 其他相关问题应按下列规定处理:

1. 型钢混凝土柱、梁浇筑混凝土和压型钢板楼板上浇筑钢筋混凝土,混凝土和钢筋应按工 A.4 中相关项目编码列项;

2. 钢墙架项目包括墙架柱、墙架梁和连接杆件;

3. 加工铁件等小型构件,应按 A.6.6 中零星钢构件项目编码列项。

## A.7 屋面及防水工程

### A.7.1 瓦、型材屋面

工程量清单项目设置及工程量计算规则,应按表 A.7.1 的规定执行。

瓦、型材屋面(编码:010701)   表 A.7.1

| 项目编码 | 项目名称 | 项目特征 | 计量单位 | 工程量计算规则 | 工程内容 |
|---|---|---|---|---|---|
| 010701001 | 瓦屋面 | 1. 瓦品种、规格、品牌、颜色<br>2. 防水材料种类<br>3. 基层材料种类<br>4. 楔条种类、截面<br>5. 防护材料种类 | m² | 按设计图示尺寸以斜面积计算。不扣除房上烟囱、风帽底座、风道、小气窗、斜沟等所占面积,小气窗的出檐部分不增加面积 | 1. 檩条、椽子安装<br>2. 基层铺设<br>3. 铺防水层<br>4. 安顺水条和挂瓦条<br>5. 安瓦<br>6. 刷防护材料 |

续表

| 项目编码 | 项目名称 | 项目特征 | 计量单位 | 工程量计算规则 | 工程内容 |
| --- | --- | --- | --- | --- | --- |
| 010701002 | 型材屋面 | 1. 型材品种、规格、品牌、颜色<br>2. 骨架材料品种、规格<br>3. 接缝、嵌缝材料种类 | m² | 按设计图示尺寸以斜面积计算。不扣除房上烟囱、风帽底座、风道、小气窗、斜沟等所占面积，小气窗的出檐部分不增加面积 | 1. 骨架制作、运输、安装<br>2. 屋面型材安装<br>3. 接缝、嵌缝 |
| 010701003 | 膜结构屋面 | 1. 膜布品种、规格、颜色<br>2. 支柱（网架）钢材品种、规格<br>3. 钢丝绳品种、规格<br>4. 油漆品种、刷漆遍数 | | 按设计图示尺寸以需要覆盖的水平面积计算 | 1. 膜布热压胶结<br>2. 支柱（网架）制作、安装<br>3. 膜布安装<br>4. 穿钢丝绳、锚头锚固<br>5. 刷油漆 |

## A.7.2 屋面防水

工程量清单项目设置及工程量计算规则，应按表 A.7.2 的规定执行。

**屋面防水**（编码：010702） 表 A.7.2

| 项目编码 | 项目名称 | 项目特征 | 计量单位 | 工程量计算规则 | 工程内容 |
| --- | --- | --- | --- | --- | --- |
| 010702001 | 屋面卷材防水 | 1. 卷材品种、规格<br>2. 防水层做法<br>3. 嵌缝材料种类<br>4. 防护材料种类 | m² | 按设计图示尺寸以面积计算<br>1. 斜屋顶（不包括平屋顶找坡）按斜面积计算，平屋顶按水平投影面积计算<br>2. 不扣除房上烟囱、风帽底座、风道、屋面小气窗和斜沟所占面积<br>3. 屋面的女儿墙、伸缩缝和天窗等处的弯起部分，并入屋面工程量内 | 1. 基层处理<br>2. 抹找平层<br>3. 刷底油<br>4. 铺油毡卷材、接缝、嵌缝<br>5. 铺保护层 |
| 010702002 | 屋面涂膜防水 | 1. 防水膜品种<br>2. 涂膜厚度、遍数、增强材料种类<br>3. 嵌缝材料种类<br>4. 防护材料种类 | | | 1. 基层处理<br>2. 抹找平层<br>3. 涂防水膜<br>4. 铺保护层 |
| 010702003 | 屋面刚性防水 | 1. 防水层厚度<br>2. 嵌缝材料种类<br>3. 混凝土强度等级 | | 按设计图示尺寸以面积计算。不扣除房上烟囱、风帽底座、风道等所占面积 | 1. 基层处理<br>2. 混凝土制作、运输、铺筑、养护 |
| 010702004 | 屋面排水管 | 1. 排水管品种、规格、品牌、颜色<br>2. 接缝、嵌缝材料种类<br>3. 油漆品种、刷漆遍数 | m | 按设计图示尺寸以长度计算。如设计未标注尺寸，以檐口至设计室外散水上表面垂直距离计算 | 1. 排水管及配件安装、固定<br>2. 雨水斗、雨水箅子安装<br>3. 接缝、嵌缝 |
| 010702005 | 屋面天沟、沿沟 | 1. 材料品种<br>2. 砂浆配合比<br>3. 宽度、坡度<br>4. 接缝、嵌缝材料种类<br>5. 防护材料种类 | m² | 按设计图示尺寸以面积计算。铁皮和卷材天沟按展开面积计算 | 1. 砂浆制作、运输<br>2. 砂浆找坡、养护<br>3. 天沟材料铺设<br>4. 天沟配件安装<br>5. 接缝、嵌缝<br>6. 刷防护材料 |

## A.7.3 墙、地面防水、防潮

工程量清单项目设置及工程量计算规则，应按表 A.7.3 的规定执行。

墙、地面防水、防潮（编码：010703） 表表 A.7.3

| 项目编码 | 项目名称 | 项目特征 | 计量单位 | 工程量计算规则 | 工程内容 |
|---|---|---|---|---|---|
| 010703001 | 卷材防水 | 1. 卷材、涂膜品种<br>2. 涂膜厚度、遍数、增强材料种类<br>3. 防水部位 | $m^2$ | 按设计图示尺寸以面积计算<br>1. 地面防水：按主墙间净空面积计算，扣除凸出地面的构筑物、设备基础等所占面积，不扣除间壁墙及单个 $0.3m^2$ 以内的柱、垛、烟囱和孔洞所占面积<br>2. 墙基防水：外墙按中心线，内墙按净长乘以宽度计算 | 1. 基层处理<br>2. 抹找平层<br>3. 刷黏结剂<br>4. 铺防水卷材<br>5. 铺保护层<br>6. 接缝、嵌缝 |
| 010703002 | 涂膜防水 | 4. 防水做法<br>5. 接缝、嵌缝材料种类<br>6. 防护材料种类 | | | 1. 基层处理<br>2. 抹找平层<br>3. 刷基层处理剂<br>4. 铺涂膜防水层<br>5. 铺保护层 |
| 010703003 | 砂浆防水（潮） | 1. 防水（潮）部位<br>2. 防水（潮）厚度、层数<br>3. 砂浆配合比<br>4. 外加剂材料种类 | | | 1. 基层处理<br>2. 挂钢丝网片<br>3. 设置分格缝<br>4. 砂浆制作、运输、摊铺、养护 |
| 010703004 | 变形缝 | 1. 变形缝部位<br>2. 嵌缝材料种类<br>3. 止水带材料种类<br>4. 盖板材料<br>5. 防护材料种类 | m | 按设计图示以长度计算 | 1. 清缝<br>2. 填塞防水材料<br>3. 止水带安装<br>4. 盖板制作<br>5. 刷防护材料 |

A.7.4 其他相关问题应按下列规定处理：

1. 小青瓦、水泥平瓦、琉璃瓦等，应按 A.7.1 中瓦屋面项目编码列项；
2. 压型钢板、阳光板、玻璃钢等，应按 A.7.1 中型材屋面编码列项。

## A.8 防腐、隔热、保温工程

### A.8.1 防腐面层

工程量清单项目设置及工程量计算规则，应按表 A.8.1 的规定执行。

防腐面层（编码：010801） 表 A.8.1

| 项目编码 | 项目名称 | 项目特征 | 计量单位 | 工程量计算规则 | 工程内容 |
|---|---|---|---|---|---|
| 010801001 | 防腐混凝土面层 | 1. 防腐部位<br>2. 面层厚度<br>3. 砂浆、混凝土、胶泥种类 | $m^2$ | 按设计图示尺寸以面积计算<br>1. 平面防腐：扣除凸出地面的构筑物、设备基础等所占面积<br>2. 立面防腐：砖垛等突出部分按展开面积并入墙面积内 | 1. 基层清理<br>2. 基层刷稀胶泥<br>3. 砂浆制作、运输、摊铺、养护<br>4. 混凝土制作、运输、摊铺、养护 |
| 010801002 | 防腐砂浆面层 | | | | |

续表

| 项目编码 | 项目名称 | 项目特征 | 计量单位 | 工程量计算规则 | 工程内容 |
| --- | --- | --- | --- | --- | --- |
| 010801003 | 防腐胶泥面层 | 1. 防腐部位<br>2. 面层厚度<br>3. 砂浆、混凝土、胶泥种类 | m² | 按设计图示尺寸以面积计算<br>1. 平面防腐：扣除凸出地面的构筑物、设备基础等所占面积<br>2. 立面防腐：砖垛等突出部分按展开面积并入墙面积内 | 1. 基层清理<br>2. 胶泥调制、摊铺 |
| 010801004 | 玻璃钢防腐面层 | 1. 防腐部位<br>2. 玻璃钢种类<br>3. 贴布层数<br>4. 面层材料品种 | | | 1. 基层清理<br>2. 刷底漆、刮腻子<br>3. 胶浆配制、涂刷<br>4. 粘布、涂刷面层 |
| 010801005 | 聚氯乙烯板面层 | 1. 防腐部位<br>2. 面层材料品种<br>3. 黏结材料种类 | | 按设计图示尺寸以面积计算<br>1. 平面防腐：扣除凸出地面的构筑物、设备基础等所占面积<br>2. 立面防腐：砖垛等突出部分按展开面积并入墙面积内<br>3. 踢脚板防腐：扣除门洞所占面积并相应增加门洞侧壁面积 | 1. 基层清理<br>2. 配料、涂胶<br>3. 聚氯乙烯板铺设<br>4. 铺贴踢脚板 |
| 010801006 | 块料防腐面层 | 1. 防腐部位<br>2. 块料品种、规格<br>3. 粘结材料种类<br>4. 勾缝材料种类 | | | 1. 基层清理<br>2. 砌块料<br>3. 胶泥调制、勾缝 |

## A.8.2 其他防腐

工程量清单项目设置及工程量计算规则，应按表 A.8.2 的规定执行。

**其他防腐**（编码：010802）　　　　　　　　　　　　表 A.8.2

| 项目编码 | 项目名称 | 项目特征 | 计量单位 | 工程量计算规则 | 工程内容 |
| --- | --- | --- | --- | --- | --- |
| 010802001 | 隔离层 | 1. 隔离层部位<br>2. 隔离层材料品种<br>3. 隔离层做法<br>4. 黏贴材料种类 | m² | 按设计图示尺寸以面积计算<br>1. 平面防腐：扣除凸出地面的构筑物、设备基础等所占面积<br>2. 立面防腐：砖垛等突出部分按展开面积并入墙面积内 | 1. 基层清理、刷油<br>2. 煮沥青<br>3. 胶泥调制<br>4. 隔离层铺设 |
| 010802002 | 砌筑沥青浸渍砖 | 1. 砌筑部位<br>2. 浸渍砖规格<br>3. 浸渍砖砌法（平砌、立砌） | m³ | 按设计图示尺寸以体积计算 | 1. 基层清理<br>2. 胶泥调制<br>3. 浸渍砖铺砌 |
| 010802003 | 防腐涂料 | 1. 涂刷部位<br>2. 基层材料类型<br>3. 涂料品种、刷涂遍数 | m² | 按设计图示尺寸以面积计算<br>1. 平面防腐：扣除凸出地面的构筑物、设备基础等所占面积<br>2. 立面防腐：砖垛等突出部分按展开面积并入墙面积内 | 1. 基层清理<br>2. 刷涂料 |

A.8.3 隔热、保温

工程量清单项目设置及工程量计算规则，应按表 A.8.3 的规定执行。

隔热、保温（编码：010803）　　　　表 A.8.3

| 项目编码 | 项目名称 | 项目特征 | 计量单位 | 工程量计算规则 | 工程内容 |
| --- | --- | --- | --- | --- | --- |
| 010803001 | 保温隔热屋面 | 1. 保温隔热部位<br>2. 保温隔热方式（内保温、外保温、夹心保温）<br>3. 踢脚线、勒脚线保温做法<br>4. 保温隔热面层材料品种、规格、性能<br>5. 保温隔热材料品种、规格<br>6. 隔汽层厚度<br>7. 粘结材料种类<br>8. 防护材料种类 | m² | 按设计图示尺寸以面积计算。不扣除柱、垛所占面积 | 1. 基层清理<br>2. 铺贴保温层<br>3. 刷防护材料 |
| 010803002 | 保温隔热天棚 | | | | |
| 010803003 | 保温隔热墙 | | | 按设计图示尺寸以面积计算。扣除门窗洞口所占面积；门窗洞口侧壁需做保温时，并入保温墙体工程量内 | 1. 基层清理<br>2. 底层抹灰<br>3. 粘贴龙骨<br>4. 填贴保温材料<br>5. 粘贴面层<br>6. 嵌缝<br>7. 刷防护材料 |
| 010803004 | 保温柱 | | | 按设计图示以保温层中心线展开长度乘以保温层高度计算 | |
| 010803005 | 隔热楼地面 | | | 按设计图示尺寸以面积计算。不扣除柱、垛所占面积 | 1. 基层清理<br>2. 铺设粘贴材料<br>3. 铺贴保温层<br>4. 刷防护材料 |

A.8.4 其他相关问题应按下列规定处理：

1. 保温隔热墙的装饰面层，应按 B.2 中相关项目编码列项；

2. 柱帽保温隔热应并入天棚保温隔热工程量内；

3. 池槽保温隔热，池壁、池底应分别编码列项，池壁应并入墙面保温隔热工程量内，池底应并入地面保温隔热工程量内。

# 附录 B 装饰装修工程工程量清单项目及计算规则

## B.1 楼地面工程

### B.1.1 整体面层

工程量清单项目设置及工程量计算规则,应按表 B.1.1 的规定执行。

整体面层(编码:020101)　　　　表 B.1.1

| 项目编码 | 项目名称 | 项目特征 | 计量单位 | 工程量计算规则 | 工程内容 |
|---|---|---|---|---|---|
| 020101001 | 水泥砂浆楼地面 | 1. 垫层材料种类、厚度<br>2. 找平层厚度、砂浆配合比<br>3. 防水层厚度、材料种类<br>4. 面层厚度、砂浆配合比 | m² | 按设计图示尺寸以面积计算。扣除凸出地面构筑物、设备基础、室内铁道、地沟等所占面积,不扣除间壁墙和 0.3m² 以内的柱、垛、附墙烟囱及孔洞所占面积。门洞、空圈、暖气包槽、壁龛的开口部分不增加面积 | 1. 基层清理<br>2. 垫层铺设<br>3. 抹找平层<br>4. 防水层铺设<br>5. 抹面层<br>6. 材料运输 |
| 020101002 | 现浇水磨石楼地面 | 1. 垫层材料种类、厚度<br>2. 找平层厚度、砂浆配合比<br>3. 防水层厚度、材料种类<br>4. 面层厚度、水泥石子浆配合比<br>5. 嵌条材料种类、规格<br>6. 石子种类、规格、颜色<br>7. 颜料种类、颜色<br>8. 图案要求<br>9. 磨光、酸洗、打蜡要求 | | | 1. 基层清理<br>2. 垫层铺设<br>3. 抹找平层<br>4. 防水层铺设<br>5. 面层铺设嵌缝条安装<br>6. 磨光、酸洗、打蜡<br>7. 材料运输 |
| 020101003 | 细石混凝土地面 | 1. 垫层材料种类、厚度<br>2. 找平层厚度、砂浆配合比<br>3. 防水层厚度、材料种类<br>4. 面层厚度、混凝土强度等级 | | | 1. 基层清理<br>2. 垫层铺设<br>3. 抹找平层<br>4. 防水层铺设<br>5. 面层铺设<br>6. 材料运输 |
| 020101004 | 菱苦土楼地面 | 1. 垫层材料种类、厚度<br>2. 找平层厚度、砂浆配合比<br>3. 防水层厚度、材料种类<br>4. 面层厚度<br>5. 打蜡要求 | | | 1. 清理基层<br>2. 垫层铺设<br>3. 抹找平层<br>4. 防水层铺设<br>5. 面层铺设<br>6. 打蜡<br>7. 材料运输 |

## B.1.2 块料面层

工程量清单项目设置及工程量计算规则,应按表 B.1.2 的规定执行。

**块料面层**(编码:020102)　　　　　　　表 B.1.2

| 项目编码 | 项目名称 | 项目特征 | 计量单位 | 工程量计算规则 | 工程内容 |
|---|---|---|---|---|---|
| 020102001 | 石材楼地面 | 1. 垫层材料种类、厚度<br>2. 找平层厚度、砂浆配合比<br>3. 防水层、材料种类<br>4. 填充材料种类、厚度<br>5. 结合层厚度、砂浆配合比<br>6. 面层材料品种、规格、品牌、颜色<br>7. 嵌缝材料种类<br>8. 防护层材料种类<br>9. 酸洗、打蜡要求 | m² | 按设计图示尺寸以面积计算。扣除凸出地面构筑物、设备基础、室内铁道、地沟等所占面积,不扣除间壁墙和 0.3m² 以内的柱、垛、附墙烟囱及孔洞所占面积。门洞、空圈、暖气包槽、壁龛的开口部分不增加面积 | 1. 基层清理、铺设垫层、抹找平层<br>2. 防水层铺设、填充层<br>3. 面层铺设<br>4. 嵌缝<br>5. 刷防护材料<br>6. 酸洗、打蜡<br>7. 材料运输 |
| 020102002 | 块料楼地面 | | | | |

## B.1.3 橡塑面层

工程量清单项目设置及工程量计算规则,应按表 B.1.3 的规定执行。

**橡塑面层**(编码:020103)　　　　　　　表 B.1.3

| 项目编码 | 项目名称 | 项目特征 | 计量单位 | 工程量计算规则 | 工程内容 |
|---|---|---|---|---|---|
| 020103001 | 橡胶板楼地面 | 1. 找平层厚度、砂浆配合比<br>2. 填充材料种类、厚度<br>3. 粘结层厚度、材料种类<br>4. 面层材料品种、规格、品牌、颜色<br>5. 压线条种类 | m² | 按设计图示尺寸以面积计算。门洞、空圈、暖气包槽、壁龛的开口部分并入相应的工程量内 | 1. 基层清理、抹找平层<br>2. 铺设填充层<br>3. 面层铺贴<br>4. 压缝条装订<br>5. 材料运输 |
| 020103002 | 橡胶卷材楼地面 | | | | |
| 020103003 | 塑料板楼地面 | | | | |
| 020103004 | 塑料卷材楼地面 | | | | |

## B.1.4 其他材料面层

工程量清单项目设置及工程量计算规则,应按表 B.1.4 的规定执行。

**其他材料面层**(编码:020104)　　　　　　表 B.1.4

| 项目编码 | 项目名称 | 项目特征 | 计量单位 | 工程量计算规则 | 工程内容 |
|---|---|---|---|---|---|
| 020104001 | 楼地面地毯 | 1. 找平层厚度、砂浆配合比<br>2. 填充材料种类、厚度<br>3. 面层材料品种、规格、品牌、颜色<br>4. 防护材料种类<br>5. 粘结材料种类<br>6. 压线条种类 | m² | 按设计图示尺寸以面积计算。门洞、空圈、暖气包槽、壁龛的开口部分并入相应的工程量内 | 1. 基层清理、抹找平层<br>2. 铺设填充层<br>3. 铺贴面层<br>4. 刷防护材料<br>5. 装订压条<br>6. 材料运输 |

续表

| 项目编码 | 项目名称 | 项目特征 | 计量单位 | 工程量计算规则 | 工程内容 |
|---|---|---|---|---|---|
| 020104002 | 竹木地板 | 1. 找平层厚度、砂浆配合比<br>2. 填充材料种类、厚度、找平层厚度、砂浆配合比<br>3. 龙骨材料种类、规格、铺设间距<br>4. 基层材料种类、规格<br>5. 面层材料品种、规格、品牌、颜色<br>6. 粘结材料种类<br>7. 防护材料种类<br>8. 油漆品种、刷漆遍数 | m² | 按设计图示尺寸以面积计算。门洞、空圈、暖气包槽、壁龛的开口部分并入相应的工程量内 | 1. 基层清理、抹找平层<br>2. 铺设填充层<br>3. 龙骨铺设<br>4. 铺设基层<br>5. 面层铺贴<br>6. 刷防护材料<br>7. 材料运输 |
| 020104003 | 防静电活动地板 | 1. 找平层厚度、砂浆配合比<br>2. 填充材料种类、厚度，找平层厚度、砂浆配合比<br>3. 支架高度、材料种类<br>4. 面层材料品种、规格、品牌、颜色<br>5. 防护材料种类 | m² | | 1. 清理基层、抹找平层<br>2. 铺设填充层<br>3. 固定支架安装<br>4. 活动面层安装<br>5. 刷防护材料<br>6. 材料运输 |
| 020104004 | 金属复合地板 | 1. 找平层厚度、砂浆配合比<br>2. 填充材料种类、厚度，找平层厚度、砂浆配合比<br>3. 龙骨材料种类、规格、铺设间距<br>4. 基层材料种类、规格<br>5. 面层材料品种、规格、品牌<br>6. 防护材料种类 | | | 1. 清理基层、抹找平层<br>2. 铺设填充层<br>3. 龙骨铺设<br>4. 基层铺设<br>5. 面层铺贴<br>6. 刷防护材料<br>7. 材料运输 |

## B.1.5 踢脚线

工程量清单项目设置及工程量计算规则，应按表 B.1.5 的规定执行。

**踢脚线**（编码：020105） 表 B.1.5

| 项目编码 | 项目名称 | 项目特征 | 计量单位 | 工程量计算规则 | 工程内容 |
|---|---|---|---|---|---|
| 020105001 | 水泥砂浆踢脚线 | 1. 踢脚线高度<br>2. 底层厚度、砂浆配合比<br>3. 面层厚度、砂浆配合比 | m² | 按设计图示长度乘以高度以面积计算 | 1. 基层清理<br>2. 底层抹灰<br>3. 面层铺贴<br>4. 勾缝<br>5. 磨光、酸洗、打蜡<br>6. 刷防护材料<br>7. 材料运输 |
| 020105002 | 石材踢脚线 | 1. 踢脚线高度<br>2. 底层厚度、砂浆配合比<br>3. 粘贴层厚度、材料种类<br>4. 面层材料品种、规格、品牌、颜色<br>5. 勾缝材料种类<br>6. 防护材料种类 | | | |
| 020105003 | 块料踢脚线 | | | | |

续表

| 项目编码 | 项目名称 | 项目特征 | 计量单位 | 工程量计算规则 | 工程内容 |
|---|---|---|---|---|---|
| 020105004 | 现浇水磨石踢脚线 | 1. 踢脚线高度<br>2. 底层厚度、砂浆配合比<br>3. 面层厚度、水泥石子浆配合比<br>4. 石子种类、规格、颜色<br>5. 颜料种类、颜色<br>6. 磨光、酸洗、打蜡要求 | m² | 按设计图示长度乘以高度以面积计算 | 1. 基层清理<br>2. 底层抹灰<br>3. 面层铺贴<br>4. 勾缝<br>5. 磨光、酸洗、打蜡<br>6. 刷防护材料<br>7. 材料运输 |
| 020105005 | 塑料板踢脚线 | 1. 踢脚线高度<br>2. 底层厚度、砂浆配合比<br>3. 粘结层厚度、材料种类<br>4. 面层材料种类、规格、品牌、颜色 | m² | 按设计图示长度乘以高度以面积计算 | |
| 020105006 | 木质踢脚线 | 1. 踢脚线高度<br>2. 底层厚度、砂浆配合比<br>3. 基层材料种类<br>4. 面层材料品种、规格、品牌、颜色<br>5. 防护材料种类<br>6. 油漆品种、刷漆遍数 | | | 1. 基层清理<br>2. 底层抹灰<br>3. 基层铺贴<br>4. 面层铺贴<br>5. 刷防护材料<br>6. 刷油漆<br>7. 材料运输 |
| 020105007 | 金属踢脚线 | | | | |
| 020105008 | 防静电踢脚线 | | | | |

## B.1.6 楼梯装饰

工程量清单项目设置及工程量计算规则，应按表 B.1.6 的规定执行。

楼梯装饰（编码：020106）　　　　　　表 B.1.6

| 项目编码 | 项目名称 | 项目特征 | 计量单位 | 工程量计算规则 | 工程内容 |
|---|---|---|---|---|---|
| 020106001 | 石材楼梯面层 | 1. 找平层厚度、砂浆配合比<br>2. 贴结层厚度、材料种类<br>3. 面层材料品种、规格、品牌、颜色<br>4. 防滑条材料种类、规格<br>5. 勾缝材料种类<br>6. 防护层材料种类<br>7. 酸洗、打蜡要求 | m² | 按设计图示尺寸以楼梯（包括踏步、休息平台及500mm以内的楼梯井）水平投影面积计算。楼梯与楼地面相连时，算至梯口梁内侧边沿；无梯口梁者，算至最上一层踏步边沿加300mm | 1. 基层清理<br>2. 抹找平层<br>3. 面层铺贴<br>4. 贴嵌防滑条<br>5. 勾缝<br>6. 刷防护材料<br>7. 酸洗、打蜡<br>8. 材料运输 |
| 020106002 | 块料楼梯面层 | | | | |
| 020106003 | 水泥砂浆楼梯面 | 1. 找平层厚度、砂浆配合比<br>2. 面层厚度、砂浆配合比<br>3. 防滑条材料种类、规格 | | | 1. 基层清理<br>2. 抹找平层<br>3. 抹面层<br>4. 抹防滑条<br>5. 材料运输 |

续表

| 项目编码 | 项目名称 | 项目特征 | 计量单位 | 工程量计算规则 | 工程内容 |
|---|---|---|---|---|---|
| 020106004 | 现浇水磨石楼梯面 | 1. 找平层厚度、砂浆配合比<br>2. 面层厚度、水泥石子浆配合比<br>3. 防滑条材料种类、规格<br>4. 石子种类、规格、颜色<br>5. 颜料种类、颜色<br>6. 磨光、酸洗、打蜡要求 | m² | 按设计图示尺寸以楼梯（包括踏步、休息平台及500mm以内的楼梯井）水平投影面积计算。楼梯与楼地面相连时，算至梯口梁内侧边沿；无梯口梁者，算至最上一层踏步边沿加300mm | 1. 基层清理<br>2. 抹找平层<br>3. 抹面层<br>4. 贴嵌防滑条<br>5. 磨光、酸洗、打蜡<br>6. 材料运输 |
| 020106005 | 地毯楼梯面 | 1. 基层种类<br>2. 找平层厚度、砂浆配合比<br>3. 面层材料品种、规格、品牌、颜色<br>4. 防护材料种类<br>5. 粘结材料种类<br>6. 固定配件材料种类、规格 | m² | | 1. 基层清理<br>2. 抹找平层<br>3. 铺贴面层<br>4. 固定配件安装<br>5. 刷防护材料<br>6. 材料运输 |
| 020106006 | 木板楼梯面 | 1. 找平层厚度、砂浆配合比<br>2. 基层材料种类、规格<br>3. 面层材料品种、规格、品牌、颜色<br>4. 粘结材料种类<br>5. 防护材料种类<br>6. 油漆品种、刷漆遍数 | | | 1. 基层清理<br>2. 抹找平层<br>3. 基层铺贴<br>4. 面层铺贴<br>5. 刷防护材料、油漆<br>6. 材料运输 |

## B.1.7 扶手、栏杆、栏板装饰

工程量清单项目设置及工程量计算规则，应按表B.1.7的规定执行。

**扶手、栏杆、栏板装饰**（编码：020107）　　　　表 B.1.7

| 项目编码 | 项目名称 | 项目特征 | 计量单位 | 工程量计算规则 | 工程内容 |
|---|---|---|---|---|---|
| 020107001 | 金属扶手带栏杆、栏板 | 1. 扶手材料种类、规格、品牌、颜色<br>2. 栏杆材料种类、规格、品牌、颜色<br>3. 栏板材料种类、规格、品牌、颜色<br>4. 固定配件种类<br>5. 防护材料种类<br>6. 油漆品种、刷漆遍数 | m | 按设计图纸尺寸以扶手中心线长度（包括弯头长度）计算 | 1. 制作<br>2. 运输<br>3. 安装<br>4. 刷防护材料<br>5. 刷油漆 |
| 020107002 | 硬木扶手带栏杆、栏板 | | | | |
| 020107003 | 塑料扶手带栏杆、栏板 | | | | |
| 020107004 | 金属靠墙扶手 | 1. 扶手材料种类、规格、品牌、颜色<br>2. 固定配件种类<br>3. 防护材料种类<br>4. 油漆品种、刷漆遍数 | | | |
| 020107005 | 硬木靠墙扶手 | | | | |
| 020107006 | 塑料靠墙扶手 | | | | |

### B.1.8 台阶装饰

工程量清单项目设置及工程量计算规则，应按表 B.1.8 的规定执行。

台阶装饰（编码：020108） 表 B.1.8

| 项目编码 | 项目名称 | 项目特征 | 计量单位 | 工程量计算规则 | 工程内容 |
| --- | --- | --- | --- | --- | --- |
| 020108001 | 石材台阶面 | 1. 垫层材料种类、厚度<br>2. 找平层厚度、砂浆配合比<br>3. 粘结层材料种类<br>4. 面层材料品种、规格、品牌、颜色<br>5. 勾缝材料种类<br>6. 防滑条材料种类、规格<br>7. 防护材料种类 | $m^2$ | 按设计图示尺寸以台阶（包括最上层踏步边沿加300mm）水平投影面积计算 | 1. 基层清理<br>2. 铺设垫层<br>3. 抹找平层<br>4. 面层铺贴<br>5. 贴嵌防滑条<br>6. 勾缝<br>7. 刷防护材料<br>8. 材料运输 |
| 020108002 | 块料台阶面 | | | | 1. 清理基层<br>2. 铺设垫层<br>3. 抹找平层<br>4. 抹面层<br>5. 抹防滑条<br>6. 材料运 |
| 020108003 | 水泥砂浆台阶面 | 1. 垫层材料种类、厚度<br>2. 找平层厚度、砂浆配合比<br>3. 面层厚度、砂浆配合比<br>4. 防滑条材料种类 | | | 1. 清理基层<br>2. 铺设垫层<br>3. 抹找平层<br>4. 抹面层<br>5. 贴嵌防滑条<br>6. 打磨、酸洗、打蜡<br>7. 材料运输 |
| 020108004 | 现浇水磨石台阶面 | 1. 垫层材料种类、厚度<br>2. 找平层厚度、砂浆配合比<br>3. 面层厚度、砂浆配合比<br>4. 防滑条材料种类<br>5. 石子种类、规格、颜色<br>6. 颜料种类、规格、颜色<br>7. 磨光、酸洗、打蜡要求 | | | 1. 垫层材料种类、厚度<br>2. 找平层厚度、砂浆配合比<br>3. 面层厚度、水泥石子浆配合比<br>4. 防滑条材料种类、规格<br>5. 石子种类、规格、颜色<br>6. 颜料种类、颜色<br>7. 磨光、酸洗、打蜡要求 |
| 020108005 | 剁假石台阶面 | 1. 垫层材料种类、厚度<br>2. 找平层厚度、砂浆配合比<br>3. 面层厚度、砂浆配合比<br>4. 剁假石要求 | | | 1. 清理基层<br>2. 铺设垫层<br>3. 抹找平层<br>4. 抹面层<br>5. 剁假石<br>6. 材料运输 |

**B.1.9 零星装饰项目**

工程量清单项目设置及工程量计算规则，应按表 B.1.9 的规定执行。

零星装饰项目 表 B.1.9

| 项目编码 | 项目名称 | 项目特征 | 计量单位 | 工程量计算规则 | 工程内容 |
| --- | --- | --- | --- | --- | --- |
| 020109001 | 石材零星项目 | 1. 工程部位<br>2. 找平层厚度、砂浆配合比<br>3. 贴结合层厚度、材料种类<br>4. 面层材料品种、规格、品牌、颜色<br>5. 勾缝材料种类<br>6. 防护材料种类<br>7. 酸洗、打蜡要求 | m² | 按设计图示尺寸以面积计算 | 1. 清理基层<br>2. 抹找平层<br>3. 面层铺贴<br>4. 勾缝<br>5. 刷防护材料<br>6. 酸洗、打蜡<br>7. 材料运输 |
| 020109002 | 碎拼石材零星项目 | | | | |
| 020109003 | 块料零星项目 | | | | |
| 020109004 | 水泥砂浆零星项目 | 1. 工程部位<br>2. 找平层厚度、砂浆配合比<br>3. 面层厚度、砂浆厚度 | | | 1. 清理基层<br>2. 抹找平层<br>3. 抹面层<br>4. 材料运输 |

**B.1.10 其他相关问题应按下列规定处理：**

1. 楼梯、阳台、走廊、回廊及其他的装饰性扶手、栏杆、栏板，应按 B.1.7 项目编码列项；

2. 楼梯、台阶侧面装饰，0.5m² 以内少量分散的楼地面装修，应按 B.1.9 中项目编码列项。

## B.2 墙、柱面工程

**B.2.1 墙面抹灰**

工程量清单项目设置及工程量计算规则，应按表 B.2.1 的规定执行。

墙面抹灰（编码：020201） 表 B.2.1

| 项目编码 | 项目名称 | 项目特征 | 计量单位 | 工程量计算规则 | 工程内容 |
| --- | --- | --- | --- | --- | --- |
| 020201001 | 墙面一般抹灰 | 1. 墙体类型<br>2. 底层厚度、砂浆配合比<br>3. 面层厚度、砂浆配合比<br>4. 装饰面材料种类<br>5. 分格缝宽度、材料种类 | m² | 按设计图示尺寸以面积计算。扣除墙裙、门窗洞口及单个 0.3m² 以外的孔洞面积，不扣除踢脚线、挂镜线和墙与构件交接处的面积，门窗洞口和孔洞的侧壁及顶面不增加面积。附墙柱、梁、垛、烟囱侧壁并入相应的墙面面积内<br>1. 外墙抹灰面积按外墙垂直投影面积计算<br>2. 外墙裙抹灰面积按其长度乘以高度计算<br>3. 内墙抹灰面积按主墙间的净长乘以高度计算<br>（1）无墙裙的，高度按室内楼地面至天棚底面计算<br>（2）有墙裙的，高度按墙裙顶至天棚底面计算<br>4. 内墙裙抹灰面按内墙净长乘以高度计算 | 1. 基层清理<br>2. 砂浆制作、运输<br>3. 底层抹灰<br>4. 抹面层<br>5. 抹装饰面<br>6. 勾分格缝 |
| 020201002 | 墙面装饰抹灰 | | | | |
| 020201003 | 墙面勾缝 | 1. 墙体类型<br>2. 勾缝类型<br>3. 勾缝材料种类 | | | 1. 基层清理<br>2. 砂浆制作、运输<br>3. 勾缝 |

### B.2.2 柱面抹灰

工程量清单项目设置及工程量计算规则,应按表 B.2.2 的规定执行。

柱面抹灰(编码:020202)　　　　　表 B.2.2

| 项目编码 | 项目名称 | 项目特征 | 计量单位 | 工程量计算规则 | 工程内容 |
| --- | --- | --- | --- | --- | --- |
| 020202001 | 柱面一般抹灰 | 1. 柱体类型<br>2. 底层厚度、砂浆配合比<br>3. 面层厚度、砂浆配合比<br>4. 装饰面材料种类<br>5. 分格缝宽度、材料种类 | $m^2$ | 按设计图示柱断面周长乘以高度以面积计算 | 1. 基层清理<br>2. 砂浆制作、运输<br>3. 底层抹灰<br>4. 抹面层<br>5. 抹装饰面<br>6. 勾分格缝 |
| 020202002 | 柱面装饰抹灰 | | | | |
| 020202003 | 柱面勾缝 | 1. 墙体类型<br>2. 勾缝类型<br>3. 勾缝材料种类 | | | 1. 基层清理<br>2. 砂浆制作、运输<br>3. 勾缝 |

### B.2.3 零星抹灰

工程量清单项目设置及工程量计算规则,应按表 B.2.3 的规定执行。

零星抹灰(编码:020203)　　　　　表 B.2.3

| 项目编码 | 项目名称 | 项目特征 | 计量单位 | 工程量计算规则 | 工程内容 |
| --- | --- | --- | --- | --- | --- |
| 020203001 | 零星项目一般抹灰 | 1. 墙体类型<br>2. 底层厚度、砂浆配合比<br>3. 面层厚度、砂浆配合比<br>4. 装饰面材料种类<br>5. 分格缝宽度、材料种类 | $m^2$ | 按设计图示尺寸以面积计算 | 1. 基层清理<br>2. 砂浆制作、运输<br>3. 底层抹灰<br>4. 抹面层<br>5. 抹装饰面<br>6. 勾分格缝 |
| 020203002 | 零星项目装饰抹灰 | | | | |

### B.2.4 墙面镶贴块料

工程量清单项目设置及工程量计算规则,应按表 B.2.4 的规定执行。

墙面镶贴块料(编码:020204)　　　　　表 B.2.4

| 项目编码 | 项目名称 | 项目特征 | 计量单位 | 工程量计算规则 | 工程内容 |
| --- | --- | --- | --- | --- | --- |
| 020204001 | 石材墙面 | 1. 墙体类型<br>2. 底层厚度、砂浆配合比<br>3. 贴结层厚度、材料种类<br>4. 挂贴方式<br>5. 干挂方式(膨胀螺栓、钢龙骨)<br>6. 面层材料品种、规格、品牌、颜色<br>7. 缝宽、嵌缝材料种类<br>8. 防护材料种类<br>9. 磨光、酸洗、打蜡要求 | $m^2$ | 按设计图示尺寸以镶贴面积计算 | 1. 基层清理<br>2. 砂浆制作、运输<br>3. 底层抹灰<br>4. 结合层铺贴<br>5. 面层铺贴<br>6. 面层挂贴<br>7. 面层干挂<br>8. 嵌缝<br>9. 刷防护材料<br>10. 磨光、酸洗、打蜡 |
| 020204002 | 碎拼石材 | | | | |
| 020204003 | 块料墙面 | | | | |
| 020204004 | 干挂石材钢骨架 | 1. 骨架种类、规格<br>2. 油漆品种、刷油遍数 | t | 按设计图示尺寸以质量计算 | 1. 骨架制作、运输、安装<br>2. 骨架油漆 |

### B.2.5 柱面镶贴块料

工程量清单项目设置及工程量计算规则，应按表 B.2.5 的规定执行。

柱面镶贴块料（编码：020205） 表 B.2.5

| 项目编码 | 项目名称 | 项目特征 | 计量单位 | 工程量计算规则 | 工程内容 |
| --- | --- | --- | --- | --- | --- |
| 020205001 | 石材柱面 | 1. 柱体材料<br>2. 柱截面类型、尺寸<br>3. 底层厚度、砂浆配合比<br>4. 粘结层厚度、材料种类<br>5. 挂贴方式<br>6. 干贴方式<br>7. 面层材料品种、规格、品牌、颜色<br>8. 缝宽、嵌缝材料种类<br>9. 防护材料种类<br>10. 磨光、酸洗、打蜡要求 | m² | 按设计图示尺寸以镶贴面积计算 | 1. 基层清理<br>2. 砂浆制作、运输<br>3. 底层抹灰<br>4. 结合层铺贴<br>5. 面层铺贴<br>6. 面层挂贴<br>7. 面层干挂<br>8. 嵌缝<br>9. 刷防护材料<br>10. 磨光、酸洗、打蜡 |
| 020205002 | 拼碎石材柱面 | | | | |
| 020205003 | 块料柱面 | | | | |
| 020205004 | 石材梁面 | 1. 底层厚度、砂浆配合比<br>2. 粘结层厚度、材料种类<br>3. 面层材料品种、规格、品牌、颜色<br>4. 缝宽、嵌缝材料种类<br>5. 防护材料种类<br>6. 磨光、酸洗、打蜡要求 | m² | | 1. 基层清理<br>2. 砂浆制作、运输<br>3. 底层抹灰<br>4. 结合层铺贴<br>5. 面层铺贴<br>6. 面层挂贴<br>7. 嵌缝<br>8. 刷防护材料<br>9. 磨光、酸洗、打蜡 |
| 020205005 | 块料梁面 | | | | |

### B.2.6 零星镶贴块料

工程量清单项目设置及工程量计算规则，应按表 B.2.6 的规定执行。

零星镶贴块料（编码：020206） 表 B.2.6

| 项目编码 | 项目名称 | 项目特征 | 计量单位 | 工程量计算规则 | 工程内容 |
| --- | --- | --- | --- | --- | --- |
| 020206001 | 石材零星项目 | 1. 柱、墙体类型<br>2. 底层厚度、砂浆配合比<br>3. 粘结层厚度、材料种类<br>4. 挂贴方式<br>5. 干挂方式<br>6. 面层材料品种、规格、品牌、颜色<br>7. 缝宽、嵌缝材料种类<br>8. 防护材料种类<br>9. 磨光、酸洗、打蜡要求 | m² | 按设计图示尺寸以镶贴面积计算 | 1. 基层清理<br>2. 砂浆制作、运输<br>3. 底层抹灰<br>4. 结合层铺贴<br>5. 面层铺贴<br>6. 面层挂贴<br>7. 面层干挂<br>8. 嵌缝<br>9. 刷防护材料<br>10. 磨光、酸洗、打蜡 |
| 020206002 | 拼碎石材零星项目 | | | | |
| 020206003 | 块料零星项目 | | | | |

## B.2.7 墙饰面

工程量清单项目设置及工程量计算规则,应按表 B.2.7 的规定执行。

墙饰面(编码:020207)　　　　　表 B.2.7

| 项目编码 | 项目名称 | 项目特征 | 计量单位 | 工程量计算规则 | 工程内容 |
|---|---|---|---|---|---|
| 020207001 | 装饰板墙面 | 1. 墙体类型<br>2. 底层厚度、砂浆配合比<br>3. 龙骨材料种类、规格、中距<br>4. 隔离层材料种类、规格<br>5. 基层材料种类、规格<br>6. 面层材料品种、规格、品牌、颜色<br>7. 压条材料种类、规格<br>8. 防护材料种类<br>9. 油漆品种、刷漆遍数 | $m^2$ | 按设计图示墙净长乘以净高以面积计算。扣除门窗洞口及单个 $0.3m^2$ 以上的孔洞所占面积 | 1. 基层清理<br>2. 砂浆制作、运输<br>3. 底层抹灰<br>4. 龙骨制作、运输、安装<br>5. 钉隔离层<br>6. 基层铺钉<br>7. 面层铺贴<br>8. 刷防护材料、油漆 |

## B.2.8 柱(梁)饰面

工程量清单项目设置及工程量计算规则,应按表 B.2.8 的规定执行。

柱(梁)饰面(编码:020208)　　　　　表 B.2.8

| 项目编码 | 项目名称 | 项目特征 | 计量单位 | 工程量计算规则 | 工程内容 |
|---|---|---|---|---|---|
| 020208001 | 柱(梁)面装饰 | 1. 柱(梁)体类型<br>2. 底层厚度、砂浆配合比<br>3. 龙骨材料种类、规格、中距<br>4. 隔离层材料种类<br>5. 基层材料种类、规格<br>6. 面层材料品种、规格、品种、颜色<br>7. 压条材料种类、规格<br>8. 防护材料种类<br>9. 油漆品种、刷漆遍数 | $m^2$ | 按设计图示饰面外围尺寸以面积计算。柱帽、柱墩并入相应柱饰面工程量内 | 1. 清理基层<br>2. 砂浆制作、运输<br>3. 底层抹灰<br>4. 龙骨制作、运输、安装<br>5. 钉隔离层<br>6. 基层铺钉<br>7. 面层铺贴<br>8. 刷防护材料、油漆 |

## B.2.9 隔断

工程量清单项目设置及工程量计算规则,应按表 B.2.9 的规定执行。

隔断(编码:020209)　　　　　表 B.2.9

| 项目编码 | 项目名称 | 项目特征 | 计量单位 | 工程量计算规则 | 工程内容 |
|---|---|---|---|---|---|
| 020209001 | 隔断 | 1. 骨架、边框材料种类、规格<br>2. 隔板材料品种、规格、品牌、颜色<br>3. 嵌缝、塞口材料品种<br>4. 压条材料种类<br>5. 防护材料种类<br>6. 油漆品种、刷漆遍数 | $m^2$ | 按设计图示框外围尺寸以面积计算。扣除单个 $0.3m^2$ 以上的孔洞所占面积;浴厕门的材质与隔断相同时,门的面积并入隔断面积内 | 1. 骨架及边框制作、运输、安装<br>2. 隔板制作、运输、安装<br>3. 嵌缝、塞口<br>4. 装订压条<br>5. 刷防护材料、油漆 |

## B.2.10 幕墙

工程量清单项目设置及工程量计算规则,应按表 B.2.10 的规定执行。

幕墙(编码:020210) 表 B.2.10

| 项目编码 | 项目名称 | 项目特征 | 计量单位 | 工程量计算规则 | 工程内容 |
|---|---|---|---|---|---|
| 020210001 | 带骨架幕墙 | 1. 骨架材料种类、规格、中距<br>2. 面层材料品种、规格、品种、颜色<br>3. 面层固定方式<br>4. 嵌缝、塞口材料种类 | m² | 按设计图示框外围尺寸以面积计算。与幕墙同种材质的窗所占面积不扣除 | 1. 骨架制作、运输、安装<br>2. 面层安装<br>3. 嵌缝、塞口<br>4. 清洗 |
| 020210002 | 全玻幕墙 | 1. 玻璃品种、规格、品牌、颜色<br>2. 粘结塞口材料种类<br>3. 固定方式 | m² | 按设计图示尺寸以面积计算,带肋全玻幕墙按展开面积计算 | 1. 幕墙安装<br>2. 嵌缝、塞口<br>3. 清洗 |

## B.2.11 其他相关问题应按下列规定处理:

1. 石灰砂浆、水泥砂浆、水泥混合砂浆、聚合物水泥砂浆、麻刀石灰、纸筋石灰、石膏灰等的抹灰应按 B.2.1 中一般抹灰项目编码列项;水刷石、斩假石(剁斧石、剁假石)、干粘石、假面砖等的抹灰应按 B.2.1 中装饰抹灰项目编码列项。

2. 0.5m² 以内少量分散的抹灰和镶贴块料面层,应按 B.2.1 和 B.2.6 中相关项目编码列项。

## B.3 天棚工程

### B.3.1 天棚抹灰

工程量清单项目设置及工程量计算规则,应按表 B.3.1 的规定执行。

天棚抹灰(编码:020301) 表 B.3.1

| 项目编码 | 项目名称 | 项目特征 | 计量单位 | 工程量计算规则 | 工程内容 |
|---|---|---|---|---|---|
| 020301001 | 天棚抹灰 | 1. 基层类型<br>2. 抹灰厚度、材料种类<br>3. 装饰线条道数<br>4. 砂浆配合比 | m² | 按设计图示尺寸以水平投影面积计算。不扣除间壁墙、垛、柱、附墙烟囱、检查口和管道所占的面积,带梁天棚、梁两侧抹灰面积并入天棚面积内,板式楼梯底面抹灰按斜面积计算,锯齿形楼梯底板抹灰按展开面积计算 | 1. 基层清理<br>2. 底层抹灰<br>3. 抹面层<br>4. 抹装饰线条 |

### B.3.2 天棚吊顶

工程量清单项目设置及工程量计算规则,应按表 B.3.2 的规定执行。

天棚吊顶(编码:020302)　　　　　表 B.3.2

| 项目编码 | 项目名称 | 项目特征 | 计量单位 | 工程量计算规则 | 工程内容 |
| --- | --- | --- | --- | --- | --- |
| 020302001 | 天棚吊顶 | 1. 吊顶形式<br>2. 龙骨类型、材料种类、规格、中距<br>3. 基层材料种类、规格<br>4. 面层材料品种、规格、品牌、颜色<br>5. 压条材料种类、规格<br>6. 嵌缝材料种类<br>7. 防护材料种类<br>8. 油漆品种、刷漆遍数 | m² | 按设计图示尺寸以水平投影面积计算。天棚面中的灯槽及跌级、锯齿形、吊挂式、藻井式天棚面积不展开计算。不扣除间壁墙、检查口、附墙烟囱、柱垛和管道所占面积,扣除单个 0.3m² 以外的孔洞、独立柱及与天棚相连的窗帘盒所占的面积 | 1. 基层清理<br>2. 龙骨安装<br>3. 基层板铺贴<br>4. 面层铺贴<br>5. 嵌缝<br>6. 刷防护材料、油漆 |
| 020302002 | 格栅吊顶 | 1. 龙骨类型、材料种类、规格、中距<br>2. 基层材料种类、规格<br>3. 面层材料品种、规格、品牌、颜色<br>4. 防护材料种类<br>5. 油漆品种、刷漆遍数 | | | 1. 基层清理<br>2. 底层抹灰<br>3. 安装龙骨<br>4. 基层板铺贴<br>5. 面层铺贴<br>6. 刷防护材料、油漆 |
| 020302003 | 吊筒吊顶 | 1. 底层厚度、砂浆配合比<br>2. 吊筒形状、规格、颜色、材料种类<br>3. 防护材料种类<br>4. 油漆品种、刷漆遍数 | | 按设计图示尺寸以水平投影面积计算 | 1. 基层清理<br>2. 底层抹灰<br>3. 吊筒安装<br>4. 刷防护材料、油漆 |
| 020302004 | 藤条造型悬挂吊顶 | 1. 底层厚度、砂浆配合比<br>2. 骨架材料种类、规格<br>3. 面层材料品种、规格、颜色<br>4. 防护层材料种类<br>5. 油漆品种、刷漆遍数 | | | 1. 基层清理<br>2. 底层抹灰<br>3. 龙骨安装<br>4. 铺贴面层<br>5. 刷防护材料、油漆 |
| 020302005 | 组物软雕吊顶 | | | | |
| 020302006 | 网架(装饰)吊顶 | 1. 底层厚度、砂浆配合比<br>2. 面层材料品种、规格、颜色<br>3. 防护材料品种<br>4. 油漆品种、刷漆遍数 | | | 1. 基层清理<br>2. 底面抹灰<br>3. 面层安装<br>4. 刷防护材料、油漆 |

## B.3.3 天棚其他装饰

工程量清单项目设置及工程量计算规则，应按表 B.3.3 的规定执行。

天棚其他装饰（编码：020303）　　　　　表 B.3.3

| 项目编码 | 项目名称 | 项目特征 | 计量单位 | 工程量计算规则 | 工程内容 |
|---|---|---|---|---|---|
| 020303001 | 灯带 | 1. 灯带型式、尺寸<br>2. 格栅片材料品种、规格、品牌、颜色<br>3. 安装固定方式 | $m^2$ | 按设计图示尺寸以框外围面积计算 | 安装、固定 |
| 020303002 | 送风口、回风口 | 1. 风口材料品种、规格、品牌、颜色<br>2. 安装固定方式<br>3. 防护材料种类 | 个 | 按设计图示数量计算 | 1. 安装、固定<br>2. 刷防护材料 |

B.3.4 采光天棚和天棚设保温隔热吸音层时，应按 A.8 中相关项目编码列项。

## B.4 门窗工程

### B.4.1 木门

工程量清单项目设置及工程量计算规则，应按表 B.4.1 的规定执行。

木门（编码：020401）　　　　　表 B.4.1

| 项目编码 | 项目名称 | 项目特征 | 计量单位 | 工程量计算规则 | 工程内容 |
|---|---|---|---|---|---|
| 020401001 | 镶板木门 | 1. 门类型<br>2. 框截面尺寸、单扇面积<br>3. 骨架材料种类<br>4. 面层材料品种、规格、品牌、颜色<br>5. 玻璃品种、厚度、五金材料、品种、规格<br>6. 防护层材料种类<br>7. 油漆品种、刷漆遍数 | 樘/$m^2$ | 按设计图示数量或设计图示洞口尺寸面积计算 | 1. 门制作、运输、安装<br>2. 五金、玻璃安装<br>3. 刷防护材料、油漆 |
| 020401002 | 企口木板门 | | | | |
| 020401003 | 实木装饰门 | | | | |
| 020401004 | 胶合板门 | | | | |
| 020401005 | 夹板装饰门 | 1. 门类型<br>2. 框截面尺寸、单扇面积<br>3. 骨架材料种类<br>4. 防火材料种类<br>5. 门纱材料品种、规格<br>6. 面层材料品种、规格、品牌、颜色<br>7. 玻璃品种、厚度、五金材料、品种、规格<br>8. 防护材料种类<br>9. 油漆品种、刷漆遍数按设计图示数量计算 | | | |
| 020401006 | 木质防火门 | | | | |
| 020401007 | 木纱门 | | | | |
| 020401008 | 连窗门 | 1. 门窗类型<br>2. 框截面尺寸、单扇面积<br>3. 骨架材料种类<br>4. 面层材料品种、规格、品牌、颜色<br>5. 玻璃品种、厚度、五金材料、品种、规格<br>6. 防护材料种类<br>7. 油漆品种、刷漆遍数 | | | |

### B.4.2 金属门

工程量清单项目设置及工程量计算规则,应按表 B.4.2 的规定执行。

**金属门**(编码:020402)     表 B.4.2

| 项目编码 | 项目名称 | 项目特征 | 计量单位 | 工程量计算规则 | 工程内容 |
| --- | --- | --- | --- | --- | --- |
| 020402001 | 金属平开门 | 1. 门类型<br>2. 框材质、外围尺寸<br>3. 扇材质、外围尺寸<br>4. 玻璃品种、厚度、五金材料、品种、规格<br>5. 防护材料种类<br>6. 油漆品种、刷漆遍数 | 樘/m² | 按设计图示数量或设计图示洞口尺寸面积计算 | 1. 门制作、运输、安装<br>2. 五金、玻璃安装<br>3. 刷防护材料、油漆 |
| 020402002 | 金属推拉门 | | | | |
| 020402003 | 金属地弹门 | | | | |
| 020402004 | 彩板门 | | | | |
| 020402005 | 塑钢门 | | | | |
| 020402006 | 防盗门 | | | | |
| 020402007 | 钢质防火门 | | | | |

### B.4.3 金属卷帘门

工程量清单项目设置及工程量计算规则,应按表 B.4.3 的规定执行。

**金属卷帘门**(编码:020403)     表 B.4.3

| 项目编码 | 项目名称 | 项目特征 | 计量单位 | 工程量计算规则 | 工程内容 |
| --- | --- | --- | --- | --- | --- |
| 020403001 | 金属卷闸门 | 1. 门材质、框外围尺寸<br>2. 启动装置品种、规格、品牌<br>3. 五金材料、品种、规格<br>4. 刷防护材料种类<br>5. 油漆品种、刷漆遍数 | 樘/m² | 按设计图示数量或设计图示洞口尺寸面积计算 | 1. 门制作、运输、安装<br>2. 启动装置、五金安装<br>3. 刷防护材料、油漆 |
| 020403002 | 金属格栅门 | | | | |
| 020403003 | 防火卷帘门 | | | | |

### B.4.4 其他门

工程量清单项目设置及工程量计算规则,应按表 B.4.4 的规定执行。

**其他门**(编码:020404)     表 B.4.4

| 项目编码 | 项目名称 | 项目特征 | 计量单位 | 工程量计算规则 | 工程内容 |
| --- | --- | --- | --- | --- | --- |
| 020404001 | 电子感应门 | 1. 门材质、品牌、外围尺寸<br>2. 玻璃品种、厚度、五金材料、品种、规格<br>3. 电子配件品种、规格、品牌<br>4. 防护材料种类<br>5. 油漆品种、刷漆遍数 | 樘/m² | 按设计图示数量或设计图示洞口尺寸面积计算 | 1. 门制作、运输、安装<br>2. 五金、电子配件安装<br>3. 刷防护材料油漆 |
| 020404002 | 转门 | | | | |
| 020404003 | 电子对讲门 | | | | |
| 020404004 | 电动伸缩门 | | | | |
| 020404005 | 全玻门(带扇框) | 1. 门类型<br>2. 框材质、外围尺寸<br>3. 扇材质、外围尺寸<br>4. 玻璃品种、厚度、五金材料、品种、规格<br>5. 油漆品种、刷漆遍数 | | | 1. 门制作、运输、安装<br>2. 五金安装<br>3. 刷防护材料、油漆 |
| 020404006 | 全玻自由门(无扇框) | | | | |
| 020404007 | 半玻门(带扇框) | | | | |
| 020404008 | 镜面不锈钢饰面门 | | | | 1. 门扇骨架及基层制作、运输、安装<br>2. 包面层<br>3. 五金安装<br>4. 刷防护材料 |

### B.4.5 木窗

工程量清单项目设置及工程量计算规则，应按表 B.4.5 的规定执行。

木窗（编码：020405）　　　　　　　表 B.4.5

| 项目编码 | 项目名称 | 项目特征 | 计量单位 | 工程量计算规则 | 工程内容 |
| --- | --- | --- | --- | --- | --- |
| 020405001 | 木质平开窗 | 1. 窗类型<br>2. 框材质、外围尺寸<br>3. 扇材质、外围尺寸<br>4. 玻璃品种、厚度、五金材料、品种、规格<br>5. 防护材料种类<br>6. 油漆品种、刷漆遍数 | 樘/m² | 按设计图示数量或设计图示洞口尺寸面积计算 | 1. 窗制作、运输、安装<br>2. 五金、玻璃安装<br>3. 刷防护材料、油漆 |
| 020405002 | 木质推拉窗 | | | | |
| 020405003 | 矩形木百叶窗 | | | | |
| 020405004 | 异形木百叶窗 | | | | |
| 020405005 | 木组合窗 | | | | |
| 020405006 | 木天窗 | | | | |
| 020405007 | 矩形木固定窗 | | | | |
| 020405008 | 异形木固定窗 | | | | |
| 020405009 | 装饰空花木窗 | | | | |

### B.4.6 金属窗

工程量清单项目设置及工程量计算规则，应按表 B.4.6 的规定执行。

金属窗（编码：020406）　　　　　　　表 B.4.6

| 项目编码 | 项目名称 | 项目特征 | 计量单位 | 工程量计算规则 | 工程内容 |
| --- | --- | --- | --- | --- | --- |
| 020406001 | 金属推拉窗 | 1. 窗类型<br>2. 框材质、外围尺寸<br>3. 扇材质、外围尺寸<br>4. 玻璃品种、厚度、五金材料、品种、规格<br>5. 防护材料种类<br>6. 油漆品种、刷漆遍数 | 樘/m² | 按设计图示数量或设计图示洞口尺寸面积计算 | 1. 窗制作、运输、安装<br>2. 五金、玻璃安装<br>3. 刷防护材料、油漆 |
| 020406002 | 金属平开窗 | | | | |
| 020406003 | 金属固定窗 | | | | |
| 020406004 | 金属百叶窗 | | | | |
| 020406005 | 金属组合窗 | | | | |
| 020406006 | 彩板窗 | | | | |
| 020406007 | 塑钢窗 | | | | |
| 020406008 | 金属防盗窗 | | | | |
| 020406009 | 金属格栅窗 | | | | |
| 020406010 | 特殊五金 | 1. 五金名称、用途<br>2. 五金材料、品种、规格 | 个/套 | 按设计图示数量计算 | 1. 五金安装<br>2. 刷防护材料、油漆 |

**B.4.10** 其他相关问题应按下列规定处理：

1. 玻璃、百叶面积占其门扇面积一半以内者应为半玻门或半百叶门，超过一半时应为全玻门或全百叶门；

2. 木门五金应包括：折页、插销、风钩、弓背拉手、搭扣、木螺丝、弹簧折页（自动门）、管子拉手（自由门、地弹门）、地弹簧（地弹门）、角铁、门轧头（地弹门、自由门）等；

3. 木窗五金应包括：折页、插销、风钩、木螺丝、滑轮滑轨（推拉窗）等；

4. 铝合金窗五金应包括：卡锁、滑轮、铰拉、执手、拉把、拉手、风撑、角码、牛角制等；

5. 铝合门五金应包括：地弹簧、门锁、拉手、门插、门铰、螺丝等；

6. 其他门五金应包括L型执手插锁（双舌）、球形执手锁（单舌）、门轧头、地锁、防盗门扣、门眼（猫眼）、门碰珠、电子销（磁卡销）、闭门器、装饰拉手等。

## B.5 油漆、涂料、裱糊工程

### B.5.1 门油漆

工程量清单项目设置及工程量计算规则，应按表B.5.1的规定执行。

门油漆（编码：020501） 表B.5.1

| 项目编码 | 项目名称 | 项目特征 | 计量单位 | 工程量计算规则 | 工程内容 |
| --- | --- | --- | --- | --- | --- |
| 020501001 | 门油漆 | 1. 门类型<br>2. 腻子种类<br>3. 刮腻子要求<br>4. 防护材料种类<br>5. 油漆品种、刷漆遍数 | 樘/m² | 按设计图示数量或设计图示单面洞口面积计算 | 1. 基层清理<br>2. 刮腻子<br>3. 刷防护材料、油漆 |

### B.5.2 窗油漆

工程量清单项目设置及工程量计算规则，应按表B.5.2的规定执行。

窗油漆（编码：020502） 表B.5.2

| 项目编码 | 项目名称 | 项目特征 | 计量单位 | 工程量计算规则 | 工程内容 |
| --- | --- | --- | --- | --- | --- |
| 020502001 | 窗油漆 | 1. 窗类型<br>2. 腻子种类<br>3. 刮腻子要求<br>4. 防护材料种类<br>5. 油漆品种、刷漆遍数 | 樘/m² | 按设计图示数量或设计图示单面洞口面积计算 | 1. 基层清理<br>2. 刮腻子<br>3. 刷防护材料、油漆 |

### B.5.7 喷塑、涂料

工程量清单项目设置及工程量计算规则，应按表B.5.7的规定执行。

喷刷、涂料（编码：020507） 表B.5.7

| 项目编码 | 项目名称 | 项目特征 | 计量单位 | 工程量计算规则 | 工程内容 |
| --- | --- | --- | --- | --- | --- |
| 020507001 | 刷喷涂料 | 1. 基层类型<br>2. 腻子种类<br>3. 刮腻子要求<br>4. 涂料品种、刷喷遍数 | m² | 按设计图示尺寸以面积计算 | 1. 基层清理<br>2. 刮腻子<br>3. 刷、喷涂料 |

B.5.10 其他相关问题应按下列规定处理：

1. 门油漆应区分单层木门、双层（一玻一纱）木门、双层（单裁口）木门、全玻自由门、半玻自由门、装饰门及有框门或无框门等，分别编码列项；

2. 窗油漆应区分单层玻璃窗、双层（一玻一纱）木窗、双层框扇（单裁口）木窗、双层框三层（二玻一纱）木窗、单层组合窗、双层组合窗、木百叶窗、木推拉窗等，分别编码列项。

# 附录 C 计价表与清单工程量计算规则对比

## A.1 土（石）方工程

**土方工程**（编码：010101）　　　　　　　　　　　　　　　表 A.1.1

| 项目编码 | 项目名称 | 计价表工程量计算规则 | 清单工程量计算规则 |
|---|---|---|---|
| 010101001 | 平整场地 | 按建筑物底层外墙外边线，每边各加 2m，以平方米计算 | 按设计图示尺寸以建筑物首层面积计算 |
| 010101002 | 挖土方 | 挖基础土方，按设计基础宽度、长度两边各加工作面宽度的挖土底面积乘以挖土深度计算。需要放坡时，另加放坡工程量 | 按设计图示尺寸以体积计算（实体工程量：基础垫层底面积乘以挖土深度计算） |
| 010101003 | 挖基础土方 | 挖沟、槽土方，按设计基础宽度、长度两边各加工作面宽度的挖土底面积乘以挖土深度计算。需要放坡时，另加放坡工程量<br>沟槽长度：外墙按图示基础中心线长度计算，内墙按净长线计算 | 按设计图示尺寸以基础垫层底面积乘以挖土深度计算 |
| 010101006 | 管沟土方 | 管道沟槽按图示中心线长度计算，沟底宽度设计有规定的，按设计规定；设计未规定的，按计价表相应规定宽度计算 | 按设计图示尺寸以管道中心线计算 |

**土石方回填**（编码：010103）　　　　　　　　　　　　　　表 A.1.3

| 项目编码 | 项目名称 | 计价表工程量计算规则 | 清单工程量计算规则 |
|---|---|---|---|
| 010103001 | 土（石）方回填 | 1. 基槽、坑回填土体积＝挖土体积－设计室外地坪以下埋设的实体体积（基础垫层、各类基础、地下室墙、地下水池壁）及其空腔体积<br>2. 室内回填土体积按主墙间净面积乘填土厚度计算<br>3. 管道沟槽回填，以挖方体积减去管外径所占体积计算。管外径小于或等于 500mm 时，不扣除管道所占体积；管外径超过 500mm 以上时，按计价表规定扣除 | 按设计图示尺寸以体积计算<br>1. 场地回填：回填面积乘以平均回填厚度<br>2. 室内回填：主墙间净面积乘以回填厚度<br>3. 基础回填：挖方体积减去设计室外地坪以下埋设的基础体积（包括基础垫层及其他构筑物） |

## A.3 砌筑工程

**砖基础**（编码：010301）　　　　　　　　　　　表 A.3.1

| 项目编码 | 项目名称 | 计价表工程量计算规则 | 清单工程量计算规则 |
|---|---|---|---|
| 010301001 | 砖基础 | 按设计图示尺寸以体积计算。包括附墙垛基础宽出部分体积，扣除地梁（圈梁）、构造柱所占体积，不扣除基础大放脚T形接头处的重叠部分及嵌入基础内的钢筋、铁件、管道、基础砂浆防潮层和单个面积 $0.3m^2$ 以内的孔洞所占体积，靠墙暖气沟的挑檐不增加<br>基础长度：外墙按中心线，内墙按净长线计算 | 同左 |

**砖砌体**（编码：010302）　　　　　　　　　　　表 A.3.2

| 项目编码 | 项目名称 | 计价表工程量计算规则 | 清单工程量计算规则 |
|---|---|---|---|
| 010302001 | 实心砖墙 | 计算墙体工程量时，应扣除门窗洞口，各种空洞，嵌入墙身的混凝土柱、梁所占的体积，不扣除梁头、梁垫，外墙预制板头，木砖，铁件，钢管等以及面积在 $0.3m^2$ 以下的孔洞所占的体积，突出墙面的压顶线，门窗套，三皮砖以内的腰线，挑檐等体积不增加<br>附墙砖垛，三皮砖以上的腰线，挑檐等体积，并入墙身体积内计算<br>墙的长度计算：外墙按外墙中心线，内墙按内墙净长线<br>墙的高度计算：现浇斜屋面板，算至墙中心线屋面板底，现浇平板楼板或屋面板，算至楼板或屋面板底，有框架梁时，算至梁底面，女儿墙从梁或板顶面算至女儿墙顶面，有混凝土压顶时，算至压顶底面 | 按设计图示尺寸以体积计算<br>扣除门窗洞口、过人洞、空圈、嵌入墙内的钢筋混凝土柱、梁、圈梁、挑梁、过梁及凹进墙内的壁龛、管槽、暖气槽、消火栓箱所占体积<br>不扣除梁头、板头、檩头、垫木、木楞头、沿缘木、木砖、门窗走头、砖墙内加固钢筋、木筋、铁件、钢管及单个面积 $0.3m^2$ 以内的孔洞所占体积。凸出墙面的腰线、挑檐、压顶、窗台线、虎头砖、门窗套的体积亦不增加。凸出墙面的砖垛并入墙体体积内计算<br>1. 墙长度：外墙按中心线，内墙按净长计算<br>2. 墙高度：<br>(1) 外墙：斜（坡）屋面无檐口天棚者算至屋面板底；有屋架且室内外均有天棚者算至屋架下弦底另加200mm；无天棚者算至屋架下弦底另加300mm，出檐宽度超过600mm时按实砌高度计算；平屋面算至钢筋混凝土板底<br>(2) 内墙：位于屋架下弦者，算至屋架下弦底；无屋架者算至天棚底另加100mm；有钢筋混凝土楼板隔层者算至楼板顶；有框架梁时算至梁底<br>(3) 女儿墙：从屋面板上表面算至女儿墙顶面（如有混凝土压顶时算至压顶下表面）<br>(4) 内、外山墙：按其平均高度计算 |

续表

| 项目编码 | 项目名称 | 计价表工程量计算规则 | 清单工程量计算规则 |
|---|---|---|---|
| 010302004 | 填充墙 | 框架砌体分别按内外墙不同砂浆强度以框架间净面积乘以墙厚计算 | 按设计图示尺寸以填充墙外形体积计算 |
| 010302006 | 零星砌砖 | 按设计图示尺寸以体积计算。扣除混凝土及钢筋混凝土梁垫、梁头、板头所占体积 | 同左 |

**砌块砌体**（编码：010304）　　　　　　　　　　表 A.3.4

| 项目编码 | 项目名称 | 计价表工程量计算规则 | 清单工程量计算规则 |
|---|---|---|---|
| 010304001 | 空心砖墙、砌块墙 | 同实心砖墙工程量计算规则 | 同实心砖墙工程量计算规则<br>加气混凝土、硅酸盐砌块、小型空心砌块墙按图示设计图示尺寸以平方米计算，不扣除空心体积 |

## A.4　混凝土及钢筋混凝土工程

**现浇混凝土基础**（编码：010401）　　　　　　　表 A.4.1

| 项目编码 | 项目名称 | 计价表工程量计算规则 | 清单工程量计算规则 |
|---|---|---|---|
| 010401001 | 带形基础 | 图示尺寸实体积以立方米计算。不扣除构件内钢筋、支架、螺栓孔、螺栓、预埋铁件及墙、板中 0.3m² 内的孔洞所占体积。留洞所增加工料不再另增费用<br>有梁带形混凝土基础，其梁高与梁宽之比在 4∶1 以内的，按有梁式带形基础计算；超过 4∶1 时，其基础底按无梁式带形基础计算，上部按墙计算 | 按设计图示尺寸以体积计算<br>不扣除构件内钢筋、预埋铁件和伸入承台基础的桩头所占体积 |
| 010401002 | 独立基础 | 按图示尺寸实体积以立方米计算，算至基础扩大面 | |
| 010401003 | 满堂基础 | 满堂（板式）基础有梁式（包括反梁）、无梁式应分别计算，仅带有边肋者，按无梁式满堂基础套用子目 | |
| 010401004 | 设备基础 | 设备基础除块体以外，其他类型设备基础分别按基础、梁、柱、板、墙等有关规定计算，套相应的项目 | |
| 010401005 | 桩承台基础 | 按图示尺寸实体积以立方米算至基础扩大顶面 | |
| 010401006 | 垫层 | 按图示尺寸实体积以立方米算 | |

现浇混凝土柱（编码：010402）　　　　表 A.4.2

| 项目编码 | 项目名称 | 计价表工程量计算规则 | 清单工程量计算规则 |
| --- | --- | --- | --- |
| 010402001 | 矩形柱 | 按图示断面尺寸乘以柱高以立方米计算<br>柱高确定：<br>1. 有梁板的柱高，应自柱基上表面（或楼板上表面）至上一层楼板下表面之间的高度计算<br>2. 无梁板的柱高，应自柱基上表面（或楼板上表面）至柱帽下表面之间的高度计算<br>3. 有预制板的框架柱柱高，应自柱基上表面至柱顶高度计算<br>4. 构造柱按全高计算，应扣除与现浇板、梁相交部分体积，与砖墙嵌接部分并入柱身体积<br>5. 依附柱上的牛腿，并入柱身体积计算 | 按设计图示尺寸以体积计算。不扣除构件内钢筋、预埋铁件所占体积<br>柱高：<br>1. 有梁板的柱高，应自柱基上表面（或楼板上表面）至上一层楼板上表面之间的高度计算<br>2. 无梁板的柱高，应自柱基上表面（或楼板上表面）至柱帽下表面之间的高度计算<br>3. 框架柱的柱高，应自柱基上表面至柱顶高度计算<br>4. 构造柱按全高计算，嵌接墙体部分并入柱身体积<br>5. 依附柱上的牛腿和升板的柱帽，并入柱身体积计算 |
| 010402002 | 异形柱 | 同上 | 同上 |

现浇混凝土梁（编码：010403）　　　　表 A.4.3

| 项目编码 | 项目名称 | 计价表工程量计算规则 | 清单工程量计算规则 |
| --- | --- | --- | --- |
| 010403001 | 基础梁 | 按图示断面尺寸乘梁长以立方米计算。梁长按下列规定确定：<br>1. 梁与柱连接时，梁长算至柱侧面<br>2. 主梁与次梁连接时，次梁长算至主梁侧面。伸入砖墙内的梁头、梁垫体积并入梁体积内计算<br>3. 现浇挑梁按挑梁计算，其压入墙身部分按圈梁计算；挑梁与单、框架梁连接时，其挑梁应并入相应梁内计算 | 按设计图示尺寸以体积计算。不扣除构件内钢筋、预埋铁件所占体积，伸入墙内的梁头、梁垫并入梁体积内<br>梁长：<br>1. 梁与柱连接时，梁长算至柱侧面<br>2. 主梁与次梁连接时，次梁长算至主梁侧面 |
| 010403002 | 矩形梁 | | |
| 010403003 | 异形梁 | | |
| 010403004 | 圈梁 | 按图示断面尺寸乘梁长以立方米计算。平板与砖墙上混凝土圈梁相交时，圈梁高应算至板底面 | |
| 010403005 | 过梁 | 圈梁、过梁应分别计算。过梁长度按图示尺寸，图纸无明确表示时，按门窗洞口外围宽另加 500mm 计算 | |
| 010403006 | 弧形、拱形梁 | 同矩形梁 | |

**现浇混凝土墙**（编码：010404）  表 A.4.4

| 项目编码 | 项目名称 | 计价表工程量计算规则 | 清单工程量计算规则 |
|---|---|---|---|
| 010404001 | 直形墙 | 外墙按图示中心线（内墙按净长）乘以墙厚、墙高以立方米计，应扣除门窗洞口面积在 0.3m² 以外的孔洞所占的体积。单面垛突出部分并入墙体体积计算，双面垛（包括墙）按柱计算。地下室墙有后浇墙带时，后浇墙带应扣除。梯形断面墙按上口与下口的平均宽度计算<br>墙高确定：<br>1. 墙与梁平行重叠，算至梁顶；梁宽大于墙宽，梁、墙分别计算<br>2. 墙与板相交，墙高算至板底 | 按设计图示尺寸以体积计算。不扣除构件内钢筋、预埋铁件所占体积，扣除门窗洞口及单个面积 0.3m² 以外的孔洞所占体积，墙垛及突出墙面部分并入墙体体积计算内 |
| 010404002 | 弧形墙 | 同上，弧形墙按弧线长度乘墙高、墙厚计算 | |

**现浇混凝土板**（编码：010405）  表 A.4.5

| 项目编码 | 项目名称 | 计价表工程量计算规则 | 清单工程量计算规则 |
|---|---|---|---|
| 010405001 | 有梁板 | 有梁板按梁（包括主、次梁）、板体积之和计算，有后浇板带时，后浇板带（包括主、次梁）应扣除 | 按设计图示尺寸以体积计算。不扣除构件内钢筋、预埋铁件及单个面积 0.3m² 以内的孔洞所占体积。有梁板（包括主、次梁与板）按梁、板体积之和计算，各类板伸入墙内的板头并入板体积内计算，薄壳板的肋、基梁并入薄壳体积内计算 |
| 010405002 | 无梁板 | 无梁板按板和柱帽体积之和计算 | 同上，无梁板按板和柱帽体积之和计算 |
| 010405003 | 平板 | 平板按实体积计算 | 同上 |
| 010405004 | 拱板 | 同右 | 同上 |
| 010405005 | 薄壳板 | 同右 | 同上 |
| 010405006 | 栏板 | 混凝土栏板、竖向挑板以立方米计算。栏板的斜长如图纸无规定时，按水平长度乘系数 1.18 计算<br>阳台、沿廊栏杆的轴线柱、下嵌、扶手以扶手的长度按延长米计算 | 同上 |
| 010405007 | 天沟、挑檐板 | 现浇挑檐、天沟与板（包括屋面板、楼板）连接时，以外墙面为分界线；与圈梁（包括其他梁）连接时，以梁外边线为分界线。外墙边线以外或梁外边线以外为挑檐、天沟 | 按设计图示尺寸以体积计算 |

续表

| 项目编码 | 项目名称 | 计价表工程量计算规则 | 清单工程量计算规则 |
|---|---|---|---|
| 010405008 | 雨篷、阳台板 | 阳台、雨篷，按伸出墙外的板底水平投影面积计算，伸出墙外的牛腿不另计算。水平、竖向悬挑板按立方米计算 | 按设计图示尺寸以墙外部分体积计算。包括伸出墙外的牛腿和雨篷反挑檐的体积 |
| 010405009 | 其他板 | 同右 | 按设计图示尺寸以体积计算 |

**现浇混凝土楼梯**（编码：010406） 表 A.4.6

| 项目编码 | 项目名称 | 计价表工程量计算规则 | 清单工程量计算规则 |
|---|---|---|---|
| 010406001 | 直形楼梯 | 整体楼梯包括休息平台、平台梁、斜梁及楼梯梁，按水平投影面积计算，不扣除宽度小于 200mm 的楼梯井，伸入墙内部分不另增加，楼梯与楼板连接时，楼梯算至楼梯梁外侧面 | 按设计图示尺寸以水平投影面积计算。不扣除宽度小于 500mm 的楼梯井，伸入墙内部分不计算 |
| 010406002 | 弧形楼梯 | 圆弧形楼梯包括圆弧形梯段、圆弧形边梁及与楼板连接的平台，按楼梯的水平投影面积计算 | |

**现浇混凝土其他构件**（编码：010407） 表 A.4.7

| 项目编码 | 项目名称 | 计价表工程量计算规则 | 清单工程量计算规则 |
|---|---|---|---|
| 010407001 | 其他构件 | 台阶按水平投影面积以平方米计算，平台与台阶的分界线以最上层台阶的外口减 300mm 宽度为准，台阶宽以外部分并入地面工程量计算 | 按设计图示尺寸以体积计算。不扣除构件内钢筋、预埋铁件所占体积 |
| 010407002 | 散水、坡道 | 散水、坡道按水平投影面积计算。散水应扣除踏步、斜坡、花坛等的长度 | 按设计图示尺寸以面积计算。不扣除单个 0.3m² 以内的孔洞所占面积 |

**后浇带**（编码：010408） 表 A.4.8

| 项目编码 | 项目名称 | 计价表工程量计算规则 | 清单工程量计算规则 |
|---|---|---|---|
| 010408001 | 后浇带 | 后浇墙、板带（包括主、次梁）按设计图纸以立方米计算 | 按设计图示尺寸以体积计算 |

## A.7 屋面及防水工程

**瓦、型材屋面**（编码：010701）　　　　　　　　　　　表 A.7.1

| 项目编码 | 项目名称 | 计价表工程量计算规则 | 清单工程量计算规则 |
|---|---|---|---|
| 010701001 | 瓦屋面 | 瓦屋面按图示尺寸的水平投影面积乘以屋面坡度延长系数以平方米计算。不扣除房上烟囱、风帽底座、风道、屋面小气窗、斜沟等所占面积，屋面小气窗的出檐部分也不增加<br>瓦屋面的屋脊、蝴蝶瓦的檐口花边、滴水应另列项目按延长米计算 | 按设计图示尺寸以斜面积计算。不扣除房上烟囱、风帽底座、风道、小气窗、斜沟等所占面积，小气窗的出檐部分不增加面积 |
| 010701002 | 型材屋面 | 彩钢夹芯板、彩钢复合板屋面按实铺面积以平方米计算，支架、槽铝、角铝等均包含在定额内<br>彩板屋脊、天沟、泛水、包角、山头按设计长度以延长米计算，堵头已包含在定额内 | |

**屋面防水**（编码：010702）　　　　　　　　　　　表 A.7.2

| 项目编码 | 项目名称 | 计价表工程量计算规则 | 清单工程量计算规则 |
|---|---|---|---|
| 010702001 | 屋面卷材防水 | 1. 卷材屋面按图示尺寸的水平投影面积乘以规定的坡度系数以平方米计算，但不扣除房上烟囱，风帽底座、风道所占面积。女儿墙、伸缩缝、天窗等处的弯起高度按图示尺寸计算并入屋面工程量内；如图纸无规定时，伸缩缝，女儿墙的弯起高度按 250mm 计算，天窗弯起高度按 500mm 计算并入屋面工程量内；檐沟、天沟按展开面积并入屋面工程量内<br>2. 油毡屋面均不包括附加层在内，附加层按设计尺寸和层数另行计算；其他卷材屋面已包括附加层在内，不另行计算；收头、接缝材料已列入定额内 | 按设计图示尺寸以面积计算<br>1. 斜屋顶（不包括平屋顶找坡）按斜面积计算，平屋顶按水平投影面积计算<br>2. 不扣除房上烟囱、风帽底座、风道、屋面小气窗和斜沟所占面积<br>3. 屋面的女儿墙、伸缩缝和天窗等处的弯起部分，并入屋面工程量内 |
| 010702002 | 屋面涂膜防水 | 同上 | |
| 010702003 | 屋面刚性防水 | 同上 | 按设计图示尺寸以面积计算。不扣除房上烟囱、风帽底座、风道等所占面积 |

续表

| 项目编码 | 项目名称 | 计价表工程量计算规则 | 清单工程量计算规则 |
|---|---|---|---|
| 010702004 | 屋面排水管 | 1. 铁皮排水项目：水落管按檐口滴水处算至设计室外地坪的高度以延长米计算，檐口处伸长部分（即马腿弯伸长）、勒脚和泄水口的弯起均不增加，但水落管遇到外墙腰线（需弯起的）按每条腰线增加长度25cm计算。檐沟、天沟均以图示延长米计算。白铁斜沟、泛水长度可按水平长度乘以延长系数或隔延长系数计算。水斗以个计算<br>2. 玻璃钢、PVC、铸铁水落管、檐沟均按图示尺寸以延长米计算。水斗，女儿墙弯头，铸铁落水口（带罩）均按只计算<br>3. 阳台PVC管通水落管按只计算。每只阳台出水口至水落管中心线斜长按1m计（内含两只135度弯头，1只异径三通） | 按设计图示尺寸以长度计算。如设计未标注尺寸，以檐口至设计室外散水上表面垂直距离计算 |
| 010702005 | 屋面天沟、沿沟 | 同卷材屋面工程量 | 按设计图示尺寸以面积计算。铁皮和卷材天沟按展开面积计算 |

**墙、地面防水、防潮**（编码：010703） 表 A.7.3

| 项目编码 | 项目名称 | 计价表工程量计算规则 | 清单工程量计算规则 |
|---|---|---|---|
| 010703001 | 卷材防水 | 1. 平面：建筑物地面、地下室防水层按主墙（承重墙）间净面积以平方米计算，扣除凸出地面的构筑物、柱、设备基础等所占面积，不扣除附墙垛、间壁墙、附墙烟囱及 $0.3m^2$ 以内孔洞所占面积。与墙间连接处高度在500mm以内者，按展开面积计算并入平面工程量内，超过500mm时，应立面防水层计算<br>2. 立面：墙身防水层按图示尺寸扣除立面孔洞所占面积（$0.3m^2$ 以内孔洞不扣）以平方米计算<br>3. 构筑物防水层按实铺面积计算，不扣除 $0.3m^2$ 以内孔洞面积 | 按设计图示尺寸以面积计算<br>1. 地面防水：按主墙间净空面积计算，扣除凸出地面的构筑物、设备基础等所占面积，不扣除间壁墙及单个 $0.3m^2$ 以内的柱、垛、烟囱和孔洞所占面积<br>2. 墙基防水：外墙按中心线，内墙按净长乘以宽度计算 |
| 010703002 | 涂膜防水 | 涂刷油类防水按设计涂刷面积计算 | |
| 010703003 | 砂浆防水（潮） | 防水砂浆防水按设计抹灰面积计算、扣除凸出地面的构筑物、设备基础及室内铁道所占的面积。不扣除附墙垛、柱、间壁墙、附墙烟囱及 $0.3m^2$ 以内孔洞所占面积 | |

| 项目编码 | 项目名称 | 计价表工程量计算规则 | 清单工程量计算规则 |
|---|---|---|---|
| 010703004 | 变形缝 | 伸缩缝、盖缝、止水带按延长米计算,外墙伸缩缝在墙内、外双面填缝者,工程量应按双面计算 | 按设计图示以长度计算 |

## A.8 防腐、隔热、保温工程

隔热、保温(编码:010803)　　　　　　　　表 A.8.3

| 项目编码 | 项目名称 | 计价表工程量计算规则 | 清单工程量计算规则 |
|---|---|---|---|
| 010803001 | 保温隔热屋面 | 保温隔热层按隔热材料净厚度(不包括胶结材料厚度)乘实铺面积按立方米计算 | 按设计图示尺寸以面积计算。不扣除柱、垛所占面积 |
| 010803002 | 保温隔热天棚 | 屋面架空隔热板、天棚保温(沥青贴软木除外)层,按图示尺寸实铺面积计算 | 同上 |
| 010803003 | 保温隔热墙 | 墙体隔热:外墙按隔热层中心线,内墙按隔热层净长乘图示尺寸的高度(如图纸无注明高度时,则下部由地坪隔热层起算,带阁楼时算至阁楼板顶面止;无阁楼时则算至檐口)及厚度以立方米计算,应扣除冷藏门洞口和管道穿墙洞口所占的体积<br>门口周围的隔热部分,按图示部位,分别套用墙体或地坪的相应定额以立方米计算 | 按设计图示尺寸以面积计算。扣除门窗洞口所占面积;门窗洞口侧壁需做保温时,并入保温墙体工程量内 |
| 010803004 | 保温柱 | 包柱隔热层,按图示柱的隔热层中心线的展开长度乘图示尺寸高度及厚度以立方米计算 | 按设计图示以保温层中心线展开长度乘以保温层高度计算 |
| 010803005 | 隔热楼地面 | 地墙隔热层,按围护结构墙体内净面积计算,不扣除 $0.3m^2$ 以内孔洞所占的面积 | 按设计图示尺寸以面积计算,不扣除柱、垛所占面积 |

## B.1 楼地面工程

整体面层(编码:020101)　　　　　　　　表 B.1.1

| 项目编码 | 项目名称 | 计价表工程量计算规则 | 清单工程量计算规则 |
|---|---|---|---|
| 020101001 | 水泥砂浆楼地面 | 整体面层、找平层均按主墙间净空面积以平方米计算,应扣除凸出地面建筑物、设备基础、地沟等所占面积,不扣除柱、垛、间壁墙、附墙烟囱及面积在 $0.3m^2$ 以内的孔洞所占面积,但门洞、空圈、暖气包槽、壁龛的开口部分亦不增加。看台台阶、阶梯教室地面整体面层按展开后的净面积计算 | 按设计图示尺寸以面积计算。扣除凸出地面构筑物、设备基础、室内铁道、地沟等所占面积,不扣除间壁墙和 $0.3m^2$ 以内的柱、垛、附墙烟囱及孔洞所占面积。门洞、空圈、暖气包槽、壁龛的开口部分不增加面积 |
| 020101002 | 现浇水磨石楼地面 | 同上 | |
| 020101003 | 细石混凝土楼地面 | 同上 | |

**块料面层**（编码：020102） 表 B.1.2

| 项目编码 | 项目名称 | 计价表工程量计算规则 | 清单工程量计算规则 |
|---|---|---|---|
| 020102001 | 石材楼地面 | 按图示尺寸实铺面积以平方米计算，应扣除凸出地面的构筑物、设备基础、柱、间壁墙等不做面层的部分，$0.3m^2$ 以内的孔洞面积不扣除。门洞、空圈、暖气包槽、壁龛的开口部分的工程量另增并入相应的面层内计算 | 按设计图示尺寸以面积计算。扣除凸出地面构筑物、设备基础、室内铁道、地沟等所占面积，不扣除间壁墙和 $0.3m^2$ IT12 以内的柱、垛、附墙烟囱及暖气包槽、壁龛的开口部分不增加面积 |
| 020102002 | 块料楼地面 | | |

**踢脚线**（编码：020105） 表 B.1.5

| 项目编码 | 项目名称 | 计价表工程量计算规则 | 清单工程量计算规则 |
|---|---|---|---|
| 020105001 | 水泥砂浆踢脚线 | 踢脚线按延长米计算。洞口、门口长度不予扣除，但洞口、门口、垛、附墙烟囱等侧壁也不增加 | 按设计图示长度乘以高度以面积计算 |
| 020105002 | 石材踢脚线 | 块料面层踢脚线，按图示尺寸以实贴延长米计算，门洞扣除，侧壁另加 | |
| 020105003 | 块料踢脚线 | | |
| 020105004 | 现浇水磨石踢脚线 | 同水泥砂浆踢脚线 | |
| 020105005 | 木质踢脚线 | 同块料踢脚线 | |

**楼梯装饰**（编码：020106） 表 B.1.6

| 项目编码 | 项目名称 | 计价表工程量计算规则 | 清单工程量计算规则 |
|---|---|---|---|
| 020106001 | 石材楼梯面层 | 楼梯块料面层、按展开实铺面积以平方米计算，踏步板、踢脚板、休息平台、踢脚线、堵头工程量应合并计算 | 按设计图示尺寸以楼梯（包括踏步、休息平台及500mm以内的楼梯井）水平投影面积计算。楼梯与楼地面相连时，算至梯口梁内侧边沿；无梯口梁者，算至最上一层踏步边沿加300mm |
| 020106002 | 块料楼梯面层 | 同上 | |
| 020106003 | 水泥砂浆楼梯面 | 楼梯整体面层按楼梯的水平投影面积以平方米计算，包括踏步、踢脚板、中间休息平台、踢脚线、梯板侧面及堵头。楼梯井宽在200mm以内者不扣除，超过200mm者，应扣除其面积，楼梯间与走廊连接的，应算至楼梯梁的外侧 | |
| 020106004 | 现浇水磨石楼梯面 | 同上 | |

**扶手、栏杆、栏板装饰**（编码：020107）　　　　　表 B.1.7

| 项目编码 | 项目名称 | 计价表工程量计算规则 | 清单工程量计算规则 |
|---|---|---|---|
| 020107001 | 金属扶手带栏杆、栏板 | 栏杆、扶手、扶手下托板均按扶手的延长米计算，楼梯踏步部分的栏杆与扶手应按水平投影长度乘系数1.18 | 按设计图示尺寸以扶手中心线长度（包括弯头长度）计算 |
| 020107002 | 硬木扶手带栏杆、栏板 | 同上 | |
| 020107003 | 塑料扶手带栏杆、栏板 | 同上 | |
| 020107004 | 金属靠墙扶手 | 同上 | |
| 020107005 | 硬木靠墙扶手 | 同上 | |
| 020107006 | 塑料靠墙扶手 | 同上 | |

**台阶装饰**（编码：020108）　　　　　表 B.1.8

| 项目编码 | 项目名称 | 计价表工程量计算规则 | 清单工程量计算规则 |
|---|---|---|---|
| 020108001 | 石材台阶面 | 按展开（包括两侧）实铺面积以平方米计算（包括踏步及最上一步踏步口外延300mm） | 按设计图示尺寸以台阶（包括最上层踏步边沿加300mm）水平投影面积计算 |
| 020108002 | 块料台阶面 | 同上 | |
| 020108003 | 水泥砂浆台阶面 | 按水平投影面积以平方米计算（包括踏步及最上一步踏步口外延300mm） | |
| 020108004 | 现浇水磨石台阶面 | 同上 | |

**墙面抹灰**（编码：020201）　　　　　表 B.2.1

| 项目编码 | 项目名称 | 计价表工程量计算规则 | 清单工程量计算规则 |
|---|---|---|---|
| 020201001 | 墙面一般抹灰 | 1. 内墙面抹灰面积应扣除门窗洞口和空圈所占的面积，不扣除踢脚线、挂镜线、0.3m² 以内的孔洞和墙与构件交接处的面积；但其洞口侧壁和顶面抹灰亦不增加。垛的侧面抹灰面积应并入内墙面工程量内计算<br>内墙面抹灰长度，以主墙间的图示净长计算，不扣除间壁所占的面积。其高度确定：不论有无踢脚线，其高度均自室内地坪面或楼面至天棚底面<br>2. 外墙面抹灰面积按外墙面的垂直投影面积计算，应扣除门窗洞口和空圈所占的面积，不扣除0.3m² 以内的孔洞面积。但门窗洞口、空圈的侧壁、顶面及垛等抹灰，应按结构展开面积并入墙面抹灰中计算。外墙面不同品种砂浆抹灰，应分别计算按相应子目执行<br>外墙窗间墙与窗下墙均抹灰，以展开面积计算 | 按设计图示尺寸以面积计算。扣除墙裙、门窗洞口及单个0.3m² 以外的孔洞面积，不扣除踢脚线、挂镜线和墙与构件交接处的面积，门窗洞口和孔洞的侧壁及顶面不增加面积。附墙柱、梁、垛、烟囱侧壁并入相应的墙面面积内<br>1. 外墙抹灰面积按外墙垂直投影面积计算<br>2. 外墙裙抹灰面积按其长度乘以高度计算<br>3. 墙抹灰面积按主墙间的净长乘以高度计算<br>（1）无墙裙，高度按室内楼地面至天棚底面计算<br>（2）有墙裙，高度按墙裙顶至天棚底面计算<br>4. 内墙裙抹灰面按内墙净长乘以高度计算 |
| 020201002 | 墙面装饰抹灰 | 同上 | 同上 |

**柱面抹灰**（编码：020202） 表 B.2.2

| 项目编码 | 项目名称 | 计价表工程量计算规则 | 清单工程量计算规则 |
|---|---|---|---|
| 020202001 | 柱面一般抹灰 | 柱和单梁的抹灰按结构展开面积计算，柱与梁或梁与梁接头的面积不予扣除。砖墙中平墙面的混凝土柱、梁等的抹灰（包括侧壁）应并入墙面抹灰工程量内计算。凸出墙面的混凝土柱、梁面（包括侧壁）抹灰工程量应单独计算，按相应子目执行 | 按设计图示柱断面周长乘以高度以面积计算 |
| 020202002 | 柱面装饰抹灰 | | |

**墙面镶贴块料**（编码：020204） 表 B.2.4

| 项目编码 | 项目名称 | 计价表工程量计算规则 | 清单工程量计算规则 |
|---|---|---|---|
| 020204001 | 石材墙面 | 按块料面层的建筑尺寸（各块料面层＋粘贴砂浆厚度＝25mm）面积计算。门窗洞口面积扣除，侧壁、附垛贴面应并入墙面工程量中 | 按设计图示尺寸以镶贴面积计算 |
| 020204003 | 块料墙面 | 花岗岩、大理石板砂浆粘贴、挂贴均按面层的建筑尺寸（包括干挂空间、砂浆、板厚度）展开面积计算 | |

## B.3 天棚工程

**天棚抹灰**（编码：020301） 表 B.3.1

| 项目编码 | 项目名称 | 计价表工程量计算规则 | 清单工程量计算规则 |
|---|---|---|---|
| 020301001 | 天棚抹灰 | 1. 天棚面抹灰按主墙间天棚水平面积计算，不扣除间壁墙、垛、柱、附墙烟囱、检查洞、通风洞、管道等所占的面积<br>2. 密肋梁、井字梁、带梁天棚抹灰面积，按展开面积计算，并入天棚抹灰工程量内。斜天棚抹灰按斜面积计算<br>3. 天棚抹面如抹小圆角者，人工已包括在定额中，材料、机械按附注增加。如带装饰线者，其线分别按三道线以内或五道线以内，以延长米计算（线角的道数以每一个突出的阳角为一道线）<br>4. 楼梯底面、水平遮阳板底面和沿口天棚，并入相应的天棚抹灰工程量内计算。混凝土楼梯、螺旋楼梯的底板为斜板时，按其水平投影面积（包括休息平台）乘系数1.18，底板为锯齿形时（包括预制踏步板），按其水平投影面积乘系数1.5计算 | 按设计图示尺寸以水平投影面积计算。不扣除间壁墙、垛、柱、附墙烟囱、检查口和管道所占的面积，带梁天棚、梁两侧抹灰面积并入天棚面积内，板式楼梯底面抹灰按斜面积计算，锯齿形楼梯底板抹灰按展开面积计算 |

## B.4 门窗工程

**木门**（编码：020401） 表 B.4.1

| 项目编码 | 项目名称 | 计价表工程量计算规则 | 清单工程量计算规则 |
|---|---|---|---|
| 020401001 | 镶板木门 | 以洞口面积计算 | 按设计图示数量或设计图示洞口尺寸面积计算 |
| 020401002 | 企口木板门 | 同上 | |
| 020401003 | 实木装饰门 | 同上 | |
| 020401004 | 胶合板门 | 同上 | |
| 020401005 | 夹板装饰门 | 同上 | |
| 020401006 | 木质防火门 | 同上 | |
| 020401007 | 木纱门 | 同上 | |
| 020401008 | 连窗门 | 分别计算，套用相应门窗定额，窗的宽度算至门框外侧 | |

**金属卷帘门**（编码：020403） 表 B.4.3

| 项目编码 | 项目名称 | 计价表工程量计算规则 | 清单工程量计算规则 |
|---|---|---|---|
| 020403001 | 金属卷闸门 | 各种卷帘门按洞口高度加600mm乘卷帘门实际宽度的面积计算，卷帘门上有小门时，其卷帘门工程量应扣除小门面积。卷帘门上的小门按扇计算，卷帘门上电动提升装置以套计算，手动装置的材料、安装人工已包括在定额内，不另增加 | 按设计图示数量或设计图示洞口尺寸面积计算 |
| 020403003 | 防火卷帘门 | | |

**木窗**（编码：020405） 表 B.4.5

| 项目编码 | 项目名称 | 计价表工程量计算规则 | 清单工程量计算规则 |
|---|---|---|---|
| 020405001 | 木质平开窗 | 以洞口面积计算 | 按设计图示数量或设计图示洞口尺寸面积计算 |
| 020405002 | 木质推拉窗 | | |

**门油漆**（编码：020501） 表 B.5.1

| 项目编码 | 项目名称 | 计价表工程量计算规则 | 清单工程量计算规则 |
|---|---|---|---|
| 020501001 | 门油漆 | 单层木门：洞口面积乘以系数1.00<br>带上亮木门：洞口面积乘以系数0.96<br>单层全玻门：洞口面积乘以系数0.83<br>单层半玻门：洞口面积乘以系数0.9<br>厂库房木大门、钢木大门：洞口面积乘以系数1.30 | 按设计图示数量或设计图示单面洞口面积计算 |

**窗油漆**（编码：020502） 表 B.5.2

| 项目编码 | 项目名称 | 计价表工程量计算规则 | 清单工程量计算规则 |
|---|---|---|---|
| 020502001 | 窗油漆 | 单层玻璃窗：洞口面积乘以系数 1.00<br>双层（一玻一纱）窗：洞口面积乘以系数 1.36<br>单层组合窗：洞口面积乘以系数 0.83<br>双层组合窗：洞口面积乘以系数 1.13 | 按设计图示数量或设计图示单面洞口面积计算 |

**喷刷、涂料**（编码：020507） 表 B.5.7

| 项目编码 | 项目名称 | 计价表工程量计算规则 | 清单工程量计算规则 |
|---|---|---|---|
| 020507001 | 刷喷涂料 | 抹灰面的油漆、涂料、刷浆工程量＝抹灰的工程量<br>有梁板底（含梁底、侧面）工程量＝长×宽×1.3<br>混凝土板式楼梯（斜板）工程量＝水平投影面积×1.8<br>遮阳板、栏板工程量＝长×宽（高）×2.1 | 按设计图示尺寸以面积计算 |

# 参 考 文 献

[1] 建设部.建设工程工程量清单计价规范（GB 50500—2008）.北京：中国计划出版社，2008.
[2] 建设部标准定额研究所.《建设工程工程量清单计价规范》宣贯辅导教材.北京：中国计划出版社，2008.
[3] 江苏省建设厅颁发.江苏省建筑与装饰工程计价表.北京：知识产权出版社，2004.
[4] 江苏省建设厅颁发.江苏省工程量清单计价项目指引.北京：知识产权出版社，2004.
[5] 中国建设工程造价管理协会.图释建筑工程建筑面积计算规范.北京：中国计划出版社，2007.
[6] 刘全义.建筑工程定额与预算.北京：清华大学出版社，2009.
[7] 刘钟莹.建筑工程工程量清单计价.南京：东南大学出版社，2004.
[8] 本书编委会.建筑工程造价员一本通.哈尔滨：哈尔滨工程大学出版社，2008.
[9] 本书编委会.建筑工程造价员培训教材.北京：中国建材工业出版社，2009.
[10] 马楠.建筑工程计量与计价.北京：科学出版社，2007.
[11] 饶武.建筑装饰工程计量与计价.北京：机械工业出版社，2008.
[12] 本书编委会.装饰装修工程造价员一本通.哈尔滨：哈尔滨工程大学出版社，2008.
[13] 刘晓佳.装饰装修工程工程量清单计价实施指南.北京：中国电力出版社，2009.
[14] 中国建设工程造价管理协会.建设项目工程结算编审规程.北京：中国计划出版社出版，2005.
[15] 全国造价工程师执业资格考试培训教材编审委员会.全国造价工程师执业资格考试培训教材.北京：中国计划出版社，2006.
[16] 中华人民共和国招投标法，1999.
[17] 一级建造师执业资格考试用书编委会.建设工程项目管理.北京：中国建筑工业出版社，2007.
[18] 李启明.建设工程合同管理.北京：中国建筑工业出版社，1997.
[19] 刘晓勤，董平.建设工程招投标与合同管理.浙江大学出版社，2010.
[20] 杨志中.建设工程招投标与合同管理.北京：机械工业出版社，2008.
[21] 李洪军，源军.建设工程招投标与合同管理.北京：北京大学出版社，2009.
[22] 余群舟.工程建设合同管理.北京：中国计划出版社，2008.
[23] 中国工程咨询协会编译.FIDIC合同条件——施工合同条件.北京：机械工业出版，2002.
[24] 建设工程施工合同（示范文本），1999.
[25] 刘芳，何本贵，魏羽中.FIDIC《施工合同条件》与建设部《建设工程施工合同》比较分析基建管理优化.第20卷.2008（2）.
[26] 王朝霞.建筑工程定额与计价.北京：中国电力出版社，2007.
[27] 赵勤贤.建筑工程计量与计价.北京：中国建筑工业出版社，2010.
[28] 杨锐.工程招投标与合同管理.北京：中国建筑工业出版社，2010.
[29] 何佰洲.刘禹.工程建设合同与合同管理.大连：东北财经大学出版社，2008.
[30] 筑龙网 http：//www.sinoaec.com/.